普通高等教育“十三五”规划教材

水资源系统优化原理与方法

门宝辉　尚松浩　编著

科学出版社

北　京

内 容 简 介

本书在介绍水资源系统优化基本原理的基础上，阐述了系统优化方法在水资源规划、设计和配置中的应用，并将 Excel 优化工具、LINGO 及 Matlab 优化工具箱引入例题的求解中，书中很多实例采用一题多解的方式来解决，为学生分析和处理复杂工程问题提供了思路和途径。

本书可作为水文与水资源工程专业、水利水电工程专业及相关专业的本科生教材，还可供研究生及从事水利工程或市政工程等涉及优化技术的人员参考。

图书在版编目(CIP)数据

水资源系统优化原理与方法/门宝辉，尚松浩编著. —北京：科学出版社，2018.5

普通高等教育“十三五”规划教材

ISBN 978-7-03-057190-8

Ⅰ. ①水… Ⅱ. ①门… ②尚… Ⅲ. ①水资源–系统优化–高等学校–教材 Ⅳ. ①TV211

中国版本图书馆 CIP 数据核字(2018)第 075297 号

责任编辑：文 杨 程雪星/责任校对：何艳萍

责任印制：吴兆东/封面设计：迷底书装

科学出版社出版

北京东黄城根北街16号

邮政编码：100717

http://www.sciencep.com

北京中石油彩色印刷有限责任公司印刷

科学出版社发行 各地新华书店经销

*

2018 年 5 月第 一 版 开本：787×1092 1/16

2018 年 5 月第一次印刷 印张：18 3/8

字数：470 000

定价：89.00 元

（如有印装质量问题，我社负责调换）

前　言

“水资源系统优化原理与方法”是水文与水资源工程专业的一门必修课程。通过本课程的学习，学生应掌握水资源系统优化的基本理论、分析方法和决策技术等，以及水资源系统分析、评价、优化模型构建及其计算机软件求解等方面的知识，具体为水资源系统的概念、水资源系统优化模型的建立及求解方法，包括水资源系统的线性规划模型、对偶模型、整数规划模型、非线性规划模型、动态规划模型、多目标规划模型，并了解遗传算法、人工神经网络、模拟退火算法、粒子群优化算法，以及混沌优化算法等一些新的理论和方法，并将系统工程的观点、思想、方法和原理应用到水资源工程及水利水电工程的规划、设计和管理等工程实践中，为学习水资源规划及利用、水库优化调度、水环境保护等专业课，以及毕业后从事水文水资源和水利工程等相关专业工作及进行科学研究打下基础。

本书是在作者多年实践教学的讲义基础上，结合当前有关水资源系统分析及优化方法的书籍(专著、教材、文章等)编写而成的。主要内容包括绪论、水资源系统线性规划模型及其应用、水资源系统线性规划的对偶模型及其应用、水资源系统整数线性规划模型及其应用、水资源系统非线性规划模型及其应用、水资源系统动态规划模型及其应用、水资源系统多目标规划模型及其应用、现代智能算法在水资源系统优化中的应用。各章均配有习题，有助于学生对课程内容的掌握。

本书由门宝辉和尚松浩编著，研究生田巍对书中的实例、计算程序的编制及例图做了大量工作，特此表示感谢！本书得到了华北电力大学教务处及华北电力大学教学名师培育计划(第四期)的资助，作者一并表示感谢！本书在内容编写过程中参阅并引用了书后所列参考文献的相关书籍、文章和网上相关数据资源，在此表示衷心的感谢！

由于编者水平有限，对于本书中的不足之处，恳请读者批评指正。

编　者

2017年7月

目　录

第一章　绪　　论

【学习要求】了解系统的概念；了解系统的结构和功能；了解系统的特征；掌握系统的属性和类型；掌握水资源系统的概念；掌握水资源系统的优化方法；了解 Excel 规划求解、LINGO、Matlab 优化工具箱。

【学习重点】水资源系统优化模型的结构及优化方法。

第一节　概　　述

一、系统的概念

系统(system)的概念与系统的思想是在人类认识自然、改造自然的实践过程中逐步形成和发展起来的，20 世纪 40 年代以后“系统”一词才开始被广泛使用。

系统最早源于古希腊语，其含义是指由部分组成的整体。从系统的组成角度看，系统是由两个或两个以上相互联系的要素组成、具有整体功能和综合行为的集合。系统是由组成要素集和要素集上的关系集共同决定的，其中，关系集是系统工程的工作重点。任何一个系统，必须满足三个条件：一是组成系统的要素必须是两个或两个以上，这反映了系统的载体基础的多样性、差异性，是系统不断演化的重要基础；二是各要素之间必须具有关联性，系统中不存在与其他要素无关的孤立要素，这反映了系统各要素相互作用、相互激励、相互依存、相互制约、相互补充、相互转化的内在相关性，也是系统不断向一定结构或秩序演化的重要机制；三是系统的整体功能和综合行为不必是系统各单个要素或这些要素之和所具有的，而是由各要素通过相互作用表现(emerge)出来的。

但是，不同学科或不同的学者对系统概念的认识也不完全一致。美籍奥地利理论生物学家冯・贝塔朗菲于 1973 年提出的系统概念是“相互作用的诸要素的综合体”，而我国系统科学界对系统科学的定义为，系统是由相互作用、相互依赖的若干组成部分结合而成，具有特定功能的有机整体。

水资源开发利用中，由挡水建筑物(大坝)、水库水体、泄洪设施(溢洪道、溢洪洞等)、水电站、供水设施(取水闸门、输水渠道、供水管网)、航运设施(船闸、升船机等)等组成的有机整体，可以实现防洪、发电、工农业供水、航运等功能，称为水资源利用系统。

综上所述，“系统”一般具有五方面的特征：①由两个或两个以上的元素组成；②各元素之间相互联系、相互依赖、相互制约、相互作用；③各元素协同运作，使“系统”作为整体具有各组成元素单独存在时所没有的某种特定功能；④系统是运动和发展变化的，是动态的发展过程；⑤系统的运动具有明确的特定目标。

二、系统的结构与功能

(一) 系统的结构

任何系统都具有一定的结构，系统的结构就是组成系统的诸要素之间相对稳定的关联方式，也就是系统内部诸要素之间的联系，如一个家庭系统的人员结构、一个科研课题组系统的人员组成、一个公司(或企业)的部门组成。

系统的相互联系、相互作用的组成部分(元素)称为系统的结构。系统的组成元素是相互作用的，同时又是可分的，其中，每个元素也可能是由更小的元素组成的系统，称为子系统。结构是形成系统整体性的基础，系统的结构越严密，其整体性越强。例如，水资源系统一般由水资源、水资源工程系统、水资源管理系统等组成，其中，水资源由地表水资源和地下水资源构成，地表水又包括河流、湖泊、水库等部分，而地下水则包括潜水、承压水等部分。

(二) 系统的外部环境

系统总是处在一定的环境之中。作为研究对象，系统在时间和空间上都限定在一定的范围内。在系统之外与其有物质、能量、信息交换的事物构成系统的外部环境。外部环境对系统的作用表现为系统输入，而系统对外部环境的作用表现为系统输出，系统输入、输出是通过系统与外部环境的边界进行的，一般情况下，将外部环境的输入转变为系统的输出称为开环系统[图 1-1(a)]。环境是相对于系统而言的，如果系统的界限发生变化，环境也随之变化。对于流域水资源系统来说，环境包括对水资源系统有影响的自然条件(如气象、水文、地形、地貌、植被等)与人为因素(水资源的开发利用，如筑坝、蓄水、引水、灌溉等)，输入主要为降水，输出主要包括人类活动利用水量、自然消耗水量、外流河的入海水量等。

一般情况下，系统输入决定输出，但输出往往也会对输入产生影响，这时称该系统具有“反馈”特性，将系统输出对环境的输入的影响构成的系统称为闭环系统[图 1-1(b)]。能使系统输入得到增强的反馈称为正反馈，反之则称为负反馈。

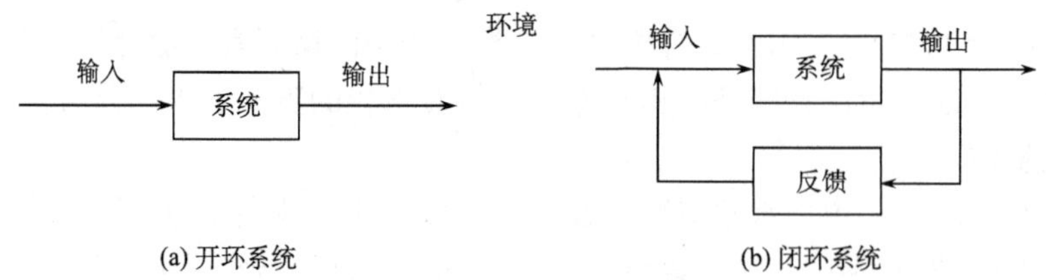

图 1-1　系统与外部环境的关系

(三) 系统的功能

任何系统都有一定的目的，也就是都具有特定的功能，系统的功能是指系统与外部环境相互联系和相互作用中所表现出来的性质、能力和行为，也就是系统与外部环境之间的外部联系，系统的功能包括接收系统输入、把系统输入转换为系统输出的系统转换、向外部环境进行系统输出、反馈等。例如，本科高校系统的一个功能就是把高中生培养成为大学毕业生；

信息系统的功能是进行信息的收集、传递、储存、加工、维护和使用。系统的结构是系统的内在基础，系统的功能是系统要素和结构的外在表现，一定的结构总是表现为一定的功能，一定的功能总是由具有一定结构的系统实现的。要素间协调联系程度高，则系统功能良好程度高，反之系统功能良好程度低。系统的结构与功能相互作用，以适应系统和环境变化的需要。系统发展的驱动力就是系统内部诸要素之间及系统与外部环境之间的相互作用。

把外部环境的输入转换为系统的输出就是系统的功能。系统的功能取决于系统结构，并受外部环境的影响，这充分体现了系统与外部环境之间物质、能量和信息输入、输出间的关系。例如，水利枢纽的功能是把天然径流量(输入)调节为人类所需要的水量(输出)，水利枢纽的结构决定了其在防洪、发电、供水、航运，以及下游生态环境保护等方面的功能。

三、系统的属性

根据系统的概念，以及系统的结构与功能，系统的属性一般具有集合性、相关性、层次性、整体性、目的性、环境适应性等六项。

(一)集合性

系统至少由两个可以互相区分的元素或子系统组成，可以用式(1-1)表示

$$X=\{x_i|i=1, 2,\cdots, n, n\geqslant 2\} \tag{1-1}$$

式中：X为系统；x_i为系统第i个组成元素或子系统。

如果X用来表示水资源工程系统，则水资源工程系统中的挡水建筑物、水库水体、泄洪设施(溢洪道、溢洪洞)、水电站、供水设施(输水渠道、输水管道)、航运设施(船闸)等为x_i。

(二)相关性

组成系统的元素或子系统之间存在着普遍联系，这些联系是反映系统特征和保证实现系统目标的主要内容，体现了各个子系统或各个元素之间的相互关系。

(三)层次性

各个元素在系统中是按照一定的层次排列的。一个系统可以分解为若干个子系统，子系统可以再细分。例如，一个国家的水资源系统，可以分为国家—省—市—县—乡镇等不同层次的水资源系统，根据研究问题的不同来确定细分成一个或几个层次。

由于系统中各个子系统或元素所处位置的不同，各子系统或元素之间存在三种关系，即上级子系统或元素对下级的领属关系、下级子系统或元素对上级的从属关系、同级子系统或元素之间的平等关系。

(四)整体性

系统的各组成部分构成一个有机整体，系统不是各个子系统或元素等组成部分的简单相加，系统的目标、功能，以及系统的演化规律等方面都体现出系统的总体特征，即系统具有整体性。

(五)目的性

系统的存在都具有其目的性，即系统都是为了完成其特定的功能而存在的，其各个子系统或元素等组成部分都具有一定的目的并且有达到目的的手段。系统的目的可分解为多层次的目标，实现全部的目标，就等于实现了系统的目的。

(六)环境适应性

系统存在于一定的外部环境之中，通过外部环境的输入和系统的输出与环境发生物质、能量和信息的交换(即物质流、能量流、信息流)。环境提供并限制了系统的运行条件，构成了系统的约束。系统离不开环境，并且要不断适应环境的变化，否则，系统将不能长期存在。例如，我国古代水利工程都江堰就是一个环境适应性很强的水资源系统，历经2000多年仍能发挥其巨大的社会、经济和生态环境效益。

四、系统的类型

为了更好地研究系统，需要对其进行分类。根据不同的研究目的和需要，可以根据不同的准则对系统进行分类。

(一)按系统组成部分的属性分类

按系统组成部分的属性可将系统分为自然系统、人工系统和复合系统。自然系统是由自然物质组成的系统，如银河系、太阳系、海洋系统、陆地系统、水文循环系统、碳循环系统、水生态系统等；人工系统是按照一定的目的而人为建立的系统，如社会经济系统、城市建筑系统、公路交通系统等；复合系统是由人工系统和自然系统复合而成，既有人工系统的特性，又有自然系统的特性，如农田生态系统、灌溉渠道系统、城市供水排水管网系统、气象预报系统、水库防洪调度系统、水文预报系统、水资源优化配置系统等。

(二)按系统组成部分的形态分类

按系统组成部分的形态可将系统分为实体系统和概念系统。实体系统(硬件系统)是由实物构成的系统，如建筑工程系统、机械工程系统、供水工程系统等；概念系统(软件系统)是由非物质的概念、原理、方法等构成的系统，如法律法规系统、软件系统、水文模型系统等。实体系统可以是自然系统、人工系统或复合系统中的任何一种，但概念系统属于人工系统。

(三)按系统与外部环境的关系分类

按系统与外部环境的关系可将系统分为开放系统和封闭系统。开放系统是指系统与外部环境之间存在物质、能量和信息的相互交换。根据是否存在反馈作用，开放系统可分为开环系统和闭环系统(图1-1)。封闭系统是指系统与环境之间没有明显的物质、能量和信息的相互交换。实际上，严格的封闭系统是不存在的，当系统与外部环境之间的物质、能量和信息的相互交换量很少、强度很弱时，即可近似看成封闭系统。

(四)按系统所处的状态分类

按系统所处的状态可将系统分为静态系统和动态系统。静态系统是指各个子系统和组成的元素不随时间变化，而动态系统则是指各个子系统和组成的元素随时间变化。实际上，静态系统是不存在的，但如果在一段时间内系统的变化可以忽略，或是相对稳定的，则可视为静态系统，如灌溉渠道系统、城市供水排水管网系统。现实中的系统多是动态系统，如水文循环系统、生态系统、社会经济系统等。

(五)按系统的规模分类

按规模可将系统分为小型、中型、大型、超大型系统。随着系统规模由小到大，系统中各个子系统和元素的数量将增加，各部分之间的关系将越来越复杂。

系统还可以根据其他的准则进行分类，也可以按照几个分类准则对系统进行组合分类，如按系统与外部环境的关系、系统状态这两个准则组合进行分类，则系统可分为静态开放系统、静态封闭系统、动态开放系统、动态封闭系统；如按系统组成部分的属性、系统的状态这两个准则组合进行分类，则系统分为静态自然系统、静态人工系统、静态复合系统、动态自然系统、动态人工系统、动态复合系统。

五、系统的模型化方法

系统模型是对系统进行分析的重要手段。系统的模型化(系统建模)是把系统各组成要素之间相互关联的信息，用数学、物理或其他方法进行抽象，建立系统模型，使其与系统有相似的结构或行为并体现系统的整体特征。

(一)系统模型的种类

一般情况下，系统是多种多样的，对于同一系统也可用不同的方法、从不同的角度建立不同的模型，因此系统模型也是多种多样的。按照形态，可将模型分为实体模型和抽象模型两类。实体模型又称物理模型，是根据相似原理(如几何相似、运动相似、动力相似)对实际系统的尺寸进行放大或缩小并用实物构造的模型，其特点是直观、形象，如水工建筑物模型。抽象模型是用概念、原理、方法等非物质形态对系统进行描述得到的模型，可以反映系统的本质特征。数学模型、逻辑模型等均属于抽象模型。

系统模型还可以按照其他方法进行分类，如按研究对象可将系统模型分为工程模型、生态模型、环境模型、资源模型、能源模型、经济模型、人口模型等；按用途可将系统模型分为预测模型、优化模型、过程模型、决策模型等；按适用范围可将系统模型分为总体模型与局部模型、宏观模型与微观模型等。

系统分析中最常用的模型是数学模型，通常所说的系统模型一般指数学模型。数学模型具有高度的抽象性，可以定量描述各因素、变量间的关系，具有较高的精度和较强的适应性，便于利用计算机进行编程求解。根据数学模型的特点，可进一步将其细分为静态模型与动态模型、线性模型与非线性模型、连续模型与离散模型、确定性模型与随机性模型、集中参数模型与分布参数模型、投资模型与运行模型等不同的类型。系统分析中的各种预测模型、优化模型、模拟模型、评价模型和决策模型等，多数属于数学模型。

(二) 系统模型的组成

通常情况下，系统模型一般由模型部件、模型变量和相互关系三部分组成。

模型部件是指模型的组成元素。对于水资源工程系统来说，模型部件在概念上相当于构成水资源系统的工程建筑物，如水库、大坝、电站、堤防、渠系、灌区等。

模型变量包括决策变量、状态变量、模型参数、输入变量和输出变量。决策变量(设计变量)是系统中可以人为设定和控制的变量，如水资源系统规划中水库的库容、电站的装机容量、灌区的灌溉面积，系统运行中水库的泄水量、地下水开采量等。状态变量是描述系统运行中各个组成部分的状态及其变化的变量，如水库的蓄水量与水位、地下水位、农田土壤含水量等。模型参数是描述系统特性和条件的变量中不受人为因素直接影响的变量，如输水效率、水轮机效率等。系统输入变量一般不受人为因素控制，如径流系列、气象(降水、气温、蒸发等)系列等。输出变量表示一定决策方案下的系统效应，如供水量、发电量及相应的经济效益。

相互关系是指模型部件之间相互制约、相互作用的各种联系，水资源系统模型中一般包括运行规则、约束和设计准则等三类基本的相互关系。运行规则是系统运行中需要满足的要求，如水库运行规则是在考虑水库防洪、发电、灌溉、航运等要求的基础上拟定的。约束是系统变量之间必须满足的函数关系，水资源系统中有不同类型的约束，包括物理约束(如非负约束、水量平衡)、技术约束(如水库的最大库容、泄水能力、渠道或管道的输水能力)、法律约束(如分水协议、技术标准、行业规范)、经济约束(如投资)等。设计准则用于评估系统特性，确定系统目标函数。

(三) 系统模型化的主要方法

对于不同的研究对象和研究目的，需要建立的模型有所差异，建模方法也不相同，常用的建模方法主要有以下几种。

(1) 直接分析法，对于比较简单的系统，可以根据有关的原理直接分析列出系统的模型，如水资源系统(水库、河道、土壤水、地下水等)的水量平衡方程可以根据质量守恒定律得到。

(2) 机理分析法，根据系统的特性、结构、功能及其与外部环境的相互关系，分析其因果关系与演化过程，在一定的假设条件下建立机理模型，如地表水、土壤水、地下水的动力学模型。

(3) 量纲分析法，是利用量纲和谐原理(凡是正确反映客观规律的物理方程，其各项的量纲必须一致)来推导数学模型的方法，主要有白金汉 π 定理、瑞利法等。量纲分析法目前主要应用于力学、物理学，以及水利工程的水力学等。

(4) 数理统计方法，利用采集的一定量的观测数据，建立系统变量与其影响因素间的统计模型。回归分析方法、时间序列分析方法等都属于这一类方法，常用于预测模型的建立，如降水径流相关模型、径流量时间序列模型等。

(5) 模糊方法，在系统中有一类模糊系统，其行为/结构没有清晰的界定，系统的信息具有模糊性(系统不确定性的一种表现形式)，如汛期与非汛期、丰水年与枯水年之间均存在一定的模糊性。根据模糊集理论，可以用隶属度将具有模糊性的概念定量化，建立模糊系统的数学模型，如模糊预测模型、模糊优化模型、模糊评价模型、模糊决策模型等。

(6)灰色系统建模方法，灰色系统理论是研究灰色不确定性(数据与信息不足所产生的不确定性)的理论，适合于小样本建模，一般观测数据达到4个就可以建立灰色模型(grey model，GM)，如灰关联模型、灰预测模型、灰决策模型等。

近年来，人工神经网络、遗传算法、模拟退火算法、粒子群优化算法和混沌优化算法等都广泛地应用于建模及优化求解之中。对于复杂系统来说，建模过程优化往往需要综合应用不同的建模方法，或建立不同的模型进行比较、分析。

六、系统模型的优化方法

最优化是系统方法处理问题的基本方法，是在一定的约束条件下寻求合理的决策方案，使系统的总体效果达到最优。解决这类问题的方法即为系统优化方法。

在水资源系统的规划、设计、施工、运行管理过程中，经常会提出一些问题，即“如何合理地利用、分配有限的人力、物力、财力等资源，才能使整个系统效果最好(效益最大、费用最省或损失最小)”。这类问题属于水资源系统优化问题。

系统最优化的一般模型由目标函数和约束条件组成。

目标函数：

$$\text{opt}\ Z(\boldsymbol{X}) \tag{1-2a}$$

约束条件：

$$h_i(\boldsymbol{X})=b_i,\quad i=1,2,\cdots,m \tag{1-2b}$$

$$g_j(\boldsymbol{X})\geqslant b_j,\quad j=1,2,\cdots,p \tag{1-2c}$$

$$\boldsymbol{X}\geqslant 0 \tag{1-2d}$$

式中：$\boldsymbol{X}=(x_1,x_2,\cdots,x_n)^{\mathrm{T}}$为决策向量；$Z(\boldsymbol{X})$为目标函数；opt表示最优化(包括最小化min与最大化max)；式(1-2b)～式(1-2d)表示约束条件。根据目标函数、约束条件的性质，最优化模型有不同的类型，需要采用相应的优化方法进行求解。

如果系统目标只有一个，或者多个目标是可以公度的(如水资源系统中灌溉效益、发电效益、供水效益等均可用货币来度量)，则目标函数是一个标量，相应的优化模型属于单目标优化模型。在单目标优化模型的求解方法中，线性规划适用于目标函数与约束函数均为线性函数的情况，整数规划适用于决策变量为整数的情况，非线性规划适用于目标函数或约束函数存在非线性函数的情况，动态规划适用于可以表示为多阶段决策过程的情况。

如果多个目标间是不可公度的(如经济效益、社会效益、生态环境效益)，则目标函数为一向量，相应的优化模型属于多目标规划模型。多目标优化问题的求解方法主要包括：①化多目标为单目标，如评价函数法中主要目标法、线性加权和法、理想点法、乘除法，以及功效系数法等；②分层求解法中的分层序列法、重点目标法和分组序列法；③目标规划法。求解过程中，一般都涉及决策者的价值取向，因此多目标问题的求解往往需要决策者的参与。

第二节 水资源系统的优化及其应用软件

一、水资源系统的概念

水资源系统(water resources system, WRS)是指在一定区域内由水文、水力和水力上相互联系的可为人类利用的各种形态的水体及其有关的水利工程所构成的综合体。综合体中的各类水体具有相互联系并依一定规律相互转化，体现出明显的整体功能、层次结构和特定行为。综合体内部具有协同性和有序性，与外部环境进行物质、能量和信息的交换。水资源系统中的主要水体有大气水、地表水、土壤水和地下水，以及经处理后的污水和从系统外调入的水。各类水体间具有联系，并在一定条件下相互转化。例如，降水入渗和灌溉可以补充土壤水；土壤水饱和后继续下渗形成地下水；地下水由于土壤毛细管作用形成潜水蒸发补充大气水，还可通过侧渗流入河流、湖泊而补充地表水；地表水一方面通过蒸发补充大气水，另一方面通过河湖入渗补充土壤水和地下水。可见，不同的水资源利用方式会影响水资源系统内各类水体的构成比例、地域分布和转化特性。

水资源系统是一空间上分布的系统。根据水循环、水资源形成和转化规律，一个水资源系统可以包含一个或若干个流域、水系、河流或河段。地下水资源的分区通常与地表水资源分区一致。一个水资源系统内还可进一步划分成若干子系统，同时，其本身又是更大的水资源系统的子系统。所以，水资源系统具有明显的层次结构。

水资源系统具有若干整体功能。水本身不仅为各类生物生存的基本条件，而且一定质与量的供水又是国民经济发展的重要物质基础。利用大坝和水轮机可以把天然径流中蕴藏的巨大水能积累起来并转化为电能；水库既可以拦蓄洪水减轻灾害，又可以发展灌溉；河流又兴舟楫之利，湖泊可以发展水产养殖和旅游业。在生态环境方面，水可以调节气候，保持森林、草原的生态稳定及湿地的生物多样性。

水资源系统的特点如下。

(1) 水资源的内涵具有层次性。与人类社会经济和生态环境的生存与发展密切相关的所有淡水(如大气降水、地表水、地下水、土壤水等)，称为广义水资源；人类社会通过对广义水资源的开发利用实现从自然资源向实物资源转变的那部分水资源(如径流性水资源)，称为狭义水资源；根据水资源可持续利用观点，可将狭义水资源进一步划分为生态需水量和国民经济可利用水资源。随着水资源科学的理论与实践的不断发展，水资源的内涵也必将进一步拓展为自然资源、社会资源与虚拟资源三种形式。可见，水资源系统是自然系统、生态系统和社会系统相复合的复杂大系统。

(2) 水资源的不可替代性与可再生性。水资源对于饮用、卫生、农业、林业、畜牧业、渔业、工业、水力发电、航运、娱乐和许多其他人类活动，以及对于人类社会赖以生存和发展的大自然环境的正常运行而言，都是不可替代的。同时，水资源通过各种水分循环的形式来反映其可再生性。

(3) 水资源承载力的多样性、有限性与时空分布的不均衡性。

(4) 水资源工程系统建设和管理的前期性与长期性。随着社会经济的发展和人民生活水平的不断提高，对狭义水资源的数量需求和质量需求也在不断提高，相应的水资源工程系统的建设和管理的前期性与长期性也日益明显。

(5) 水资源系统组成要素的层次性和大规模性。水资源复杂系统一般由天、地、人三大子系统组成，而每个子系统又包括各自的子系统。如此逐层分解，形成了庞大的层次结构，具有很高的维数，系统所覆盖的时间和空间范围大(长期、中期、短期；全球、国家、流域、省、地市、村镇；大气水、地面水、地下水、泉水和土壤水、生物水)，造成计算机的沉重时空负荷，而且难以满足系统在线实时控制的需要。不同层次研究所关心的问题是不同的，系统的运行方式和机制也存在着很大差异。实际常遇到的水资源系统，如河流综合利用系统、大型灌区水资源开发利用系统、城市供水系统、城市下水道排水系统、农田灌溉系统、防洪工程系统、水旱灾害监测评估系统、水运系统、水污染控制系统、水/火电站群联合优化调度运行系统及中国西部水资源优化配置与可持续开发利用系统等，都是由天文、气象、下垫面、生态、人文等地球表层众多要素组成的复杂系统。

(6) 水资源系统各要素之间或各子系统之间的关联形式多种多样，这些关联的复杂性表现在结构上是各种各样的非线性关系，内容上是物质、能量或信息的关联。

(7) 水资源系统的演化特性来适应环境的不断变化。作为开放的系统，水资源系统不断与其所在的自然环境和人文环境发生着物质、能量和信息方面的交换和相互作用，外部环境的变化和不确定性，引起了水资源系统的输入输出强度与性质不断地变化，并进一步引起水资源系统的结构、功能和目的的变化，从而使水资源系统呈现出显著的演化特性。这种演化，一方面表现为系统趋近并达到均衡(相对平衡状态)，并从一个均衡向另一个均衡转移的非均衡过程；另一方面表现为整个系统的结构、功能的变动，以及由此引发的系统均衡格局的变迁。这种演化的行为方式主要有多重均衡(演化问题可能同时存在多个最优解)、路径相依(演化过程与系统的初始状态有关)、分岔、突变、锁定(当系统进入一个均衡态后，若无足够的外界扰动等条件，系统将只能在该均衡态附近波动而无法转移至其他的均衡态)、复杂周期等。例如，都江堰水利工程系统中飞沙堰子系统就能根据系统环境中洪水大小变化和泥沙多少变化进行相应的分洪排沙，以保证整个系统能长期安全运行。

(8) 水资源系统的空间结构特征。受水分循环规律的支配，降水量具有明显的地域分布特征(中国降水量呈由东南沿海到西北内陆逐渐递减的趋势)，从而决定了水资源系统空间结构的主要特征。另外，地势、土壤、植被的不同分布和人类活动也在一定程度上影响水资源的空间格局。所有这些因素决定了水资源系统的空间结构经纬交叉、错综复杂。目前，水资源可持续利用与管理研究，已从单一河段、单一河流的开发利用，转移到全流域、跨流域的水资源统一调配，以及地表水与地下水统一开发利用，水资源系统的空间结构特征更加引人关注。

(9) 水资源系统的社会政治特征。一方面，水是万物生命之源，一个国家或地区经济发展和社会发展越来越受到国家或地区水资源系统运行状况的约束，水资源短缺在世界各地日益显现，危机程度也在日益加深，导致许多地区冲突；另一方面，水量过多将产生水灾，水量过少又会引起旱灾，水体受到污染还会导致重大环境问题。可见，水资源系统问题已成为国家或地区社会经济可持续发展的瓶颈，成为重大战略性问题。

(10) 前面九个特点的复杂性往往是相互联系、交织在一起的，水资源系统是自然系统与社会系统相互复合的典型开放系统，随着水资源系统工程理论和实践在深度和广度方面的展开，这些复杂性的程度将越来越高。

二、水资源系统的优化

(一) 水资源系统的模型化步骤

水资源系统模型化，就是将水资源系统问题进行抽象、概化，按照一定的规律、规则或经验建立反映系统变量和参数间相互关系的数学表达式或其他描述形式，利用一定的方法求解模型，然后将求解结果进行检验、评价与应用。

水资源系统模型化的主要步骤如下：

(1) 明确系统建模目的与需要解决的问题；

(2) 构思模型体系，包括需要建立的模型类型、各类模型间的关系(建立多个模型时)；

(3) 收集有关资料；

(4) 设置系统变量和参数；

(5) 用数学表达式等形式表示变量和参数之间的关系；

(6) 系统模型的编程、求解；

(7) 模型的检验、评价与应用，根据应用情况对模型进行修正和完善。

(二) 水资源系统的优化方法

水资源系统优化就是各种优化方法在水资源系统中的应用过程，其中目标函数、优化变量和约束条件为水资源系统优化的三要素。水资源系统的规划、设计、运行、管理中有许多问题的目标函数和约束条件是复杂的非线性函数，如区域水资源的最优配置、水利工程规模的最优选择、水库和水电站参数的最优选择、水电站的最优运行管理等。水资源系统优化，要求在有限的水资源条件下，通过系统内部各变量之间、各变量与各子系统之间、各子系统之间、系统与外部环境之间的组合和协调，最大限度地满足生产、生活、生态等各用水部门的可持续利用要求，使水资源系统具有最好的社会经济效益和生态环境效益。

从系统目标、约束条件和优化变量等不同角度，可对现有的水资源系统优化方法进行不同的分类。例如，根据系统目标的特征，可把系统优化方法分为三类：第一类是单层单目标最优化方法，又称标量最优化方法，是用一个实数变量来表示系统目标的最优化方法。水资源系统的各种功能，如防洪、灌溉、发电、航运、旅游、水产养殖等，如果能用可以公度的货币进行统一测度，就成为一个单层单目标优化问题，目前这类方法包括：①无约束优化方法、约束优化方法；②确定性优化方法、随机性优化方法、模糊性优化方法、灰色性优化方法、混沌性优化方法；③线性优化方法和非线性优化方法；④静态优化方法和动态优化方法；⑤连续变量优化方法、离散变量优化方法和混合变量优化方法等。第二类是单层多目标最优化方法，又称向量最优化方法，是用两个或两个以上实数变量来表示多个系统目标的最优化方法。例如，在流域水资源规划与管理大系统中，所追求的系统目标有政治效益、社会效益、经济效益、生态环境效益等多个目标。目前，单层多目标优化方法的出发点或者是把它转换成标量最优化问题，或者引入决策者的价值判断于优化过程。前者如加权法、约束法；后者如目的法、代用价值权衡法等。第三类是多层多目标最优化方法，又称大系统最优化方法。很多实际水资源复杂系统，如中国西北水资源承载力系统、南水北调系统，是由两个或两个以上具有层次性的目标组成的，同一层次的目标之间具有相对独立性，它们都服务于上层目标。在这类复杂系统中协调各种目标的取值，以求得整个系统的满意解，是水资源大系统最优化方法研究的主要内容，这类研究目前仍处于初步阶段，主要有大系统分解协调方法。

不同的水资源系统优化问题，水资源系统优化方法的求解过程一般也不相同。

从方法论的角度看，水资源系统优化方法的一般步骤如下。

(1)确定系统优化的目标体系，并用经济、时间、精度、实物等性能指标表示；

(2)选择影响系统目标的独立的优化变量集；

(3)用等式、不等式、集合、显式、隐式等形式确定各优化变量的约束条件；

(4)确定系统优化模型的结构形式，即用目标函数和约束条件来描述各优化变量之间、各优化变量与各性能指标之间的关系式；

(5)针对该结构形式，运用相应的解析方法、数值方法和人机对话方法等进行最终求解；

(6)对所得优化结果的合理性、计算精度和敏感性等进行分析和验证，必要时可对优化结果进行协调、修正、评定，确定最终的系统优化结果，作为决策依据；

(7)根据实际应用效果，对以上各步骤进行不断修改和完善。

三、水资源系统优化的研究进展

国外有关水资源系统优化的研究源于 1955 年哈佛大学制定的一个水资源大纲，该大纲成为 1962 年出版的《水资源系统分析》的主要内容，该著作将系统分析理论引入水资源规划，开始了流域水资源优化配置模型的研究。Buras 根据 20 世纪 50～60 年代兴起的系统分析理论在水资源开发利用中的经验，出版了《水资源科学分配》一书，着重阐述数学规划理论及其计算手段在水资源系统设计和运行调度中的应用方法、分析步骤等，重点研究了水资源科学分配的理论与方法。Marks 于 1971 年提出的水资源系统线性决策规则成为数学模型方法描述水资源系统问题的先导。Cohon 和 Marks 于 1974 年开展了水资源多目标问题的研究。随着科学技术的发展及计算机的应用，美国麻省理工学院(Massachusetts Institute of Technology，MIT)于 1979 年完成了阿根廷里奥科罗拉多河流域的水资源开发规划，以模拟模型技术对流域水量的利用进行了研究，提出了多目标规划理论、水资源规划的数学模型方法。Sheer 于 1983 年利用优化和模拟相结合的技术建立了华盛顿特区的城市配水系统。国外在水资源系统模拟和优化研究的过程中形成了应用价值较高的模型软件系统，如 CALSIM(美国)、Aquarius(美国)、MIKE BASIN(丹麦)。CALSIM 是由加利福尼亚州水资源部(California Department of Water Resources)开发的通用河流流域管理决策支持系统，通过一种专门的模型语言 WRESL(Water Resources Engineering Simulation Language)来实现，无须重新编辑复杂模型就可以在不同目标和系统约束的水资源规划和调度中应用。Aquarius 以概化的水资源系统网络为基础，采用非线性优化技术按照各类经济用水边际效益大致均衡准则进行水源分配。MIKE BASIN 以河流水系为主干，以工程、用水户及分汇水点等为节点构建流域系统图以实现动态模拟，模型考虑了地表水和地下水联合调度，对不同方式下的水库运行及库群联合调度提供了计算方法，并通过 GIS 提供丰富的结果展示和数据交互。20 世纪 90 年代以后，水资源系统优化模型出现了新的变化，一方面，基因算法(遗传算法)、人工智能算法(人工神经网路)及灰色系统理论、模糊理论、分形混沌等新的理论和方法不断引入；另一方面，水资源系统优化模型不断与 3S 技术[地理信息系统(geographic information system，GIS)；全球导航卫星系统(global navigation satellite system，GNSS)；遥感(remote sensing，RS)]、水文模型(SWAT、VIC)、社会经济模型，以及气候变化模式相耦合。

国外的水资源系统优化模型的发展趋势是由单目标向多目标，模拟与优化模型相结合，大系统理论、可靠性分析和风险分析，不确定和模糊优化模型的耦合的多目标、多层次、多用户、群决策的水资源系统优化模型系统发展。

我国从 20 世纪 60 年代开始以水库优化调度为先导的水资源分配研究，成为水资源系统（水库系统）优化模型研究的雏形。华士乾于 20 世纪 80 年代初对北京地区的水资源利用进行了系统工程方法的研究。谢新民于 1992 年对水资源大系统的运行管理问题进行了研究。“八五”期间，黄河水利委员会开展了“黄河流域水资源合理分配及优化调度”研究，在流域水资源合理配置方法和实际操作上取得了较为成功的实践经验。“九五”国家重点科技攻关项目“西北地区水资源合理开发利用及生态环境保护研究”中，水资源配置的范围扩展到社会经济-水资源-生态环境复合系统，水量配置的对象也发展到同时优化配置国民经济用水和生态环境用水两方面。中国工程院院士、中国水利水电科学研究院王浩研究员于 2002 年提出水资源总体规划应以流域系统为对象，以流域水循环为科学基础，以合理配置为中心的系统观，以多层次、多目标、群决策方法为流域水资源规划的方法论，以及由此形成的《全国水资源综合规划技术大纲》《全国水资源综合规划技术细则》，反映了我国当时水资源系统评价及规划的最高水平。

四、应用软件

随着计算机硬件和软件的发展，具有优化计算求解的软件如雨后春笋般涌现，本章着重介绍三种比较简单而且常用的优化工具，分别为 Microsoft Excel 的“规划求解”、LINGO 和 Matlab 优化工具箱。

（一）Microsoft Excel 的规划求解

Microsoft Excel 的“规划求解”工具取自得克萨斯大学奥斯汀分校的 Leon Lasdon 和克利夫兰州立大学的 Allan Waren 共同开发的 Generalized Reduced Gradient（GRG2）非线性最优化代码。线性和整数规划问题取自 Frontline Systems 公司的 John Waston 和 Dan Fylstra 提供的有界变量单纯形法和分支定界法。

1. 规划求解加载

在默认安装 Office 软件情况下，Excel 界面中是找不到“规划求解”工具的。下面以 Excel 2010 为例，说明“规划求解”加载过程。在 Excel 2010 中，选择“文件→选项→加载项”命令，在“查看和管理 Microsoft Office 加载项”对话框最下方的“管理（A）”下拉框中选择“Excel 加载项”，然后单击对话框右侧的“转到（G）”按钮，弹出“加载宏”对话框，如图 1-2 所示。在弹出的“加载宏”对话框中的“可用加载宏”选项列表中，选中“规划求解加载项”复选框，然后单击“确定”按钮添加加载项，同时关闭对话框，完成 Excel 规划求解加载项的加载。加载后的“规划求解”按钮位于“数据”功能区的“分析”功能组中（图 1-3）。

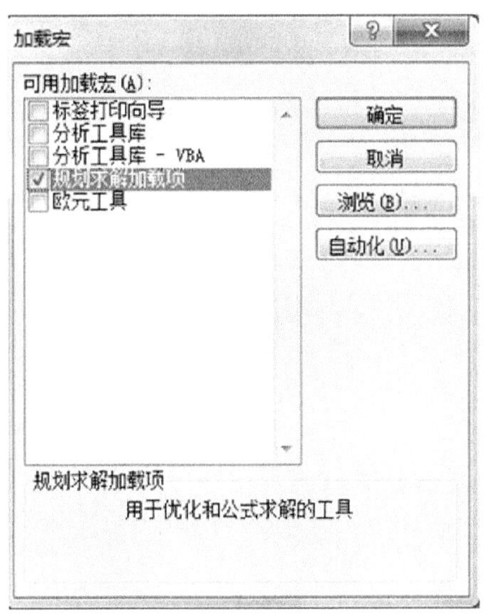

图 1-2　规划求解加载项

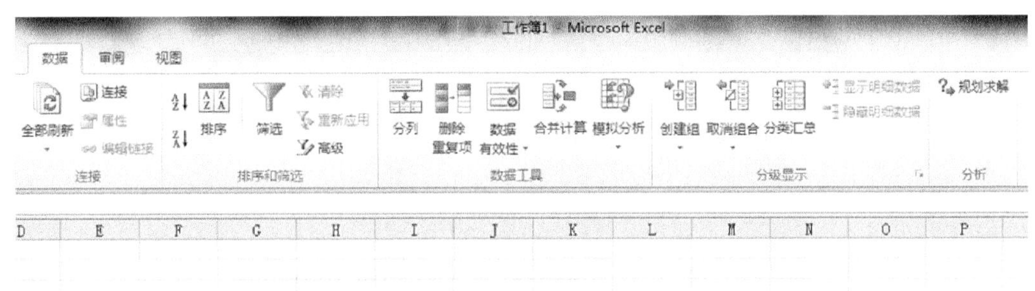

图 1-3　规划求解按钮的位置

2. 规划求解参数设置

单击“数据→分析→规划求解”按钮之后，将会出现“规划求解参数”的对话框，如图 1-4 所示。

下面介绍规划求解参数对话框中各项的设置。

(1) 设置目标(T)：一些单元格、已知数据、运算符号的组合，即优化模型的目标函数，目标单元格中一定是公式，而且一定是以“=”开始。

(2) 最大值(M)、最小值(N)、目标值(V)：指定目标单元格(目标函数)为最大值、最小值，还是某一规定值，如果是某一规定值，就将该数值键入右侧编辑框。

(3) 通过更改可变单元格(B)：在此指定可变单元格。求解时单元格中的数值在不断调整变化，直到满足“遵守约束”条件和“设置目标”的要求。可变单元格必须直接或间接与设置目标的单元格相关联，即优化模型中决策变量所在的单元格。

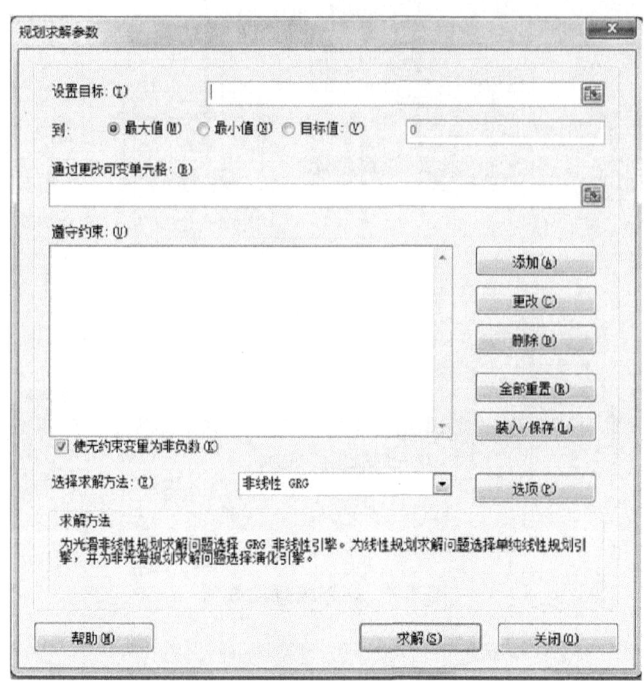

图 1-4　规划求解参数设置对话框

(4) 遵守约束(U)：在此列出优化模型的所有约束条件。

(5) 添加(A)：单击“添加”按钮，显示“添加约束”对话框，如图 1-5 所示。

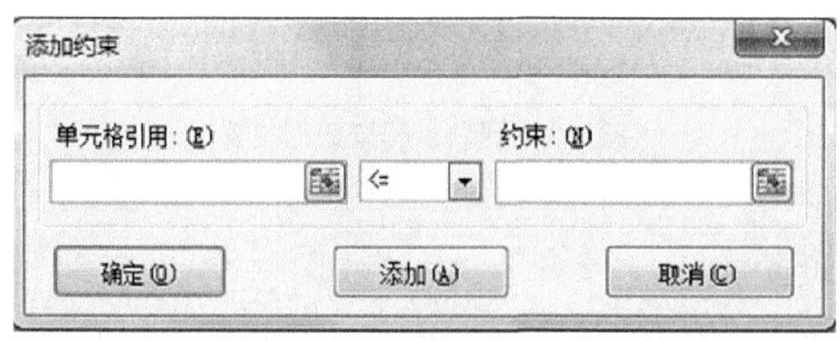

图 1-5　添加约束对话框

(6) 更改(C)：单击“更改”按钮，显示“更改约束”对话框。单击此按钮的时候，需要先选定要修改的约束条件，否则，将弹出“无约束可改变”的提示框。

(7) 删除(D)：单击此按钮将删除选定的约束条件，与更改类似，单击此按钮前，需要先选定待删除的约束。

(8) 全部重置(R)：单击此按钮，将显示“重新设置所有规划求解选项及单元格选定区域？”的提示框，所以，单击此按钮前，一定要仔细斟酌，不要轻易用此命令。

(9) 装入/保存(L)：以上所有选项均设置完毕后，可以单击此按钮，弹出“装入/保存模型”的对话框，如图 1-6 所示。

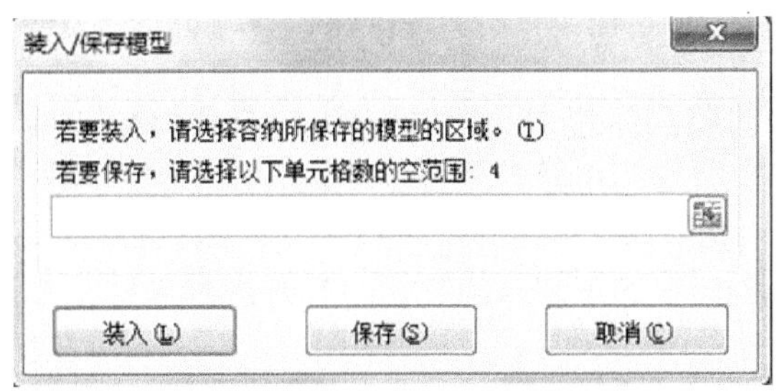

图 1-6 装入/保存模型对话框

(10)选择求解方法(E)：右侧的复选框中列出非线性 GRG、单纯线性规划和演化三种方法，点击右侧的“选项(P)”按钮，即显示“选项”的对话框，如图 1-7 所示。

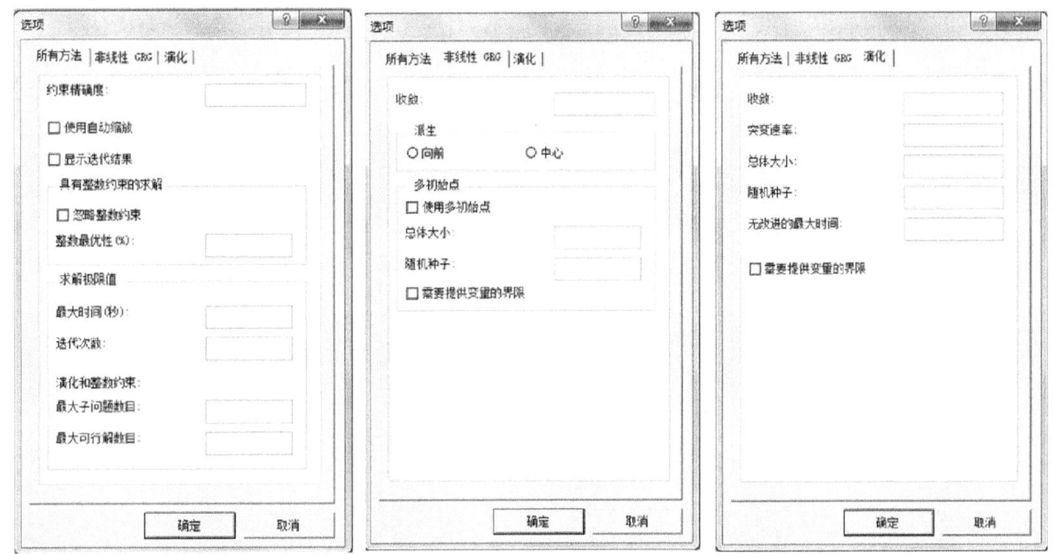

图 1-7 选项对话框

(11)求解(S)：对设置好的规划求解参数的问题进行求解。

(12)关闭(O)：关闭对话框，不进行规划求解。但保留通过“添加”“更改”“删除”和“选项”等按钮所做的修改，即下次单击“规划求解”按钮时，“规划求解参数”对话框显示上次所做的参数设置。

3. 规划求解的步骤

规划求解加载项是一组命令构成的一个子程序，这些命令有时也称作假设分析工具，其功能是可以求出线性和非线性数学规划问题的最优解和最优值。使用规划求解加载项求解的步骤为：

(1)在 Excel 工作表中输入目标函数的系数向量、约束条件的系数矩阵和右端常数项(每一个单元格输入一个数据)；

(2)选定一个单元格存储目标函数(称为目标单元格)，用定义公式的方式在这个目标单元格内定义目标函数；

(3) 选定与决策变量个数相同的单元格(称为可变单元格)，用以存储决策变量；再选择与约束条件个数相同的单元格,用定义公式的方式在每一个单元格内定义一个约束函数(称为约束函数单元格)；

(4) 点击“数据→分析”中的规划求解按钮，打开规划求解参数设定对话框(图 1-4)，完成规划模型的设定。

4. 规划求解的应用实例

下面以一个简单的线性规划模型来说明如何用 Excel 中的规划求解功能。

【例 1-1】　需要求解如下问题：

$$\max Z=5x_1+8x_2 \tag{1-3a}$$

$$\text{s.t. } 2x_1+x_2\leqslant 7 \tag{1-3b}$$

$$2x_1+3x_2\leqslant 11 \tag{1-3c}$$

$$5x_1+7x_2\leqslant 15 \tag{1-3d}$$

$$x_1,\ x_2\geqslant 0 \tag{1-3e}$$

解：利用 Excel 中的规划求解进行计算如下。

首先，将式(1-3)中所给的模型转化成 Excel 中的计算模型，如图 1-8 所示。

	A	B	C	D	E	F	G
1		x_1	x_2	计算	约束条件	约束值	
2	变量						
3	目标	5	8				
4	条件	2	1		≤	7	
5		2	3		≤	11	
6		5	7		≤	15	
7							

图 1-8　例 1-1 模型的 Excel 表

图 1-8 是按照模型[式(1-3)]的形式做出的。变量 x_1 和 x_2 下面的单元格是空的，因为 x_1 和 x_2 的取值正是式(1-3)中待求的变量，所以暂时空着。

同样，计算一列的单元格也是空的，因为这一列的各个单元格需要输入约束条件及目标函数的关系式，如 D3 这个单元格表示目标函数，因此，D3 单元格输入的关系式为式(1-3a)，即“=B3*B2+C3*C2”，回车后 D3 变为“0”，而 D3 单元格的实际表示的是 $5x_1+8x_2$。同理，输入 D4、D5、D6 的关系式分别为：D4“=B4*B2+C4*C2”、D5“=B5*B2+C5*C2”、D6“=B6*B2+C6*C2”。回车后，得到图 1-9。

下面即可利用图 1-9 来进行规划求解了，点击 Excel 中的“数据→分析”中的规划求解按钮，进入“规划求解参数”对话框，开始设定各个计算参数。

设置目标：单元格 D3。

	A	B	C	D	E	F	G
1		x_1	x_2	计算	约束条件	约束值	
2	变量						
3	目标	5	8	0			
4	条件	2	1	0	≤	7	
5		2	3	0	≤	11	
6		5	7	0	≤	15	
7							

图 1-9　建立约束条件及目标函数的 Excel 表

通过更改可变单元格：就是 x_1 和 x_2 下面的单元格，也是式(1-3)中待求的最优解，即单元格 B2 和 C2。

通过“添加”按钮输入“遵守约束”，即式(1-3b)～式(1-3e)。

规划求解参数设置完毕，如图 1-10 所示。

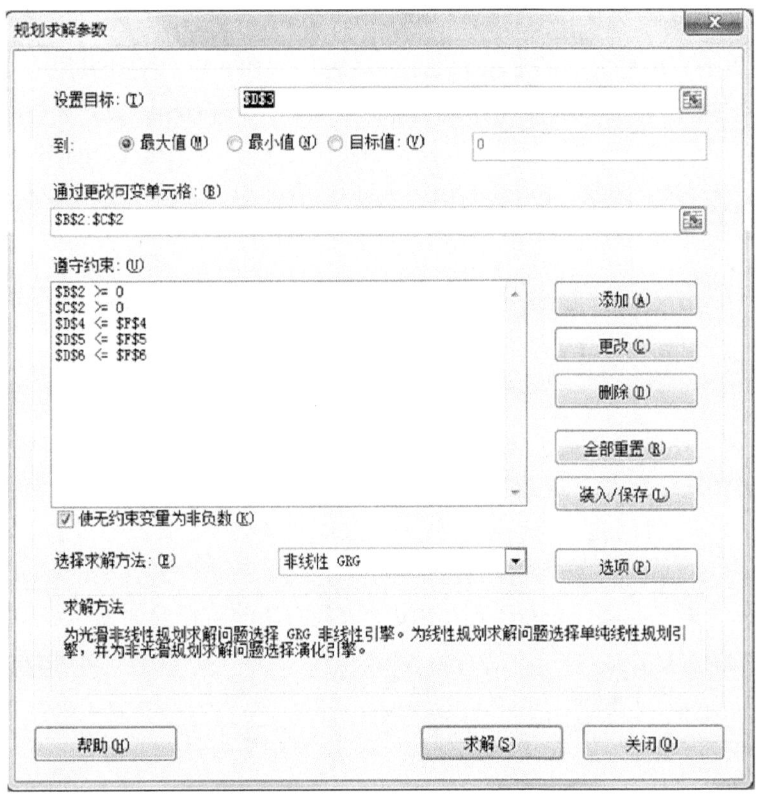

图 1-10　规划求解参数设置

单击“求解”按钮，即可得到计算结果，如图 1-11 所示。

	A	B	C	D	E	F	G
1		x_1	x_2	计算	约束条件	约束值	
2	变量	0	2.1429				
3	目标	5	8	17.1429			
4	条件	2	1	2.14286	≤	7	
5		2	3	6.42857	≤	11	
6		5	7	15	≤	15	
7							

图 1-11　优化模型计算结果的 Excel 表

得到最优解为 x_1=0，x_2=2.1429，目标函数的最优值为 Z^*=17.1429。

(二) LINGO

1. LINGO 简介

LINGO 是美国芝加哥大学的 Linus Schrage 教授于 1980 年前后开发用来求解线性、非线性优化问题的软件包，后来成立 LINDO 系统公司(LINDO Systems Inc.)进行商业化运作，取得巨大的成功。LINDO 和 LINGO 是该公司的两个主要产品。从 LINGO9.0 开始，已能实现 LINDO 的所有功能，因此，在 LINDO6.1 以后，不再发行该软件的新版本。目前，LINGO 软件的最新版本为 11.0 版。

LINGO 是 Linear Interactive and General Optimizer 的缩写，即“交互式的线性和通用优化求解器”，可以用于求解非线性规划，也可以用于一些线性和非线性方程组的求解等。其特色在于可以允许决策变量是整数(即整数规划，包括 0-1 整数规划)，方便灵活，而且执行速度非常快。

LINGO 内置了一种建立最优化模型的语言，可以简便地表达大规模问题，利用 LINGO 高效的求解器可快速求解并分析结果。LINGO 具有程序执行速度快，易于输入、修改、求解和分析一个数学规划问题的特点。有关 LINGO 软件的详细情况可以访问网站：www.lindo.com。

在 Windows 系统中运行 LINGO 时，会进入 LINGO 的软件界面窗口，如图 1-12 所示。

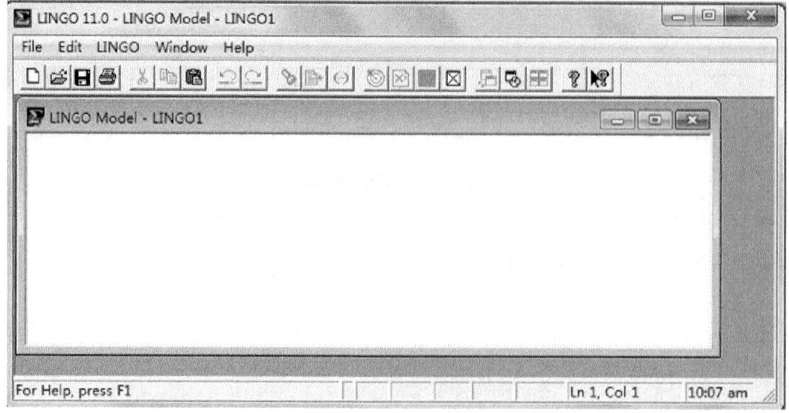

图 1-12　LINGO 软件的界面

外层是主框架窗口，包含了所有菜单命令和工具条，其他所有的窗口被包含在主窗口之下。主窗口内的标题为 LINGO Model—LINGO1 的窗口是 LINGO 的默认模型窗口，建立的模型都要在该窗口内编码实现。

2. LINGO 的语法规定

(1) 标点符号：每个语句以分号“；”结束，感叹号“！”开始的是说明语句(说明语句也需要以分号“；”结束)；每行可以有多个语句，语句可以跨行。但是，model、sets、data 以“：”结尾。Endsets、enddata、end 尾部不加任何符号。

(2) 变量名称：必须以字母(A～Z)开头，由字母、数字(0～9)和下划线“_”组成，长度不超过 32 个字符，不区分大小写。

(3) 可以给语句加上标号，如[OBJ] MAX=…。

(4) 运算符号：加(+)，减(−)，乘(*)，除(/)，乘方(x^a)，要注意乘号(*)不能省略。

(5) 目标函数输入格式：求目标函数的最大值和最小值分别用 MAX=目标函数的解析式或 MIN=目标函数的解析式来表示。

(6) 约束条件输入格式：利用>、<、>=、<=等符号。但是，>与>=没有区别。LINGO 软件默认所有决策变量都大于等于 0。

(7) 变量的取值范围：@bin(变量名)表示限制该变量为 0 或 1；@bnd(a，变量名，b)表示限制该变量介于 a、b 之间；@free(变量名)表示允许该变量为负数；@gin(变量名)表示限制该变量为整数。

(8) MODEL 语句：LINGO 模型以语句“MODEL:”开头，以“END”结束，对于比较简单的模型，这两个语句也可以省略。

(9) 命令不考虑先后次序。

3. LINGO 软件的菜单介绍

1) 文件菜单(File Menu)

(1) 新建(New)：从文件菜单中选用“New”命令、单击“New”按钮或直接按 F2 键可以创建一个新的“Model”窗口。在这个新的“Model”窗口中能够输入所要求解的模型。

(2) 打开(Open)：从文件菜单中选用“Open”命令、单击“Open”按钮或直接按 F3 键可以打开一个已经存在的文本文件。这个文件可能是一个 Model 文件。

(3) 保存(Save)：从文件菜单中选用“Save”命令、单击“Save”按钮或直接按 F4 键用来保存当前活动窗口(最前台的窗口)中的模型结果、命令序列等。

(4) 另存为(Save As...)：从文件菜单中选用“Save As...”命令或按 F5 键可以将当前活动窗口中的内容保存为文本文件，其文件名为在“Save As...”对话框中输入的文件名。利用这种方法可以将任何窗口的内容如模型、求解结果或命令保存为文件。

(5) 关闭(Close)：在文件菜单中选用“Close”命令或按 F6 键将关闭当前活动窗口。如果这个窗口是新建窗口或已经改变了当前文件的内容，LINGO 系统将会提示是否想要保存改变后的内容。

(6) 打印(Print)：在文件菜单中选用“Print”命令、单击“Print”按钮或直接按 F7 键可以将当前活动窗口中的内容发送到打印机。

(7) 输出到日志文件(Log Output…)：从文件菜单中选用“Log Output...”命令或按 F9 键打开一个对话框，用于生成一个日志文件，它存储接下来在“命令窗口”中输入的所有命令。

(8) 提交 LINGO 命令脚本文件(Take Commands...)：从文件菜单中选用“Take Commands...”命令或直接按F11键就可以将LINGO命令脚本(command script)文件提交给系统进程来运行。

(9) 引入 LINGO 文件(Import LINGO File...)：从文件菜单中选用“Import LINGO File...”命令或直接按 F12 键可以打开一个 LINGO 格式模型的文件，然后 LINGO 系统会尽可能把模型转化为 LINGO 语法允许的程序。

(10) 退出(Exit)：从文件菜单中选用“Exit”命令或直接按 F10 键可以退出 LINGO 系统。

2) 编辑菜单(Edit Menu)

(1) 恢复(Undo)：从编辑菜单中选用“Undo”命令或按 Ctrl+Z 组合键，将撤销上次操作、恢复至其前的状态。

(2) 剪切(Cut)：从编辑菜单中选用“Cut”命令或按 Ctrl+X 组合键可以将当前选中的内容剪切至剪贴板中。

(3) 复制(Copy)：从编辑菜单中选用“Copy”命令或按 Ctrl+C 组合键可将当前选中的内容复制到剪贴板中。

(4) 粘贴(Paste)：从编辑菜单中选用“Paste”命令或按 Ctrl+V 组合键可以将粘贴板中的当前内容复制到当前插入点的位置。

(5) 粘贴特定...(Paste Special...)：与上面的命令不同，它可以用于剪贴板中的内容不是文本的情形。

(6) 全选(Select All)：从编辑菜单中选用“Select All”命令或按 Ctrl+A 组合键可选定当前窗口中的所有内容。

(7) 匹配小括号(Match Parenthesis)：从编辑菜单中选用“Match Parenthesis”命令、单击“Match Parenthesis”按钮或按 Ctrl+P 组合键可以为当前选中的开括号查找匹配的闭括号。

(8) 粘贴函数(Paste Function)：从编辑菜单中选用“Paste Function”命令可以将 LINGO 的内部函数粘贴到当前插入点。

3) LINGO 菜单

(1) 求解模型(Slove)：从 LINGO 菜单中选用“Slove”命令、单击“Slove”按钮或按 Ctrl+S 组合键可以将当前模型送入内存求解。

(2) 求解结果...(Solution...)：从 LINGO 菜单中选用“Solution...”命令、单击“Solution...”按钮或直接按 Ctrl+O 组合键可以打开求解结果的对话框。这里可以指定查看当前内存中求解结果的那些内容。

(3) 灵敏性分析(Range)：从 LINGO 菜单中选用“Range”命令、单击“Range”按钮或直接按 Ctrl+R 组合键即可产生当前模型的灵敏性分析报告，研究当目标函数的费用系数和约束右端项在什么范围(此时假定其他系数不变)时，最优基保持不变。灵敏性分析是在求解模型时做出的，因此在求解模型时灵敏性分析是激活状态，但是默认是不激活的。为了激活灵敏性分析，运行 LINGO|Options…，选择 General Solver Tab，在 Dual Computations 列表框中，

选择 Prices and Ranges 选项。灵敏性分析耗费相当多的求解时间，因此当速度很关键时，就没有必要激活它。

(4) 查看...(Look...)：从 LINGO 菜单中选用“Look...”命令或直接按 Ctrl+L 组合键可以查看全部的或选中的模型文本内容。

4. LINGO 的应用实例

【例 1-2】 以例 1-1 的优化模型[式(1-3)]为例，利用 LINGO 进行求解。

解：打开进入 LINGO11 软件界面，输入如下关系表达式：

```
max =5*x1+8*x2;
2*x1+x2<=7;
2*x1+3*x2<=11;
5*x1+7*x2<=15;
```

通过单击工具条上的按钮 ，或者点击菜单“LINGO→Solve”即可得到如下运行结果(图 1-13)。

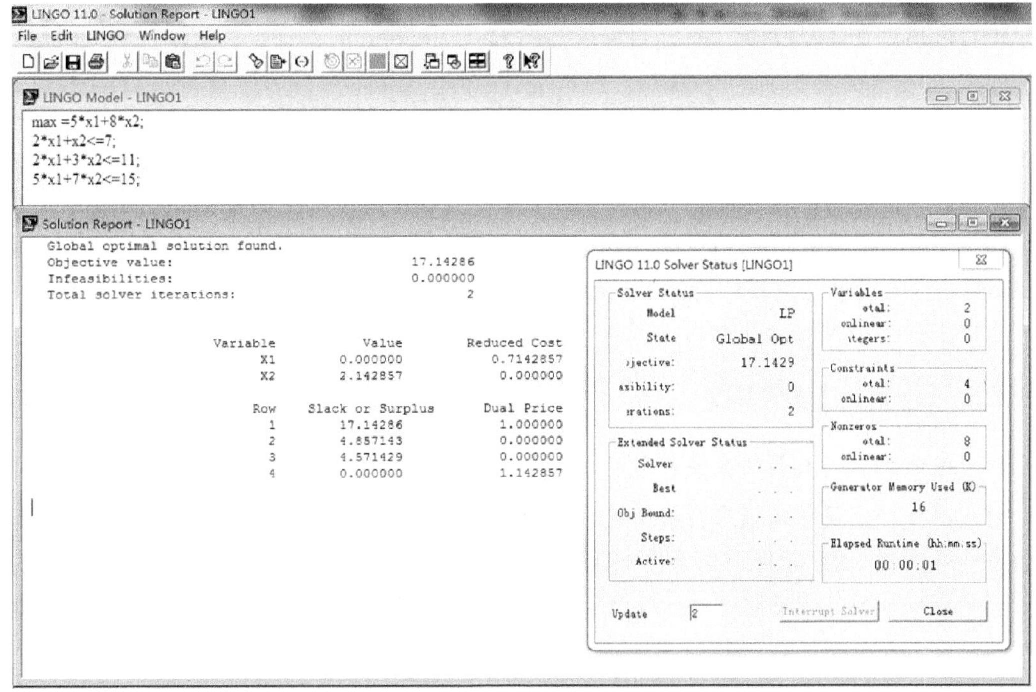

图 1-13 LINGO 运行结果

下面对 Solution Report-LINGO1 的各个部分进行说明。

Global optimal solution found：表示已找到全局最优解。

Objective value：表示最优值的大小。可见本题函数最大值 Z_{max}=17.14286。

Infeasibilities：表示矛盾约束的数目。

Total solver iterations：迭代次数。

Variable：变量。本题有两个变量 x_1 和 x_2。

Value：变量对应的最优解，即 x_1=0.000000，x_2=2.142857。

Reduced Cost：变量 x_i 在最优解的基础上增加一个单位，目标函数值的改变量。例如，一个变量的 Reduced Cost 值为 5，那么，当该变量增加一个单位时，在最大化(最小化)问题中目标函数值将增大(减少)5 个单位。

Slack or Surplus：表示接近等于的程度，即约束离相等还差多少。在约束条件是<=中，表示松弛程度，在约束条件是>=中，表示过剩程度。如果约束条件是=，则 Slack or Surplus 为 0，该约束是个紧约束(或有效约束)。如果一个约束是矛盾的，即模型无可行解，则 Slack or Surplus 的值是负数。

知道 Slack or Surplus 的值，有助于发现优化模型中错误的约束条件。该例中第 4 行松弛变量均为 0，说明对于最优解来讲，一个约束(4 行)取等号，即都是紧约束，第 2 行为 4.857143，即最优解使得第 2 行过剩 4.857143；第 3 行为 4.571429，即最优解使得第 3 行过剩 4.571429。

Dual Price：对偶价格的值，它表示约束条件中的常数，每增加一个单位，目标函数值改变的数量(在最大化问题中目标函数值是增加，在最小化问题中目标函数值是减少)。例如，在该例中第 4 行的 1.142857，表示 5*x1+7*x2<=15 增加一个单位到 5*x1+7*x2<=16.142857，可以使目标值增加 1(因为第 1 行是目标函数的 Dual Price 是 1)，即目标值增加到 18.14286。

(三) Matlab

Matlab 是 Mathworks 公司推出的一套功能强大的过程计算及数值分析软件，是目前世界上应用最广泛的工程计算软件之一。它包含很多工具箱，主要用来扩充 Matlab 的数值计算、符号运算、图形建模仿真等功能，使其能够用于多种学科，如控制系统工具箱(Control System Toolbox)、信号处理工具箱(Signal Processing Toolbox)、财政金融工具箱(Financial Toolbox)等。下面主要介绍 Matlab 的优化工具箱(Optimization Toolbox)的一些内容。

1. Matlab 优化工具箱简介

1) Matlab 优化工具箱的主要应用

Matlab 优化工具箱可以求解线性规划问题；边界约束条件下的非线性最小化问题；无约束条件非线性极小值；求解约束条件下非线性极小值，包括目标逼近问题、极大-极小值问题；求解二次规划和线性规划问题；非线性最小二乘逼近和曲线拟合；求解复杂结构的大规模优化问题。

2) 优化工具箱的常用函数

(1) linprog：求解线性规划问题。

(2) fminbnd：边界约束条件下的非线性最小化。

(3) fminsearch：求解无约束非线性最小化。

(4) fminunc：求解多变量函数的最小化。

(5) fmincon：求解有约束的非线性最小化。

(6) quadprog：求解二次规划问题。

(7) fminimax：求解最小、最大化问题。

(8) fgoalattain：求解多目标规划的优化问题。

3) Matlab 优化函数的查阅与定位

在 Matlab 的命令窗口键入命令 L：

help optim

结果显示该工具箱中所有函数清单，部分函数如图 1-14 所示。

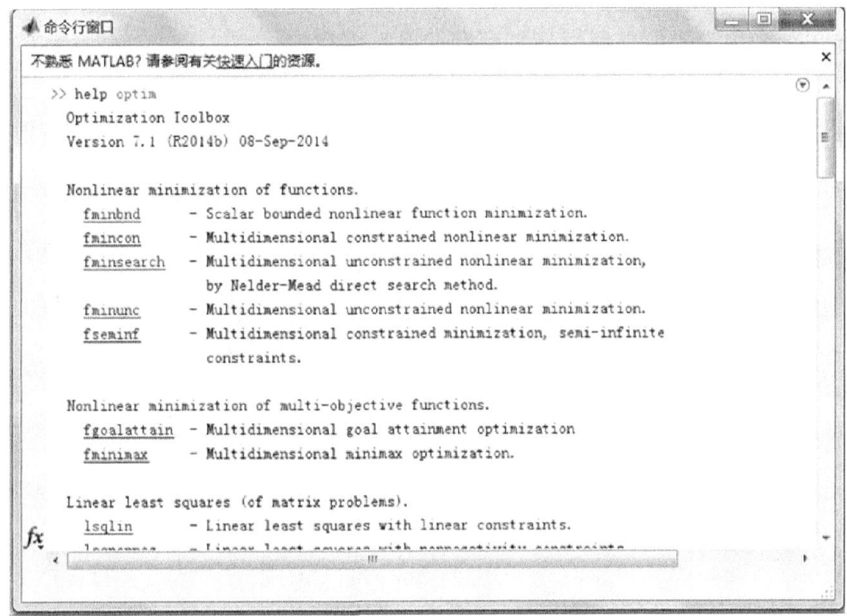

图 1-14 优化工具箱部分函数

2. Matlab 优化工具箱中函数的格式

1) linprog

函数 linprog 用来求解线性规划问题的数学模型为

$$\min Z=f^{T}X \tag{1-4a}$$

$$AX\leqslant b \tag{1-4b}$$

$$A_{eq}X=b_{eq} \tag{1-4c}$$

$$lb\leqslant X\leqslant ub \tag{1-4d}$$

Matlab 中调用格式如下：

x=linprog(f,A,b) %求 $\min f^{T}X$ s.t. $AX\leqslant b$ 线性规划的最优解

x=linprog(f,A,b,Aeq,beq) %等式约束 $A_{eq}X=b_{eq}$，若没有不等式约束 $AX\leqslant b$，则 A=[ ]，b=[ ]

x=linprog(f,A,b,Aeq,beq,lb,ub) %指定 x 的范围 $lb\leqslant X\leqslant ub$，若没有等式约束 $A_{eq}X=b_{eq}$，则 Aeq=[ ]，beq=[ ]

x= linprog(f,A,b,Aeq,beq,lb,ub,x0) %设置初值 x0

x= linprog (f,A,b,Aeq,beq,lb,ub,x0,options)　　% options 为指定的优化参数

[x,fval] = linprog (…)　% 返回目标函数最优值，即 fval= $f^T X$

[x,lambda,exitflag] = linprog (…)　% lambda 为解 x 的拉格朗日乘子

[x, lambda,fval,exitflag] = linprog (…)　% exitflag 为终止迭代的错误条件

[x,fval, lambda,exitflag,output] = linprog (…)　% output 为关于优化的一些信息

2) fminbnd

函数 fminbnd 用来求解非线性规划问题的数学模型为

$$\min f(X) \qquad X=(x_1,x_2,\cdots,x_n)^{\mathrm{T}} \tag{1-5}$$

Matlab 中调用格式如下：

x=fminbnd (fun,x1,x2)　%返回自变量 x 在区间 $x_1 < x < x_2$ 上函数 fun 取最小值时 x 值，fun 为目标函数的表达式字符串或 Matlab 自定义函数的函数柄。

x = fminbnd (fun,x1,x2,options)　% options 为指定优化参数选项

[x,fval] = fminbnd (…)　% fval 为目标函数的最小值

[x,fval,exitflag] = fminbnd (…)　% exitflag 为终止迭代的条件

[x,fval,exitflag,output] = fminbnd (…)　% output 为优化信息

3) fminsearch

函数 fminsearch 用来求解非线性规划问题的数学模型为式(1-5)。

Matlab 中调用格式如下：

x = fminsearch (fun,x0)　%x0 为初始点，fun 为目标函数的表达式字符串或 MATLAB 自定义函数的函数柄

x = fminsearch (fun,x0,options)　% options 查 optimset

[x,fval] = fminsearch (…)　%最优点的函数值

[x,fval,exitflag] =fminsearch (…) % exitflag 与单变量情形一致

[x,fval,exitflag,output] = fminsearch (…)　%output 与单变量情形一致

4) fminunc

函数 fminunc 用来求解非线性规划问题的数学模型为式(1-5)。

Matlab 中调用格式如下：

x = fminunc (fun,x0)　%返回给定初始点 x0 的最小函数值点

x = fminunc (fun,x0,options)　% options 为指定优化参数

[x,fval] = fminunc (…)　%fval 最优点 x 处的函数值

[x,fval,exitflag] = fminunc (…)　% exitflag 为终止迭代的条件

[x,fval,exitflag,output] = fminunc (…)　%output 为输出优化信息

[x,fval,exitflag,output,grad] = fminunc (…)　% grad 为函数在解 x 处的梯度值

[x,fval,exitflag,output,grad,hessian] = fminunc (…)　%目标函数在解 x 处的海塞(Hessian)值

5) fmincon

函数 fmincon 用来求解有约束非线性规划问题的数学模型为

$$\min Z=f(X) \tag{1-6a}$$

$$C(X)\leqslant 0 \tag{1-6b}$$

$$C_{\mathrm{eq}}(X)=0 \tag{1-6c}$$

$$AX\leqslant b \tag{1-6d}$$

$$A_{\mathrm{eq}}X=b_{\mathrm{eq}} \tag{1-6e}$$

$$lb\leqslant X\leqslant ub \tag{1-6f}$$

Matlab 中调用格式如下：

```
x = fmincon(fun,x0,A,b)
x = fmincon(fun,x0,A,b,Aeq,beq)
x = fmincon(fun,x0,A,b,Aeq,beq,lb,ub)
x = fmincon(fun,x0,A,b,Aeq,beq,lb,ub,nonlcon)
x = fmincon(fun,x0,A,b,Aeq,beq,lb,ub,nonlcon,options)
[x,fval] = fmincon(…)
[x,fval,exitflag] = fmincon(…)
[x,fval,exitflag,output] = fmincon(…)
[x,fval,exitflag,output,lambda] = fmincon(…)
[x,fval,exitflag,output,lambda,grad] = fmincon(…)
[x,fval,exitflag,output,lambda,grad,hessian] = fmincon(…)
```

6) quadprog

函数 quadprog 用来求解有约束非线性规划问题的数学模型为

$$\min Z= X^{\mathrm{T}}HX/2+f^{\mathrm{T}}X \tag{1-7a}$$

$$AX\leqslant b \tag{1-7b}$$

$$A_{\mathrm{eq}}X=b_{\mathrm{eq}} \tag{1-7c}$$

$$lb\leqslant X\leqslant ub \tag{1-7d}$$

Matlab 中调用格式如下：

```
x = quadprog(H,f,A,b)    %其中 H,f,A,b 为标准形中的参数，x 为目标函数的最小值
x = quadprog(H,f,A,b,Aeq,beq)    %Aeq,beq 满足等约束条件 Aeq X = beq
x = quadprog(H,f,A,b,Aeq,beq,lb,ub)    % lb,ub 分别为解 x 的下界与上界
x = quadprog(H,f,A,b,Aeq,beq,lb,ub,x0)    %x0 为设置的初值
x = quadprog(H,f,A,b,Aeq,beq,lb,ub,x0,options)    % options 为指定的优化参数
[x,fval] = quadprog(…)    %fval 为目标函数最优值
[x,fval,exitflag] = quadprog(…)    % exitflag 与线性规划中参数意义相同
[x,fval,exitflag,output] = quadprog(…)    % output 与线性规划中参数意义相同
[x,fval,exitflag,output,lambda] = quadprog(…)    % lambda 与线性规划中参数意义相同
```

7) fminimax

函数 fminimax 用来求解最小、最大化问题的数学模型为

$$\min \max f(X) \tag{1-8a}$$

$$C(X) \leqslant 0 \tag{1-8b}$$

$$C_{\mathrm{eq}}(X)=0 \tag{1-8c}$$

$$AX \leqslant b \tag{1-8d}$$

$$A_{\mathrm{eq}}X=b_{\mathrm{eq}} \tag{1-8e}$$

$$lb \leqslant X \leqslant ub \tag{1-8f}$$

Matlab 中调用格式如下：

```
x = fminimax(fun,x0)
x = fminimax(fun,x0,A,b)
x = fminimax(fun,x0,A,b,Aeq,beq)
x = fminimax(fun,x0,A,b,Aeq,beq,lb,ub)
x = fminimax(fun,x0,A,b,Aeq,beq,lb,ub,nonlcon)
x = fminimax(fun,x0,A,b,Aeq,beq,lb,ub,nonlcon,options)
[x,fval,maxfval] = fminimax(…)
[x,fval,maxfval,exitflag] = fminimax(…)
[x,fval,maxfval,exitflag,output] = fminimax(…)
[x,fval,maxfval,exitflag,output,lambda] = fminimax(…)
```

8) fgoalattain

函数 fgoalattain 用来求解多目标问题的数学模型为

$$\min Z=\lambda \tag{1-9a}$$

$$F(X)-\mathrm{weight}\times\lambda \leqslant \mathrm{goal} \tag{1-9b}$$

$$AX \leqslant b \tag{1-9c}$$

$$A_{\mathrm{eq}}X=b_{\mathrm{eq}} \tag{1-9d}$$

$$lb \leqslant X \leqslant ub \tag{1-9e}$$

$$C(X) \leqslant 0 \tag{1-9f}$$

$$C_{\mathrm{eq}}(X)=0 \tag{1-9g}$$

Matlab 中调用格式如下：

```
x = fgoalattain(fun,x0,goal,weight)
x = fgoalattain(fun,x0,goal,weight,A,b)
x = fgoalattain(fun,x0,goal,weight,A,b,Aeq,beq)
x = fgoalattain(fun,x0,goal,weight,A,b,Aeq,beq,lb,ub)
x=fgoalattain(fun,x0,goal,weight,A,b,Aeq,beq,lb,ub,nonlcon)
x=fgoalattain(fun,x0,goal,weight,A,b,Aeq,beq,lb,ub,nonlcon,options)
[x,fval] = fgoalattain(…)
```

```
[x,fval,attainfactor] = fgoalattain(…)
[x,fval,attainfactor,exitflag] = fgoalattain(…)
[x,fval,attainfactor,exitflag,output] = fgoalattain(…)
[x,fval,attainfactor,exitflag,output,lambda]=fgoalattain()
```

3. Matlab 优化工具箱的应用实例

【例 1-3】 以例 1-1 的优化模型式(1-3)为例，利用 Matlab 优化工具箱中的 linprog 进行求解。

解：求解该模型的 Matlab 代码如下(%后为说明部分)：

```
%例 1-3 的 Matlab 代码：
f=－[5;8];                          %价值系数(列向量)，对最大化问题取其相反向量
A=[2 1;2 3;5 7];                    %“≤”约束的系数矩阵
b=[7;11;15];                        %“≤”约束的资源向量
lb=zero(2,1);                       %决策变量下限均为 0，zero(2,1)用于生成一个二维 0 向量
[x,fval]=linprog(f,A,b,[],[],lb);   %没有等式约束，相应项为空；决策变量无上限
fval=－fval                         %转换为最大值
x                                   %显示最优解
fval                                %显示最优值
```

运行以上 M 文件，得到该模型的最优解为 $X^*=(0.0000,2.1429)^{\mathrm{T}}$，最优值为 $Z^*=17.1432$。

第三节 本书的主要内容

水资源系统优化原理与方法是水文与水资源工程专业的一门必修课程。通过学习本书，学生应掌握水资源系统优化的基本理论、分析方法和决策方法等。书中引入了一些新的理论与方法，引导学生将系统工程的观点、思想、方法和原理具体应用到水资源工程及水利水电工程的规划、设计和管理等工程实践中，以为学习专业课，以及将来从事专业工作和进行科学研究打下基础。

各章节主要内容见表 1-1。

表 1-1 各章节主要内容

章节	主要内容
第一章 绪论	**概念：**系统、开环系统、闭环系统、开放系统、封闭系统、自然系统、人工系统、复合系统、水资源系统 **基本原理与方法：**系统结构与功能的关系、系统的特点、系统的属性、系统的类型、系统模型的组成、系统模型的种类、系统模型化的主要方法、水资源系统模型化的主要步骤、水资源系统的优化、Excel 规划求解、LINGO、Matlab 优化工具箱
第二章 水资源系统线性规划模型及其应用	**概念：**线性规划、决策变量、松弛变量、剩余变量、自由变量、随机变量、可行解、可行域、基、基变量、基解、基可行解、可行基、最优解、凸集、顶点、单纯形法、换入变量、换出变量、人工变量、修正单纯形法 **基本原理与方法：** 线性规划优化模型的特点、优化模型建立的关键步骤、线性规划的一般型、线性规划的标准型、单纯形法的基本思路、最优性条件、可行性条件、单纯形法的计算过程、单纯形法求解线性规划的步骤、修正单纯形法的基本思路、修正单纯形法的计算步骤、随机线性规划

续表

章节	主要内容
第三章 水资源系统线性规划的对偶模型及其应用	**概念：**线性规划的对偶问题、对称型对偶问题、标准型对偶问题、混合型对偶问题、对偶单纯形法、影子价格、灵敏度分析 **基本原理与方法：**对偶问题的性质、对偶单纯形法、对偶单纯形法的计算步骤、影子价格的性质、影子价格的特点、资源向量的变化对线性规划解的影响、价值向量的变化对线性规划解的影响、约束条件中系数矩阵的变化对线性规划解的影响、增加决策变量对线性规划解的影响、增加约束条件对线性规划解的影响
第四章 水资源系统整数线性规划模型及其应用	**概念：**整数规划、混合整数规划、纯整数规划、分支定界法、松弛、分支、定界、割平面法、0-1 规划、过滤隐枚举法、分支隐枚举法、指派问题、独立 0 元素 **基本原理与方法：** 整数规划的分类、整数规划的数学模型、分支定界法的基本思路、分支定界法的计算步骤、割平面法的计算步骤、割平面法的基本思路、分支隐枚举法的计算过程、匈牙利法的基本原理、匈牙利法的求解步骤、指派问题的标准模型
第五章 水资源系统非线性规划模型及其应用	**概念：**非线性规划、函数的局部极小值(严格局部极小值、局部极大值、严格局部极大值)、函数的最小值(严格最小值、最大值、严格最大值)、梯度、海森矩阵、正定矩阵、半正定矩阵、负定矩阵、半负定矩阵、不定矩阵、稳定点(驻点)、凸函数、凹函数、凸规划、单峰函数、多峰函数、解析搜索法、直接搜索法、一维最优化解析法、梯度法、牛顿法、牛顿方向、共轭梯度法、共轭系数、共轭方向、变尺度法、尺度矩阵、坐标轮换法、模式搜索法、单纯形搜索法、反射、扩张、收缩、直接搜索法、约束非线性规划、共轭方向法、可行方向、拉格朗日乘子法、罚函数法、内点法、外点法、混合法、二次规划 **基本原理与方法：** 非线性规划的一般模型、非线性规划的类型与特点、凸函数的性质、凸规划的性质、黄金分割法的基本原理和计算步骤、消去法、多项式插值法、梯度法的基本思路、单纯形搜索法的基本思路与计算步骤、Kuhn-Tucker 理论、Kuhn-Tucker 条件、内点法的计算步骤、外点法的计算步骤
第六章 水资源系统动态规划模型及其应用	**概念：**动态规划、无后效性、阶段、状态、决策、状态转移方程、策略、轨迹、指标函数、最优策略、最优轨迹、目标函数 **基本原理与方法：** 动态规划的最优化原理、动态规划的一般模型、动态规划模型的一般组成、动态规划的建模步骤、确定性动态规划、随机动态规划、随机性多阶段决策过程中的随机变量类型
第七章 水资源系统多目标规划模型及其应用	**概念：**多目标规划、有效解(非劣解)、非有效解(劣解)、满意解、弱有效解、绝对最优解、主要目标法、线性加权和法、理想点法、理想点、乘除法、评价函数法、功效系数法、分层序列法、重点目标法、分组序列法、正偏差变量、负偏差变量、目标规划 **基本原理与方法：** 多目标规划数学模型的一般形式、多目标规划问题的特点、多目标规划模型的解法、主要目标法的思路、确定权重的 α 法、确定权重的 λ 法、目标规划法、多目标线性规划逐步法的基本思路、直接解法、层次分析法的基本步骤、分层序列法的思路、重点目标法的步骤、线性目标规划的步骤
第八章 现代智能算法在水资源系统优化中的应用	**概念：**遗传算法、人工神经网络法、粒子群优化算法、模拟退火算法、混沌优化算法 **基本原理与方法：** 遗传算法的主要参数、遗传算法的操作步骤、人工神经网络的主要类型、粒子群优化算法的基本原理、粒子群优化算法的操作步骤、模拟退火算法的基本原理、混沌优化算法的基本类型、混沌优化算法的操作步骤

习　　题

1. 简述系统的概念。什么是开环系统、闭环系统、开放系统、封闭系统？
2. 简述系统的结构和功能。
3. 简述系统的属性。
4. 简述系统的特点及其与外部环境的关系。
5. 简述水资源系统的概念。
6. 简要描述水资源系统属于哪种类型。
7. 简述水资源系统的优化方法。
8. 简述 Excel 规划求解工具、LINGO 和 Matlab 优化工具箱可以解决哪些水资源系统优化问题。

第二章　水资源系统线性规划模型及其应用

【学习要求】了解和掌握线性规划模型及相关的基本概念；掌握优化模型建立的关键步骤；掌握线性规划一般型转化为标准型的过程；掌握线性规划的通用求解方法即单纯形法；了解线性规划求解的修正单纯形法；了解随机线性规划模型及其求解方法。

【学习重点】线性规划一般型转化为标准型的过程，线性规划求解的单纯形法。

第一节　概　　述

线性规划(linear programming，LP)是数学规划的一个重要分支，用于分析线性约束条件下线性目标函数的最优化问题。对线性规划的研究始于 20 世纪初，1947 年美国学者丹齐格提出了求解线性规划的单纯形法，至此，线性规划的空间不断扩大，目前已用于生产管理、资源分配、运输问题、环境保护、军事等众多领域，在水资源系统规划管理中也得到了广泛的应用。本章重点介绍线性规划的数学模型、求解方法、随机线性规划及线性规划的应用。

一、线性规划模型的实例

在介绍线性规划一般模型之前，先以水资源系统较为常见的供水系统优化和灌区种植结构优化问题为例，引出线性规划数学模型的基本形式，由特殊到一般，归纳出线性规划模型的一般形式。

(一)供水系统的优化问题

【例 2-1】　有甲、乙两个水源向 3 个城市 A、B、C 供水，水源 i(i=1，2 分别表示甲、乙)的供水能力为 W_i，城市 j(j=1，2，3 分别表示 A、B、C)的最小需水量为 b_j，水源 i 到城市 j 的单位供水费用为 c_{ij}，如何找到一个供水方案，使得总供水费用最小？

问题分析：

首先，确定决策变量，即可控因素，设水源 i 向城市 j 的供水量为 x_{ij}。

其次，确定目标，供水总费用最小。

最后，确定实现目标的约束条件，约束条件有两个：一个是水源供水能力约束；另一个是用户(城市)需水量约束。

水源供水能力约束：各个水源的供水总量不超过其供水能力。

城市需水量约束：对各个城市的总供水量满足其最小需水量要求。

非负约束：水源向城市的供水量为非负数。

通过分析，问题中所涉及的数据资料见表 2-1。

表 2-1 供水系统的数据信息

水源	城市 A	城市 B	城市 C	水源供水能力
水源甲	c_{11}	c_{12}	c_{13}	W_1
水源乙	c_{21}	c_{22}	c_{23}	W_2
城市最小需水量	b_1	b_2	b_3	

解：设水源 i 向城市 j 的供水量 $x_{ij}(i=1,2;\ j=1,2,3)$ 为决策变量。

目标函数：总供水费用最小

$$\min Z = \sum_{i=1}^{i=2}\sum_{j=1}^{j=3} c_{ij} x_{ij} \tag{2-1a}$$

约束条件：

(1) 水源供水能力约束：

$$\sum_{i=1}^{i=2}\sum_{j=1}^{j=3} x_{ij} \leqslant W_i \tag{2-1b}$$

(2) 城市需水量约束：

$$\sum_{j=1}^{j=3}\sum_{i=1}^{i=2} x_{ij} \geqslant b_j \tag{2-1c}$$

(3) 非负约束：

$$x_{ij} \geqslant 0, i=1,2;\ j=1,2,3 \tag{2-1d}$$

模型[式(2-1)]中，目标函数与约束条件都是供水量 x_{ij} 的线性函数，构成了一个线性规划问题。如果模型中的 W_i、b_j、c_{ij} 等都已确定，则可利用线性规划方法(如单纯形法)求解得到总供水费用最小的供水方案。

从约束条件来看，两个水源的总供水量不超过其总供水能力，同时又大于 3 个城市的总需水量。如果总需水量大于总供水能力，供水能力约束与蓄水量约束就不可能全部满足，或者说二者之间是不相容的，这时不存在一种供水方案满足所有的约束条件。在有限的水资源情况下不能满足需水要求时，可以考虑其他供水方案(如满足一定程度的水量需求)，建立其他类型的优化模型。

在以上建模过程中，假设单位供水费用是一个常量，这样目标函数是一个线性函数。实际上单位供水费用与供水规模(供水量)有关，在一定范围内供水规模越大，单位供水费用越小。这种情况下，c_{ij} 是供水量 x_{ij} 的函数，目标函数则是 x_{ij} 的非线性函数，相应的优化问题就变成了非线性规划问题，其研究方法将第五章中介绍。

(二) 灌区种植结构优化问题

【例 2-2】 一个灌区耕地面积 1000hm^2，可用灌溉水量 360 万 m^3。在安排种植计划时考虑两种粮食作物 A、B，其灌溉定额分别为 3000 m^3/hm^2、6000 m^3/hm^2，净收入分别为 4500 元/hm^2、6000 元/hm^2。问：如何安排两种作物的种植面积才能使整个灌区净收入最大？(作物 A、B 同时种植，不考虑作物种植中的轮作)

如果灌区灌溉水量不受限制，则优先安排单位面积净收入大的作物，使灌区净收入最大。但在灌溉水量不足的情况下，需要合理安排种植计划，才能达到最大净收入。

问题分析：

首先，确定决策变量，即可控因素，设 A、B 两种作物的种植面积为 x_1、x_2。

其次，确定目标，灌区的净收入最大。

最后，确定实现目标的约束条件，约束条件有两个：一个是耕地面积约束；另一个是灌溉水量约束。

耕地面积约束：A、B 两种作物的种植面积不超过灌区的耕地面积。

灌溉水量约束：每种作物的灌溉水量之和应不大于灌区总灌溉水量。

非负约束：每种作物的种植面积为非负数。

解：设作物 A、B 的种植面积 x_1、x_2 为决策变量。

目标函数：灌区净收入(万元)最大

$$\max Z=0.45x_1+0.6x_2 \tag{2-2a}$$

约束条件：

(1)耕地面积：

$$x_1+x_2\leqslant 1000 \tag{2-2b}$$

(2)灌溉水量：

$$0.3x_1+0.6x_2\leqslant 360 \tag{2-2c}$$

(3)非约束条件：

$$x_1, x_2\geqslant 0 \tag{2-2d}$$

以上目标函数和约束条件构成了灌区作物种植计划优化模型，其求解将在下节介绍。

二、线性规划模型的一般形式

(一)建立优化模型的步骤

从以上两个实例可以看出建立优化模型的关键步骤为：

(1)根据研究问题的性质确定决策变量(decision variable)；

(2)根据问题的目标，列出与决策变量有关的目标函数(objective function)；

(3)根据问题的限制条件，列出与决策变量有关的约束条件(constraints)。

(二)线性规划优化模型的特点

所建立的数学模型具有以下特点。

(1)每个模型都有若干个决策变量$(x_1, x_2,\cdots, x_n)$。其中，n 为决策变量的个数。决策变量的一组值表示一种方案，同时决策变量一般是非负的。

(2)目标函数是决策变量的线性函数。根据具体问题可以是最大化(max)或是最小化(min)，二者统称为最优化(opt)。

(3)约束条件也是决策变量的线性函数。

（三）线性规划模型的一般型

具有以上特点的最优化模型就是线性规划模型。线性规划模型的一般形式为

$$\text{opt } Z=c_1x_1+c_2x_2+\cdots+c_nx_n \tag{2-3a}$$

$$\begin{aligned}\text{s.t. } & a_{11}x_1+a_{12}x_2+\cdots+a_{1n}x_n\leqslant(=,\geqslant)b_1\\ & \vdots\\ & a_{m1}x_1+a_{m2}x_2+\cdots+a_{mn}x_n\leqslant(=,\geqslant)b_m\end{aligned} \tag{2-3b}$$

$$x_1, x_2,\cdots, x_n\geqslant 0 \tag{2-3c}$$

式中：约束条件前的“s.t.”（subject to 的缩写）表示约束于。线性规划模型也可以用其他形式来表示，如求和形式、矩阵形式、集合形式等。

（1）求和形式：

$$\text{opt}Z=\sum_{j=1}^{j=n}c_jx_j \tag{2-4a}$$

$$\text{s.t.}\quad \sum_{j=1}^{j=n}a_{ij}x_{ij}\leqslant(=,\geqslant)b_j, i=1,2,\cdots,m \tag{2-4b}$$

$$x_j\geqslant 0, j=1,2,\cdots,n \tag{2-4c}$$

（2）矩阵形式：

$$\text{opt } Z=\boldsymbol{CX} \tag{2-5a}$$

$$\text{s.t. } \boldsymbol{AX}\leqslant(=,\geqslant)\boldsymbol{b} \tag{2-5b}$$

$$\boldsymbol{X}\geqslant 0 \tag{2-5c}$$

式中：列向量 $\boldsymbol{X}=(x_1, x_2,\cdots, x_n)^{\mathrm{T}}$ 称为决策向量；行向量 $\boldsymbol{C}=(c_1, c_2,\cdots, c_n)$ 称为价值向量；列向量 $\boldsymbol{b}=(b_1, b_2,\cdots, b_n)^{\mathrm{T}}$ 称为资源向量；系数矩阵 $\boldsymbol{A}$ 为

$$\boldsymbol{A}=\begin{bmatrix} a_{11} & a_{12} & \cdots & a_{1n}\\ a_{21} & a_{22} & \cdots & a_{2n}\\ \vdots & \vdots & & \vdots\\ a_{m1} & a_{m2} & \cdots & a_{mn}\end{bmatrix}$$

（3）集合形式：

$$\{\text{opt } Z|Z=\boldsymbol{CX}, \boldsymbol{AX}\leqslant(=,\geqslant)\boldsymbol{b}, \boldsymbol{X}\geqslant 0\} \tag{2-6}$$

在以上的各种形式中，矩阵形式、求和形式在线性规划理论分析中应用较多。

三、线性规划模型的标准型

在以上线性规划模型中，目标函数有最大化、最小化两种情况，约束条件中可能存在大于等于、等于和小于等于这三种关系，有些问题的决策变量也不一定存在非负约束。为了理论分析和模型求解的方便，通常把线性规划模型转换为如下的标准型（line planning standard form, LPS）：

$$\max Z=\boldsymbol{CX} \tag{2-7a}$$

$$\text{s.t. } \boldsymbol{AX}=\boldsymbol{b}\text{，其中，}\boldsymbol{b}\geqslant 0 \tag{2-7b}$$

$$\boldsymbol{X}\geqslant 0 \tag{2-7c}$$

线性规划模型的标准型具有以下特点：①目标函数取最大化形式；②约束条件取等式形式，且右端项非负；③决策变量非负。

对于一般的线性规划模型，需要通过以下变换将其转化为标准型。

1) 目标函数

对于最小化的目标函数 $\min Z=\boldsymbol{CX}$，则令 $Z_0=-Z=-\boldsymbol{CX}$，$\min Z$ 与 $\max Z_0$ 相对应：

$$\max Z_0=-\boldsymbol{CX}$$

2) 不等式约束

若右端项 $b_i<0$，则首先将不等式两端乘以–1，同时改变不等式方向。对"≤"约束，左端加上非负的松弛变量而变为等式约束。对"≥"约束，左端减去非负的剩余变量而变为等式约束。松弛变量表示未利用的条件或资源，而剩余变量表示资源的不足量，二者对目标函数都不产生影响，其相应的目标函数系数为 0。

3) 自由变量

标准型中要求决策变量非负，若某个变量 x_i 没有非负要求(称为自由变量)，可将该自由变量视为两个非负变量的差，即令 $x_i=x_i^+-x_i^-$，其中，$x_i^+\geqslant 0$，$x_i^-\geqslant 0$。

【例 2-3】 将例 2-1 中供水系统的线性规划模型转换为标准型。

解：转换步骤如下：

(1) 将目标函数改为最大化形式；

(2) 将供水能力约束添加松弛变量 R_i 变为等式；

(3) 将需水量的约束添加剩余变量 S_j 变为等式。

模型[式(2-1)]变换后的标准型为

$$\max Z' = -\sum_{i=1}^{i=2}\sum_{j=1}^{j=3} c_{ij}x_{ij} \tag{2-8a}$$

$$\sum_{i=1}^{i=2}\sum_{j=1}^{j=3} x_{ij} + R_i = W_i \tag{2-8b}$$

$$\sum_{j=1}^{j=3}\sum_{i=1}^{i=2} x_{ij} - S_j = b_j \tag{2-8c}$$

$$x_{ij}, R_j, S_j \geqslant 0, i = 1,2; j = 1,2,3 \tag{2-8d}$$

第二节　线性规划模型的有关概念及解的基本性质

一、线性规划的有关概念

考虑 n 个决策变量，m 个约束条件的线性规划标准模型 LPS[式(2-7)]，其系数矩阵 $\boldsymbol{A}=(a_{ij})_{m\times n}$。由于不等式约束在转化为标准型时需要加入松弛变量，一般情况下 $n>m$。

(一)可行解与可行域

在 LPS[式(2-7)]中，满足约束条件[式(2-7b)]和非负条件[式(2-7c)]的解称为可行解(feasible solution)。可行解的集合 $D=\{\boldsymbol{X}|\boldsymbol{AX}=\boldsymbol{b}, \boldsymbol{X}\geqslant 0\}$称为可行域(feasible region)。

(二)基、基变量与基解

对于 LPS[式(2-7)]的约束条件 $\boldsymbol{AX}=\boldsymbol{b}$，若系数矩阵 $\boldsymbol{A}$ 的秩 $r(\boldsymbol{A})=m$，$\boldsymbol{B}$ 是 $\boldsymbol{A}$ 的 m 阶可逆子阵，则称 $\boldsymbol{B}$ 为 LP 问题的一个基(basis)，此时，$\boldsymbol{B}=\{P_1,P_2,\cdots,P_m\}$中的 m 个列向量是线性无关的，其中任何一个列向量 $\boldsymbol{P}_j(j=1,2,\cdots,m)$称为基向量，对应的决策变量 x_j 称为基变量(basic variable)，基变量之外的决策变量称为非基变量。

将系数矩阵 $\boldsymbol{A}$ 分为基矩阵 $\boldsymbol{B}$ 和非基矩阵 $\boldsymbol{N}$，$\boldsymbol{A}=(\boldsymbol{B},\boldsymbol{N})$；决策变量相应的分为基变量和非基变量，$\boldsymbol{X}=(\boldsymbol{X}_{\boldsymbol{B}},\boldsymbol{X}_{\boldsymbol{N}})^{\mathrm{T}}$。令 $n-m$ 个非基变量为 0，则可以得到约束方程[式(2-7b)]的一个解 $\boldsymbol{X}=(\boldsymbol{B}^{-1}\boldsymbol{b},0)^{\mathrm{T}}$，称为 LP 对应于基 $\boldsymbol{B}$ 的基解，基解个数最多有 $C_n^m=\dfrac{n!}{m!(n-m)!}$个。

(三)基可行解与可行基

满足非负条件的基解称为基可行解(basis feasible solution)。基可行解既是基解，又是可行解，是位于可行域中的基解。基可行解对应的基 $\boldsymbol{B}$ 即为可行基(feasible basis)。

(四)最优解

使目标函数达到最优的可行解称为最优解，与最优解对应的目标函数值称为最优值。求解线性规划模型的目的就是得到最优解及最优值。

对于 LP 模型，最优解为基可行解。可行解、基解、基可行解、最优解的关系如图 2-1 所示。

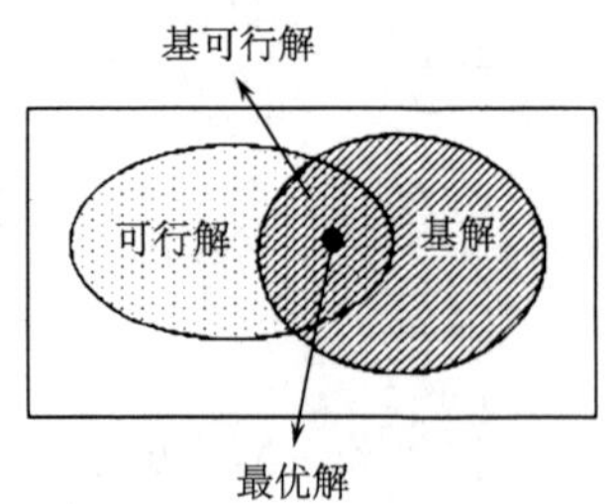

图 2-1　线性规划中可行解、基解、基可行解、最优解的关系

二、线性规划的图解法

图解法是求解线性规划的一种直观方法，可用于解决含有两个决策变量的线性规划问题。下面以例 2-2 中的线性规划问题为例说明图解法的原理及应用。

【例 2-4】 用图解法求解例 2-2 中的线性规划模型：

$$\max Z=0.45x_1+0.6x_2 \tag{2-9a}$$

$$x_1+x_2 \leqslant 1000 \tag{2-9b}$$

$$x_1+2x_2 \leqslant 1200 \tag{2-9c}$$

$$x_1, x_2 \geqslant 0 \tag{2-9d}$$

解：首先将约束方程表示在笛卡儿坐标系中，两个坐标轴对应于两个决策变量(图 2-2)。

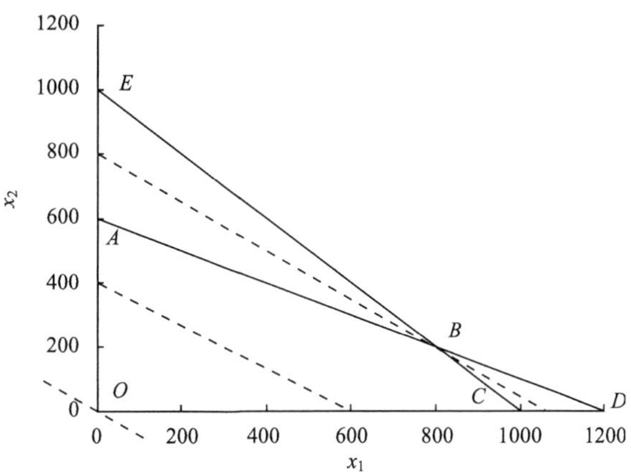

图 2-2　例 2-4 图解法示意图

每一个不等式约束代表对应直线的上或下半平面，其中，约束条件[式(2-9b)和式(2-9c)]分别对应于直线 CE、AD 的下半平面，约束条件[式(2-9d)]则表示可行解位于坐标系的第一象限。满足所有约束条件的点位于凸四边形 $OABC$ 所围成的区域(可行域)。

对于目标函数，Z 取不同值时得到不同的直线，但其斜率相同，截距则与 Z 的取值有关，因此，目标函数对应于坐标系中的一组平行直线。当 Z=0 时，直线正好通过原点；当直线在可行域内右上方移动时，直线截距增大，目标函数值也随之增大；当直线通过 B 点时[约束条件[式(2-9b)和式(2-9c)]对应直线的交点]，目标函数 Z 达到 480 万元；当直线继续向右上方移动时，目标函数值可以继续增加，但对应的直线与可行域不再相交。因此，B 点对应的 $(800, 200)^{\mathrm{T}}$ 即为最优解，灌区净收入最大可达到 480 万元。

将线性规划一般型[式(2-9)]转化为标准型为

$$\max Z=0.45x_1+0.6x_2 \tag{2-10a}$$

$$x_1+x_2+x_3=1000 \tag{2-10b}$$

$$x_1+2x_2+x_4=1200 \tag{2-10c}$$

$$x_1, x_2, x_3, x_4 \geqslant 0 \tag{2-10d}$$

在该模型中，决策变量数 n=4，约束方程数 m=2 系数矩阵 $\boldsymbol{A}$ 的秩 $r(A)=m=2$。令其中两个变量为 0(非基变量)，可以求解方程得到另外两个变量，得到一个基解。基解的总数为 $C_4^2=6$，见表 2-2。

在以上 6 个基解中，基解 1、3、4、6 对应于可行域的顶点 O、A、C、B，是基可行解；基解 3、5 对应于点 E、D，决策变量出现负值，不符合非负条件，为非可行解。在顶点 A、B、C、O 中 B 点的目标函数值达到最大，是最优解。

表 2-2　模型(2-10)的基解

序号	非基变量	基解				是否基可行解	位置	目标函数值
		x_1	x_2	x_3	x_4			
1	x_1，x_2	0	0	1000	1200	是	O	0
2	x_1，x_3	0	1000	0	−800	否	E	600
3	x_1，x_4	0	600	400	0	是	A	360
4	x_2，x_3	1000	0	0	200	是	C	450
5	x_2，x_4	1200	0	−200	0	否	D	540
6	x_3，x_4	800	200	0	0	是	B	480

三、线性规划解的几种情况

对于一个线性规划模型，从解的存在性、有界性、唯一性等方面分析，解可能存在无可行解(无解)、无界解、唯一最优解和多重最优解等四种情况。

(一) 无可行解(无解)

约束条件之间存在矛盾，找不到一个解可以满足所有的约束条件，可行域为空集∅。例如，线性规划模型：

$$\max Z=x_1+x_2 \tag{2-11a}$$

$$x_1+2x_2\leqslant 3 \tag{2-11b}$$

$$x_1-x_2\geqslant 6 \tag{2-11c}$$

$$x_1, x_2\geqslant 0 \tag{2-11d}$$

将约束条件[式(2-11c)]乘以−1 后与式(2-11b)相加可得到 $3x_2\leqslant -3$，与非负约束矛盾，从图 2-3 中也可以看出，可行域为空集。

(二) 无界解

这种情况下存在可行解，但不能找到有限的最优解，如将模型[式(2-11)]中约束条件式(2-11b)和式(2-11c)的不等号改变方向，则可行域无界(图 2-4)在可行域内目标函数值可以趋近于正无穷。需要注意的是，可行域无界只是线性规划的解无界的必要条件，而非充分条件，如在图 2-4 所示的可行域内，可以得到 $\min Z=x_1+x_2$ 的最优解 $(0,1,5)^{\mathrm{T}}$ 对应的目标函数值为 1.5。

(三) 唯一最优解

这是线性规划解的一般情况，如例 2-4 的模型[式(2-9)]及求解结果。

(四) 多重最优解

有些情况下，线性规划的最优解存在，但不唯一。例如，模型[式(2-9)]中，如果作物 A 单位面积净收入变为 3000 元/hm^2，则目标函数变为 $\max Z=0.3x_1+0.6x_2$，对应的直线与约束条件[式(2-9c)]对应的直线 AB 平行。这时目标函数在 A、B 及其连线上的任意一点均达到最大值 360 万元，具有多重最优解。

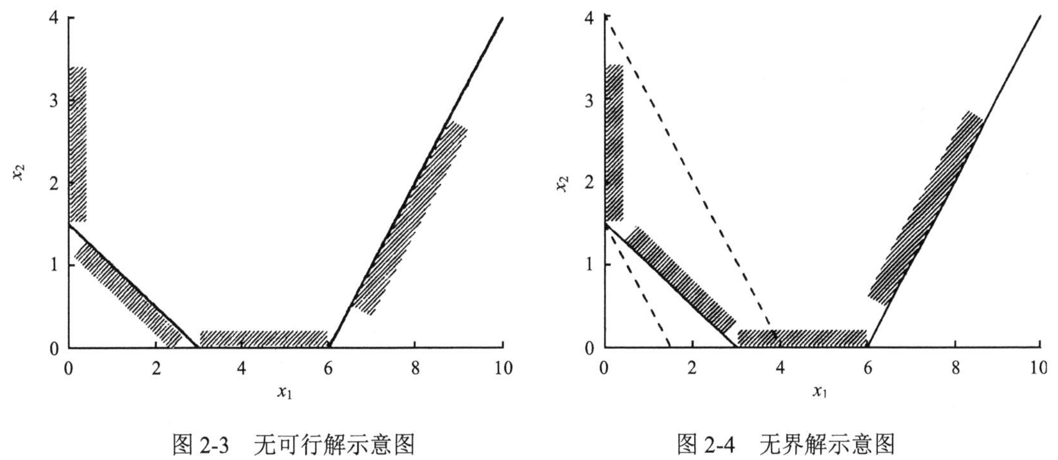

图 2-3　无可行解示意图　　图 2-4　无界解示意图

以上四种情况是线性规划模型解的理论情况。对于实际的系统优化问题，唯一或多重最优解是正常的情况；无可行解，无界解则表明模型可能存在一定的问题，需要对系统重新进行分析、建立新的模型，无可行解说明存在矛盾的约束条件，如在例 2-1 的供水系统优化中，如果总需水量大于总供水能力，则模型无可行解，这时需要考虑其他的供水方案，建立新的优化模型。无界解则说明模型建立过程中可能遗漏了其他限制条件，如果增加新的约束条件之后，则可能找到新模型的最优解。

四、线性规划的基本定理

在说明线性规划基本定理之前，首先给出与其相关的凸集与顶点的概念。

设 K 是 n 维欧氏空间的一个点集，若 K 中任意两点 $P_1 \in K$，$P_2 \in K$ 连线上的一切点 $P=\alpha P_1+(1-\alpha)P_2 \in K(0<\alpha<1)$，则称 K 为凸集，也就是说，如果点集内任意两点连线上的点仍在点集内，则该点集为凸集，否则为非凸集，如图 2-5 所示。

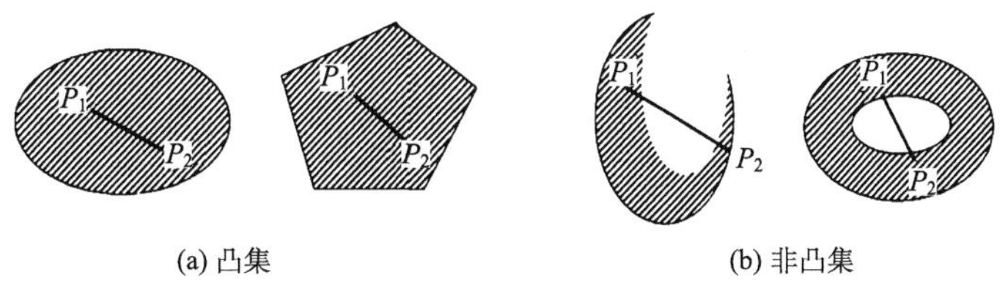

图 2-5　凸集与非凸集

凸集 K 中的一个点 $P(P \in K)$ 如果不能用凸集中任意两点 $P_1 \in K$，$P_2 \in K$ 的线性组合 $P=\alpha P_1+(1-\alpha)P_2$ 来表示时 $(0<\alpha<1)$，则称 P 为 K 的一个顶点（或极点）。

线性规划模型的求解具有以下特点：①线性规划的可行域可能是空集、有界凸多边形或无界域；②线性规划的每一个基可行解对应于可行域的一个顶点；③线性规划如果存在最优解，则最优解在某一个顶点上取得。

以上特点反映了线性规划模型求解的本质，将其推广到一般的线性规划模型，并经过严格证明，可以得到线性规划的三个基本定理，这里只介绍定理的内容，至于定理的证明请参阅有关书籍。

定理 1：如果线性规划的可行域 $\boldsymbol{D}=\{\boldsymbol{X}|\boldsymbol{AX}=\boldsymbol{b}, \boldsymbol{X}\geqslant 0\}$ 不是空集，则一定是凸集。

定理 2：若 $\boldsymbol{D}=\{\boldsymbol{X}|\boldsymbol{AX}=\boldsymbol{b}, \boldsymbol{X}\geqslant 0\}$，$\boldsymbol{X}\in\boldsymbol{D}$，则 $\boldsymbol{X}$ 为 $\boldsymbol{D}$ 的一个顶点的充分必要条件是 $\boldsymbol{X}$ 为线性规划的基可行解。

定理 3：若 LP 问题有最优解，则最优解一定是一个基可行解。

第三节　单 纯 形 法

一、单纯形法的基本思路

根据以上关于线性规划的基本定理，线性规划问题的可行域为凸集或无界解(如果可行域不为空集)；凸集有有限个顶点，每一个基可行解对应于一个顶点；若线性规划模型有最优解，必定在某个顶点上取得。因此，对于决策变量数 n、约束方程数 m 比较小的情况，可以采用完全枚举法，通过比较有限个基可行解的目标函数值来确定最优解与最优值。但对于 n、m 比较大的情况，完全枚举法的计算量较大，可以采用更有效的方法——单纯形法来求解线性规划模型。

单纯形法的基本思路：对于给定的 LP 模型，从某个基可行解(可行域的一个顶点)开始，按照一定的规则转换到另一个基可行解(顶点)，使新顶点的目标函数值优于原目标函数值，经过有限次迭代直至目标函数达到最优。

根据以上思路，应用单纯形法需要解决三个关键问题：①初始基可行解(顶点)的确定；②基可行解的转换规则；③最优性判断准则。

二、单纯形法的基本原理

考虑具有 n 个决策变量、m 个约束条件(一般 $n>m$)的线性规划标准型：

$$\max Z=\boldsymbol{CX} \tag{2-7a}$$

$$\text{s.t. } \boldsymbol{AX}=\boldsymbol{b}，其中，\boldsymbol{b}\geqslant 0 \tag{2-7b}$$

$$\boldsymbol{X}\geqslant 0 \tag{2-7c}$$

式中：系数矩阵 $\boldsymbol{A}_{m\times n}$ 的秩 $r(\boldsymbol{A})=m$。

(一)求基可行解

假设 $\boldsymbol{B}$ 为 LP 模型[式(2-7)]的一个基(基矩阵)，将系数矩阵 $\boldsymbol{A}$ 分为基矩阵 $\boldsymbol{B}$ 和非基矩阵 $\boldsymbol{N}$，$\boldsymbol{A}=(\boldsymbol{B},\boldsymbol{N})$，其中，$\boldsymbol{B}=(p_1,p_2,\cdots,p_m)$，$\boldsymbol{N}=(p_{m+1},p_{m+2},\cdots,p_n)$。相应的决策变量分为基变量和非基变量，$\boldsymbol{X}=(\boldsymbol{X_B},\boldsymbol{X_N})^{\mathrm{T}}$，其中 $\boldsymbol{X_B}=(x_1,x_2,\cdots,x_m)$，$\boldsymbol{X_N}=(x_{m+1},x_{m+2},\cdots,x_n)$。约束条件可以表示为

$$\boldsymbol{AX}=(\boldsymbol{B},\boldsymbol{N})(\boldsymbol{X_B},\boldsymbol{X_N})^{\mathrm{T}}=\boldsymbol{BX_B}+\boldsymbol{NX_N}=\boldsymbol{b}$$

由于 $\boldsymbol{B}$ 是一个可行基，$\boldsymbol{B}^{-1}$ 存在，可得到

$$\boldsymbol{X_B}=\boldsymbol{B}^{-1}\boldsymbol{b}-\boldsymbol{B}^{-1}\boldsymbol{NX_N} \tag{2-12}$$

令非基变量 $\boldsymbol{X_N}=0$，可得到一个基解

$$\boldsymbol{X}=(\boldsymbol{B}^{-1}\boldsymbol{b},0)^{\mathrm{T}} \tag{2-13}$$

如果 $\boldsymbol{X}\geqslant 0$，则 $\boldsymbol{X}$ 为基可行解。

由于基矩阵 $\boldsymbol{B}$ 是由系数矩阵 $\boldsymbol{A}$ 的 m 个列向量组成的，在满足线性无关的条件下，$\boldsymbol{B}$ 最多有 $K=\boldsymbol{C}_n^m$ 种可能，相应的基解为 $X_1,X_2,\cdots,X_k$。

在满足相应线性无关的条件下，以基可行解 X_1 为基础，用一个非基变量 x_q 替换一个基变量即令 $x_p=0$，则可以得到一个新的基解 X_2。如果这种替换满足一定规则，可以保证基解 X_2 为基可行解，这一过程称为换基。换基过程把 n 维可行域中求解 LP 最优解的问题转化为从有限个基可行解中寻找最优解的问题，搜索范围大为缩小。

(二)基可行解最优性的判断

与以上类似，价值系数 $\boldsymbol{C}$ 也可以分为与基变量 $\boldsymbol{X_B}$、非基变量 $\boldsymbol{X_N}$ 分别对应的 $\boldsymbol{C_B}$、$\boldsymbol{C_N}$ 两部分，$\boldsymbol{C}=(\boldsymbol{C_B},\boldsymbol{C_N})$。目标函数可以表示为

$$Z=\boldsymbol{CX}=(\boldsymbol{C_B},\boldsymbol{C_N})(\boldsymbol{X_B},\boldsymbol{X_N})^{\mathrm{T}}=\boldsymbol{C_B X_B}+\boldsymbol{C_N X_N}$$

将式(2-12)代入上式，可得到

$$Z=\boldsymbol{C_B}(\boldsymbol{B}^{-1}\boldsymbol{b}-\boldsymbol{B}^{-1}\boldsymbol{N X_N})+\boldsymbol{C_N X_N}=\boldsymbol{C_B B}^{-1}\boldsymbol{b}+(\boldsymbol{C_N}-\boldsymbol{C_B B}^{-1}\boldsymbol{N})\boldsymbol{X_N}=Z_0+\boldsymbol{\sigma_N X_N} \tag{2-14}$$

令 $\boldsymbol{X_N}=0$，可得到目标函数值为 $Z_0=\boldsymbol{C_B B}^{-1}\boldsymbol{b}$。$\boldsymbol{\sigma_N}=\boldsymbol{C_N}-\boldsymbol{C_B B}^{-1}\boldsymbol{N}$ 定义为单纯形系数(检验数)，是 LP 解的最优性判断的主要依据。据此可以得到 LP 解的最优性的几个判别定理，即最优解判别定理、多重最优解判别定理、无界解判别定理。

1. 最优解判别定理

若 $\boldsymbol{X}^*$ 对应于基 $\boldsymbol{B}$ 的基可行解，如果非基变量的检验数 $\boldsymbol{\sigma_N}\leqslant 0$，则 $\boldsymbol{X}^*$ 为最大化问题的最优解(如果 $\boldsymbol{\sigma_N}\geqslant 0$，则 $\boldsymbol{X}^*$ 为最小化问题的最优解)。

证明：因 $\boldsymbol{\sigma_N}\leqslant 0$，$\boldsymbol{X_N}\geqslant 0$，故 $\boldsymbol{\sigma_N X_N}\leqslant 0$，$\boldsymbol{X}^*$ 对应的目标函数值为 $Z_0=\boldsymbol{C_B B}^{-1}\boldsymbol{b}$。

根据式(2-14)，目标函数值 $Z=Z_0+\boldsymbol{\sigma_N X_N}\leqslant Z_0$，故 Z_0 为目标函数最大值，相应的 $\boldsymbol{X}^*$ 为最优解。

2. 多重最优解判别定理

若 $\boldsymbol{X}^*$ 为 LP 的最优解，非基变量的检验数 $\boldsymbol{\sigma_N}\leqslant 0$，如果其中某个非基变量的检验数 $\boldsymbol{\sigma}_{m+k}=0$，则该 LP 问题有多重最优解。

证明：将检验数 $\boldsymbol{\sigma}_{m+k}=0$ 的非基变量 x_{m+k} 换入基变量，找到一个新的基可行解 $\boldsymbol{X}_1$。因 $\boldsymbol{\sigma}_{m+k}=0$，$\boldsymbol{X}_1$ 对应的目标函数值为 $Z=Z_0+\sum_{j=m+1}^{n}\boldsymbol{\sigma}_j x_j=Z_0$，故 $\boldsymbol{X}_1$ 也是最优解，且 $\boldsymbol{X}^*$ 和 $\boldsymbol{X}_1$ 连线上的所有点都是最优解，故有多重最优解。

3. 无界解判别定理

若 $\boldsymbol{X}=(b'_1,b'_2,\cdots,b'_m,0,\cdots,0)^{\mathrm{T}}$ 为一基可行解，有一个非基变量的检验数 $\boldsymbol{\sigma}_{m+k}>0$，并对一切 $i=1,2,\cdots,m$，约束条件中 x_{m+k} 的系数 $a'_{i,m+k}\leqslant 0$，则该 LP 问题无界，不存在有限最优解。

证明：构造一个新的解 $\boldsymbol{X}'$，其分量为

$$x'_i=b'_i-\lambda a'_{i,m+k},\quad i=1,2,\cdots,m;\quad \lambda>0$$

$$x'_{m+k}=\lambda$$

$$x'_j=0，j=m+1,\cdots,n；\ j\neq m+k$$

由于 $a'_{i,m+k}\leqslant 0$，对任意 $\lambda>0$ 的 $\boldsymbol{X}'\geqslant 0$，为可行解，把 $\boldsymbol{X}'$代入目标函数，有 $Z=Z_0+\lambda\boldsymbol{\sigma}_{m+k}$。因 $\boldsymbol{\sigma}_{m+k}>0$，$\lambda>0$，故 $\lambda\to+\infty$时，$Z\to+\infty$，最优解无界。

(三)基变换准则

若一个基可行解不属于以上最优解、多重最优解或无界解的情况，需根据最优性条件和可行性条件进行基变换，求出新的基可行解。

根据式(2-14)，$Z=Z_0+\boldsymbol{\sigma}_N\boldsymbol{X}_N$，当其中某些非基变量的检验数 $\boldsymbol{\sigma}_j>0$ 时，若增加相应的 x_j 还可能使目标函数 Z 继续增加，未达到最大值。这时需把正检验数相应的非基变量 x_j 换到基变量中去，构成新基。若有多个 $\boldsymbol{\sigma}_j>0$ 时，确定正检验数中的最大值：

$$\boldsymbol{\sigma}_k=\max\{\boldsymbol{\sigma}_j|\boldsymbol{\sigma}_j>0\} \tag{2-15}$$

以 $\boldsymbol{\sigma}_k$ 相应的 x_k 作为换入变量，该条件称为最优性条件(检验数最大准则)。

根据最优性条件[式(2-15)]确定 x_k 为换入变量后，x_N 中其余的非基变量仍为 0，根据式(2-12)可得到

$$\boldsymbol{X}_B=\boldsymbol{B}^{-1}\boldsymbol{b}-\boldsymbol{B}^{-1}\boldsymbol{P}_k x_k$$

式中：$\boldsymbol{P}_k$ 为 $\boldsymbol{N}$ 中 x_k 所对应的系数列向量。根据非负约束，$\boldsymbol{X}_B$ 的任一分量$(\boldsymbol{X}_B)_i$均应满足

$$(\boldsymbol{X}_B)_i=(\boldsymbol{B}^{-1}\boldsymbol{b})_i-(\boldsymbol{B}^{-1}\boldsymbol{P}_k)_i x_k\geqslant 0$$

由于$(\boldsymbol{B}^{-1}\boldsymbol{b})_i\geqslant 0$，$x_k\geqslant 0$，当$(\boldsymbol{B}^{-1}\boldsymbol{P}_k)_i\leqslant 0$ 时上式恒成立；当$(\boldsymbol{B}^{-1}\boldsymbol{P}_k)_i>0$ 时可得到

$$x_k\leqslant(\boldsymbol{B}^{-1}\boldsymbol{b})_i/(\boldsymbol{B}^{-1}\boldsymbol{P}_k)_i$$

因此，根据

$$\theta_l=\min_i\left\{\frac{\left(\boldsymbol{B}^{-1}\boldsymbol{b}\right)_i}{\left(\boldsymbol{B}^{-1}\boldsymbol{P}_k\right)_i}\middle|\left(\boldsymbol{B}^{-1}\boldsymbol{P}_k\right)_i>0\right\} \tag{2-16}$$

确定最小比值 θ_l，以其对应的变量 x_l 作为换出变量，才能保证 x_k 换入后得到的基解仍为可行解，这一条件称为 LP 问题的可行性条件(比值最小准则)。

根据以上最优性条件和可行性条件进行基变换，通过旋转变换将换入变量 x_k 的系数列向量化为单位列向量(换出变量 x_l 对应行的元素为 1，其余元素为 0)，同时将检验数行中 x_k 的检验数变换为 0，求出新的基可行解。利用可行解的最优性判断定理判断是否达到最优。如果没有达到最优，则继续换基直至达到最优。

根据以上变换过程，将单纯形迭代过程用矩阵形式来表示，见表 2-3。

表 2-3　单纯形法的矩阵表示

序号	基变量	$\boldsymbol{X}_B$	$\boldsymbol{X}_N$	右端项	θ_i
0	$\boldsymbol{X}_B$	$\boldsymbol{B}$	$\boldsymbol{N}$	$\boldsymbol{b}$	
	检验数行	$\boldsymbol{C}_B$	$\boldsymbol{C}_N$	0	
1	$\boldsymbol{X}'_B$	$\boldsymbol{I}$	$\boldsymbol{B}^{-1}\boldsymbol{N}$	$\boldsymbol{B}^{-1}\boldsymbol{b}$	
	检验数行	0	$\boldsymbol{C}_N-\boldsymbol{C}_B\boldsymbol{B}^{-1}\boldsymbol{N}$	$-\boldsymbol{C}_B\boldsymbol{B}^{-1}\boldsymbol{b}$	

从表 2-3 中可以更清楚地看出单纯形法的迭代过程，即将基矩阵 $\boldsymbol{B}$ 变换为单位矩阵 $\boldsymbol{I}$ 的同时，非基矩阵 $\boldsymbol{N}$ 变换为 $\boldsymbol{B}^{-1}\boldsymbol{N}$，得到基可行解 $\boldsymbol{B}^{-1}\boldsymbol{b}$；而检验数行中基变量的检验数变换为 0，非基变量的检验数变换为 $\boldsymbol{C}_N-\boldsymbol{C}_B\boldsymbol{B}^{-1}\boldsymbol{N}$，得到目标函数值 $\boldsymbol{C}_B\boldsymbol{B}^{-1}\boldsymbol{b}$。

三、单纯形法的计算过程

利用单纯形法求解线性规划模型的一般计算过程如下。

(1) 将 LP 模型转换为标准型。

(2) 确定初始基可行解。对于模型中所有的约束条件均为“≤”的情况，转化为标准型过程中加入的松弛变量可作为基变量，对应的系数矩阵为单位矩阵，可以得到初始基可行解；而对于模型中含有“≥”或“=”约束的情况，则需要用人工变量法求得初始基可行解，人工变量法将在后面讲解。

(3) 求得初始基可行解后进入迭代过程。每一次迭代过程中，根据最优性条件(检验数最大准则)和可行性条件(比值最小准则)进行基变量置换，即从非基变量中选择一个变量作为新的基变量，同时一个原基变量换成非基变量。这种基变量一进一出的替换需要保证新的基变量对应的基解为可行解，同时目标函数要优于原目标函数值。

每次迭代都包括一个非基变量的换入和一个原基变量的换出过程：①根据最优性条件(检验数最大准则)确定最优解或换入变量。将目标函数中的基变量用非基变量表示，检验非基变量系数(称为非基变量检验数)是否存在正值，若非基变量检验数均小于或等于零，则继续进行基变换不能使目标函数值增加，求得最优解；否则，将非基变量检验数为正而且最大系数的非基变量作为换入变量成为新的基变量，这样目标函数值会继续增加。一般来说，正系数较大的非基变量成为基变量后目标函数值可能增加更快，因此，可以选择正系数最大的非基变量作为下一步迭代的基变量，称为换入变量。这种选择换入变量的标准称为最优性条件。②根据可行性条件(比值最小准则)确定换出变量。换入变量须取代一个原基变量，这个被取代的原基变量称为换出变量。换出变量可根据原可行解(约束方程右端项)与对应约束条件中换入变量系数(只考虑正系数)的比值来确定，以比值最小的基变量作为换出变量，可以保证新的基解仍为可行解。这一条件称为可行性条件。

确定新的基可行解后继续进行以上迭代过程，经过有限次迭代后可以找到最优解。

四、单纯形高斯消去法举例

下面用一个计算实例来说明单纯形法的求解过程。

【例 2-5】 用单纯形法求解例 2-2 中的线性规划模型。

解：(1) 将 LP 一般型转化为 LP 标准型。例 2-4 中已将线性规划一般型转换为标准型[式(2-10)]：

$$\max Z=0.45x_1+0.6x_2 \tag{2-10a}$$

$$x_1+x_2+x_3=1000 \tag{2-10b}$$

$$x_1+2x_2+x_4=1200 \tag{2-10c}$$

$$x_1,x_2,x_3,x_4\geqslant 0 \tag{2-10d}$$

(2) 确定初始基可行解。标准型[式(2-10)]中松弛变量 x_3、x_4 对应的系数矩阵为单位矩阵，将其作为基变量。把基变量 x_3、x_4 用非基变量 x_1、x_2 表示，令非基变量 $x_1=x_2=0$，则可以得到初始基可行解 $\boldsymbol{X}_0=(0,0,1000,1200)^{\mathrm{T}}$，对应于图 2-2 中的 O 点，目标函数 $Z_0=0$。

(3) 第一次迭代。首先，检查目标函数中非基变量 x_1、x_2 的系数，二者均为正数(分别为 0.45、0.6)。根据最优性条件，选择正系数最大的非基变量 x_2 为换入变量。

其次，计算约束条件中右端项与换入变量正系数的比值，最小比值为 $\theta_{\min}=\min(1000/1, 1200/2)=600$，以其对应的变量 x_4 作为换出变量，得到新基 $(x_3, x_2)^{\mathrm{T}}$。

然后，把基变量 x_2、x_3 用非基变量 x_1、x_4 表示，得到

$$x_2=(1200-x_1-x_4)/2=600-x_1/2-x_4/2$$

$$x_3=1000-x_1-x_2=1000-x_1-(600-x_1/2-x_4/2)=400-x_1/2+x_4/2$$

目标函数值：$Z=0.45x_1+0.6x_2=0.45x_1+0.6(600-x_1/2-x_4/2)=360+0.15x_1-0.3x_4$

令非基变量 $x_1=x_4=0$，则可得新基可行解 $\boldsymbol{X}_1=(0,600,400,0)^{\mathrm{T}}$，对应于图 2-2 中的 A 点，目标函数值 $Z_1=360$。

(4) 第二次迭代。目标函数中非基变量 x_1 的检验数仍然为正，以 x_1 为换入变量，此时约束方程为

$$x_1/2+x_2+x_4/2=600$$

$$x_1/2+x_3-x_4/2=400$$

最小比值为 $\theta_{\min}=\min(600/0.5,400/0.5)=800$，$x_3$ 为换出变量，新基为 $(x_1,x_2)^{\mathrm{T}}$。把基变量 x_1、x_2 用非基变量 x_3、x_4 表示，得到

$$x_1=2(400-x_3+x_4/2)=800-2x_3+x_4$$

$$x_2=600-x_1/2-x_4/2=200+x_3-x_4$$

目标函数值：$Z=360+0.15x_1-0.3x_4=360+0.15(800-2x_3+x_4)-0.3x_4=480-0.3x_3-0.15x_4$

令非基变量 $x_3=x_4=0$，则可得新基可行解 $\boldsymbol{X}_2=(800,200,0,0)^{\mathrm{T}}$ 对应于图 2-2 中的 B 点，目标函数 $Z_2=480$。

至此，目标函数中非基变量的检验数为负，达到最优，最优解为 $\boldsymbol{X}^*=(800,200,0,0)^{\mathrm{T}}$，最优值为 $Z^*=480$。

五、单纯形表

以上单纯形高斯消去法计算过程比较烦琐，不便于应用，为方便计算，可用表格的形式来进行，即单纯形表(simplex tableau)。求解例 2-5 中 LP 中模型的单纯形表见表 2-4，初始基可行解、每一次迭代过程都有一个对应的单纯形表，其中确定初始基可行解的单纯形表称为初始单纯形表，最后一次迭代过程对应的单纯形表称为最终单纯形表，所有单纯形表合在一起形成总的单纯形表。每个单纯形表都由若干行、列组成，LP 模型中每个约束条件、目标函数分别对应于 1 行，每个决策变量对应 1 列，另外还有基变量、右端项、备注等列。

对照表 2-4，说明利用单纯形表求解 LP 模型的主要步骤。

(1) 构造初始单纯形表：将目标函数、约束方程的系数及右端项写入表中对应位置，确定初始基变量，其约束条件系数列向量应为单位列向量，所有基变量的约束条件系数构成单位矩阵；同时目标函数中基变量的系数应为 0。在不满足以上要求时，须进行变换。因此在单纯形法计算中，目标函数单列 1 行，每个单纯形表中除约束条件行外另有一个变换后的目

标函数行(检验数行)。对于表 2-4 的情况，初始单纯形表的检验数行与目标函数行完全相同。

表 2-4　例 2-5 求解的单纯形表

序号	基变量	x_1	x_2	x_3	x_4	b	θ	方程号	备注
	目标函数行	0.45	0.6	0	0				
0 (初)	x_3	1	1	1	0	1000	1000	①	检验数行、θ 列加下划线数字分别对应正检验数最大、比值最小；加边框的数字代表主元素
	x_4	1	[2]	0	1	1200	<u>600</u>	②	
	检验数行	0.45	<u>0.6</u>	0	0			③	
1	x_3	[0.5]	0	1	−0.5	400	<u>800</u>	①′	①−②′
	x_2	0.5	1	0	0.5	600	1200	②′	②/2
	检验数行	<u>0.15</u>	0	0	−0.3			③′	③−0.6×②′
2 (终)	x_1	1	0	2	−1	800		①″	①′/0.5
	x_2	0	1	−1	1	200		②″	②′−0.5×①″
	检验数行	0	0	−0.3	−0.15			③″	③′−0.15×①″

(2)基变换：检验数行的系数 $\boldsymbol{\sigma}_j=c_j-z_j$ 称为检验数或单纯形系数，若所有 $\boldsymbol{\sigma}_j\leqslant 0$，则达到最优；否则正检验数 $\boldsymbol{\sigma}_j>0$ 中最大的对应的变量 x_k 为换入变量(最优性条件)。计算约束条件中右端项 b_i 与 x_k 系数 a_{ik} 的比值 $\theta_i=b_i/a_{ik}$(只考虑 $a_{ik}>0$，$a_{ik}\leqslant 0$ 时 θ 栏表示为“—”)，取 θ_i 中最小的 θ_l 对应的基变量作为换出变量(可行性条件)。这样就得到新的基变量，换出变量所在行与换入变量所在列交叉点的系数 a_{lk} 为主元素。

(3)旋转变换：将约束条件、目标函数的系数、右端项作为一个增广矩阵，对增广矩阵进行行变换(与求解线性方程组中无回代过程的主元素消去法类似)，主元素所在行除以元素 a_{lk} 使主元素变为 1；变换后的这一行乘以第 i 行系数 a_{ik} 的相反数 $-a_{ik}$ 加到第 i 行 $(i\neq l)$，其他各行(包括检验数行)同列的系数均变为 0。这样新的基变量对应的约束系数矩阵仍为单位矩阵，可以得到一组新的基可行解。

(4)重复步骤(2)、(3)，直至 $\boldsymbol{\sigma}_j$ 全为负值时，达到最优化(最大化或最小化)。

最后得到最优解为 $\boldsymbol{X}^*=(800,200)^{\mathrm{T}}$，最优值 $Z^*=0.45\times 800+0.6\times 200=480$，即 A、B 作物种植面积分别为 800hm^2、200hm^2 时，灌区净收入最大可达 480 万元。

六、确定初始基可行解的人工变量法

对于线性规划一般型中所有约束条件均为“≤”的情况，转换为标准型后以松弛变量为基变量，可直接得到初始基可行解。而对于模型中含有“≥”或“＝”约束的情况，一般不能直接找到一组系数矩阵为单位阵 $\boldsymbol{I}$ 的基变量。如果任意选择一组基变量求其基解，则不能保证该基解为可行解。利用试算的方法可以找到一个基可行解，但是不具有通用性，且计算量可能较大。为解决这一问题，考虑引入人工变量，即在每个“≥”“＝”约束中加入一个非负的人工变量，其系数列向量为单位列向量。以“≥”“＝”约束中的人工变量与“≤”约束中的松弛变量作为基变量，对应的系数矩阵为单位阵，可以得到一个初始基可行解。但人工变量是人为引入的，在求解过程中须将其从基变量中换出去，只有最后得到的最优解中人工变量全为 0，才能保证所得到的最优解是原模型的最优解。

由于该方法在确定初始基可行解的过程中需要人为地引入新的变量，称为人工变量法。人工变量法主要有大 M 法和两阶段法。

(一) 大 M 法

为了保证最优解中全部人工变量为 0，对每一个如果变量 R_i 在目标函数中加一个罚函数项——MR_i(对于最小化问题为$+MR_i$)，其中，M 为充分大的正数，如果 R_i 不为 0，$-MR_i$ 是一个很大的负数，目标函数值便不可能达到最大。这样就迫使人工变量全部为 0 才能得到最优解。

【例 2-6】 在例 2-2 中，如果可用灌溉水量为 360 万 m^3，要求全部用于灌溉，同时粮食播种面积不少于 1000hm^2，其他条件不变。问：如何安排两种作物的种植面积才能使整个灌区净收入最大？

解：以作物 A、B 的种植面积 x_1、x_2 为决策变量，相应的 LP 模型[式(2-17)]为

$$\max Z=0.45x_1+0.6x_2 \tag{2-17a}$$

$$x_1+x_2\geqslant 1000 \tag{2-17b}$$

$$0.3x_1+0.6x_2=360 \tag{2-17c}$$

$$x_1, x_2\geqslant 0 \tag{2-17d}$$

从图 2-2 可以看出，该线性规划模型的可行域退化为线段 BD，在端点 D 处净收入达到最大值 540 万元，最优解为 $x_1=1200$，$x_2=0$。下面利用单纯形法进行求解。

将约束条件[式(2-17c)]化简为 $x_1+2x_2=1200$，则线性规划模型[式(2-17)]的标准型为

$$\max Z=0.45x_1+0.6x_2 \tag{2-18a}$$

$$x_1+x_2-x_3=1000 \tag{2-18b}$$

$$x_1+2x_2=1200 \tag{2-18c}$$

$$x_1, x_2, x_3\geqslant 0 \tag{2-18d}$$

由于不能直接找到一组基可行解，在约束条件中加入人工变量 x_4、x_5，相应地在目标函数中增加罚函数项，得到新模型[式(2-19)]，其中，M 为充分大的正数：

$$\max Z=0.45x_1+0.6x_2-Mx_4-Mx_5 \tag{2-19a}$$

$$x_1+x_2-x_3+x_4=1000 \tag{2-19b}$$

$$x_1+2x_2+x_5=1200 \tag{2-19c}$$

$$x_1, x_2, x_3, x_4, x_5\geqslant 0 \tag{2-19d}$$

利用单纯形表求解式(2-19)，见表 2-5。

表 2-5 例 2-6 求解的单纯形表

序号	基变量	x_1	x_2	x_3	x_4	x_5	b	θ	方程号	备注
	目标函数行	0.45	0.6	0	$-M$	$-M$				
0 (初)	x_4	1	1	−1	1	0	1000	1000	①	
	x_5	1	2	0	0	1	1200	<u>600</u>	②	
	检验数行	$0.45+2M$	<u>$0.6+3M$</u>	$-M$	0	0			③	$+M\times$(①+②)

续表

序号	基变量	x_1	x_2	x_3	x_4	x_5	b	θ	方程号	备注
	目标函数行	0.45	0.6	0	$-M$	$-M$				
1	x_4	0.5	0	−1	1	−0.5	400	<u>800</u>	①′	①−②′
	x_2	0.5	1	0	0	0.5	600	1200	②′	②/2
	检验数行	<u>0.15+0.5*M*</u>	0	$-M$	0	$-0.3-1.5M$			③′	③−(0.6+3*M*)×②′
2	x_1	1	0	−2	2	−1	800	—	①″	①′/0.5
	x_2	0	1	[1]	−1	1	200	<u>200</u>	②″	②′−0.5×①″
	检验数行	0	0	<u>0.3</u>	$-0.3-M$	$-0.15-M$			③″	③′−(0.15+0.5*M*)×①″
3（终）	x_1	1	2	0	0	1	1200		①‴	①″+2×②‴
	x_3	0	1	1	−1	1	200		②‴	②″/1
	检验数行	—	−0.3	0	$-M$	$-0.45-M$			③‴	③″−0.3×②‴

在单纯形法计算过程中，初始单纯形表中以人工变量 x_4、x_5 为基变量，其价值系数不为 0，需要通过行变换将其变为 0。在计算机求解时，M 应该比其他价值系数大若干数量级，手算过程中可以认为 M 是一个充分大的正数，进行大小比较时，M 或其正倍数大于其他正数。最后得到模型［式(2-19)］的最优解为 $\boldsymbol{X}^*=(1200,0,200,0,0)^{\mathrm{T}}$，该最优解中人工变量均为非基变量，取值为 0，因此模型［式(2-17)］的最优解为 $\boldsymbol{X}^*=(1200,0)^{\mathrm{T}}$，最优值 $Z^*=0.45\times1200=540$，即种植 A 作物 1200hm^2 时，灌区净收入最大可达 540 万元。

（二）两阶段法

在约束条件中引入人工变量后，虽然可以方便地找到初始基可行解，但人工变量的引入破坏了原模型中的约束关系，导致其最优解可能与原模型不同。只有当最优解中人工变量全为 0 时，原模型才存在基可行解，且引入人工变量前后的最优解相同。在两阶段法中，第一步利用原 LP 模型的约束条件求解人工变量之和的最小化问题，如果其最小值为 0，则可以判断原模型存在基可行解，否则原问题无可行解。第二步将第一步得到的最优解作为原模型的初始基可行解，利用单纯形法求出最优解。

【例 2-7】 以例 2-6 中的线性规划模型［式(2-17)］为例，说明两阶段法的求解过程。

解：将线性规划模型［式(2-17)］加入人工变量后的模型［式(2-20)］为

$$\max Z=0.45x_1+0.6x_2 \tag{2-20a}$$

$$x_1+x_2-x_3+x_4=1000 \tag{2-20b}$$

$$x_1+2x_2+x_5=1200 \tag{2-20c}$$

$$x_1, x_2, x_3, x_4, x_5\geqslant 0 \tag{2-20d}$$

第一步：在约束条件［式(2-20b)～式(2-20d)］下求解人工变量 x_4、x_5 之和的最小化问题，即构成新的目标函数：

$$\min R=x_4+x_5 \tag{2-21}$$

由新的目标函数［式(2-21)］和约束条件［式(2-20b)～式(2-20d)］组成新的线性规划模型［式(2-22)］：

$$\max R = -x_4 - x_5 \tag{2-22a}$$

$$x_1 + x_2 - x_3 + x_4 = 1000 \tag{2-22b}$$

$$x_1 + 2x_2 + x_5 = 1200 \tag{2-22c}$$

$$x_1, x_2, x_3, x_4, x_5 \geqslant 0 \tag{2-22d}$$

利用单纯形法求解模型[式(2-22)]，其单纯形表的计算过程见表 2-6(a)。

根据求解结果，R 可以在$(800,200,0,0,0)^{\mathrm{T}}$达到最小值 0(事实 min R 存在多重最优解)，说明原问题存在可行解，可以继续进行下一步计算。

第二步：将上一步得到的最优解作为初始基可行解，求原问题线性规划模型[式(2-20)]的最优解。在求解中，将第一步的最终单纯形表去掉人工变量列后作为初始单纯形表，目标函数换为原 LP 模型的目标函数[式(2-20a)]，计算过程见表 2-6(b)。

表 2-6　例 2-7 求解的两步法单纯形表

(a)

序号	基变量	x_1	x_2	x_3	x_4	x_5	b	θ	方程号	备注
	目标函数行	0	0	0	−1	−1				目标函数[式(2-22a)]
0(初)	x_4	1	1	−1	1	0	1000	1000	①	
	x_5	1	[2]	0	0	1	1200	600	②	
	检验数行	2	3	−1	0	0			③	+①+②
1	x_4	[0.5]	0	−1	1	−0.5	400	800	①′	①−②′
	x_2	0.5	1	0	0	0.5	600	1200	②′	②/2
	检验数行	0.5	0	−1	0	−1.5			③′	③−3×②′
2(终)	x_1	1	0	−2	2	−1	800	—	①″	①′/0.5
	x_2	0	1	1	−1	1	200	200	②″	②′−①′
	检验数行	0	0	0	−1	−1			③″	③′−①′

(b)

序号	基变量	x_1	x_2	x_3	b	θ	方程号	备注
	目标函数行	0.45	0.6	0				目标函数[式(2-20a)]
0(初)	x_1	1	0	−2	800	—	①	
	x_2	0	1	[1]	200	200	②	
	检验数行	0	0	0.3			③	−0.45×①−0.6×②
1(终)	x_1	1	2	0	1200		①′	①−②′
	x_3	0	1	1	200		②′	②/1
	检验数行	0	−0.3	0			③′	③−0.3×②′

由此可得到模型[式(2-20)]最优解为 $\boldsymbol{X}^{*}=(1200,0)^{\mathrm{T}}$，最优值 $Z^{*}=0.45\times1200=540$，与大 M 法(例 2-6)结果相同。

第四节　修正单纯形法

一、修正单纯形法的基本思路

在单纯形法的每一次迭代中，都需要进行约束条件及与目标函数的变换，如果系数矩阵 $\boldsymbol{A}$ 的阶数($m\times n$)比较高，计算量是相当大的。但事实上并非所有的计算都是有效的，对迭代过程真正有用的信息包括：①检验数行，用于确定换入变量；②约束条件右端及换入变量所对应的系数列向量，用于确定换出变量。为了提高计算效率，可以对一般的单纯形法进行改进，只计算以上有用的信息，这就是修正单纯形法(revised simplex method，RSM)。

根据单纯形法基本原理的矩阵表示(表 2-3)，基矩阵 $\boldsymbol{B}$ 的逆矩阵 $\boldsymbol{B}^{-1}$ 确定以后，单纯形表的各行、列的数值即可计算。RSM 是一种基于 $\boldsymbol{B}^{-1}$ 来解 LP 问题的方法。

二、修正单纯形法的计算步骤

对于一般的线性规划模型，修正单纯形法一般可以采用以下的计算步骤。

(1)将线性规划一般型转化为标准型 LPS[式(2-7)]，确定初始可行基 $\boldsymbol{B}$，迭代次数 $s=0$。

(2)计算 $\boldsymbol{B}_s^{-1}$，基可行解 $\boldsymbol{X}_{\boldsymbol{B}_s}=\boldsymbol{B}_s^{-1}\boldsymbol{b}$、单纯形乘子 $\boldsymbol{Y}=\boldsymbol{C}_{\boldsymbol{B}}\boldsymbol{B}_s^{-1}$。

(3)计算非基变量检验数：

$$\boldsymbol{\sigma}_{\boldsymbol{N}}=\boldsymbol{C}_{\boldsymbol{N}}-\boldsymbol{C}_{\boldsymbol{B}}\boldsymbol{B}_s^{-1}\boldsymbol{N}=(1,-\boldsymbol{Y})[\boldsymbol{C}_{\boldsymbol{N}}\,\boldsymbol{N}]^{\mathrm{T}}$$

若 $\boldsymbol{\sigma}_{\boldsymbol{N}}\leqslant 0$，则得到最优解 $\boldsymbol{X}^*=\boldsymbol{X}_{\boldsymbol{B}}^*=\boldsymbol{B}_s^{-1}\boldsymbol{b}$，最优值 $Z_0^*=\boldsymbol{C}_{\boldsymbol{B}}\boldsymbol{B}_s^{-1}\boldsymbol{b}$；否则继续迭代。

(4)利用最优性条件式(2-15)确定换入变量 x_k。

(5)根据 x_k 的系数列向量 $\boldsymbol{P}_k$ 计算 $\boldsymbol{B}_s^{-1}\boldsymbol{P}_k$，若 $\boldsymbol{B}_s^{-1}\boldsymbol{P}_k\leqslant 0$，则 LP 无最优解；否则利用可行性条件[式(2-16)]确定换出变量 x_l，得到新的矩阵 $\boldsymbol{B}_{s+1}$。

(6)迭代次数增加一次，$s+1\rightarrow s$，重复上述步骤(2)～(5)。

三、可行基 B 逆矩阵的求解方法

从修正单纯形法的计算过程可以看出每次迭代都需要计算 $\boldsymbol{B}^{-1}$，计算量较大，而且每次迭代只改变一个基变量，基矩阵只改变一列。下面介绍一种求解基 $\boldsymbol{B}$ 逆矩阵的迭代方法。

假设原基矩阵 $\boldsymbol{B}_s=(\boldsymbol{P}_1,\boldsymbol{P}_2,\cdots,\boldsymbol{P}_m)$，在基变换中 x_k 为换入变量，x_l 为换出变量，则新的基矩阵 $\boldsymbol{B}_{s+1}=(\boldsymbol{P}_1,\boldsymbol{P}_2,\cdots,\boldsymbol{P}_{l-1},\boldsymbol{P}_k,\boldsymbol{P}_{l+1},\cdots,\boldsymbol{P}_m)$，可得到

$$\begin{aligned}\boldsymbol{B}_{lk}=\boldsymbol{B}_s^{-1}\boldsymbol{B}_{s+1}&=\boldsymbol{B}_s^{-1}(\boldsymbol{P}_1,\boldsymbol{P}_2,\cdots,\boldsymbol{P}_{l-1},\boldsymbol{P}_k,\boldsymbol{P}_{l+1},\cdots,\boldsymbol{P}_m)\\&=(\boldsymbol{B}_s^{-1}\boldsymbol{P}_1,\boldsymbol{B}_s^{-1}\boldsymbol{P}_2,\cdots,\boldsymbol{B}_s^{-1}\boldsymbol{P}_{l-1},\boldsymbol{B}_s^{-1}\boldsymbol{P}_k,\boldsymbol{B}_s^{-1}\boldsymbol{P}_{l+1},\cdots,\boldsymbol{B}_s^{-1}\boldsymbol{P}_m)\end{aligned}$$

由于

$$\boldsymbol{I}=\boldsymbol{B}_s^{-1}\boldsymbol{B}_s=\boldsymbol{B}_s^{-1}(\boldsymbol{P}_1,\boldsymbol{P}_2,\cdots,\boldsymbol{P}_m)=(\boldsymbol{B}_s^{-1}\boldsymbol{P}_1,\boldsymbol{B}_s^{-1}\boldsymbol{P}_2,\cdots,\boldsymbol{B}_s^{-1}\boldsymbol{P}_m)=(\boldsymbol{e}_1,\boldsymbol{e}_2,\cdots,\boldsymbol{e}_m)$$

故

$$\boldsymbol{B}_{lk}=\boldsymbol{B}_s^{-1}\boldsymbol{B}_{s+1}=(\boldsymbol{e}_1,\boldsymbol{e}_2,\cdots,\boldsymbol{e}_{l-1},\boldsymbol{B}_s^{-1}\boldsymbol{P}_k,\boldsymbol{e}_{l+1},\cdots,\boldsymbol{e}_m)$$

式中：$\boldsymbol{e}_i$ 为单位列向量。

如果 $\boldsymbol{B}_s^{-1}\boldsymbol{P}_k=(a'_{1k},a'_{2k},\cdots,a'_{mk})^{\mathrm{T}}$，则

$$E_{lk}=B_{lk}^{-1}=\begin{bmatrix}1 & & & a'_{1k} & & & \\ & \ddots & & \vdots & & & \\ & & 1 & a'_{l-1,k} & & & \\ & & & a'_{lk} & & & \\ & & & a'_{l+1,k} & 1 & & \\ & & & \vdots & & \ddots & \\ & & & a'_{mk} & & & 1\end{bmatrix}^{-1}=\begin{bmatrix}1 & & & -a'_{1k}/a'_{lk} & & & \\ & \ddots & & \vdots & & & \\ & & 1 & -a'_{l-1,k}/a'_{lk} & & & \\ & & & 1/a'_{lk} & & & \\ & & & -a'_{l+1,k}/a'_{lk} & 1 & & \\ & & & \vdots & & \ddots & \\ & & & -a'_{mk}/a'_{lk} & & & 1\end{bmatrix} \tag{2-23}$$

根据 $\boldsymbol{E}_{lk}=\boldsymbol{B}_{lk}{}^{-1}=(\boldsymbol{B}_s{}^{-1}\boldsymbol{B}_{s+1})^{-1}=\boldsymbol{B}_{s+1}{}^{-1}\boldsymbol{B}_s$ 可得到

$$\boldsymbol{B}_{s+1}{}^{-1}=\boldsymbol{E}_{lk}\,\boldsymbol{B}_s{}^{-1} \tag{2-24}$$

$$\boldsymbol{X}_{s+1}=\boldsymbol{B}_{s+1}{}^{-1}\boldsymbol{b}=\boldsymbol{E}_{lk}\boldsymbol{B}_s{}^{-1}\boldsymbol{b}=\boldsymbol{E}_{lk}\boldsymbol{X}_s \tag{2-25}$$

因此，可根据前后两次迭代中基矩阵的逆矩阵之间的递推关系[式(2-24)]来推算新基矩阵的逆矩阵，这样计算量要比直接求逆矩阵小得多。

四、修正单纯形法的计算实例

根据修正单纯形法的计算过程，求解例 2-8 的线性规划模型[式(2-26)]。

【例 2-8】 利用 RSM 求解下面的线性规划模型。

$$\max Z=2x_1+3x_2 \tag{2-26a}$$

$$x_1+2x_2+x_3=8 \tag{2-26b}$$

$$4x_1+x_4=16 \tag{2-26c}$$

$$4x_2+x_5=12 \tag{2-26d}$$

$$x_1, x_2, x_3, x_4, x_5\geqslant 0 \tag{2-26e}$$

1. 解法一：采用 RSM 求解

1) 确定初始基可行解

初始基 $\boldsymbol{B}_0=(\boldsymbol{P}_3,\boldsymbol{P}_4,\boldsymbol{P}_5)=\boldsymbol{I}$，$\boldsymbol{B}_0{}^{-1}=\boldsymbol{I}$；基变量 $\boldsymbol{X}_{B0}=(x_3,x_4,x_5)^{\mathrm{T}}$，非基变量 $\boldsymbol{X}_{N0}=(x_1,x_2)^{\mathrm{T}}$；基变量价值系数 $\boldsymbol{C}_{B0}=(0,0,0)$，非基变量价值系数 $\boldsymbol{C}_{N0}=(2,3)$。非基变量检验数 $\boldsymbol{\sigma}_{N0}=\boldsymbol{C}_{N0}-\boldsymbol{C}_{B0}\boldsymbol{B}_0{}^{-1}\boldsymbol{N}_0=(2,3)$，存在正检验数，未达到最优。

2) 第一次迭代

取非基变量检验数 $\boldsymbol{\sigma}_{N0}$ 中正检验数最大值对应的变量 x_2 为换入变量，k=2。

$$\boldsymbol{B}_0{}^{-1}\boldsymbol{b}=(8,16,12)^{\mathrm{T}}，\boldsymbol{B}_0{}^{-1}\boldsymbol{P}_2=\boldsymbol{P}_2=(2,0,4)^{\mathrm{T}}$$

$$\theta_l=\min\left\{\frac{\left(B_0^{-1}b\right)_i}{\left(B_0^{-1}P_2\right)_i}\middle|\left(B_0^{-1}P_2\right)_i>0\right\}=\min\left(\frac{8}{2},-,\frac{12}{4}\right)=3$$

故 l=3，x_5 为换出变量。可得到一组新基 $\boldsymbol{B}_1=(\boldsymbol{P}_3,\boldsymbol{P}_4,\boldsymbol{P}_2)$，基变量 $\boldsymbol{X}_{B1}=(x_3,x_4,x_2)^{\mathrm{T}}$，非基变量 $x_{N1}=(x_1,x_5)^{\mathrm{T}}$；基变量价值系数 $\boldsymbol{C}_{B1}=(0,0,3)$，非基变量价值系数 $\boldsymbol{C}_{N1}=(2,0)$。

$$a_{lk}=a_{32}=4，\quad \boldsymbol{B}_1^{-1}=\boldsymbol{E}_{lk}\boldsymbol{B}_0^{-1}=\boldsymbol{E}_{lk}\boldsymbol{I}=\begin{bmatrix}1&0&-1/2\\0&1&0\\0&0&1/4\end{bmatrix}$$

非基变量检验数：

$$\boldsymbol{\sigma}_{N1}=\boldsymbol{C}_{N1}-\boldsymbol{C}_{B1}\boldsymbol{B}_1^{-1}\boldsymbol{N}_1=(2,0)-(0,0,3)\begin{bmatrix}1&0&-1/2\\0&1&0\\0&0&1/4\end{bmatrix}\begin{bmatrix}1&0\\4&0\\0&1\end{bmatrix}=(2,-3/4)$$

存在正检验数，未达到最优。

3）第二次迭代

取 $\boldsymbol{\sigma}_{N1}$ 中正检验数最大值对应的变量 x_1 为换入变量，k=1。

$$\boldsymbol{B}_1^{-1}\boldsymbol{b}=(2,16,3)^{\mathrm{T}}，\quad \boldsymbol{B}_1^{-1}\boldsymbol{P}_1=(1,4,0)^{\mathrm{T}}$$

$$\theta_l=\min\left\{\frac{\left(B_1^{-1}b\right)_i}{\left(B_1^{-1}P_1\right)_i}\middle|\left(B_1^{-1}P_1\right)_i>0\right\}=\min\left(\frac{2}{1},\frac{16}{4},-\right)=2$$

故 l=1，x_3 为换出变量。可得到一组新基 $\boldsymbol{B}_2=(\boldsymbol{P}_1,\boldsymbol{P}_4,\boldsymbol{P}_2)$，基变量 $\boldsymbol{X}_{B2}=(x_1,x_4,x_2)^{\mathrm{T}}$，非基变量 $\boldsymbol{X}_{N2}=(x_3,x_5)^{\mathrm{T}}$；基变量价值系数 $\boldsymbol{C}_{B2}=(2,0,3)$，非基变量价值系数 $\boldsymbol{C}_{N2}=(0,0)$。

$$a_{lk}=a_{11}=1，\quad \boldsymbol{B}_2^{-1}=\boldsymbol{E}_{lk}\boldsymbol{B}_1^{-1}=\begin{bmatrix}1&0&0\\-4&1&0\\0&0&1\end{bmatrix}\begin{bmatrix}1&0&-1/2\\0&1&0\\0&0&1/4\end{bmatrix}=\begin{bmatrix}1&0&-1/2\\-4&1&2\\0&0&1/4\end{bmatrix}$$

非基变量检验数：

$$\boldsymbol{\sigma}_{N2}=\boldsymbol{C}_{N2}-\boldsymbol{C}_{B2}\boldsymbol{B}_2^{-1}\boldsymbol{N}_2=(0,0)-(2,0,3)\begin{bmatrix}1&0&-1/2\\-4&1&2\\0&0&1/4\end{bmatrix}\begin{bmatrix}1&0\\0&0\\0&1\end{bmatrix}=(-2,1/4)$$

存在正检验数，未达到最优。

4）第三次迭代

取 $\boldsymbol{\sigma}_{N2}$ 中正检验数最大值对应的变量 x_5 为换入变量，k=2。

$$\boldsymbol{B}_2^{-1}\boldsymbol{b}=(2,8,3)^{\mathrm{T}}，\quad \boldsymbol{B}_2^{-1}\boldsymbol{P}_5=(-1/2,2,1/4)^{\mathrm{T}}$$

$$\theta_l=\min\left\{\frac{\left(B_2^{-1}b\right)_i}{\left(B_2^{-1}P_5\right)_i}\middle|\left(B_2^{-1}P_2\right)_i>0\right\}=\min\left(-,\frac{8}{2},\frac{3}{(1/4)}\right)=4$$

故 l=2，x_4 为换出变量。可得到一组新基 $\boldsymbol{B}_3=(P_1,P_5,P_2)$，基变量 $\boldsymbol{X}_{B3}=(x_1,x_5,x_2)^{\mathrm{T}}$，非基变量 $\boldsymbol{X}_{N3}=(x_3,x_4)^{\mathrm{T}}$；基变量价值系数 $\boldsymbol{C}_{B3}=(2,0,3)$，非基变量价值系数 $\boldsymbol{C}_{N3}=(0,0)$。

$$a_{lk}=a_{22}=2，\quad \boldsymbol{B}_3^{-1}=\boldsymbol{E}_{lk}\boldsymbol{B}_2^{-1}=\begin{bmatrix}1&1/4&0\\0&1/2&0\\0&-1/8&1\end{bmatrix}\begin{bmatrix}1&0&-1/2\\-4&1&2\\0&0&1/4\end{bmatrix}=\begin{bmatrix}1&1/4&0\\-2&1/2&1\\1/2&-1/8&0\end{bmatrix}$$

非基变量检验数：

$$\boldsymbol{\sigma}_{N3}=\boldsymbol{C}_{N3}-\boldsymbol{C}_{B3}\boldsymbol{B}_3^{-1}N_3=(0,0)-(2,0,3)\begin{bmatrix}0 & 1/4 & 0\\ -2 & 1/2 & 1\\ 1/2 & -1/8 & 0\end{bmatrix}\begin{bmatrix}1 & 0\\ 0 & 0\\ 0 & 1\end{bmatrix}=(-3/2,-1/8)$$

检验数全非正数，达到最优。$\boldsymbol{B}_3^{-1}\boldsymbol{b}=(4,4,2)^{\mathrm{T}}$，$\boldsymbol{C}_{B3}\boldsymbol{B}_3^{-1}\boldsymbol{b}=14$，故最优解为 $\boldsymbol{X}^*=(4,2,0,0,4)^{\mathrm{T}}$，最优值 $Z^*=14$。

从例 2-8 可以看出，对于简单的线性规划模型，修正单纯形法并不比单纯形表的计算简单多少。但对于计算机求解，修正单纯形法有很大优势：①计算过程主要是矩阵运算，有利于编程；②只计算迭代过程真正有用的信息，计算量和存储量比单纯形法少，当 $n>>m$ 时效果更为显著，因此线性规划的计算软件多采用修正单纯形法。

2. 解法二，采用 Excel 规划求解工具求解

采用例 1-1 中的计算步骤，利用 Excel 规划求解工具计算，结果见图 2-6。

	A	B	C	D	E	F	G
1		x_1	x_2	计算	约束条件	约束值	
2	变量	4	2				
3	目标	2	3	14			
4	条件	1	2	8	≤	8	
5		4	0	16	≤	16	
6		0	4	8	≤	12	
7							

图 2-6 Excel 规划求解工具计算例 2-8 的结果

得到最优解为 $x_1=4$，$x_2=2$，目标函数的最优值为 $Z^*=14$。

3. 解法三，采用 LINGO 求解

在 LINGO11 软件界面，输入如下关系表达式：

```
max =2*x1+3*x2;
x1+2*x2<=8;
4*x1<=16;
4*x2<=12;
```

通过单击工具条上的按钮，得到运行结果(图 2-7)。得到最优解为 $x_1=4$，$x_2=2$，目标函数的最优值为 $Z^*=14$。

4. 解法四，采用 Matlab 优化工具箱求解

求解该模型的 Matlab 代码如下(%后为说明部分)：

```
%例 2-8 的 Matlab 代码：
f=-[2;3];                   %价值系数(列向量)，对最大化问题取其相反向量
A=[1 2;4 0;0 4];            %"≤"约束的系数矩阵
b=[8;16;12];                %"≤"约束的资源向量
```

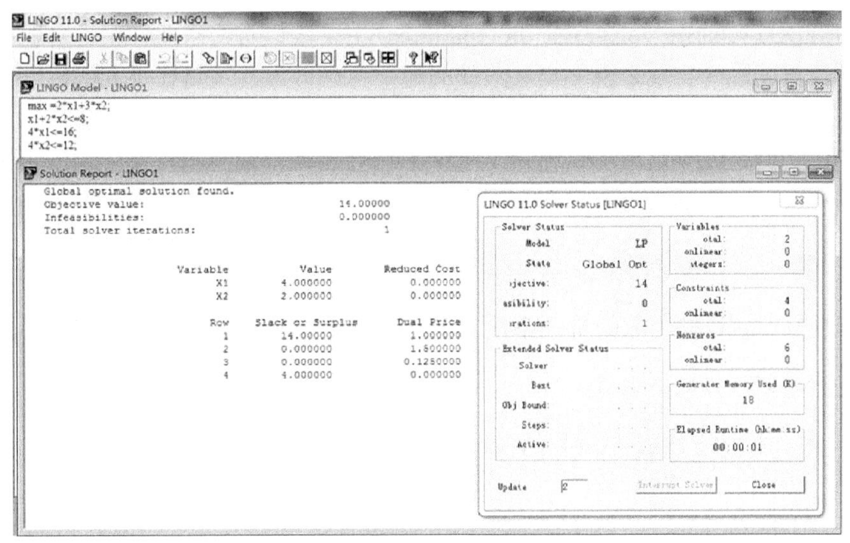

图 2-7　例 2-8 的 LINGO 运行结果

```
lb=zero(2,1);                      %决策变量下限均为 0，zero(2,1)用于生成一个 2 维 0 向量
[x,fval]=linprog(f,A,b,[],[],lb);  %没有等式约束，相应项为空；决策变量无上限
fval=－fval                        %转换为最大值
x                                  %显示最优解
fval                               %显示最优值
```

运行以上 M 文件，得到该模型的最优解为 $\boldsymbol{X}^*=(4.0000,2.0000)^{\mathrm{T}}$，最优值为 $Z^*=14.0000$。

第五节　随机线性规划模型

以上各节所涉及的线性规划问题及求解方法，目标函数和约束条件均是确定的，属于确定性线性规划。但是在工程、经济、社会系统中，不确定性信息也是普遍存在的，如水资源系统中水文过程的随机性、数据的非精确性、目标描述的模糊性等。不确定性有不同的表现形式，如以概率形式表示的随机性、以模糊隶属度表示的模糊性、以灰数表示的灰色性等。不确定系统的优化方法统称为不确定规划，包括随机规划、模糊规划、灰色规划等。

随机系统的特点是系统信息的描述是不确定的，不确定性以概率形式表现出来，这类随机系统的最优化问题可以通过随机规划来处理。随机规划是以概率理论为基础的，包括随机线性规划、随机动态规划等。

随机线性规划是研究线性随机系统最优化的理论和方法。随机线性规划问题的求解要比确定性模型复杂得多。求解随机线性规划的一般思路是根据模型中随机性信息的特点，按照一定的途径将其转化为确定性线性规划来求解。目前发展比较成熟的是概率规划和机会约束规划。

如果线性规划模型中目标函数的价值系数 C 具有一定的概率分布，而约束条件是确定的，这类随机规划通常称为概率规划(probability programming)，或称为期望值规划。概率规划可以通过求目标函数的期望值将其转化为确定性规划来解决。

机会约束规划(chance constraint programming)主要是针对约束条件中含有随机变量且必须在观测到随机变量的实现之前做出决策的问题。考虑做出的决策在不利的情况下可能不满足约束条件，但约束条件成立的概率不应小于某一置信水平。对于一些特殊情况，机会约束规划可以转化为确定性规划求解；而对于复杂的机会约束规划问题，通常难以转化为确定性规划，可以采取遗传算法来进行求解。

一、概率规划

在概率规划中，目标函数的价值系数 $c_j(j=1,2,\cdots,n)$ 具有一定的概率分布，而约束条件的系数是确定的，此时目标函数 $Z=\sum_{j=1}^{n}c_jx_j$ 的期望值为

$$E(Z)=E\left(\sum_{j=1}^{n}c_jx_j\right)=\sum_{j=1}^{n}E(c_jx_j)=\sum_{j=1}^{n}E(c_j)x_j \tag{2-27}$$

如果 c_j 是连续型随机变量，其分布密度为 $p(x)$，则 c_j 的期望值可由下式计算：

$$E(c_j)=\int_{-\infty}^{\infty}xp(x)\mathrm{d}x \tag{2-28}$$

如果 c_j 是离散型随机变量，其可能取值 $x_k(k=1,2,\cdots)$ 的概率为 $P(c_j=x_k)=p_k$，则 c_j 的期望值可由下式计算：

$$E(c_j)=\sum_{k}x_kp_k \tag{2-29}$$

将线性规划模型[式(2-4)]中的目标函数转化为期望值[式(2-27)]，即可得到概率规划对应的确定性模型，可以采用单纯形法等求解。

二、机会约束规划

机会约束规划是 A. Charnes 和 W. W. Copper 于 1959 年提出的。机会约束规划中常用的一种类型是约束条件的右端项 b(资源向量)为随机参数，决策中要求约束条件成立的概率不应小于某一置信水平，即允许以小概率违背约束条件。如果假定约束系数 a_{ij} 为确定常数，右端项 $b_i(i=1,2,\cdots,m)$ 为已知概率分布(多假设为正态分布)的随机参数，目标函数的价值系数 $c_j(j=1,2,\cdots,n)$ 为常数或与 b_i 相互独立的随机参数，则机会约束规划模型可以表示为

$$\max E(Z)=\sum_{j=1}^{n}E(c_j)x_j \tag{2-30a}$$

$$P\left(\sum_{j=1}^{n}a_{ij}x_j\leqslant b_i\right)\geqslant\alpha_i, i=1,2,\cdots,m \tag{2-30b}$$

$$x_j\geqslant 0, j=1,2,\cdots,n \tag{2-30c}$$

式中：$\alpha_i\in[0,1]$为约束条件 i 得到满足的最小概率，通常应取 α_i 接近 1，而约束条件受到破坏(即 $\sum_{j=1}^{n}a_{ij}x_j>b_i$)的概率为 $1-\alpha_i$。

对于机会约束规划[式(2-30)]，可以将其转化为等价的确定性规划求解，假设随机参数

b_i 的分布密度函数 $f(b_i)$ 与概率分布函数 $F(b_i)$ 如图 2-8 和图 2-9 所示，概率分布函数曲线上与累积概率 $F(b_i)=1-\alpha_i$ 对应的 b_i 值为 $b_i^{(1-\alpha_i)}$，则有

$$P\left(b_i \geqslant b_i^{(1-\alpha_i)}\right) = \alpha_i \tag{2-31}$$

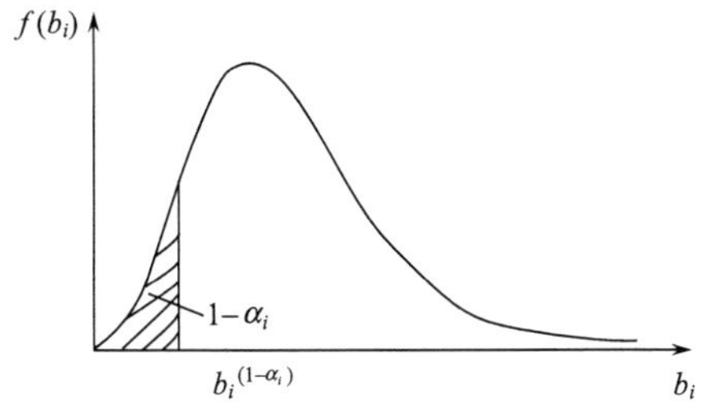

图 2-8　随机参数 b_i 的分布密度函数 $f(b_i)$

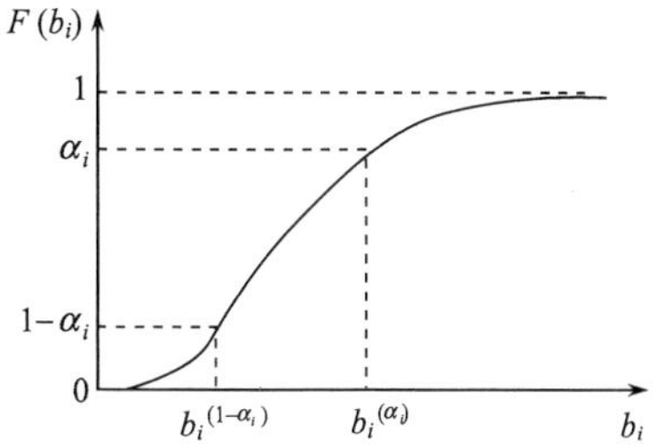

图 2-9　随机参数 b_i 的概率分布函数 $F(b_i)$

机会约束条件[式(2-30b)]的等价确定性约束为

$$\sum_{j=1}^{n} a_{ij} x_j \leqslant b_i^{(1-\alpha_i)}, i = 1,2,\cdots,m \tag{2-32}$$

即约束条件的右端项取 $b_i^{(1-\alpha_i)}$，该值根据 b_i 的概率分布函数来确定(图 2-9)。例如，对于符合正态分布 $N(\mu,\sigma^2)$ 的 b_i，可以通过标准正态分布表(表 2-7)查出概率 $P=1-\alpha_i$ 对应的随机变量值 $z^{(1-\alpha_i)}$，则

$$b_i^{(1-\alpha_i)} = \sigma z^{(1-\alpha_i)} + \mu \tag{2-33}$$

表 2-7　标准正态分布表(部分)

z	−1.960	−1.645	−1.282	−1.000	−0.842	−0.674	0.000	0.674	0.842	1.000	1.282	1.960
P	0.025	0.05	0.1	0.1587	0.2	0.25	0.5	0.75	0.8	0.8413	0.9	0.975

如果机会约束条件为

$$P\left(\sum_{j=1}^{n} a_{ij} x_j \geqslant_i\right) \geqslant \alpha_i, i = 1,2,\cdots,m \tag{2-34a}$$

则其等价的确定性约束为

$$\sum_{j=1}^{n} a_{ij} x_j \geqslant b_i^{(\alpha_i)}, i = 1,2,\cdots,m \tag{2-34b}$$

式中：右端项 $b_i^{(\alpha_i)}$ 为 b_i 的概率分布函数曲线上与累积概率 $F(b_i)=\alpha_i$ 对应的变量值(图 2-9)。

【例 2-9】　在例 2-2 中的灌区种植结构优化问题中，如果两种作物单位面积收入 c_1、c_2 和可用水量 W 均为正态分布随机变量，其分布分别为 $c_1 \sim N(4500,500^2)$、$c_2 \sim N(6000,500^2)$ 和 $W \sim N(360,50^2)$。如果要求保证灌区灌溉用水的概率不小于 75%，如何安排两种作物的种植面积才能使整个灌区净收入最大？

解：以作物 A、B 的种植面积 x_1、x_2 为决策变量。

目标函数：灌区净收入(万元)的期望最大

$$\max E(Z)=E(c_1)x_1+E(c_2)x_2=0.45x_1+0.60x_2 \tag{2-35a}$$

耕地面积约束(hm^2)：

$$x_1+x_2\leqslant 1000 \tag{2-35b}$$

可用水量约束(万 m^3)：

$$P(0.3x_1+0.6x_2\leqslant W)\geqslant 0.75 \tag{2-35c}$$

非负约束：

$$x_1, x_2\geqslant 0 \tag{2-35d}$$

在模型[式(2-35)]中，考虑目标函数的期望值而将其转化为确定性函数，对于机会约束[式(2-35c)]，查正态分布表 2-7 得到与 1－0.75=0.25 对应的 $z=-0.674$，于是

$$W_i^{(0.25)}=50\times(-0.674)+360=326.3$$

约束[式(2-35c)]可以转化为确定性约束

$$0.3x_1+0.6x_2\leqslant 326.3 \tag{2-36}$$

求解模型[式(2-35)]，采用 Excel 规划求解工具，得到结果如图 2-10 所示。

	A	B	C	D	E	F	G
1		x_1	x_2	计算	约束条件	约束值	
2	变量	912.3333	87.6667				
3	目标	0.45	0.6	463.15			
4	条件	1	1	1000	≤	1000	
5		0.3	0.6	326.3	≤	326.3	
6							

图 2-10　Excel 规划求解计算例 2-9 结果

得到最优解 $\boldsymbol{X}^*=(912.3333,87.6667)^{\mathrm{T}}$，最优值 $Z^*=463.15$，即种植 A 作物 912.3333hm^2、B 作物 87.6667hm^2，可以获得 463.15 万元的期望收入。

第六节　线性规划模型及其计算机求解的应用实例

一、流域规划问题

流域水资源规划是一项复杂的工作。在初步规划阶段，一般可以对水资源系统进行一定的简化，将系统的目标函数与约束条件概化为决策变量(工程规划等)的线性函数，进而建立线性规划模型的方法来求解水资源工程的合理规模等问题。

【例 2-10】 某一流域水资源系统(图 2-11)，在初步规划阶段，为了便于求解，在保持水资源系统主要特性的情况下，取一半并进行概化，如图 2-12 所示。

图 2-12 把实际流域水资源系统进行了简化，保留了水库 B 和水库 C、一个灌区和一个水电站。流域规划的任务就是要做出使系统经济效益最大的方案。

为简化描述，用多年平均径流量代表水资源条件。把一年分为两季，即雨季(丰水季节)和旱季(枯水季节)。有关数据已标在图 2-12 上，括号内的上排数值表示雨季的河流平均径流

量，下排数值表示旱季的河流平均径流量。从最上端看，河流雨季流入水库 B 的水量为 36.8 亿 m^3，枯水季为 15.5 亿 m^3。

河流上端第一个水库 B，它的有效库容以 Y 表示，为一未知的决策变量。由于雨季将有 Y 的径流水被拦蓄，旱季又放出，故水库下游的径流量雨季为 $36.8-Y$ 及旱季为 $15.5+Y$。

水库下游有一支流汇入，然后从干流引水到灌区。设年总的引水量为 I，是第二个未知的决策变量。根据灌区降水特点，灌区的灌溉制度要求年总引水量在雨季与旱季的水量分配比为 42.5%与 57.5%。灌溉水回归系数雨季为 15%，旱季为 45%。图 2-12 中各河段的径流量，用水量平衡方程列出。

河流下端布置一水库 C，其有效库容为 Z，是第三个决策变量。它在雨季蓄水 Z，而在旱季泄放。水库下游布置一水电站，设年发电量为 E，是第四个决策变量。

总体需要解决的问题是：确定水库 B 和水库 C 库的有效库容 Y 和 Z、灌溉引水量 I 及电站的发电量 E，在满足相关约束条件限制下，使该水资源系统获得最大可能的净效益。

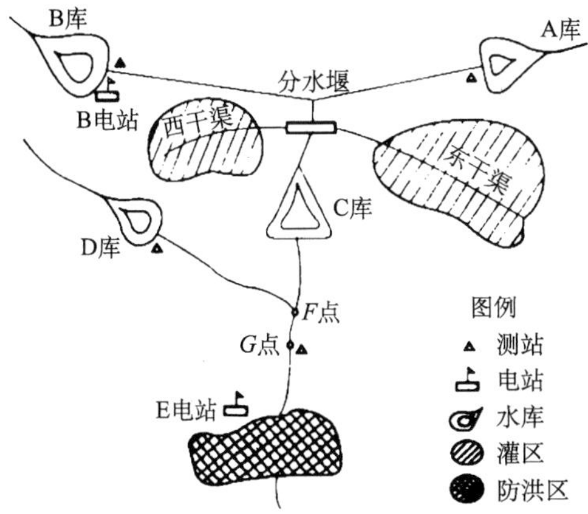

图 2-11　流域水资源系统示意图

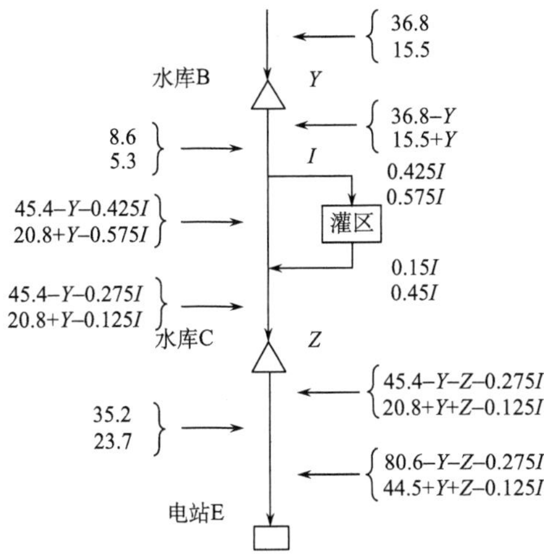

图 2-12　水资源系统的概化图

解：

1)模型的构建

设决策变量为水库 B 和水库 C 的有效库容 Y 和 Z、灌区灌溉引水量 I 及电站的发电量 E。其中，Y、Z、I 的单位是亿 m^3，E 的单位为亿 kW · h。

目标函数：

使该水资源系统灌溉和发电的净效益现值尽可能最大，表达式为

$$\max NPV=B_1(E)+B_2(I)-K_1(Y)-K_2(Z)-K_3(E)-K_4(I) \tag{2-37a}$$

式中：NPV 为净效益的现时折算值，万元；$B_1(E)$ 为每年发电的净收入现值，万元；$B_2(I)$ 为每年灌溉供水的净收入现值，万元；$K_1(Y)$、$K_2(Z)$、$K_3(E)$ 及 $K_4(I)$ 分别为库容为 Y 的水库 B 建设投资、库容为 Z 时水库 C 建设投资、每年发电量为 E 的电站建设投资及每年引水量为 I 的灌溉系统的建设投资。

根据已知资料分析，水库 B、水库 C 和电站 E 的建设投资费用的函数表达式为

$$K_1(Y)=3400Y/(1+0.02Y) \tag{2-37b}$$

$$K_2(Z)=3800Z/(1+0.03Z) \tag{2-37c}$$

$$K_3(E)=2060E-10E^2 \tag{2-37d}$$

这三项建设投资都反映出随该项工程规模的增大，单位造价是降低的。

灌区灌溉引水工程的费用 $K_4(I)$ 略微复杂一些。某些条件限制，使仅有 32 亿 m^3 的水量能自流灌溉。自流引水工程的建设费用为基数 4500 万元，加上每亿立方米灌溉引水量另需 3600 万元。当灌溉需水超过 32 亿 m^3 时，就需另建一抽水站，抽水站的建设费用基数为 500 万元，加上每亿立方米抽水量另须 5200 万元。

如果把灌溉水量分成两部分，以 I_1 表示自流引水，I_2 表示抽水灌溉，则灌溉工程的总投资费用函数可用下式表示：

$$K_4(I)=3600I_1+5200I_2+4500I_1^{+}+500I_2^{+} \tag{2-37e}$$

式中：$I_1+I_2=I$，$I_1 \leqslant 32$；而 I_1^{+} 为一函数，当 $I_1>0$ 时取值 1，当 $I_1 \leqslant 0$ 时取值 0，I_2^{+} 亦同。

下面分析发电和引水的收入 $B_1(E)$ 和 $B_2(I)$ 的表达形式。每个均可分四步来求。第一步把年毛收入表达为开发规模 E 或 I 的函数；第二步把年运行维护费用同样地表达为 E 或 I 的函数；第三步把年毛收入减去年运行维护费用，即为年净收入；第四步应用现值因子计算年净收入的现时折算值。假设建筑物的设计年限寿命为 50 年，贴现率为 25%，则现值因子为 28.4。在此情况下，50 年中每年 1 元之现值和为 28.40 元。

对发电收入 $B_1(E)$ 的计算。若每千瓦时电价为 0.09 元，则年毛收入为 $900E$ 万元。取年运行维护费用为 $20E$，则发电年净收入为 880 E，发电效益的净现值为

$$B_1(E)=880\times 28.4E=25000E \tag{2-37f}$$

灌溉净效益的现值 $B_2(I)$ 的计算较为复杂。其原因一方面是抽水站所引起的曲线的不连续性，另一方面是灌溉水量的边际价值，即增加单位水量所增毛收入，不能看作常数。通过资料分析，灌溉的边际价值可表达为(以元 / m^3 计)

$$\frac{dB}{dI}=0.17+0.26/(1+0.016I)$$

对上式从 0~1 进行积分，则总的毛收入为 $170I+36800\times\log(1+0.016I)$。取灌溉的年运行维护费用为 $40.5\,I_1+126.4\,I_2$。故年净收入为 $129.6\,I_1+43.7\,I_2+36800\times\log(1+0.016I)$。应用现值因子，得总的净收入：

$$B_2(I)=3677I_1+1239I_2+1045000\log(1+0.016I) \tag{2-37g}$$

约束条件：可分为三组。

第一组约束是简单地要求 4 个决策变量 Y、Z、I、E 均为非负。

第二组约束是要求该水资源系统各河段的径流量必须为非负。从图 2-12 中可得到 4 个约束条件：

$$36.8-Y\geqslant 0 \tag{2-37h}$$

$$45.4-Y-0.425I\geqslant 0 \tag{2-37i}$$

$$20.8+Y-0.575I\geqslant 0 \tag{2-37j}$$

$$45.4-Y-Z-0.275I\geqslant 0 \tag{2-37k}$$

第三组约束是系统要求年发电量为两季各半。为在雨、旱两季发出既定的电量，通过水电站的两季的径流量必须适当。

根据已知条件，假设雨季、旱季的发电量分别为 $0.5E$，则满足发电要求的水量分别为

$$W_F\geqslant 0.5E/0.144=3.47E,\quad W_D\geqslant 0.5E/0.144=3.47E$$

则由此可写出满足水电站发电方面的两个约束条件，如下：

$$Y+Z+0.275\times I+3.47\times E\leqslant 80.6 \tag{2-37l}$$

$$-Y-Z+0.125\times I+3.47\times E\leqslant 44.5 \tag{2-37m}$$

从所建立的模型[式(2-37)]可见，这是一个线性约束条件下求极值的问题。可以利用线性化处理办法进行线性化，用一般线性规划方法来求解。也可以选择适宜的非线性规划方法求解。

2)模型的求解

采用 LINGO 程序进行求解。

```
max=B1+B2-K1-K2-K3-K4;
B1=25000*E;
B2=3677*I1+1239*I2+1045000*@LOG(1+0.016*I);
K1=3400*Y/(1+0.02*Y);
K2=3800*Z/(1+0.03*Z);
K3=2060*E-10*E*E;
K4=3600*I1+5200*I2+4500*@IF(I1#GT#0,1,0)+500*@IF(I2#GT#0,1,0);          !
K4=3600*I1+5200*I2+4500*@if(I1#eq#0,0,1)+500*@if(I2#eq#0,0,1);
I1+I2=I;
36.8-Y>=0;
45.4-Y-0.425*I>=0;
20.8+Y-0.575*I>=0;
45.4-Y-Z-0.275*I>=0;
```

Y+Z+0.275*I+3.47*E<=80.6;

-Y-Z+0.125*I+3.47*E<=44.5;

I1<=32;

通过单击菜单“LINGO→Solve”即可得到如下运行结果(图 2-13)。

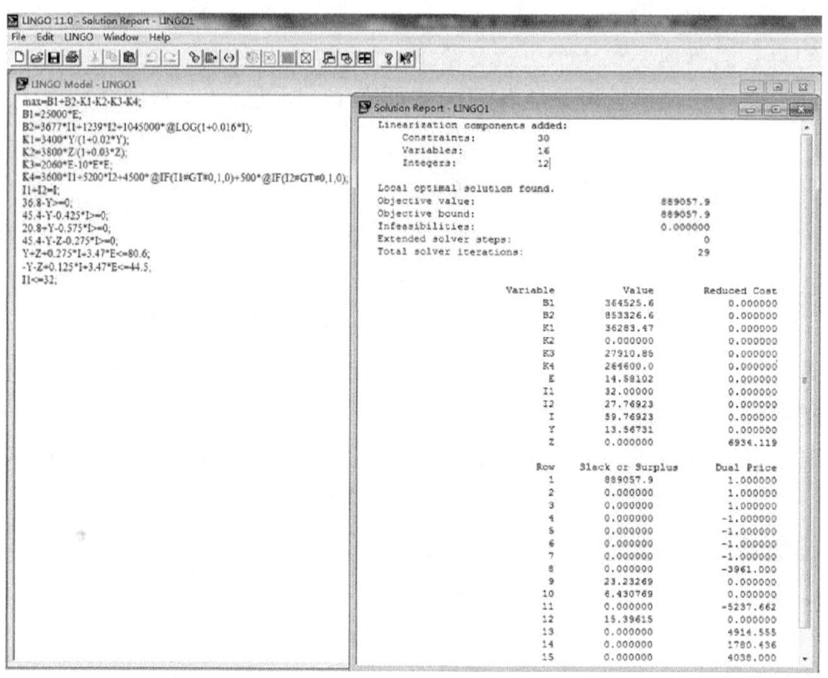

图 2-13　例 2-10 的 LINGO 运行结果

由 LINGO 运行结果可知，最优解为：Y=13.57 亿 m^3，Z=0 亿 m^3，I=59.77 亿 m^3，E=14.58 亿 kW·h。总净效益为 88.91 亿元。

二、水库优化调度最优供水问题

【例 2-11】一个年调节水库的主要用途是工业及灌溉供水，其中工业用水户分为三类（Ⅰ$_1$、Ⅰ$_2$、Ⅰ$_3$)，农业用水户分为两类(A_1、A_2)，各类用水户的单位供水效益、效益权重系数、月最大需水量、月最小保证供水量见表 2-8。水库的有效库容为 V，供水期始、末水库均蓄满，设计典型年各月来水量为 R_i(i=1,2,⋯,12)，确定设计典型年的供水计划，使供水总效益最大。

表 2-8　例 2-11 各类用水户有关数据

用水户		单位供水效益	效益权重系数	月最大需水量	月最小供水量	备注
工业	I_1	c_1	λ_1	W_1	W'_1	
	I_2	c_2	λ_2	W_2	W'_2	
	I_3	c_3	λ_3	W_3	W'_3	
农业	A_1	c_{4i}	λ_4	W_{4i}	W'_{4i}	i=1,2,⋯,12 代表不同月份
	A_2	c_{5i}	λ_5	W_{5i}	W'_{5i}	

解：以向各类用水户各月的供水量 x_{ji} 为决策变量，其中，j=1,2,⋯ ,5 分别对应Ⅰ$_1$、Ⅰ$_2$、Ⅰ$_3$、A_1、A_2 等五类用水户，i=1,2,⋯ ,12 为月份。

目标函数：全年的加权供水效益最大

$$\max Z = \lambda_1 c_1 \sum_{i=1}^{12} x_{1i} + \lambda_2 c_2 \sum_{i=1}^{12} x_{2i} + \lambda_3 c_3 \sum_{i=1}^{12} x_{3i} + \lambda_4 \sum_{i=1}^{12} c_{4i} x_{4i} + \lambda_5 \sum_{i=1}^{12} c_{5i} x_{5i} \tag{2-38a}$$

约束条件：

(1) 各类用水户最小供水量限制。

工业用户：

$$X_{ji} \geqslant W'_j, j=1,2,3; i=1,2,\cdots,12 \tag{2-38b}$$

农业用水户：

$$X_{ji} \geqslant W'_{ji}, j=4,5; i=1,2,\cdots,12 \tag{2-38c}$$

(2) 各类用水户最大需水量限制。

工业用户：

$$X_{ji} \leqslant W_j, j=1,2,3; i=1,2,\cdots,12 \tag{2-38d}$$

农业用水户：

$$X_{ji} \leqslant W_{ji}, j=4,5; i=1,2,\cdots,12 \tag{2-38e}$$

(3) 水库水量平衡条件。

$$V_i = V_{i-1} + R_i - \sum_{j=1}^{5} x_{ij} - E_i - Q_i, i = 1,2,\cdots,12 \tag{2-38f}$$

式中：V_{i-1}、V_i 分别为第 i 月初、月末的水库蓄水量；E_i 为第 i 月的水库蒸发、渗漏等损失水量；Q_i 为第 i 月的水库弃水量。由于水库弃水量 $Q_i \geqslant 0$，因此约束[式(2-38f)]也可表示为

$$V_i \leqslant V_{i-1} + R_i - \sum_{j=1}^{5} x_{ij} - E_i, i = 1,2,\cdots,12 \tag{2-38f′}$$

(4) 水库蓄水量限制。

$$V_{\min} \leqslant V_i \leqslant V_{\max}, i=1,2,\cdots,12 \tag{2-38g}$$

$$V_0 = V_{12} = V_{\max} \tag{2-38h}$$

(5) 非负约束。

$$X_{ji} \geqslant 0, j=1,2,3,4,5; i=1,2,\cdots,12 \tag{2-38i}$$

待模型参数率定后，求解以上线性规划模型即可得到水库供水效益最大的优化方案。

下面以年调节水库供水发电和农业灌溉供水为例，说明线性规划在水资源系统优化中的应用。

年调节水库向下游的水电站供水发电，同时供下游的灌区灌溉用水，还要保证水电站下游及灌区下游河道内的最小生态需水流量，该水资源系统的布置如图 2-14 所示。

水力发电月最大用水量为 1.8 亿 m^3，灌区的灌溉用水时期为每年的 5～10 月，共计 6 个月，灌溉引水量的上限见表 2-9，水库的库容上限是 6 亿 m^3，河道内最小保证需水量为 2000 万 m^3/月，发电的收益为 2750 元/10^6m^3，灌溉供水的收益为 6200 元/10^6m^3，水库每月的入库

水量见表 2-9。

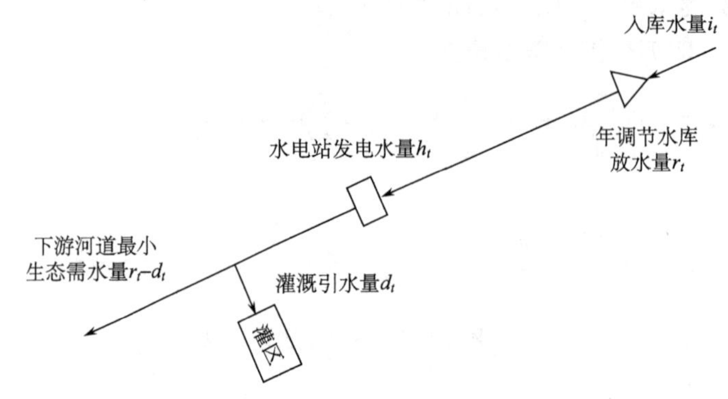

图 2-14　水库供水的水资源系统布置图

表 2-9　水库的入流量、库容及灌溉需水量　　(单位：$10^6 m^3$)

月份	水库入流	灌溉需水量	水库库容
	i_t	demand	s_t
1	95	0	210
2	112	0	302
3	170	0	335
4	250	0	405
5	265	50	600
6	62	150	492
7	35	260	319
8	28	260	157
9	55	190	32
10	88	100	0
11	85	0	65
12	90	0	115

请构建线性规划模型以确定水库每月的放水量、水力发电所需水量及灌溉引水量，使该系统的总效益最大。

解：设线性规划模型的决策变量分别为水库月末蓄水量 $s_t(t=1,2,\cdots,12)$、水库放水量 $r_t(t=1,2,\cdots,12)$、水力发电需水量 $h_t(t=1,2,\cdots,12)$、灌溉引水量 $d_t(t=5,6,\cdots,10)$，单位均是 $10^6 m^3$。

目标函数：该系统的总效益最大，包括水电站的发电效益和灌区的灌溉效益。

$$\max Z=2750(h_1+h_2+h_3+h_4+h_5h_6+h_7+h_8+h_9+h_{10}+h_{11}+h_{12})+6200(d_5+d_6+d_7+d_8+d_9+d_{10}) \quad (2\text{-}39a)$$

约束条件：

(1) 水库的水量平衡，水库库容的年初值与年末值相等，即 $s_0=s_{12}$。年调节水库其他月份满足如下递推关系：

$$s_t-s_{t-1}+r_t=i_t,\quad t=1,2,\cdots,12 \quad (2\text{-}39b)$$

(2) 水库库容上限约束，水库月末库容上限为 6 亿 m^3。

$$s_t \leqslant 600, \quad t=1,2,\cdots,12 \tag{2-39c}$$

(3) 水电站发电用水量的约束，水力发电月用水量最大为 1.8 亿 m^3。水力发电用水量不能超过水库放水量。

$$h_t \leqslant 180, \quad t=1,2,\cdots,12 \tag{2-39d}$$

$$r_t - h_t \geqslant 0, \quad t=1,2,\cdots,12 \tag{2-39e}$$

(4) 灌区灌溉引水量的约束，灌溉引水量的上限满足表 2-11 中各月灌溉需水量 demand。

$$d_t \leqslant \text{demand}, \quad t=1,2,\cdots,12 \tag{2-39e′}$$

(5) 下游河道最小生态需水量约束，必须保证下游河道每月 2000 万 m^3 的用水需求。

$$r_t - d_t \geqslant 20, \quad t=1,2,\cdots,12 \tag{2-39f}$$

(6) 决策变量非负约束。

$$s_t \geqslant 0\ (t=1,2,\cdots,12)、r_t \geqslant 0\ (t=1,2,\cdots,12)、h_t \geqslant 0\ (t=1,2,\cdots,12)、d_t \geqslant 0\ (t=5,6,\cdots,10) \tag{2-39g}$$

通过编制 LINGO 程序得到计算结果，见表 2-10。

表 2-10　例 2-11 线性规划模型的 LINGO 程序及运行结果

LINGO 计算程序	LINGO 计算结果	
max=2750*(h1+h2+h3+h4+h5+h6+h7+h8+h9+h10+h11+h12)+6	Global optimal solution found.	
200*(d5+d6+d7+d8+d9+d10);	Objective value:	8576350.
s1-s12+r1=95;	Infeasibilities:	0.000000
s2-s1+r2=112;	Total solver iterations:	27
s3-s2+r3=170;		
s4-s3+r4=250;	Variable　Value　Reduced Cost	
s5-s4+r5=265;	H1　95.00000　0.000000	
s6-s5+r6=62;	H2　87.00000　0.000000	
s7-s6+r7=35;	H3　20.00000　0.000000	
s8-s7+r8=18;	H4　20.00000　0.000000	
s9-s8+r9=55;	H5　70.00000　0.000000	
s10-s9+r10=88;	H6　170.0000　0.000000	
s11-s10+r11=85;	H7　180.0000　0.000000	
s12-s11+r12=90;	H8　180.0000　0.000000	
r1>=20;	H9　180.0000　0.000000	
r2>=20;	H10　120.0000　0.000000	
r3>=20;	H11　85.00000　0.000000	
r4>=20;	H12　90.00000　0.000000	
r5-d5>=20;	D5　50.00000　0.000000	
r6-d6>=20;	D6　150.0000　0.000000	
r7-d7>=20;	D7　160.0000　0.000000	
r8-d8>=20;	D8　160.0000　0.000000	
r9-d9>=20;	D9　188.0000　0.000000	
r10-d10>=20;	D10　100.0000　0.000000	
r11>=20;	S1　0.000000　0.000000	
r12>=20;	S12　0.000000　0.000000	
s1<=600;	R1　95.00000　0.000000	
s2<=600;	S2　25.00000　0.000000	
s3<=600;	R2　87.00000　0.000000	
s4<=600;	S3　175.0000　0.000000	
s5<=600;	R3　20.00000　0.000000	
s6<=600;	S4　405.0000　0.000000	
s7<=600;	R4　20.00000　0.000000	

续表

LINGO 计算程序	LINGO 计算结果
s8<=600;	S5　600.0000　0.000000
s9<=600;	R5　70.00000　0.000000
s10<=600;	S6　492.0000　0.000000
s11<=600;	R6　170.0000　0.000000
s12<=600;	S7　347.0000　0.000000
r1-h1>=0;	R7　180.0000　0.000000
r2-h2>=0;	S8　185.0000　0.000000
r3-h3>=0;	R8　180.0000　0.000000
r4-h4>=0;	S9　32.00000　0.000000
r5-h5>=0;	R9　208.0000　0.000000
r6-h6>=0;	S10　0.000000　3450.000
r7-h7>=0;	R10　120.0000　0.000000
r8-h8>=0;	S11　0.000000　0.000000
r9-h9>=0;	R11　85.00000　0.000000
r10-h10>=0;	R12　90.00000　0.000000
r11-h11>=0;	
r12-h12>=0;	
d5<=50;	
d6<=150;	
d7<=260;	
d8<=260;	
d9<=190;	
d10<=100;	
h1<=180;	
h2<=180;	
h3<=180;	
h4<=180;	
h5<=180;	
h6<=180;	
h7<=180;	
h8<=180;	
h9<=180;	
h10<=180;	
h11<=180;	
h12<=180;	

由表 2-10 的 LINGO 运行结果可知，该水资源系统的总的最大经济效益为 857.6 万元，每月的水库放水量、水力发电所需水量及灌溉供水量见表 2-10 的 R1～R12、H1～H12、D5～D10。

三、水资源优化配置问题

【例 2-12】 银川为宁夏回族自治区的首府，为大陆性气候，多年降水较少，水资源较为匮乏。以 2009 年为水平年，基于 SWAT 模型对 2015 年和 2025 年的需水、供水进行预测，在 75%的降水频率下，构建线性规划模型对 2015 年、2025 年的水资源进行优化配置，从而得出最优的水资源配置方案，所需的数据资料包括 2015 年和 2025 年预测各水源(地下水、地表水)的供水能力及各用水部门(农业、工业、生活、生态)的需水量，见表 2-11。

表 2-11　2015 年和 2025 年各用水部门的需水量　　（单位：万 m^3）

年份	各水源供水能力		各部门用水量			
	地下水水源	地表水水源	农业用水	工业用水	生活用水	生态用水
2015	14140	61344	64311.4	10578	9063.9	1524.4
2025	16897	60499	60653.1	14956	10382.9	2286.6

解：由于社会效益不易度量，而区域缺水程度或缺水量的大小影响社会的安定与发展，也是社会效益的一个侧面反映，因此，以区域供水系统总缺水量最小作为社会目标的间接度量。

目标函数：

$$F(X)=\min\left(\sum_{j=1}^{4}\left(D_j-\sum_{i=1}^{2}x_{ij}\right)\right) \tag{2-40a}$$

约束条件：

(1) 水源供水能力约束：

$$\sum_{j=1}^{4}x_{ij}\leqslant W_i, i=1,2 \tag{2-40b}$$

式中：x_{ij} 为第 i 个水源向第 j 个用户的供水量；W_i 为第 i 水源的供水能力。

(2) 用户需水量约束：

$$L_j\leqslant\sum_{i=1}^{2}x_{ij}\leqslant H_j, j=1,2,3,4 \tag{2-40c}$$

式中：L_j 和 H_j 分别为 j 用户需水量的下限和上限。

a. 农业需水量上下限，农业需水的上限和下限与农业灌溉面积和综合灌溉定额有关，具体由下式确定：

$$L=S_{\text{bz}}\times g, H=S_{\text{yx}}\times g$$

式中：H 和 L 分别为在不同水平年该区域农业需水量的上限和下限；S_{yx} 和 S_{bz} 分别为在不同水平年该区域农业的有效灌溉面积和保证灌溉面积；g 为在不同水平年该区域农业综合灌溉定额。

b. 工业需水量上下限，根据工业用水的特性，工业需水量的上限和下限由下式确定：

$$L=\eta D, H=D$$

式中：H 和 L 分别为在不同水平年该区域工业需水量的上限和下限；D 为在不同水平年该区域工业需水总量；$\eta<1$，根据工业的具体情况而定，本模型中取 0.8。

c. 生活需水量上下限，根据用水所遵循的优先原则，生活需水的上下限均取为生活需水量，即

$$H=L=D$$

式中：H 和 L 分别为在不同水平年该区域生活需水量的上限和下限；D 为在不同水平年该区域生活需水总量。

d. 生态与环境需水量上下限，如果完全考虑生态环境的可持续发展，生态需水量的上下

限应取其需水量，即取等值，但考虑现实社会的实际状况，生态用水也应参与优化。可以赋值使生态环境需水量的上下限较为接近，具体采用下式确定：

$$L=\eta D, H=D$$

式中：H 和 L 分别为在不同水平年该区域生态环境需水量的上限和下限；D 为在水平年该区域生态与环境需水总量；$\eta<1$，根据生态与环境的具体情况而定，一般建议取不小于 0.9。本模型中对于不同规划水平年，在 75%保证率下取 0.97。

根据计算，各部门用水的上下限见表 2-12。

表 2-12　2015 年和 2025 年各用水部门用水量的上限和下限值　（单位：万 m^3）

各用水部门	2015 年		2025 年	
	上限	下限	上限	下限
农业用水	61096	54665	57620	51555
工业用水	10578	8462	14956	11965
生活用水	9064	9064	10383	10383
生态用水	1524	1479	2218	2287

(3) 非负约束：

$$x_{ij}\geqslant 0,\ i=1,2;\ j=1,2,3,4 \tag{2-40d}$$

采用 LINGO 软件编制该模型的计算机程序并得到计算结果，见图 2-15。

```
model:
sets:
D/D1..D4/:demand;!需水量;
S/S1..S2/:shuiyuan;!供水量;
L/L1..L4/:low;!下限;
H/H1..H4/:hight;!上限;
links(S,D):x;
endsets
min=@sum(D(j):(demand(J)-@sum(S(i):x(i,j))));!目标函数;
@for(S(i):@sum(D(j):x(i,j))<=shuiyuan(i));!供水约束;
@for(D(j):@sum(S(i):x(i,j))<=hight(j));
@for(D(j):@sum(S(i):x(i,j))>=low(j));!上下限约束;
data:
demand=60653.1 14956 10382.9 2286.6;
shuiyuan=16897 60499;
low=51555 11965 10382.9 2218;
hight=57620 14956 10382.9 2286.6;
enddata
end
```

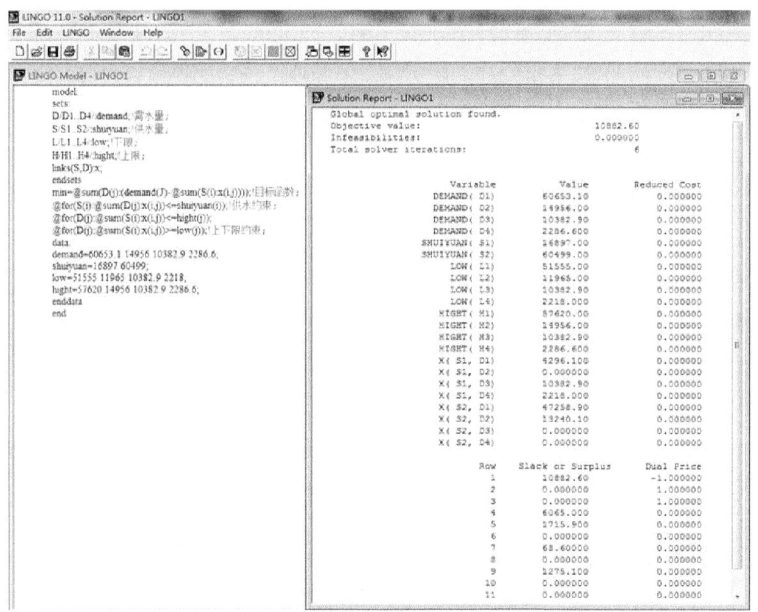

图 2-15　例 2-12 所建线性规划模型的 LINGO 程序计算结果

由 LINGO 的计算结果(图 2-15)统计分析得到 2015 年和 2025 年各用水部门的水资源配置情况，见表 2-13。由表 2-13 可知，2015 年、2025 年 75%降水频率下，银川市总配水量分别为 75484 万 m^3、77396 万 m^3，其中对农业配水量分别为 54665 万 m^3、51555 万 m^3，约占总配水量的比率 72.42%、66.61%，对工业配水量为 10276.1 万 m^3、13240.1 万 m^3，约占总配水量的比率分别 13.61%、17.10%，对生活配水量为 9063.9 万 m^3、10382.9 万 m^3，约占总配水量的比率分别为 12%、13.42%，对生态配水量为 1479 万 m^3、2218 万 m^3，约占总配水量的比率分别为 1.96%、2.86%。

表 2-13　2015 年和 2025 年各用水部门的水资源配置结果

年份	各用水部门	地下水水源供水/万 m^3	地表水水源供水/万 m^3	总供水量/万 m^3	缺水量/万 m^3	缺水率/%
2015	农业供水	3597.1	51067.9	54665	9646.4	15
	工业供水	0	10276.1	10276.1	301.9	2.85
	生活供水	9063.9	0	9063.9	0	0
	生态供水	1479	0	1479	45.4	3
	总供水量	14140	61344	75484	9993.7	11.69
2025	农业供水	4296.1	47258.9	51555	9098.1	15
	工业供水	0	13240.1	13240.1	1715.9	11.47
	生活供水	10382.9	0	10382.9	0	0
	生态供水	2218	0	2218	68.6	3
	总供水量	16897	60499	77396	8882.6	10.3

在 75%降水频率下，2015 年银川市总需水量为 85477.7 万 m^3，缺水量为 9993.7 万 m^3，缺水率 11.69%，缺水严重，只有生活不缺水，农业、工业和生态缺水量分别为 9646.4 万 m^3、

301.9 万 m^3 和 45.4 万 m^3，缺水率分别为 15.00%，2.85%，3.00%。2025 年银川市总需水量 86278.6 万 m^3，缺水量为 8882.6 万 m^3，缺水率 10.30%，缺水严重，只有生活不缺水，农业、工业和生态缺水量分别为 9098.1 万 m^3、1715.9 万 m^3 和 68.6 万 m^3，缺水率分别为 15.00%、11.47%和 3.00%。缺水主要集中在工业和农业用水。

习　　题

1. 什么是线性规划？简述线性规划数学模型的组成部分及其特性。

2. 简述建立优化模型的关键步骤。

3. 简述单纯形法的基本思路，为什么要对单纯形法进行改进？

4. 简述单纯形法求解线性规划的一般步骤。

5. 构建数学模型。某水利工程 24h 全天候连续施工作业，在各个时段中所需的施工人数见表 2-14。假设施工人员在各个时段的开始上班并连续工作 8h，试问：该水利工程施工至少需要配备多少工人才能满足各个时段对人员的需要。

表 2-14　某水利工程施工作业各个时段所需人员的数量

时段	2:00～6:00	6:00～10:00	10:00～14:00	14:00～18:00	18:00～22:00	22:00～2:00
人数	30	90	120	50	180	40

6. 构建数学模型。某施工材料加工单位要截取 2.9m、2.1m 和 1.5m 的钢材各 100 根，已知原材料的长度是 7.4m，试问：应如何下料，才能使所消耗的原材料最省？

7. 构建线性规划数学模型。某商用混凝土公司用原料 A、B、C 加工成三种不同牌号的混凝土甲、乙、丙。已知各种牌号混凝土中 A、B、C 三种原料的含量要求、各种原料的单位成本、各种原料每月的限制用量、三种牌号混凝土的单位加工费及售价，如表 2-15 所示。试问：该公司每月生产这三种牌号混凝土各多少吨，才能使该厂获利最大？

表 2-15　混凝土生产所需原料组成、原料成本及售价等信息

	甲	乙	丙	原料成本	限制用量
A	60%以上	15%以上		2.00	2000
B				1.50	2500
C	20%以下	60%以下	50%以下	1.00	1200
加工费	0.50	0.40	0.30		
售价	3.40	2.85	2.25		

8. 用图解法求解下列线性规划问题。

(1)

$$\max Z=2x_1+x_2$$

$$\text{s. t. } 4x_1+3x_2\leqslant 12$$

$$2x_1+x_2\leqslant 8$$

$$4x_1-x_2\leqslant 8$$

$$x_1\geqslant 0, x_2\geqslant 0$$

(2)

$$\max Z=3x_1+2x_2$$

$$\text{s. t.}\quad -x_1+2x_2\leqslant 4$$
$$3x_1+2x_2\leqslant 14$$
$$x_1-x_2\leqslant 3$$
$$x_1\geqslant 0, x_2\geqslant 0$$

(3)
$$\max Z=2x_1+3x_2$$
$$\text{s. t.}\quad x_1-x_2\leqslant 2$$
$$-3x_1+x_2\leqslant 4$$
$$x_1\geqslant 0, x_2\geqslant 0$$

(4)
$$\max Z=x_1+x_2$$
$$\text{s. t.}\quad x_1-x_2\geqslant 0$$
$$3x_1-x_2\leqslant -3$$
$$x_1\geqslant 0, x_2\geqslant 0$$

9. 用单纯形法(采用单纯形表)求解如下线性规划问题。

$$\max Z=2x_1-x_2+x_3+x_4$$
$$\text{s. t.}\quad -x_1+x_2+x_3+x_4=5$$
$$x_1+2x_2\leqslant 2$$
$$2x_1+x_2+x_3\leqslant 6$$
$$x_1, x_2, x_3, x_4, x_5, x_6\geqslant 0$$

10. 将下列的线性规划的一般型转化为标准型，并指出哪些是松弛变量、剩余变量、人工变量。

(1)
$$\max Z=2x_1+x_2+3x_3+x_4$$
$$\text{s. t.}\quad x_1+x_2+2x_3+x_4\leqslant 10$$
$$2x_1-3x_2+5x_3-x_4=-8$$
$$x_1+x_2-6x_3+4x_4\geqslant 12$$
$$x_1, x_2, x_3\geqslant 0, x_4\text{为自由变量}$$

(2)
$$\min Z=-x_1+2x_2-3x_3$$
$$\text{s.t.}\quad x_1+x_2+x_3\leqslant 7$$
$$x_1-x_2+x_3\geqslant 2$$
$$x_1，x_2\geqslant 0，x_3\text{无限制}$$

11. 用修正单纯形法求解下列线性规划问题。

(1)
$$\min W=3x_1+2x_2+x_3+x_4$$
$$\text{s.t.}\quad -2x_1+2x_2+x_3=4$$
$$3x_1+x_2+x_4=6$$
$$x_1, x_2, x_3, x_4\geqslant 0$$

(2)
$$\max Z=4x_1+5x_2+x_3$$
$$\text{s.t.}\quad 3x_1+2x_2+x_3\geqslant 18$$

$$2x_1+x_2 \leqslant 4$$

$$x_1+x_2-x_3=5$$

$$x_1, x_2, x_3 \geqslant 0$$

12. 利用单纯形法中的大 M 法和两阶段法求解下面的线性规划问题。

(1)

$$\max Z=2x_1+3x_2-5x_3$$

$$\text{s. t. } x_1+x_2+x_3=7$$

$$2x_1-5x_2+x_3 \geqslant 10$$

$$x_1,\ x_2,\ x_3 \geqslant 0$$

(2)

$$\max Z=4x_1+2x_2+5x_3$$

$$\text{s. t. } 6x_1-x_2+4x_3 \leqslant 10$$

$$3x_1-3x_2-5x_3 \leqslant 8$$

$$x_1+2x_2+x_3 \geqslant 20$$

$$x_1,\ x_2,\ x_3 \geqslant 0$$

13. 利用 Excel 规划求解工具、LINGO 和 Matlab 优化工具箱求解习题 8 中的线性规划问题。

第三章　水资源系统线性规划的对偶模型及其应用

【学习要求】了解线性规划的对偶问题；掌握线性规划原模型与对偶模型的相互转换；掌握影子价格的概念；掌握线性规划的灵敏度分析概念；了解资源向量的变化对线性规划解的影响、价值系数的变化对线性规划解的影响、系数矩阵的变化对线性规划解的影响、加入新的变量对线性规划解的影响、加入新的约束条件对线性规划解的影响。

【学习重点】线性规划原模型与对偶模型的相互转换，线性规划的灵敏度分析。

第一节　概　　述

内涵一致但从相反角度提出的一对问题互称为对偶(dual)问题。例如，四边形的周长一定时，什么形状的面积最大？答案当然是正方形。另外，也可以这样来问，四边形的面积一定时，什么形状的周长最短？答案同样是正方形。对偶现象相当普遍，广泛存在于数学、物理学、经济学等诸多领域。

第二章所讲的线性规划问题都有和它相伴随的另一个问题，一个问题称为原问题，另一个则称为其对偶问题。就是每一个线性规划问题都有其相应的对偶问题，即任何一个线性规划模型目标函数是最大化的问题都有一个线性规划目标是最小化问题与之对应，反之亦然，这就是线性规划模型的对偶模型(linear dual, LD)，是从不同的角度对同一系统所提出的优化问题。原问题与对偶问题有着非常密切的关系，以至于可以根据一个问题的最优解，得出另一个问题最优解的全部信息，原问题和其对偶问题最优解的目标函数值相同，这种特性称为线性规划模型的对偶性，可见，对于同一个线性系统的优化问题，都可以从不同的两个方面或者两个角度去考虑建立相应的模型，会得到相同的解决方案，线性规划问题的对偶性起到了殊途同归的效果。然而，对偶性质远不仅是一种奇妙的对应关系，它在理论和实践上都有着广泛的应用。

一、线性规划对偶问题的数学模型

下面以举例的形式引出线性规划对偶问题的数学模型。

【例 3-1】　对于第二章例 2-2 中所研究的灌区，如果考虑出让耕地、水资源的使用权来获取收益，则需要考虑如何确定出让价格才能够在市场上有竞争力，同时保证其收入不低于种植粮食的收入。

解：设耕地、水资源使用权的出让单价(万元/hm^2、万元/万 m^3)分别为 y_1、y_2，则总出让价应尽可能低，以提高竞争能力，相应的目标函数为

$$\min W=1000y_1+360y_2 \tag{3-1a}$$

1 hm^2 耕地、0.3 万 m^3 水资源用于种植 A 作物时可获得 0.45 万元收入，相应的资源出让价不低于种植 A 作物的收入，即

$$y_1+0.3y_2 \geqslant 0.45 \tag{3-1b}$$

同样，1 hm^2 耕地、0.6 万 m^3 水资源的出让价不应低于种植 B 作物时的收入 0.6 万元，即

$$y_1+0.6y_2 \geqslant 0.6 \tag{3-1c}$$

另外，考虑非负约束条件

$$y_1, y_2 \geqslant 0 \tag{3-1d}$$

式(3-1a)～式(3-1d)构成了一个最小化的线性规划模型。利用单纯形法求解该模型，可得到最优解为 $y_1^*=0.3$、$y_2^*=0.5$，最优值为 $W^*=480$。可以发现，模型[式(2-2)]中目标函数的最大值 Z^* 与模型[式(3-1)]目标函数的最小值 W^* 相等。

模型[式(2-2)]与模型[式(3-1)]是从不同的角度建立的两个模型，如果把例 2-2 的模型[式(2-2)]称为原模型(LP)，则模型[式(3-1)]是其对偶模型(LD)，其关系可以用表 3-1 表示。

表 3-1　LP 模型[式(2-2)]与 LD 模型[式(3-1)]的对偶关系

<table>
<tr><th>LP 变量 X
LD 变量 Y</th><th>x_1</th><th>x_2</th><th>原关系</th><th>LP 资源向量
LD 价值系数</th><th>LD 目标函数
min W</th><th>LD 决策变量范围</th></tr>
<tr><td>y_1</td><td>1</td><td>1</td><td>≤</td><td>1000</td><td rowspan="2">$\min W = 1000y_1+360y_2$</td><td>$y_1 \geqslant 0$</td></tr>
<tr><td>y_2</td><td>0.3</td><td>0.6</td><td>≤</td><td>360</td><td>$y_2 \geqslant 0$</td></tr>
<tr><td>对偶关系</td><td>≥</td><td>≥</td><td colspan="4" rowspan="4">$\max Z=\min W$</td></tr>
<tr><td>LP 价值系数
LD 价值系数</td><td>0.45</td><td>0.60</td></tr>
<tr><td>LP 目标函数</td><td colspan="2">$\max Z = 0.45x_1+0.60x_2$</td></tr>
<tr><td>LP 决策变量范围</td><td>$x_1 \geqslant 0$</td><td>$x_2 \geqslant 0$</td></tr>
</table>

对于一般的 LP 模型：

$$\{\max Z \mid Z=\boldsymbol{CX}, \boldsymbol{AX} \leqslant \boldsymbol{b}, \boldsymbol{X} \geqslant 0\} \tag{3-2}$$

约束条件中加入松弛变量 $\boldsymbol{X}_s$ 后得到其标准型：

$$\max Z=\boldsymbol{CX}$$

$$\boldsymbol{AX}+\boldsymbol{IX}_s=\boldsymbol{b}$$

$$\boldsymbol{X}, \boldsymbol{X}_s \geqslant 0$$

对于一个可行基 $\boldsymbol{B}$，基变量、非基变量、松弛变量的检验数分别为 $\boldsymbol{\sigma_B}=0$，$\boldsymbol{\sigma_N}=\boldsymbol{C_N}-\boldsymbol{C_B}\boldsymbol{B}^{-1}\boldsymbol{N}=\boldsymbol{C_N}-Y_0\boldsymbol{N}$，$\boldsymbol{\sigma_s}=-\boldsymbol{C_B}\boldsymbol{B}^{-1}=-\boldsymbol{Y}_0$，其中，$\boldsymbol{Y}_0=\boldsymbol{C_B}\boldsymbol{B}^{-1}$ 为单纯形乘子，LP 最优性条件要求检验数 $\boldsymbol{\sigma} \leqslant 0$。

(1) 利用松弛变量检验数 $\boldsymbol{\sigma_s} \leqslant 0$ 可得到

$$\boldsymbol{Y}_0 \geqslant 0 \tag{3-3a}$$

(2) 基变量、非基变量的检验数还可以统一表示为 $\boldsymbol{\sigma}=\boldsymbol{C}-\boldsymbol{C_B}\boldsymbol{B}^{-1}\boldsymbol{A}=\boldsymbol{C}-\boldsymbol{Y}_0\boldsymbol{A}$，根据 $\boldsymbol{\sigma} \leqslant 0$ 可得到

$$\boldsymbol{Y}_0\boldsymbol{A} \geqslant \boldsymbol{C} \tag{3-3b}$$

(3) LP 约束条件 $\boldsymbol{AX} \leqslant \boldsymbol{b}$ 两端左乘 $\boldsymbol{Y}_0$，由 $\boldsymbol{Y}_0 \geqslant 0$ 可以得到 $\boldsymbol{Y}_0\boldsymbol{AX} \leqslant \boldsymbol{Y}_0\boldsymbol{b}$。

根据式(3-3b)可知 $\boldsymbol{Y}_0\boldsymbol{AX}\geqslant\boldsymbol{CX}$，故可以得到 $\boldsymbol{Y}_0\boldsymbol{b}\geqslant\boldsymbol{CX}=\boldsymbol{Z}$，记 $W=\boldsymbol{Y}_0\boldsymbol{b}=\boldsymbol{C}_B\boldsymbol{B}^{-1}\boldsymbol{b}$，则 $W\geqslant Z$。因此，W 只存在最小值。

由此可得到 LP 模型(3-2)的对偶问题的数学模型(LD)为

$$\{\min W \mid W=\boldsymbol{Y}_0\boldsymbol{b},\ \boldsymbol{Y}_0\boldsymbol{A}\geqslant\boldsymbol{C},\ \boldsymbol{Y}_0\geqslant 0\} \tag{3-4}$$

在以上 LD 模型中，$\boldsymbol{Y}_0$ 为一行向量，令 $\boldsymbol{Y}=\boldsymbol{Y}_0^{\mathrm{T}}$，则可将 LD 模型[式(3-4)]表示为与 LP 模型相同的形式：

$$\{\min W \mid W=\boldsymbol{b}^{\mathrm{T}}\boldsymbol{Y},\ \boldsymbol{A}^{\mathrm{T}}\boldsymbol{Y}\geqslant\boldsymbol{C}^{\mathrm{T}},\ \boldsymbol{Y}\geqslant 0\} \tag{3-5}$$

以上考虑了“≤”约束的情况。“≥”“=”约束可用同样的分析方法得到其对偶问题的数学模型，LP 模型 $\{\max Z \mid Z=\boldsymbol{CX},\ \boldsymbol{AX}\geqslant\boldsymbol{b},\ \boldsymbol{X}\geqslant 0\}$、$\{\max Z \mid Z=\boldsymbol{CX},\ \boldsymbol{AX}=\boldsymbol{b},\ \boldsymbol{X}\geqslant 0\}$ 相应的 LD 模型分别为 $\{\min W \mid W=\boldsymbol{b}^{\mathrm{T}}\boldsymbol{Y},\ \boldsymbol{A}^{\mathrm{T}}\boldsymbol{Y}\geqslant\boldsymbol{C}^{\mathrm{T}},\ \boldsymbol{Y}\leqslant 0\}$、$\{\min W \mid W=\boldsymbol{b}^{\mathrm{T}}\boldsymbol{Y},\ \boldsymbol{A}^{\mathrm{T}}\boldsymbol{Y}\geqslant\boldsymbol{C}^{\mathrm{T}},\ \boldsymbol{Y}$ 为自由变量$\}$。

根据以上分析原线性规划模型(LP)的对偶问题的数学模型，可得到线性规划问题 LP 与其对偶问题 LD 间的关系，见表 3-2。

表 3-2　线性规划原问题(LP)与对偶问题(LD)的关系

LP(LD)		LD(LP)	
目标函数	max Z	目标函数	min W
决策变量数	n	约束方程数	n
约束方程数	m	决策变量数	m
目标函数系数	$\boldsymbol{C}$	约束方程右端项	$\boldsymbol{C}^{\mathrm{T}}$
约束方程右端项	$\boldsymbol{b}$	目标函数系数	$\boldsymbol{b}^{\mathrm{T}}$
约束系数矩阵	$\boldsymbol{A}$	约束系数矩阵	$\boldsymbol{A}^{\mathrm{T}}$
约束条件关系(第 i 个约束条件)	≤	决策(对偶)变量 y_i	≥0
	≥		≤0
	=		自由变量
决策(对偶)变量 x_j	≥0	约束条件关系(第 j 个约束条件)	≥
	≤0		≤
	自由变量		=

表 3-2 中原问题与其对偶问题的对应关系可概括为：

(1)原问题目标函数求极大值，对偶问题目标函数求极小值；

(2)原问题约束条件的数目等于对偶问题决策变量的数目；

(3)原问题决策变量的数目等于对偶问题约束条件的数目；

(4)原问题的价值系数成为对偶问题的资源系数；

(5)原问题的资源系数成为对偶问题的价值系数；

(6)原问题的技术系数矩阵与对偶问题的技术系数矩阵互为转置；

(7)原问题约束条件为小于等于，对偶问题约束条件为大于等于；

(8)原问题决策变量大于等于零，对偶问题决策变量大于等于零。

二、原问题与对偶问题数学模型的类型

根据约束条件的“≥”“≤”“=”出现的情况不同，可以将原问题与对偶问题数学模型划分为对称型对偶问题、标准型对偶问题和混合型对偶问题等三种类型，其中，约束条件中含有“≥”“≤”的称为对称型对偶问题，约束条件都是“=”的称为标准型对偶问题，约束条件中既有“≥”“≤”又有“=”的称为混合型对偶问题。

(一)对称型对偶问题

设原线性规划问题(LP)的模型用式(3-6)表示，即

$$\max Z = c_1x_1 + c_2x_2 + \cdots + c_nx_n \tag{3-6a}$$

$$\begin{aligned} \text{s.t. } & a_{11}x_1 + a_{12}x_2 + \cdots + a_{1n}x_n \leqslant b_1 \\ & a_{21}x_1 + a_{22}x_2 + \cdots + a_{2n}x_n \leqslant b_2 \\ & \vdots \\ & a_{m1}x_1 + a_{m2}x_2 + \cdots + a_{mn}x_n \leqslant b_m \\ & x_1, x_2, \cdots, x_n \geqslant 0 \end{aligned} \tag{3-6b}$$

则原线性规划问题(LP)的对偶模型(LD)可用式(3-7)表示，即

$$\min W = b_1y_1 + b_2y_2 + \cdots + b_my_m \tag{3-7a}$$

$$\begin{aligned} \text{s.t. } & a_{11}y_1 + a_{21}y_2 + \cdots + a_{m1}y_m \geqslant c_1 \\ & a_{12}y_1 + a_{22}y_2 + \cdots + a_{m2}y_m \geqslant c_2 \\ & \vdots \\ & a_{1n}y_1 + a_{2n}y_2 + \cdots + a_{mn}y_m \geqslant c_n \\ & y_1, y_2, \cdots, y_m \geqslant 0 \end{aligned} \tag{3-7b}$$

式中：$y_1, y_2, \cdots, y_m$ 称为对偶变量。

一般情况下，把符合原线性规划模型(LP)[式(3-6)]和对应的对偶模型(LD)[式(3-7)]变换规律的问题称为对称型对偶问题。

【例 3-2】 写出下列线性规划模型的对偶模型。

$$\max Z=2x_1-3x_2+4x_3 \tag{3-8a}$$

$$\begin{aligned} \text{s.t. } & 2x_1 + 3x_2 - 5x_3 \geqslant 2 \\ & 3x_1 + x_2 + 7x_3 \leqslant 3 \\ & -x_1 + 4x_2 + 6x_3 \geqslant 5 \\ & x_1 + x_2 + x_3 \leqslant 4 \\ & x_1, x_2, x_3 \geqslant 0 \end{aligned} \tag{3-8b}$$

解：首先将 LP 模型[式(3-8)]中约束的“≥”“≤”转化为同是“≥”或“≤”的形式，如都转化为“≤”的形式，即

$$\max Z=2x_1-3x_2+4x_3$$

$$\begin{aligned} \text{s.t. } & -2x_1 - 3x_2 + 5x_3 \leqslant -2 \\ & 3x_1 + x_2 + 7x_3 \leqslant 3 \end{aligned}$$

$$x_1 - 4x_2 - 6x_3 \leqslant -5$$
$$x_1 + x_2 + x_3 \leqslant 4$$
$$x_1, x_2, x_3 \geqslant 0$$

根据表 3-2 中线性规划原问题(LP)与对偶问题(LD)的关系，可以得到原线性规划模型(LP)的对偶模型(LD)为

$$\begin{aligned}
\min W = & -2y_1+3y_2-5y_3+4y_4 \\
\text{s.t.}\ & -2y_1 + 3y_2 + y_3 + y_4 \geqslant 2 \\
& -3y_1 + y_2 - 4y_3 + y_4 \geqslant -3 \\
& 5y_1 + 7y_2 - 6y_3 + y_4 \geqslant 4 \\
& y_1, y_2, y_3, y_4 \geqslant 0
\end{aligned}$$

【例 3-3】　将例 2-1 的线性规划模型(2-1)转化为其对偶模型。

解：例 2-1 中线性规划模型(2-1)属于对称型对偶问题，则

$$\max W = W_1y_1 + W_2y_2 + b_1y_3 + b_2y_4 + b_3y_5$$
$$y_i + y_{i+2} \leqslant c_{ij}, i=1,2; j=1,2,3$$
$$y_1 \leqslant 0, y_2 \leqslant 0, y_3 \geqslant 0, y_4 \geqslant 0, y_5 \geqslant 0$$

(二)标准型对偶问题

设原线性规划问题(LP)模型标准型[式(3-9)]为

$$\max Z = c_1x_1 + c_2x_2 + \cdots + c_nx_n \tag{3-9a}$$

$$\begin{aligned}
\text{s.t.}\ & a_{11}x_1 + a_{12}x_2 + \cdots + a_{1n}x_n = b_1 \\
& a_{21}x_1 + a_{22}x_2 + \cdots + a_{2n}x_n = b_2 \\
& \vdots \\
& a_{m1}x_1 + a_{m2}x_2 + \cdots + a_{mn}x_n = b_m \\
& x_1, x_2, \cdots, x_n \geqslant 0
\end{aligned} \tag{3-9b}$$

则原线性规划问题(LP)的对偶模型(LD)可用式(3-10)表示，即

$$\min W = b_1y_1 + b_2y_2 + \cdots + b_my_m \tag{3-10a}$$

$$\begin{aligned}
\text{s.t.}\ & a_{11}y_1 + a_{21}y_2 + \cdots + a_{m1}y_m \geqslant c_1 \\
& a_{12}y_1 + a_{22}y_2 + \cdots + a_{m2}y_m \geqslant c_2 \\
& \vdots \\
& a_{1n}y_1 + a_{2n}y_2 + \cdots + a_{mn}y_m \geqslant c_n \\
& y_1, y_2, \cdots, y_m \text{为自由变量}
\end{aligned} \tag{3-10b}$$

一般情况下，把符合原线性规划模型(LP)[式(3-9)]和对应的对偶模型(LD)[式(3-10)]变换规律的问题称为标准型对偶问题。

【例 3-4】　写出下列线性规划模型的对偶模型。

$$\max Z = 2x_1 - 3x_2 + 4x_3 \tag{3-11a}$$

$$\begin{aligned}\text{s.t. } & 2x_1+3x_2-5x_3=2\\ & 3x_1+x_2+7x_3=3\\ & x_1,x_2,x_3\geqslant 0\end{aligned}\tag{3-11b}$$

解：首先将 LP 模型[式(3-11)]中约束的“=”转化为“≥”或“≤”的形式，即

$$\begin{aligned}\max\ & Z=2x_1-3x_2+4x_3\\ \text{s.t. } & 2x_1+3x_2-5x_3\leqslant 2\\ & 2x_1+3x_2-5x_3\geqslant 2\\ & 3x_1+x_2+7x_3\leqslant 3\\ & 3x_1+x_2+7x_3\geqslant 3\\ & x_1,x_2,x_3\geqslant 0\end{aligned}$$

然后将上式约束中的“≥”“≤”转化为同是“≥”或“≤”的形式，如都转化为“≤”的形式，即

$$\begin{aligned}\max\ & Z=2x_1-3x_2+4x_3\\ \text{s.t. } & 2x_1+3x_2-5x_3\leqslant 2\\ & -2x_1-3x_2+5x_3\leqslant -2\\ & 3x_1+x_2+7x_3\leqslant 3\\ & -3x_1-x_2-7x_3\leqslant -3\\ & x_1,x_2,x_3\geqslant 0\end{aligned}$$

根据对称型对偶模型的变换方法，可以将上式转化为对偶模型，如下：

$$\begin{aligned}\min\ & W=2y_1'-2y_1''+3y_2'-3y_2''\\ \text{s.t. } & 2y_1'-2y_1''+3y_2'-3y_2''\geqslant 2\\ & 3y_1'-3y_1''+y_2'-y_2''\geqslant -3\\ & -5y_1'+5y_1''+7y_2'-7y_2''\geqslant 4\\ & y_1',y_1'',y_2',y_2''\geqslant 0\end{aligned}$$

将上式变换为

$$\begin{aligned}\min\ & W=2y_1'-2y_1''+3y_2'-3y_2''=2(y_1'-y_1'')+3(y_2'-y_2'')=2y_1+3y_2\\ \text{s.t. } & 2y_1'-2y_1''+3y_2'-3y_2''\geqslant 2\Leftrightarrow 2(y_1'-y_1'')+3(y_2'-y_2'')\geqslant 2\Leftrightarrow 2y_1+3y_2\geqslant 2\\ & 3y_1'-3y_1''+y_2'-y_2''\geqslant -3\Leftrightarrow 3(y_1'-y_1'')+(y_2'-y_2'')\geqslant -3\Leftrightarrow 3y_1+y_2\geqslant -3\\ & -5y_1'+5y_1''+7y_2'-7y_2''\geqslant 4\Leftrightarrow -5(y_1'-y_1'')+7(y_2'-y_2'')\geqslant 4\Leftrightarrow -5y_1+7y_2\geqslant 4\\ & y_1,y_2\text{为自由变量}\end{aligned}$$

则原线性规划模型(LP)的对偶模型为

$$\begin{aligned}\min\ & W=2y_1+3y_2\\ \text{s.t. } & 2y_1+3y_2\geqslant 2\\ & 3y_1+y_2\geqslant -3\\ & -5y_1+7y_2\geqslant 4\\ & y_1,y_2\text{为自由变量}\end{aligned}$$

(三)混合型对偶问题

设原线性规划问题(LP)的模型用式(3-12)表示，即

$$\max Z = c_1x_1 + c_2x_2 + c_3x_3 + c_4x_4 \tag{3-12a}$$

$$\begin{aligned} \text{s.t. } & a_{11}x_1 + a_{12}x_2 + a_{13}x_3 + a_{14}x_4 = b_1 \\ & a_{21}x_1 + a_{22}x_2 + a_{23}x_3 + a_{24}x_4 \leqslant b_2 \\ & a_{31}x_1 + a_{32}x_2 + a_{33}x_3 + a_{34}x_4 \geqslant b_3 \\ & x_1, x_2 \geqslant 0，x_3\text{为自由变量}, x_4 \leqslant 0 \end{aligned} \tag{3-12b}$$

则原线性规划问题(LP)的对偶模型(LD)可用式(3-13)表示，即

$$\min W = b_1y_1 + b_2y_2 + b_3y_3 \tag{3-13a}$$

$$\begin{aligned} \text{s.t. } & a_{11}y_1 + a_{21}y_2 + a_{31}y_3 \geqslant c_1 \\ & a_{12}y_1 + a_{22}y_2 + a_{32}y_3 \geqslant c_2 \\ & a_{13}y_1 + a_{23}y_2 + a_{33}y_3 = c_3 \\ & a_{14}y_1 + a_{24}y_2 + a_{34}y_3 \leqslant c_4 \\ & y_1\text{为自由变量}，y_2 \geqslant 0，y_3 \leqslant 0 \end{aligned} \tag{3-13b}$$

一般情况下，把符合原线性规划模型(LP)［式(3-12)］和对应的对偶模型(LD)［式(3-13)］变换规律的问题称为混合型对偶问题。

【例 3-5】　写出下列线性规划模型的对偶模型。

$$\max Z = x_1 + 6x_2 - 3x_3 \tag{3-14a}$$

$$\begin{aligned} \text{s.t. } & x_1 - 2x_2 + x_3 \geqslant 3 \\ & 2x_1 - x_2 + 2x_3 \leqslant 1 \\ & -x_1 + 2x_2 - x_3 = 0 \\ & 3x_1 - x_2 + 2x_3 \leqslant -2 \\ & x_1 \leqslant 0, x_2 \geqslant 0, x_3\text{自由变量} \end{aligned} \tag{3-14b}$$

解：根据表 3-2 中线性规划原问题(LP)与对偶问题(LD)的关系，可以得到原线性规划模型(LP)的对偶模型(LD)为

$$\min W = 3y_1 + y_2 - 3y_4$$

$$\begin{aligned} \text{s.t. } & y_1 + 2y_2 - y_3 + 3y_4 \leqslant 1 \\ & -2y_1 - y_2 + 2y_3 - y_4 \geqslant 6 \\ & y_1 + 2y_2 - y_3 + 2y_4 = -3 \\ & y_1 \leqslant 0, y_2 \geqslant 0, y_3\text{为自由变量}, y_4 \geqslant 0 \end{aligned}$$

【例 3-6】　将例 2-6 中线性规划模型［式(2-12)］转化为对偶模型。

解：例 2-6 中线性规划模型［式(2-12)］属于混合型对偶问题，则

$$\min W = 1000y_1 + 360y_2$$

$$\begin{aligned} & y_1 + 0.3y_2 \geqslant 0.45 \\ & y_1 + 0.6y_2 \geqslant 0.6 \\ & y_1 \leqslant 0, y_2\text{ 为自由变量} \end{aligned}$$

三、对偶问题的性质

对于线性规划原问题 LP 及其对偶问题 LD：

$$\text{LP：}\{\max Z \mid Z=\boldsymbol{CX}, \boldsymbol{AX}\leqslant \boldsymbol{b}, \boldsymbol{X}\geqslant 0\}$$

$$\text{LD：}\{\min W \mid W=\boldsymbol{b}^{\mathrm{T}}\boldsymbol{Y}, \boldsymbol{A}^{\mathrm{T}}\boldsymbol{Y}\geqslant \boldsymbol{C}^{\mathrm{T}}, \boldsymbol{Y}\geqslant 0\}$$

具有如下性质。

(1) 对称性：对偶问题的对偶是原问题。

(2) 弱对偶性：若 $\boldsymbol{X}$ 是 LP 的可行解，$\boldsymbol{Y}$ 是 LD 的可行解，则 LP 的目标函数值 $\boldsymbol{CX}$ 不大于 LD 的目标函数值 $\boldsymbol{b}^{\mathrm{T}}\boldsymbol{Y}$，即 $\boldsymbol{CX}\leqslant\boldsymbol{b}^{\mathrm{T}}\boldsymbol{Y}$。

证明：根据 $\boldsymbol{AX}\leqslant\boldsymbol{b}$，$\boldsymbol{Y}\geqslant 0$ 可得到 $\boldsymbol{Y}^{\mathrm{T}}\boldsymbol{AX}\leqslant\boldsymbol{Y}^{\mathrm{T}}\boldsymbol{b}=\boldsymbol{b}^{\mathrm{T}}\boldsymbol{Y}$。

根据 $\boldsymbol{A}^{\mathrm{T}}\boldsymbol{Y}\geqslant\boldsymbol{C}^{\mathrm{T}}$，$\boldsymbol{X}\geqslant 0$ 可得到 $\boldsymbol{X}^{\mathrm{T}}\boldsymbol{A}^{\mathrm{T}}\boldsymbol{Y}\geqslant\boldsymbol{X}^{\mathrm{T}}\boldsymbol{C}^{\mathrm{T}}$。

以上不等式两端均为数量，其转置形式为 $\boldsymbol{Y}^{\mathrm{T}}\boldsymbol{AX}\geqslant\boldsymbol{CX}$。故可得到

$$\boldsymbol{CX}\leqslant\boldsymbol{Y}^{\mathrm{T}}\boldsymbol{AX}\leqslant\boldsymbol{b}^{\mathrm{T}}\boldsymbol{Y}$$

(3) 最优性：设 $\boldsymbol{X}^*$是 LP 的可行解，$\boldsymbol{Y}^*$是 LD 问题的可行解，则当 $\boldsymbol{CX}^*=\boldsymbol{b}^{\mathrm{T}}\boldsymbol{Y}^*$时，$\boldsymbol{X}^*$、$\boldsymbol{Y}^*$分别是 LP、LD 问题的最优解。

证明：根据弱对偶性，对 LD 的任一可行解 $\boldsymbol{Y}$，$\boldsymbol{CX}^*=\boldsymbol{b}^{\mathrm{T}}\boldsymbol{Y}$，由 $\boldsymbol{CX}^*=\boldsymbol{b}^{\mathrm{T}}\boldsymbol{Y}$，根据最小化问题最优解的概念，$\boldsymbol{Y}^*$为 LD 的最优解。

同理，对 LP 的任一可行解 $\boldsymbol{CX}\leqslant\boldsymbol{b}^{\mathrm{T}}\boldsymbol{Y}=\boldsymbol{CX}^*$，则 $\boldsymbol{X}^*$为 LP 问题的最优解。

(4) 对偶性：若线性规划问题 LP 有最优解，那么其对偶问题 LD 也有最优解，且二者目标函数值相等。

证明：设 $\boldsymbol{X}^*$为原问题的最优解，它对应问题的基矩阵 $\boldsymbol{B}$ 存在，且检验数$=\boldsymbol{C}-\boldsymbol{C_B}\boldsymbol{B}^{-1}\boldsymbol{A}\leqslant 0$，令 $\boldsymbol{Y}^{*\mathrm{T}}=\boldsymbol{C_B}\boldsymbol{B}^{-1}$，则 $\boldsymbol{Y}^{*\mathrm{T}}\boldsymbol{A}\geqslant\boldsymbol{C}$，即 $\boldsymbol{A}^{\mathrm{T}}\boldsymbol{Y}^*\geqslant\boldsymbol{C}^{\mathrm{T}}$。松弛变量的检验数 $\boldsymbol{\sigma_s}=-\boldsymbol{C_B}\boldsymbol{B}^{-1}\leqslant 0$，即 $\boldsymbol{Y}^*\geqslant 0$。因此，$\boldsymbol{Y}^*$是 LD 的可行解，相应的目标函数为 $W=\boldsymbol{b}^{\mathrm{T}}\boldsymbol{Y}^*=\boldsymbol{Y}^{*\mathrm{T}}\boldsymbol{b}=\boldsymbol{C_B}\boldsymbol{B}^{-1}\boldsymbol{b}$。

LP 的最优值为 $Z^*=\boldsymbol{CX}^*=\boldsymbol{C_B}\boldsymbol{B}^{-1}\boldsymbol{b}$，故 $\boldsymbol{CX}^*=\boldsymbol{Y}^{*\mathrm{T}}\boldsymbol{b}$。根据最优性，$\boldsymbol{Y}^*$为 LD 的最优解，同时二者目标函数值相同。

(5) 互补松弛性：若 $\boldsymbol{X}^*$、$\boldsymbol{Y}^*$分别是 LP、LD 问题的可行解，$\boldsymbol{X}_s$、$\boldsymbol{Y}_s$ 分别是其松弛变量、剩余变量，则 $\boldsymbol{Y}^{*\mathrm{T}}\boldsymbol{X}_s=\boldsymbol{X}^{*\mathrm{T}}\boldsymbol{Y}_s=0$，当且仅当 $\boldsymbol{X}^*$、$\boldsymbol{Y}^*$分别为 LP、LD 的最优解。

证明：由于 $\boldsymbol{X}^*$、$\boldsymbol{Y}^*$分别是 LP、LD 问题的可行解，故 $\boldsymbol{AX}^*+\boldsymbol{X}_s=\boldsymbol{b}$，$\boldsymbol{A}^{\mathrm{T}}\boldsymbol{Y}^*-\boldsymbol{Y}_s=\boldsymbol{C}^{\mathrm{T}}$。

LP 目标函数 $Z=\boldsymbol{CX}^*=(\boldsymbol{A}^{\mathrm{T}}\boldsymbol{Y}-\boldsymbol{Y}_s)^{\mathrm{T}}\boldsymbol{X}^*=\boldsymbol{Y}^{*\mathrm{T}}\boldsymbol{AX}^*-\boldsymbol{Y}_s^{\mathrm{T}}\boldsymbol{X}^*$。

LD 目标函数 $W=\boldsymbol{b}^{\mathrm{T}}\boldsymbol{Y}^*=(\boldsymbol{AX}^*+\boldsymbol{X}_s)^{\mathrm{T}}\boldsymbol{Y}^*=\boldsymbol{Y}^{*\mathrm{T}}(\boldsymbol{AX}^*+\boldsymbol{X}_s)=\boldsymbol{Y}^{*\mathrm{T}}\boldsymbol{AX}^*+\boldsymbol{Y}^{*\mathrm{T}}\boldsymbol{X}_s$。

若 $\boldsymbol{X}^*$、$\boldsymbol{Y}^*$为最优解时，则 $\boldsymbol{CX}^*=\boldsymbol{b}^{\mathrm{T}}\boldsymbol{Y}^*$，$\boldsymbol{Y}^{*\mathrm{T}}\boldsymbol{AX}^*-\boldsymbol{Y}_s^{\mathrm{T}}\boldsymbol{X}^*=\boldsymbol{Y}^{*\mathrm{T}}\boldsymbol{AX}^*+\boldsymbol{Y}^{*\mathrm{T}}\boldsymbol{X}_s$，即 $\boldsymbol{Y}_s^{\mathrm{T}}\boldsymbol{X}^*+\boldsymbol{Y}^{*\mathrm{T}}\boldsymbol{X}_s=0$。而 $\boldsymbol{Y}_s^{\mathrm{T}}\boldsymbol{X}^*\geqslant 0$，$\boldsymbol{Y}^{*\mathrm{T}}\boldsymbol{X}_s^*\geqslant 0$，故 $\boldsymbol{Y}_s^{\mathrm{T}}\boldsymbol{X}^*=\boldsymbol{Y}^{*\mathrm{T}}\boldsymbol{X}_s=0$。

若 $\boldsymbol{Y}^{*\mathrm{T}}\boldsymbol{X}_s=\boldsymbol{X}^{*\mathrm{T}}\boldsymbol{Y}_s=0$，则 $\boldsymbol{CX}^*=\boldsymbol{b}^{\mathrm{T}}\boldsymbol{Y}^*$，根据最优性，$\boldsymbol{X}^*$、$\boldsymbol{Y}^*$分别为 LP、LD 的最优解。

(6) 无界性：若 LP(LD) 为无界解，则 LD(LP) 无可行解。

证明：假设 LD 有可行解 $\boldsymbol{Y}$，则对 LP 任意可行解 $\boldsymbol{X}$，根据弱对偶性有 $\boldsymbol{CX}\leqslant\boldsymbol{b}^{\mathrm{T}}\boldsymbol{Y}$，这与 LP 为无界解矛盾，故 LD 无可行解。

注意：以上命题的逆命题是不成立的，当 LP(LD) 无可行解的时候，LD(LP) 具有无界解或无可行解。

四、原线性规划(LP)与其对偶模型(LD)的对应关系

对于原线性规划(LP)模型与其对偶模型(LD)的标准型分别为

$$\text{LP:}\ \{\max Z\,|Z=\boldsymbol{CX}, \boldsymbol{AX}+\boldsymbol{X}_s=\boldsymbol{b}, \boldsymbol{X}\geqslant 0, \boldsymbol{X}_s\geqslant 0\}$$

$$\text{LD:}\ \{\min W\,|\, W=\boldsymbol{b}^{\mathrm{T}}\boldsymbol{Y}, \boldsymbol{A}^{\mathrm{T}}\boldsymbol{Y}-\boldsymbol{Y}_s=\boldsymbol{C}^{\mathrm{T}}, \boldsymbol{Y}\geqslant 0, \boldsymbol{Y}_s\geqslant 0\}$$

则 LP 单纯形表中的检验数行对应 LD 的一个基解，其对应关系见表 3-3，其中，$\boldsymbol{Y}_{s1}{}^{\mathrm{T}}$是 LD 中对应于 LP 基变量 $\boldsymbol{X}_B$ 的约束条件的剩余变量，$\boldsymbol{Y}_{s2}{}^{\mathrm{T}}$是 LD 中对应于 LP 非基变量 $\boldsymbol{X}_N$的约束条件的剩余变量。

表 3-3　LP 检验数与 LD 基解的对应关系

	$\boldsymbol{X}_B$	$\boldsymbol{X}_N$	$\boldsymbol{X}_s$
LP 检验数	0	$\boldsymbol{C}_N-\boldsymbol{C}_B\boldsymbol{B}^{-1}\boldsymbol{N}$	$-\boldsymbol{C}_B\boldsymbol{B}^{-1}$
LD 基解	$\boldsymbol{Y}_{s1}{}^{\mathrm{T}}$	$-\boldsymbol{Y}_{s2}{}^{\mathrm{T}}$	$-\boldsymbol{Y}^{\mathrm{T}}$

证明：设 $\boldsymbol{B}$ 是 LP 的一个可行基，$\boldsymbol{A}=(\boldsymbol{B}, \boldsymbol{N})$，$\boldsymbol{X}=(\boldsymbol{X}_B,\boldsymbol{X}_N)$，$\boldsymbol{C}=(\boldsymbol{C}_B,\boldsymbol{C}_N)$，则 LP 可表示为

$$\max Z=\boldsymbol{C}_B\,\boldsymbol{X}_B+\boldsymbol{C}_N\,\boldsymbol{X}_N$$

$$\boldsymbol{B}\,\boldsymbol{X}_B+\boldsymbol{N}\,\boldsymbol{C}_N+\boldsymbol{X}_s=\boldsymbol{b}$$

$$\boldsymbol{X}_B, \boldsymbol{X}_N, \boldsymbol{X}_s\geqslant 0$$

相应的 LD 模型为

$$\max W=\boldsymbol{b}^{\mathrm{T}}\boldsymbol{Y}$$

$$\boldsymbol{b}^{\mathrm{T}}\boldsymbol{Y}-\boldsymbol{Y}_{s1}=\boldsymbol{C}_B{}^{\mathrm{T}}$$

$$\boldsymbol{N}^{\mathrm{T}}\boldsymbol{Y}-\boldsymbol{Y}_{s2}=\boldsymbol{C}_N{}^{\mathrm{T}}$$

$$\boldsymbol{Y}, \boldsymbol{Y}_{s1}, \boldsymbol{Y}_{s2}\geqslant 0$$

对于可行基 $\boldsymbol{B}$，可求得 LP 的一个解 $\boldsymbol{X}_B=\boldsymbol{B}^{-1}\boldsymbol{b}$，$\boldsymbol{X}_N$、$\boldsymbol{X}_s$ 相应的检验数分别为 $\boldsymbol{C}_N-\boldsymbol{C}_B\boldsymbol{B}^{-1}\boldsymbol{N}$、$-\boldsymbol{C}_B\boldsymbol{B}^{-1}$。令 $\boldsymbol{Y}^{\mathrm{T}}=\boldsymbol{C}_B\boldsymbol{B}^{-1}$，利用 LD 的约束方程可得到

$$\boldsymbol{Y}_{s1}{}^{\mathrm{T}}=(\boldsymbol{B}^{\mathrm{T}}\boldsymbol{Y})-\boldsymbol{C}_B=\boldsymbol{Y}^{\mathrm{T}}\boldsymbol{B}-\boldsymbol{C}_B=\boldsymbol{C}_B\boldsymbol{B}^{-1}\boldsymbol{B}-\boldsymbol{C}_B=0$$

$$-\boldsymbol{Y}_{s2}{}^{\mathrm{T}}=\boldsymbol{C}_N-(\boldsymbol{N}^{\mathrm{T}}\boldsymbol{Y})^{\mathrm{T}}=\boldsymbol{C}_N-\boldsymbol{Y}^{\mathrm{T}}\boldsymbol{N}=\boldsymbol{C}_N-\boldsymbol{C}_B\boldsymbol{B}^{-1}\boldsymbol{N}$$

根据以上对应关系，当 LP 的解满足最优性条件(检验数均非正)时，LD 的基解满足非负约束，为可行解，即 LP 解的最优性与 LD 解的可行性对应；反之，LP 解的可行性与 LD 解的最优性对应。

【例 3-7】　利用对偶问题的性质证明以下线性规划问题无最优解。

$$\max Z=2x_1+3x_2 \tag{3-15a}$$

$$-2x_1+x_2+x_3\leqslant 2 \tag{3-15b}$$

$$-x_1+x_2-x_3\leqslant 3 \tag{3-15c}$$

$$x_1, x_2, x_3\geqslant 0 \tag{3-15d}$$

证明：首先，以上模型存在可行解$(0,0,0)^{\mathrm{T}}$。其对偶模型为

$$\min W=2y_1+3y_2 \tag{3-16a}$$

$$-2y_1-y_2\geqslant 2 \tag{3-16b}$$

$$y_1+y_2\geqslant 3 \tag{3-16c}$$

$$y_1-y_2\geqslant 0 \tag{3-16d}$$

$$y_1, y_2\geqslant 0 \tag{3-16e}$$

可以看出，约束条件[式(3-16b)]与非负约束矛盾，因此LD可行域为空集不存在最优解。假设LP有最优解，则根据对偶定理LD也存在最优解，与以上结论矛盾。故模型[式(3-15)]无最优解。

第二节　对偶单纯形法

一、对偶单纯形法的概念

第二章求解线性规划LP模型的单纯形法中要求$\boldsymbol{b}\geqslant 0$，其目的是保证迭代过程中得到的基解为可行解；在迭代过程中存在正的检验数，不满足LP的最优性条件(或LD的可行性条件)。在有些情况下满足可行性(LP最优性)、但不满足LP可行性(LD最优性)的基解开始迭代，计算可能更简单。对偶单纯形法(dual simplex method, DSM)就是从满足最优性条件$\boldsymbol{\sigma}_j\leqslant 0$(LD可行性条件)的非可行解开始，在保持最优性的基础上通过迭代找出基可行解，即为最优解。

利用单纯形法求解线性规划进行迭代时，在$\boldsymbol{b}$列得到的是原问题的一个基可行解，而在检验数行得到的是对偶问题的一个基解。在保持$\boldsymbol{b}$列是原问题的基可行解的前提下，通过迭代使检验数行逐步成为对偶问题的基可行解，即得到了原问题与对偶问题的最优解。根据对偶问题的对称性，如果将“对偶问题”看成“原问题”，那么，“原问题”便成了“对偶问题”。因此，可以这样来考虑，在保持检验数行是对偶问题的基可行解的前提下，通过迭代使$\boldsymbol{b}$列逐步成为原问题的基可行解，这样自然也可以得到问题的最优解。这种在对偶可行基的基础上进行的单纯形法，即为对偶单纯形法。其优点是原问题的初始解不要求是基可行解，可以从非可行的基解开始迭代，从而省去了引入人工变量的麻烦，如对偶问题模型[式(3-5)]，$\boldsymbol{b}\geqslant 0$时，$\max(-\boldsymbol{W})=-\boldsymbol{b}^{\mathrm{T}}\boldsymbol{Y}$的系数均为非正，满足最优性条件，为了找到初始可行解，在约束条件中需要加入剩余变量和人工变量，计算量比较大。如果利用DSM迭代，则可以不加入人工变量，计算要相对简单。当然对偶单纯形法的应用也是有前提条件的，这一前提条件就是对偶问题的解是基可行解，也就是说，原问题(min)所有变量的检验数必须非负。可以说应用对偶单纯形法的前提条件十分苛刻，所以直接应用对偶单纯形法求解线性规划问题并不多见，对偶单纯形法重要的作用是为接下来将要介绍的灵敏度分析提供工具。

二、对偶单纯形法的计算步骤

对偶单纯形法DSM的计算步骤如下。

(1)列出初始单纯形表。若$\boldsymbol{b}\geqslant 0$，检验数$\boldsymbol{\sigma}\leqslant 0$，则达到最优；否则，若$\boldsymbol{\sigma}\leqslant 0$，$\boldsymbol{b}$列存在负分量，按DSM迭代。

(2)确定换出变量。取右端项负值中的最小值对应的变量为换出变量x_l。

$$\min\{(\boldsymbol{B}^{-1}\boldsymbol{b})_i | (\boldsymbol{B}^{-1}\boldsymbol{b})_i<0\}=(\boldsymbol{B}^{-1}\boldsymbol{b})_l \tag{3-17}$$

(3) 确定换入变量。取检验数行与换出变量 x_l 中负系数的最小比值对应的变量为换入变量 x_k。

$$\theta'=\min_j\{\sigma_j/a_{lj}|\ a_{lj}<0\}=\sigma_k/a_{lk} \tag{3-18}$$

式中：a_{lj} 为 x_l 所在行的约束系数，若 $a_{lj}\geqslant 0$，则无可行解；否则，以 a_{lk} 为主元素进行迭代直至找出满足最优性条件的基可行解。

【例 3-8】 利用对偶单纯形法求解下面线性规划模型。

$$\max Z=4x_1+3x_2 \tag{3-19a}$$

$$\text{s.t. } x_1+2x_2\leqslant 2 \tag{3-19b}$$

$$x_1-x_2\leqslant 3 \tag{3-19c}$$

$$2x_1+3x_2\leqslant 5 \tag{3-19d}$$

$$x_1+x_2\leqslant 2 \tag{3-19e}$$

$$3x_1+x_2\leqslant 3 \tag{3-19f}$$

$$x_1, x_2\geqslant 0 \tag{3-19g}$$

本模型有两个决策变量，非负约束之外有 5 个约束条件，约束条件的系数有 5×2=10 个。将模型转换为标准型时，需加入 5 个松弛变量，约束系数增加为 5×7=35 个，用单纯形法求解的计算量比较大。在应用线性规划模型解决实际问题时，类似的情况可能会经常出现，如模型中决策变量不多，但约束条件很多，即 $m\gg n$。将模型转换为标准型时，需要加入松弛变量或剩余变量，而对"≥""="约束还需要加入人工变量，使得约束系数矩阵规模很大，基矩阵一般为 m 阶，计算量很大。但是其对偶模型约束条件则较少，基矩阵一般为 n 阶，可以通过求解对偶模型来得到原问题的解。

解：首先将线性规划(LP)模型[式(3-19)]转化为其对偶模型(LD)为

$$\min W=2y_1+3y_2+5y_3+2y_4+3y_5 \tag{3-20a}$$

$$\text{s.t. } y_1+y_2+2y_3+y_4+3y_5\geqslant 4 \tag{3-20b}$$

$$2y_1-y_2+3y_3+y_4+y_5\geqslant 3 \tag{3-20c}$$

$$y_1, y_2, y_3, y_4, y_5\geqslant 0 \tag{3-20d}$$

然后，将 LD 模型化为以下形式：

$$\max(-W)=-2y_1-3y_2-5y_3-2y_4-3y_5 \tag{3-21a}$$

$$-y_1-y_2-2y_3-y_4-3y_5+y_6=-4 \tag{3-21b}$$

$$-2y_1+y_2-3y_3-y_4-y_5+y_7=-3 \tag{3-21c}$$

$$y_1, y_2, y_3, y_4, y_5, y_6, y_7\geqslant 0 \tag{3-21d}$$

利用对偶单纯形法求解模型[式(3-21)]，计算过程见表 3-4，得到 LD 最优解为 $\boldsymbol{Y}^*=(1,0,0,0,1)^{\mathrm{T}}$，最优值 $W^*=5$。

假设 LP 模型最优解 $\boldsymbol{X}^*$ 对应的松弛变量为 $\boldsymbol{X}_s(\geqslant 0)$，根据对偶问题的互补松弛性，$\boldsymbol{Y}^{*\mathrm{T}}\boldsymbol{X}_s=0$，由 $\boldsymbol{Y}^*=(1,0,0,0,1)^{\mathrm{T}}$ 可得到 $x_{s1}+x_{s5}=0$。由于 x_{s1}、x_{s5} 均为非负变量，只有当 $x_{s1}=x_{s5}=0$ 时，$x_{s1}+x_{s5}=0$ 才能成立，此时 LP 约束条件[式(3-19b)和式(3-19f)]为等式，即

$$x_1^*+2x_2^*=2$$

表 3-4 例 3-8 对偶单纯形计算表

序号	基变量	y_1	y_2	y_3	y_4	y_5	y_6	y_7	b	说 明
0	y_6	−1	−1	−2	−1	[−3]	1	0	−4	min(b<0)=−4 y_6 换出
	y_7	−2	1	−3	−1	−1	0	1	−3	
	检验数行	−2	−3	−5	−2	−3	0	0		
	θ'	2	3	2.5	2	1				y_5 换入
1	y_5	1/3	1/3	2/3	1/3	1	−1/3	0	4/3	y_7 换出
	y_7	[−5/3]	4/3	−7/3	−2/3	0	−1/3	1	−5/3	
	检验数行	−1	−2	−3	−1	0	−1	0		
	θ'	3/5		9/7	3/2		3			y_1 换入
2	y_5	0	3/5	1/5	1/5	1	−2/5	1/5	1	满足最优性条件， 达到最优
	y_1	1	−4/5	7/5	2/5	0	1/5	−3/5	1	
	检验数行	0	−14/5	−8/5	−3/5	0	−4/5	−3/5		

$$3x_1^*+x_2^*=3$$

求解以上方程组，得到 $x_1^*=4/5$、$x_2^*=3/5$，最优值为 $Z^*=5$。

另外，也可以利用最终单纯形表根据 LD 检验数与 LP 基解的对应关系直接确定 LP 最优解。

三、影子价格

(一)影子价格的概念

对于原问题(LP)模型[式(3-2)]和对偶(LD)模型[式(3-5)]，若 LP 最优基为 $\boldsymbol{B}$，则其最优解为 $\boldsymbol{X_B}=\boldsymbol{B}^{-1}\boldsymbol{b}$，目标函数为 $Z=\boldsymbol{C_B}\boldsymbol{B}^{-1}\boldsymbol{b}$；LD 最优解为 $\boldsymbol{Y}=\boldsymbol{C_B}\boldsymbol{B}^{-1}$，目标函数为 $W=\boldsymbol{C_B}\boldsymbol{B}^{-1}\boldsymbol{b}$。当资源向量 $\boldsymbol{b}$ 增加一个单位时，LP 目标函数值的增加量为 $\boldsymbol{Y}=\boldsymbol{C_B}\boldsymbol{B}^{-1}$，故 $\boldsymbol{Y}$ 被称为单纯形乘子。y_i 表示第 i 种资源增加一个单位所能增加的目标函数值，称为该资源的影子价格(shadow price)，或称为边际价值(marginal value)、机会成本(opportunity cost)，是荷兰经济学家詹恩 · 丁伯根在 20 世纪 30 年代末首次提出来的，即

$$Z^*=b_1y_1^*+b_2y_2^*+\cdots+b_my_m^*$$

$$\frac{\partial Z^*}{\partial \boldsymbol{b}_i}=y_i^* \tag{3-22}$$

式中：y_i^* 为影子价格。

影子价格相当于完全竞争条件下的市场价格，反映了资源的短缺程度，在资源利用、投资决策等方面有重要作用。对于用模型[式(3-2)]描述的资源约束型问题，其对偶变量 $\boldsymbol{Y}$ 非负，即影子价格 $y_i\geqslant0$。根据互补松弛关系，若某种资源的影子价格 $y_i>0$，则对应的约束条件中松弛变量为 0，即“=”成立，说明该资源没有剩余，属于短缺资源；影子价格越高，资源的短缺程度就越高。若某种资源有剩余，即约束条件满足“<”，则对应的资源影子价格 $y_i=0$。如果要扩大生产能力，则应优先考虑增加影子价格高的资源。

影子价格作为资源的核算价格，是企业生产能力的盈亏平衡点。当某种资源的市场价格

低于其影子价格时，企业可以购进该资源以扩大生产规模；当市场价格高于影子价格时，企业可以考虑将资源转让，以获得比直接生产更高的利润。

影子价格是根据资源在生产中做出的贡献而做出的估价，这种估价不是资源的市场价格。它反映了在最优经济结构中，在资源得到最优配置条件下，资源的边际使用价值。

单纯形表中松弛变量所对应的检验数的相反数是在该经济结构中的影子价格，也可以说对偶问题的最优解向量是结构中的影子价格。

(二) 影子价格的性质

性质 1：某项经济活动中，在资源得到最优配置条件下，若 $x_j^*>0$，则有 $\sum_{i=1}^{m} a_{ij} y_j^* = c_j$；若 $\sum_{i=1}^{m} a_{ij} y_j^* > c_j$，则有 $x_j^*=0$。

此性质的经济意义：①若生产一个单位第 j 种产品按消耗资源的影子价格计算的支出等于销售一个单位该产品所得收入，则可生产该产品；②如果生产一个单位的第 j 种产品按所消耗资源的影子价格计算的支出大于销售一个单位该产品得到的收入，则不宜生产此产品。

性质 2：某项经济活动中，在资源得到最优配置条件下，有如下的性质：

(1) 若第 i 种资源供大于求，即 $\sum_{j=1}^{n} a_{ij} y_j^* < b_i$，则该项资源的影子价格为 0。

(2) 若第 i 种资源供求平衡，即 $\sum_{j=1}^{n} a_{ij} y_j^* = b_i$，则该项资源的影子价格大于等于 0。

可见，影子价格越大，说明这种资源越是相对紧缺(根据影子价格确定资源采购，当市场价格低于影子价格时，就买进资源，当市场价格高于影子价格时，就卖出资源)；影子价格越小，说明这种资源相对不紧缺；如果最优生产计划下某种资源有剩余，这种资源的影子价格一定等于 0。

【例 3-9】 某企业生产 A、B、C 三种产品，每种产品所需工时、材料，以及相应的利润见表 3-5，请计算工时和材料的影子价格，并对企业的生产做出相关的决策。

表 3-5　某企业的生产情况

	A	B	C	拥有量
工时	1	1	1	3
材料	1	4	7	9
单件利润	2	3	3	

解：构建对偶模型如下：

$$\min W=3y_1+9y_2 \tag{3-23a}$$

$$\text{s.t. } y_1+y_2=2 \tag{3-23b}$$

$$y_1+4y_2=3 \tag{3-23c}$$

$$y_1+7y_2=3 \tag{3-23d}$$

$$y_1 \geqslant 0, y_2 \geqslant 0 \tag{3-23e}$$

通过求解式(3-23)得到最优解：$y_1^*=5/3$，$y_2^*=1/3$，得到工时的影子价格为 5/3，材料的影子价格为 1/3。

通过影子价格的求解，对企业的生产决策为：如果目前市场上材料的价格低于 1/3，则企业可以购进材料来扩大生产，反之可以卖掉部分材料；如果有客户以高于 5/3 的价格购买工时，则可以出售一些工时，反之亦反。

(三)影子价格的特点

影子价格与市场价格相比，具有如下的特点(表 3-6)。

表 3-6　影子价格的特点(与市场价格相比较)

市场价格	影子价格
商品价值的货币表现	资源最优利用时的边际价值
随着市场的供求情况和有关方针，政策的变化而变化	随着经济结构的变化而变化，同一资源在不同的经济结构中影子价格不同
它的制定含定价者的主观因素	它的形成完全由经济结构的客观条件确定
它的制定是个比较复杂的过程，不存在统一的计算公式	它的计算比较容易，用单纯形法求得
任何一种商品的市场价格都不可能为 0	影子价格可以为 0，当资源过剩时，其影子价格为 0
市场价格为已知数，相对比较稳定	影子价格则依赖于资源利用情况，是未知数。因企业生产任务、产品的结构等情况发生变化，资源的影子价格也随之改变

第三节　灵敏度分析

前面所讨论的线性规划模型(LP)或其对偶模型(LD)中，都假定价值(c_j)、资源(b_i)和系数(a_{ij})等向量或矩阵中的元素是常数(确定的)，但在实际问题中，这些通过测量、调查、统计等方法得到的系数往往具有一定的误差，问题中所涉及系统的不确定性(如随机性、模糊性等)会使有关的系数具有一定的不确定性，时间的推移及系统、环境的变化也会使得决策变量或约束条件发生一定的变化，就可能需要修改原线性规划问题中的若干参数。因此，求得线性规划的最优解，还不能说问题已得到了完全的解决。对于这些情况，通常需要考虑以下几个问题：①当这些系数有一个或几个发生变化时，已求得的最优解会有什么变化，也就是系数的变化对线性规划最优解的稳定性会有什么影响？②这些系数在什么范围内变化时，线性规划问题的最优解(或最优基)不变；③最优解改变时，如何在原有结果的基础上用简便的方法找到新的最优解？④当决策变量或约束条件增加时，如何快速找到最优解？这些问题属于灵敏度(敏感性)分析(sensitivity analysis)所要解决的问题。显然，当线性规划问题中的某些量发生变化时，原来已得的结果一般会发生变化。当然，为了寻求变化后的结果可以采用单纯形法从头进行计算，然而这样做既麻烦又没有必要。

灵敏度分析是指对系统因环境变化显示出来的敏感程度的分析。在线性规划问题中讨论灵敏度分析，目的是描述一种能确定线性规划模型结构中元素变化对问题解影响的分析方法。

线性规划模型的系数、约束条件的变化主要包括五种情况：资源向量 $\boldsymbol{b}$ 变化、价值系数 $\boldsymbol{C}$ 变化、系数矩阵 $\boldsymbol{A}$ 变化、加入新的变量、加入新的约束条件。利用单纯形法的矩阵表示(表 2-2)及 LP 检验数与 LD 基解的关系(表 3-3)可以分析不同的变化对线性规划及其对偶问题解的可行性与最优性的影响(表 3-7)。

表 3-7 灵敏度分析的几种情况

序号	系数、约束条件的变化	系数、约束等变化的实例		对 LP(LD)解的影响	
		例 2-1	例 2-2	原问题	对偶问题
1	资源向量 $\boldsymbol{b}$ 改变	水源供水能力 W_i、最小需水量 b_i	耕地面积、可用水量	可行性	最优性
2	价值系数 $\boldsymbol{C}$ 改变	单位供水费用	单位面积净收入	最优性	可行性
3	系数矩阵 $\boldsymbol{A}$ 改变		作物灌溉定额	$\boldsymbol{B}$：最优性、可行性 $\boldsymbol{N}$：最优性	$\boldsymbol{B}$：最优性、可行性 $\boldsymbol{N}$：最优性
4	加入新的变量	增加新的供水城市或水源	增加新的作物种类	最优性	可行性
5	加入新的约束条件	增加新的供水城市或水源	限定各种作物的种植面积或比例	最优性、可行性	最优性、可行性

如果系数或约束条件的变化只影响解的可行性，则将相应的变化反映到最终单纯形表中，利用对偶单纯形法继续迭代，直至找出满足可行性条件的最优解；如果只影响解的最优性，则利用单纯形法继续迭代，直至找到最优解；如果对解的最优性和可行性都产生影响，一般需要对新模型重新求解。

一、资源向量的变化对线性规划模型解的影响

当资源向量 $\boldsymbol{b}$ 有一变化量 $\Delta\boldsymbol{b}$ 时，非基变量检验数 $\boldsymbol{\sigma_N}=\boldsymbol{C_N}-\boldsymbol{C_B}\boldsymbol{B}^{-1}\boldsymbol{N}$ 不变，即不影响最优性条件；但新的基解 $\boldsymbol{X}'=\boldsymbol{B}^{-1}(\boldsymbol{b}+\Delta\boldsymbol{b})$ 与原最优解 $\boldsymbol{X}=\boldsymbol{B}^{-1}\boldsymbol{b}$ 相比发生了变化，即影响解的可行性。

当资源向量 $\boldsymbol{b}=(b_1,b_2,\cdots,b_k,\cdots,b_m)^{\mathrm{T}}$ 的第 k 个分量 b_k 变为 $b_k+\Delta b_k$ 时，设 $\boldsymbol{B}^{-1}=(\boldsymbol{P}_1,\boldsymbol{P}_2,\cdots,\boldsymbol{P}_k,\cdots,\boldsymbol{P}_m)$，则新基解为

$$\boldsymbol{X}'=\boldsymbol{B}^{-1}(\boldsymbol{b}+\Delta\boldsymbol{b})=\boldsymbol{B}^{-1}\boldsymbol{b}+\boldsymbol{B}^{-1}\Delta\boldsymbol{b}=\boldsymbol{B}^{-1}\boldsymbol{b}+(\boldsymbol{P}_1,\boldsymbol{P}_2,\cdots,\boldsymbol{P}_k,\cdots,\boldsymbol{P}_m)(0,0,\cdots,\Delta b_k,\cdots,0)^{\mathrm{T}}=\boldsymbol{B}^{-1}\boldsymbol{b}+\boldsymbol{P}_k\Delta b_k$$

可行性条件要求 $x_i'=(\boldsymbol{B}^{-1}\boldsymbol{b})_i+(\boldsymbol{P}_k)_i\Delta b_k\geqslant 0$，$i=1,2,\cdots,m$，即

$$(\boldsymbol{P}_k)_i>0 \text{ 时，} \Delta b_k\geqslant -(\boldsymbol{B}^{-1}\boldsymbol{b})_i/(\boldsymbol{P}_k)_i$$

$$(\boldsymbol{P}_k)_i<0 \text{ 时，} \Delta b_k\leqslant -(\boldsymbol{B}^{-1}\boldsymbol{b})_i/(\boldsymbol{P}_k)_i$$

故当 Δb_k 满足

$$\max_i\left\{\frac{-\left(\boldsymbol{B}^{-1}\boldsymbol{b}\right)_i}{\left(\boldsymbol{P}_k\right)_i}\,|\left(\boldsymbol{P}_k\right)_i>0\right\}\leqslant\Delta b_k\leqslant\min_i\left\{\frac{-\left(\boldsymbol{B}^{-1}\boldsymbol{b}\right)_i}{\left(\boldsymbol{P}_k\right)_i}\,|\left(\boldsymbol{P}_k\right)_i<0\right\} \tag{3-24}$$

时，$\boldsymbol{X}'=\boldsymbol{B}^{-1}(\boldsymbol{b}+\Delta\boldsymbol{b})\geqslant 0$，$\boldsymbol{X}'$为新的最优解，最优基不变；否则，$\boldsymbol{X}'$不满足可行性条件，最优基变化，将最终单纯形表的右端项换为 $\boldsymbol{X}'$，利用对偶单纯形法继续迭代。在式(3-24)中，$(\boldsymbol{P}_k)_i$ 为 $\boldsymbol{B}^{-1}$ 中第 k 列、第 i 行的元素，当 $\boldsymbol{P}_k$ 的元素值无正值时，Δb_k 无下界限制；当 $\boldsymbol{P}_k$ 的元素值

无负值时，Δb_k 无上界限制。

当资源向量 $\boldsymbol{b}$ 的多个分量同时变化时，则在满足以下百分之百规则时才能保持最优基不变

$$\sum_{k=1}^{m}\left\{\Delta \boldsymbol{b}_k / \Delta \boldsymbol{b}_k^{\max}\right\} \leqslant 0 = 100\% \tag{3-25}$$

式中：$\Delta \boldsymbol{b}_k^{\max}$ 为 $\boldsymbol{b}_k$ 单独变化时容许增加或减小的最大值；$\Delta \boldsymbol{b}_k$ 与 $\Delta \boldsymbol{b}_k^{\max}$ 的变化方向应一致。

【例 3-10】 对例 2-5 的模型[式(2-10)]中的资源变量进行灵敏度分析。

解：根据单纯形法求解结果(表 2-4)，x_1、x_2 为基变量，可得

$$\boldsymbol{B}=\begin{bmatrix}1 & 1\\1 & 2\end{bmatrix},\quad \boldsymbol{B}^{-1}=\begin{bmatrix}2 & -1\\-1 & 1\end{bmatrix},\quad \boldsymbol{b}=\begin{bmatrix}1000\\1200\end{bmatrix},\quad \boldsymbol{X}^*=\boldsymbol{B}^{-1}\boldsymbol{b}=\begin{bmatrix}800\\200\end{bmatrix},\quad Z^*=\boldsymbol{C_B}\boldsymbol{B}^{-1}\boldsymbol{b}=480$$

当 $\boldsymbol{b}_1$ 发生变化时，$\boldsymbol{b}_1$ 的变化范围为

$$\Delta \boldsymbol{b}_1 \in [\max(-800/2), \min(-200/(-1))]=[-400, 200]$$

即 $\boldsymbol{b}_1 \in [600, 1200]$(相应于耕地面积 600～1200hm^2)时，最优基不变。

当 $\boldsymbol{b}_2$ 发生变化时，$\boldsymbol{b}_2$ 的变化范围为

$$\Delta \boldsymbol{b}_2 \in [\max(-200/1), \min(-800/(-1))]=[-200, 800]$$

即 $\boldsymbol{b}_2 \in [1000, 2000]$(相应于可用水量 300 万～600 万 m^3)时，最优基不变。

如果同时发生变化，其变化在图 3-1 所示的四边形 *ABCD* 内时，满足百分之百规则，最优基不变。

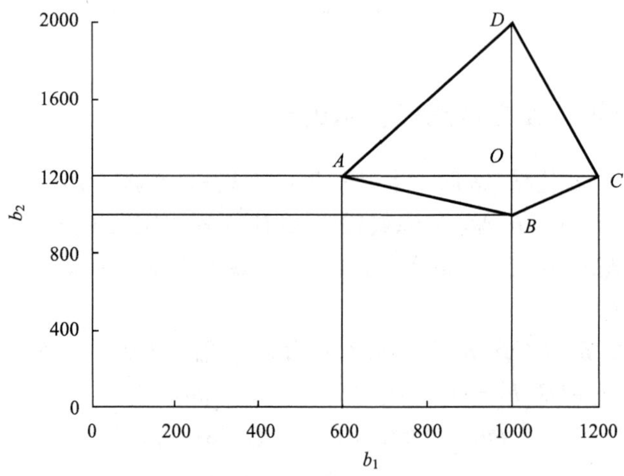

图 3-1 例 3-10 资源向量敏感性分析结果

如果预计下一年是枯水年，可用水量为 270 万 m^3，则 $\boldsymbol{b}_2$=900，在以上变化范围之外，$\boldsymbol{X}'=\boldsymbol{B}^{-1}\boldsymbol{b}'=(1100, -100)^{\mathrm{T}}$，不满足可行性条件，在表 2-3 的最终单纯形表中，将右端项换为 $\boldsymbol{X}'$，利用对偶单纯形法计算(表 3-8)，可得到最优解为 $\boldsymbol{X}^*=(900,0,100,0)^{\mathrm{T}}$，最优值 Z^*=405，即种植 A 作物 900hm^2、休闲土地 100hm^2，可获得 405 万元的净收入。

表 3-8　例 3-10 的对偶单纯形法计算表

序号	基变量	x_1	x_2	x_3	x_4	b
0	x_1	1	0	2	−1	1100
	x_2	0	1	[−1]	1	−100
	检验数行	0	0	−0.3	−0.15	
	θ'			0.3		
1	x_1	1	2	0	1	900
	x_2	0	−1	1	−1	100
	检验数行	0	−0.3	0	−0.45	

二、价值向量的变化对线性规划模型解的影响

当价值向量 $\boldsymbol{C}$ 有一变量 $\Delta\boldsymbol{C}$ 时，非基变量检验数 $\boldsymbol{\sigma}_N=\boldsymbol{C}_N-\boldsymbol{C}_B\boldsymbol{B}^{-1}\boldsymbol{N}$ 将发生变化，即影响最优性条件；但对基解 $\boldsymbol{X}=\boldsymbol{B}^{-1}\boldsymbol{b}$ 没有影响。

(一) 非基变量价值系数发生变化

当非基变量的价值系数 $\boldsymbol{C}_N$ 变为 $\boldsymbol{C}_N+\Delta\boldsymbol{C}_N$ 时，非基变量检验数变为 $\boldsymbol{\sigma}_N'=\Delta\boldsymbol{C}_N+\boldsymbol{\sigma}_N$，当

$$\boldsymbol{\sigma}_N'\leqslant 0 \text{ 或 } \Delta\boldsymbol{C}_N\leqslant-\boldsymbol{\sigma}_N \tag{3-26}$$

时，最优解不变。

(二) 基变量价值系数发生变化

当基变量价值系数 $\boldsymbol{C}_B$ 变为 $\boldsymbol{C}_B+\Delta\boldsymbol{C}_B$ 时，非基变量检验数变为

$$\boldsymbol{\sigma}_N'=C_N-(\boldsymbol{C}_B+\Delta\boldsymbol{C}_B)\boldsymbol{B}^{-1}\boldsymbol{N}=\boldsymbol{\sigma}_N-\Delta\boldsymbol{C}_B\boldsymbol{B}^{-1}\boldsymbol{N}$$

令

$$\boldsymbol{B}^{-1}\boldsymbol{N}=\begin{bmatrix} a'_{11} & \cdots & a'_{1h} \\ \vdots & \ddots & \vdots \\ a'_{r1} & \cdots & a'_{rh} \\ \vdots & \ddots & \vdots \\ a'_{m1} & \cdots & a'_{mh} \end{bmatrix}$$

其中，$h=n-m$，则第 r 个基变量价值系数变化 Δc_r 时，$\Delta\boldsymbol{C}_B\boldsymbol{B}^{-1}\boldsymbol{N}=\Delta c_r(a'_{r1}, a'_{r2}, \cdots, a'_{rh})$。当

$$\max_j\left\{\frac{\sigma_j}{a'_{rj}}\mid a'_{rj}>0\right\}\leqslant\Delta c_r\leqslant\min_j\left\{\frac{\sigma_j}{a'_{rj}}\mid a'_{rj}<0\right\} \tag{3-27}$$

满足时，$\boldsymbol{\sigma}_N'=\boldsymbol{\sigma}_N-\Delta\boldsymbol{C}_B\boldsymbol{B}^{-1}\boldsymbol{N}\leqslant 0$ 最优解不变。在式(3-27)中，a'_{rj} 为最终单纯形表中基变量 x_r 所在行的非基变量的系数。若无 $a'_{rj}>0$，则 Δc_r 无下界限制；若无 $a'_{rj}<0$，则 Δc_r 无上界限制。

如果多个价值系数变化，则保证最优解不变的条件与资源向量变化的百分之百规则式(3-25)类似。

若价值系数的变化不满足式(3-26)和式(3-27)，则最优性条件得不到满足，需继续使用单纯形法进行迭代。

【例 3-11】 对模型(2-10)中的价值系数进行灵敏度分析。

解：根据表 2-3，$\boldsymbol{B}^{-1}\boldsymbol{N}=\begin{bmatrix}2 & -1\\ -1 & 1\end{bmatrix}$，$\boldsymbol{\sigma}_N$=(−0.3,−0.15)。

x_1 为基变量，价值系数 c_1=0.45，当 $\Delta c_1\in$[max(−0.3/2), min(−0.15/(−1))]=[−0.15, 0.15]，即 $c_1\in$[0.3, 0.6]时，最优解不变。

x_2 为基变量，价值系数 c_2=0.60，当 $\Delta c_2\in$[max(−0.15/1), min(−0.3/1)]=[−0.15, 0.30]，即 $c_2\in$[0.45,0.90]时，最优解不变。

x_3 为非基变量，价值系数 c_3=0，当检验数 $\boldsymbol{\sigma}_3$=−0.3，当 $c_3\leqslant$0.3 时，最优解不变。

x_4 为非基变量，价值系数 c_4=0，当检验数 $\boldsymbol{\sigma}_4$=−0.15，当 $c_4\leqslant$0.15 时，最优解不变。

三、约束条件中系数矩阵的变化对线性规划模型解的影响

若系数矩阵 $\boldsymbol{A}$ 中基矩阵 $\boldsymbol{B}$ 的系数 a_{ij} 变化，则非基变量检验数 $\boldsymbol{\sigma}_N=\boldsymbol{C}_N-\boldsymbol{C}_B\boldsymbol{B}^{-1}\boldsymbol{N}$ 和基解 $\boldsymbol{X}=\boldsymbol{B}^{-1}\boldsymbol{b}$ 都将发生变化，一般不容易对其影响进行分析。

若非基矩阵 $\boldsymbol{N}$ 的一个系数 a_{kj} 变化 Δa_{kj}，则基解 $\boldsymbol{X}=\boldsymbol{B}^{-1}\boldsymbol{b}$ 不变，$\boldsymbol{\sigma}_N=\boldsymbol{C}_N-\boldsymbol{C}_B\boldsymbol{B}^{-1}\boldsymbol{N}$ 变为

$$\boldsymbol{\sigma}_N'=\boldsymbol{C}_N-\boldsymbol{C}_B\boldsymbol{B}^{-1}(\boldsymbol{N}+\Delta\boldsymbol{N})=\boldsymbol{\sigma}_N-\boldsymbol{y}\Delta\boldsymbol{N}$$

式中：$\boldsymbol{y}=\boldsymbol{C}_B\boldsymbol{B}^{-1}=(y_1,y_2,\cdots,y_k,\cdots,y_m)$为单纯形乘子；$\boldsymbol{N}$、$\Delta\boldsymbol{N}$ 为 $m\times(n-m)$阶矩阵，$\Delta\boldsymbol{N}$ 中除 k 行第 j 列元素为 Δa_{kj} 外均为 0。

$$\boldsymbol{y}\Delta\boldsymbol{N}=\left(y_1,y_2,\cdots,y_k,\cdots,y_m\right)\begin{bmatrix}0 & \cdots & 0 & \cdots & 0\\ \vdots & & \vdots & & \vdots\\ 0 & \cdots & \Delta a_{kj} & \cdots & 0\\ \vdots & & \vdots & & \vdots\\ 0 & \cdots & 0 & \cdots & 0\end{bmatrix}=\left(0,\cdots,0,y_k\Delta a_{kj},0,\cdots,0\right)$$

此时，第 j 个非基变量的检验数 σ_j 变化为 $\sigma'_j=\sigma_j-y_k\Delta a_{kj}$。当 Δa_{kj} 满足

$$\begin{aligned}&\Delta a_{kj}\geqslant\sigma_j/y_k,\ y_k>0\\ &\Delta a_{kj}\leqslant\frac{\sigma_j}{y_k},\ y_k<0\\ &\Delta a_{kj}\text{任意},\ y_k=0\end{aligned}\tag{3-28}$$

时，$\sigma'_j\leqslant 0$，最优解不变。

四、增加决策变量对线性规划模型解的影响

增加的变量可以理解为原问题中价值系数、约束系数均为 0 的非基变量，增加变量相当于同时改变该非基变量的价值系数和约束系数。根据以上分析，增加变量只影响 LP 解的最优性。设新增变量 x_{n+1} 的价值系数为 c_{n+1}，约束系数向量 $\boldsymbol{P}_{n+1}=(a_{1,n+1},a_{2,n+1},\cdots,a_{m,n+1})^{\mathrm{T}}$，其检验数为 $\boldsymbol{\sigma}_{n+1}=\boldsymbol{C}_{n+1}-\boldsymbol{C}_B\boldsymbol{B}^{-1}\boldsymbol{P}_{n+1}$。若 $\boldsymbol{\sigma}_{n+1}\leqslant 0$，则最优解不变；否则，在最终单纯形表中增加一列，其检验数为 $\boldsymbol{\sigma}_{n+1}$，约束系数向量为 $\boldsymbol{B}^{-1}\boldsymbol{P}_{n+1}$，将 x_{n+1} 换入基变量，继续进行迭代。

【例 3-12】 在例 2-2 的灌区种植结构优化问题中，如果考虑第三种作物 C，其灌溉定额为 4500m^3/hm^2，每公顷净收入为 5500 元，如何安排三种作物的种植面积才能使灌区的净收入最大？

1. 解法一：单纯形法

以作物 A、B、C 种植面积 x_1、x_2、x_3 为决策变量，则 LP 模型变为

$$\max Z=0.45x_1+0.6x_2+0.55x_3 \tag{3-29a}$$

$$x_1+x_2+x_3\leqslant 1000 \tag{3-29b}$$

$$3000x_1+6000x_2+4500x_3\leqslant 360\times 10000 \text{ 或 } x_1+2x_2+1.5x_3\leqslant 1200 \tag{3-29c}$$

$$x_1, x_2, x_3\geqslant 0 \tag{3-29d}$$

将以上模型转化为标准型

$$\max Z=0.45x_1+0.6x_2+0.55x_3 \tag{3-30a}$$

$$x_1+x_2+x_3+x_4=1000 \tag{3-30b}$$

$$x_1+2x_2+1.5x_3+x_5=1200 \tag{3-30c}$$

$$x_1, x_2, x_3, x_4, x_5\geqslant 0 \tag{3-30d}$$

新增变量 x_3 的约束系数向量为 $\boldsymbol{P}_3=(1, 1.5)^{\mathrm{T}}$，检验数为

$$\boldsymbol{\sigma}_3=c_3-\boldsymbol{C}_{\boldsymbol{B}}\boldsymbol{B}^{-1}\boldsymbol{P}_3=0.55-(0.45,0.6)\begin{bmatrix}2 & -1\\ -1 & 1\end{bmatrix}\begin{bmatrix}1\\ 1.5\end{bmatrix}=0.025>0$$

因此最优解变化，在表 2-4 的最终单纯形表中增加 1 列，其系数为 $\boldsymbol{B}^{-1}\boldsymbol{P}_3=(0.5, 0.5)^{\mathrm{T}}$，继续进行计算(表 3-9)，得到 $\boldsymbol{X}^*=(600,0,400)^{\mathrm{T}}$，$Z^*=490$，即种植 A 作物 600hm^2，C 作物 400 hm^2，可获得 490 万元的净收入。

表 3-9　例 3-12 的单纯形法计算表

序号	基变量	x_1	x_2	x_3	x_4	x_5	b	θ
0	x_1	1	0	0.5	2	−1	800	1600
	x_2	0	1	[0.5]	−1	1	200	400
	检验数行	0	0	<u>0.025</u>	−0.3	−0.15		
1	x_1	1	−1	0	3	−2	600	
	x_3	0	2	1	−2	2	400	
	检验数行	0	−0.05	0	−0.25	−0.2		

2. 解法二：Excel 规划求解工具

利用 Excel 规划求解工具计算结果见图 3-2。

	A	B	C	D	E	F	G	H
1		x_1	x_2	x_3	计算	约束条件	约束值	
2	变量	600	0	400				
3	目标	0.45	0.6	0.55	490			
4	条件	1	1	1	1000	≤	1000	
5		1	2	1.5	1200	≤	1200	
6								

图 3-2　Excel 规划求解工具计算例 3-12 的结果

得到最优解为 x_1=600，x_2=0，x_3=400，目标函数的最优值为 Z^*=490。

3. 解法三：采用 LINGO 求解

在 LINGO11 软件界面，输入如下关系表达式：

```
max =0.45*x1+0.6*x2+0.55*x3;
x1+x2+x3<=1000;
x1+2*x2+1.5*x3<=1200;
```

通过单击工具条上的按钮，得到运行结果(图 3-3)。

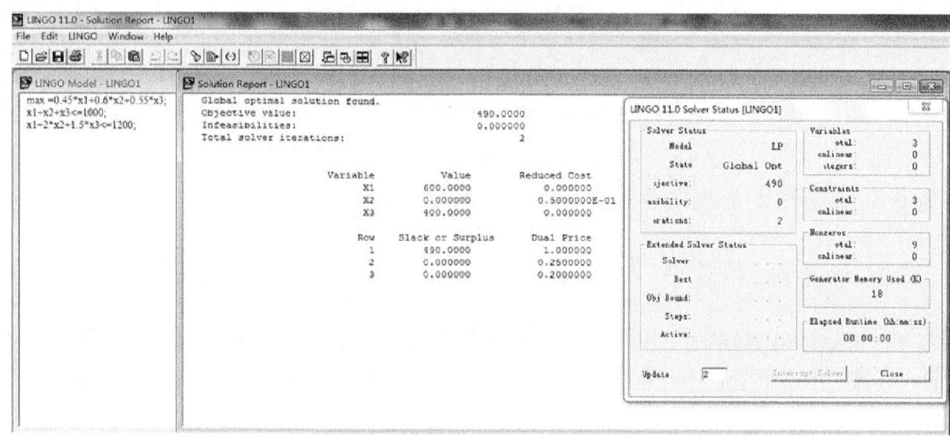

图 3-3　例 3-12 的 LINGO 运行结果

得到最优解为 x_1=600，x_2=0，x_3=400，目标函数的最优值为 Z^*=490。

4. 解法四：采用 Matlab 优化工具箱求解

求解该模型的 Matlab 代码如下(%后为说明部分)：

```
%例 3-12 的 Matlab 代码：
f=－[0.45;0.6;0.55];              %价值系数(列向量)，对最大化问题取其相反向量
A=[1 1 1;1 2 1.5];                %”≤”约束的系数矩阵
b=[1000;1200];                    %”≤”约束的资源向量
lb=zero(3,1);                     %决策变量下限均为 0，zero(3,1)用于生成一个 3 维 0 向量
[x,fval]=linprog(f,A,b,[],[],lb);   %没有等式约束，相应项为空；决策变量无上限
fval=－fval                        %转换为最大值
x                                  %显示最优解
fval                               %显示最优值
```

运行以上 M 文件，得到该模型的最优解为 $\boldsymbol{X}^*$=(600.0000,0.0000,400.0000)^{T}，最优值为 Z^*=490.0000。

五、增加约束条件对线性规划模型解的影响

增加约束条件一般会增加基变量的个数，能影响原最优解的可行性。如果原最优解能满足新的约束条件，则新的约束条件是多余的，最优解不变；如果不能满足，则需要在原最终单纯形表中加入新的约束条件，继续求解。

【例 3-13】 在例 2-2 中，如果要求作物 A 的种植面积不超过 600hm²，其他条件不变，如何安排作物 A、B 的种植面积？

解：在原模型[式(2-10)]的基础上增加一约束条件：$x_1 \leqslant 600$，相应的 LP 模型为

$$\max Z=0.45x_1+0.6x_2 \tag{3-31a}$$

$$x_1+x_2+x_3=1000 \tag{3-31b}$$

$$x_1+2x_2+x_4=1200 \tag{3-31c}$$

$$x_1+x_5=600 \tag{3-31d}$$

$$x_1, x_2, x_3, x_4, x_5 \geqslant 0 \tag{3-31e}$$

模型[式(2-10)]的最优解中 $x_1^*=800$，显然不满足新的约束条件。这种情况下，需要在表 2-3 的最终单纯形表中加入一行(表 3-10)，通过变换将其变量系数变为 0，可以发现新的基解满足最优性，但不满足可行性，利用对偶单纯形法进行迭代可得到 $\boldsymbol{X}^*=(600,300)^{\mathrm{T}}$，$Z^*=450$，即种植面积 A 作物 600hm²、B 作物 300 hm²，可获得 450 万元的净收入。

表 3-10　例 3-13 的对偶单纯形法计算表

序号	基变量	x_1	x_2	x_3	x_4	x_5	$\boldsymbol{b}$	方程号	备注
	x_1	1	0	2	−1	0	800	①	
	x_2	0	1	−1	1	0	200	②	
	x_5	1	0	0	0	1	600	③	
	检验数行	0	0	0.3	−0.15	0		④	
0（初）	x_1	1	0	2	−1	0	800	①′	①
	x_2	0	1	−1	1	0	200	②′	②
	x_5	0	0	<u>−2</u>	1	1	<u>−200</u>	③′	③−①
	检验数行	0	0	−0.3	−0.15	0		④′	④
	θ'			<u>0.15</u>					
1（终）	x_1	1	0	0	0	1	600	①″	①′+③′
	x_2	0	1	0	0.5	−0.5	300	②″	②′+③″
	x_3	0	0	1	−0.5	−0.5	100	③″	③′/2
	检验数行	0	0	0	−0.3	−0.15		④″	④′+0.3③″

第四节　对偶模型的实例应用

一、水电站发电的水价制定问题

【例 3-14】 甲、乙、丙、丁四座水电站隶属同一发电系统，其发电的单位电量耗水、

设备台时和利润见表 3-11。

(1)如何安排生产可以使整个发电系统的利润最大？

(2)如果四座电站都不发电，而是将水卖给下游水电站，空出机组台时用于辅助服务，那如何定价，才能使发电系统的效益不低于四座电站的发电效益，并且使这个价格在市场中具有竞争力？

表 3-11　水电站的发电效益信息表

项目	甲	乙	丙	丁	限额
耗水/m^3	100	200	200	300	2000
台时/h	20	10	30	20	180
利润/元	30	10	20	70	

解：(1)此问题可以建立一个线性规划模型，假设四座水电站发电量为 x_1、x_2、x_3、x_4(kW·h)，则线性规划模型为

$$\max Z=30x_1+10x_2+20x_3+70x_4 \tag{3-32a}$$

$$\text{s. t. } 100x_1+200x_2+200x_3+300x_4\leqslant 2000 \tag{3-32b}$$

$$20x_1+10x_2+30x_3+20x_4\leqslant 180 \tag{3-32c}$$

$$x_1, x_2, x_3, x_4\geqslant 0 \tag{3-32d}$$

利用 Excel 求解工具解得 $x_1=3.5$，$x_2=0$，$x_3=0$，$x_4=5.5$，$Z_{max}=490$ 元(图 3-4)。

	A	B	C	D	E	F	G	H	I
1		x1	x2	x3	x4	计算	约束条件	约束值	
2	变量	3.5	0	0	5.5				
3	目标	30	10	20	70	490			
4	条件	100	200	200	300	2000	≤	2000	
5		20	10	30	20	180	≤	180	
6									

图 3-4　例 3-14 原线性规划模型的 Excel 求解工具计算结果

(2)此问题是(1)的对偶问题。假设出售定价为 y_1 元/m^3，出售发电系统辅助服务的台时定价为 y_2 元/h，从水电站方面考虑，以上定价下的利润不应低于水电站自身发电所获得的效益，否则，水电站宁可自己安排生产而不出售或出租，建立对偶模型如下：

$$\min W=20y_1+20y_2 \tag{3-33a}$$

$$\text{s. t. } y_1+2y_2\geqslant 1 \tag{3-33b}$$

$$2y_1+y_2\geqslant 2 \tag{3-33c}$$

$$2y_1+3y_2\geqslant 3 \tag{3-33d}$$

$$3y_1+2y_2\geqslant 4 \tag{3-33e}$$

$$y_1, y_2\geqslant 0 \tag{3-33f}$$

利用 Excel 求解工具解得 $y_1=0.2$，$y_2=0.5$，$W_{min}=490$ 元(图 3-5)。

	A	B	C	D	E	F	G
1		y1	y2	计算	约束条件	约束值	
2	变量	0.2	0.5				
3	目标	2000	180	490			
4	条件	100	20	30	≥	30	
5		200	10	45	≥	10	
6		200	30	55	≥	20	
7		300	20	70	≥	70	
8							

图 3-5　例 3-14 对偶模型的 Excel 求解工具计算结果

二、水源地的供水问题

【例 3-15】　某水源地有Ⅰ、Ⅱ号供水井，分别开采水质不同的承压含水层地下水，供给 A、B 两个化工厂。两个工厂对混合水质有一定的要求。经水文地质试验查明，Ⅰ号井水位降深 5m，Ⅱ号井降深 3m 时，可供符合 A 厂水质要求的一个单位流量；Ⅰ号井水位降深 2m，Ⅱ号井降深 6m 时，可供符合 B 厂水质要求的一个单位流量。设Ⅰ号井最大水位允许降深为 9m，Ⅱ号井最大水位允许降深为 15m。给 A 厂和 B 厂供水的单位流量收益分别为 8 和 13。

(1) A、B 两供水井如何组织生产才能使收益最大？

(2) 如果对Ⅰ、Ⅱ号供水井单位出水流量进行定价，并且能够满足 A、B 厂的用水，如何定价才能使水费成本最低？

解：(1) 设 x_1、x_2 分别为供给 A、B 化工厂的水量，构建线性规划模型：

$$\max Z=8x_1+13x_2 \tag{3-34a}$$

$$\text{s.t. } 5x_1+2x_2\leqslant 9 \tag{3-34b}$$

$$3x_1+6x_2\leqslant 15 \tag{3-34c}$$

$$x_1, x_2\geqslant 0 \tag{3-34d}$$

解得 $x_1=1$，$x_2=2$，$Z_{max}=34$。

(2) 此问题是 (1) 的对偶问题。

设 y_1、y_2 分别为Ⅰ、Ⅱ号供水井单位降深抽水流量的定价（考虑人工费、材料消耗费等），给 A、B 化工厂供一个单位流量需要Ⅰ、Ⅱ号供水井分别降深 5m、3m 及 2m、6m，Ⅰ、Ⅱ号供水井水位最大降深各为 9m 和 15m，若供 A、B 化工厂一个单位流量的成本费分别为 8 元和 13 元。则建立对偶模型如下：

$$\min W=9y_1+15y_2 \tag{3-35a}$$

$$\text{s. t. } 5y_1+3y_2\geqslant 8 \tag{3-35b}$$

$$2y_1+6y_2\geqslant 13 \tag{3-35c}$$

$$y_1, y_2\geqslant 0 \tag{3-35d}$$

解得 $y_1=0.375$，$y_2=2.042$，$W_{min}=34$。

若原问题有最优解，则其对偶问题也有最优解，而且目标函数值相等。

习　题

1. 根据对偶问题的性质，判断并解释下列说法是否正确。

(1) 任何线性规划问题都存在其对偶问题；

(2) 如果原问题存在可行解，则其对偶问题也一定存在可行解；

(3) 当原问题为无界解时，对偶问题也为无界解；

(4) 当对偶问题无可行解时，原问题一定具有无界解；

(5) 若原问题有无穷多最优解，则对偶问题也一定具有无穷多最优解。

2. 简述对偶单纯形法求解对偶问题的一般步骤。

3. 线性规划的灵敏度分析主要解决哪些问题？

4. 试从经济角度解释对偶变量的含义。

5. 影子价格对于实际生产有哪些作用？

6. 求下列线性规划问题的对偶问题。

(1)
$$\min Z=2x_1+2x_2+4x_3$$
$$\text{s. t. } x_1+2x_2+x_3\geqslant 2$$
$$2x_1+x_2+3x_3\leqslant 6$$
$$x_1+4x_2+6x_3\leqslant 5$$
$$x_1, x_2, x_3\geqslant 0$$

(2)
$$\max Z=2x_1+3x_2+x_3$$
$$\text{s. t. } x_1+2x_2+x_3\geqslant 10$$
$$3x_1+2x_3\leqslant 15$$
$$x_1+2x_2+x_3=12$$
$$x_1\geqslant 0, x_2\leqslant 0, x_3 \text{ 为自由变量}$$

(3)
$$\max Z=2x_1+3x_2-5x_3+x_4$$
$$\text{s. t. } 4x_1+x_2-3x_3+2x_4\geqslant 5$$
$$3x_1-2x_2+7x_4\leqslant 4$$
$$-2x_1+3x_2+4x_3+x_4=6$$
$$x_1\leqslant 0, x_2, x_3\geqslant 0, x_4 \text{ 为自由变量}$$

(4)
$$\min Z=2x_1+3x_2-5x_3+x_4$$
$$\text{s. t. } 4x_1+x_2-3x_3+2x_4\geqslant 5$$
$$3x_1-2x_2+7x_4\leqslant 4$$
$$-2x_1+3x_2+4x_3+x_4=6$$
$$x_1\leqslant 0, x_2, x_3\geqslant 0, x_4 \text{ 为自由变量}$$

7. 用对偶单纯形法求解下述线性规划问题。

(1)
$$\min Z=4x_1+12x_2+18x_3$$
$$\text{s. t. } x_1+3x_3\geqslant 3$$

$$2x_2+2x_3 \geqslant 5$$
$$x_1, x_2, x_3 \geqslant 0$$

(2)
$$\min Z=x_1+2x_2+3x_3+4x_4$$
$$\text{s. t. } x_1+2x_2+2x_3+3x_4 \geqslant 30$$
$$2x_1+x_2+3x_3+2x_4 \geqslant 20$$
$$x_1, x_2, x_3, x_4 \geqslant 0$$

8. 某公司生产 A、B、C 三种产品，消耗劳动力和原材料两种资源。为使利润最大，建立起如下以各种产品产量为决策变量的数学模型：

$$\max Z=3x_1+x_2+5x_3$$
$$6x_1+3x_2+5x_3 \leqslant 45 \quad \text{（劳动力约束）}$$
$$3x_1+4x_2+5x_3 \leqslant 30 \quad \text{（原材料约束）}$$
$$x_1, x_2, x_3 \geqslant 0 \quad \text{（变量的非负约束）}$$

分别以 x_4 和 x_5 为两种资源约束的松弛变量，利用单纯形法求解可得如表 3-12 所示的最终单纯形表。

表 3-12 单纯形法的最终单纯形表

c_j		−3	−1	−5	0	0	b
C_B	X_B	x_1	x_2	x_3	x_4	x_5	
−3	x_1	1	−1/3	0	1/3	−1/3	5
−5	x_3	0	1	1	−1/5	2/5	3
σ_j		0	3	0	0	1	$w=-30$

请回答下述问题：

(1) 产品 A 的价值系数 c_1 在什么范围内变化，才能确保原最优解不变？

(2) 若 c_1 由 3 变为 2，最优解将发生怎样的变化？

(3) 如果原材料的市场价格为每单位 0.8，是否买进原材料扩大生产？如果买进原材料，买进多少最合适？

(4) 由于技术上的突破，生产单位 B 种产品对原材料的消耗由 4 个单位降低为 2 个单位，最优解将发生怎样的变化？

(5) 若在原问题的基础上增加一个约束条件 $x_1+x_2+3x_3 \leqslant 20$，最优解将发生怎样的变化？

(6) 若在原问题的基础上增加一个约束条件 $3x_1+x_2+2x_3 \leqslant 20$，最优解将发生怎样的变化？

第四章　水资源系统整数线性规划模型及其应用

【学习要求】 了解和掌握整数规划及其相关的基本概念；掌握整数规划的求解方法，包括分支定界法、割平面法；了解 0-1 规划的概念；了解 0-1 规划求解的过滤隐枚举法和分支隐枚举法；了解 0-1 规划的特殊指派问题。

【学习重点】 整数规划求解的分支定界法和割平面法。

第一节　概　　述

一、整数规划的概念与类型

第二章所研究的线性规划问题中，规定决策变量为非负实数。一般情况下，可以把规划问题的决策变量看成是连续的变量；在实际工作中会遇到一些问题，涉及人员和设备的调配、投资项目的选择、工程的开发次序等，要求全部或部分决策变量为非负整数。如果目标函数和约束条件都是线性的，求其最优整数解的方法称为整数线性规划(integer line programming, ILP)，简称为整数规划(integer programming, IP)，整数规划是数学规划的一个分支。整数规划也称整数线性规划，它实质是在线性规划的基础上，将一些或全部决策变量附加取整约束得到的。

根据决策变量是否全部要求为整数，可将整数规划分为混合整数规划和纯整数规划两类。

(1)混合整数规划(mixed integer programming, MIP)，部分决策变量要求为整数；

(2)纯整数规划(pure integer programming, PIP)，也称为完全整数规划(all integer programming, AIP)，所有决策变量均要求为整数。

在整数规划中，有些问题要求变量只能取 0 或 1，或称之为 0-1 整数型规划；指派问题则是 0-1 整数型规划的特例。

二、整数规划的数学模型

【例 4-1】 某运输公司利用卡车运输甲、乙两种货物，卡车的运输能力为体积 12m^3，重量 9t，每箱货物的体积、重量、利润列于表 4-1。如何安排运输方案，使利润最大？

表 4-1　例 4-1 的基本数据

货物	体积/(m^3/箱)	重量/(t/箱)	利润/(元/箱)
甲	2	1	100
乙	2	1.8	160

解： 设每辆卡车装载甲货物 x_1 箱、乙货物 x_2 箱，则其模型为

$$\max Z=100x_1+160x_2 \text{（利润最大）} \tag{4-1a}$$

$$2x_1+2x_2 \leqslant 12 \text{（体积约束）} \tag{4-1b}$$

$$x_1+1.8x_2 \leqslant 9 \text{（重量约束）} \tag{4-1c}$$

$$x_1, x_2 \geqslant 0 \tag{4-1d}$$

$$x_1, x_2 \text{ 为整数} \tag{4-1e}$$

以上模型为一纯整数规划模型，如果不考虑整数约束［式(4-1e)］，则式(4-1a)～式(4-1d)构成一个 LP 模型。

【例 4-2】 工程选址问题。在某流域规划中，初步确定的水库坝址有五个(D_1，D_2，…，D_5)。根据流域发展规划，在干流三个坝址(D_1，D_2，D_3)中最多选择两个，支流两个坝址(D_4，D_5)中最少选一个。水库 D_j(j=1,2,…,5)的投资为 C_j，净收益 B_j。在工程投资总额不超过 C 的情况下，如何选择坝址使流域水库工程的净收益最大？

解：一个坝址有被选用和不被选用两种情况，可以用 0-1 变量来表示：

$$x_j=\begin{cases}1 & \text{坝址} D_j \text{被选用} \\ 0 & \text{坝址} D_j \text{不选用}\end{cases}$$

数学模型为

$$\max Z=\sum_{j=1}^{5} \boldsymbol{B}_j x_j \tag{4-2a}$$

$$\sum_{j=1}^{5} C_j x_j \leqslant C \tag{4-2b}$$

$$x_1+x_2+x_3 \leqslant 2 \tag{4-2c}$$

$$x_4+x_5 \geqslant 1 \tag{4-2d}$$

$$x_j=0,1 \quad j=1,2,\cdots,5 \tag{4-2e}$$

以上规划为一个 0-1 规划模型。

从以上例子和整数规划的概念可以看出，IP 模型是在 LP 模型的基础上增加整数约束而成的，可以表示为

$$\left.\begin{array}{c}\left.\begin{array}{c}\max Z=\boldsymbol{C X} \\ \boldsymbol{A X}=\boldsymbol{b} \\ \boldsymbol{X} \geqslant 0\end{array}\right\} \mathrm{LP} \\ \boldsymbol{X} \text{为整数}\end{array}\right\} \mathrm{IP} \tag{4-3}$$

LP 模型是 IP 模型取消整数约束后的模型，因此称为 IP 的松弛模型。

三、整数规划的求解方法

从可行域来看，LP 可行域为一凸集，可行解一般有无穷多个且连续分布；而 IP 可行域是 LP 可行域的子集，其中，AIP 的可行域是 LP 可行域内的整数点，可行解一般为有限个且离散分布。因此，IP 的寻优范围比 LP 小，从直观来看其求解也应该比 LP 简单，但事实并非如此。LP 是一种凸规划(凸规划的概念将在非线性规划中介绍)，其最优解如果存在，一定在

可行域(凸多面体)顶点上取得，在有限个顶点上按照单纯形法迭代即可找到最优解。而对 IP 来说，最优解不一定在其松弛 LP 可行域的边界上取得，求解比 LP 要复杂。对 IP 规划的求解一般可以考虑采用图解法、枚举法、圆整法、分支定界法、割平面法和匈牙利法等。下面简单介绍各种方法的概念。

(一) 图解法

与线性规划 LP 类似，对于二维 IP 模型可采用图解法求解，模型[式(4-1)]的图解法求解如图 4-1 所示。可以看出，模型[式(4-1)]的松弛 LP 模型的可行域为 *OABC*，LP 在可行域顶点 *B*(2.25, 3.75)处取得最大值 Z^*_{LP}=825，IP 在 *A*(0, 5)处取得最大值 Z^*_{IP}=800。LP 与 IP 模型的最大值之差 ΔZ^*=25，这一利润的减少是增加整数约束所产生的。

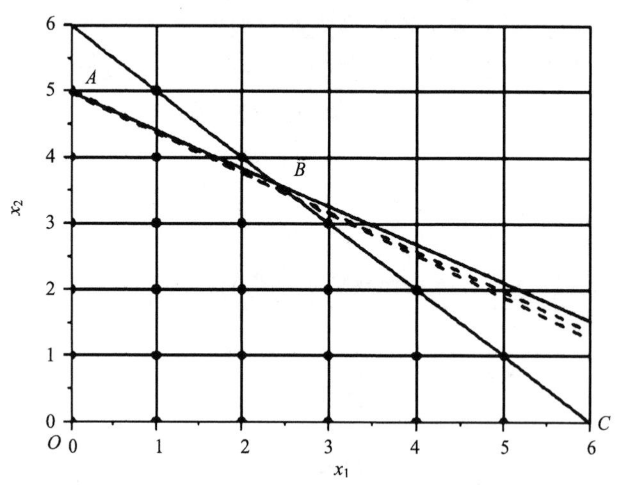

图 4-1　例 4-1 整数规划图解法与枚举法示意图

(二) 枚举法

由于 AIP 的可行解为有限个，如果能计算并比较所有可行解的目标函数值，则可确定最优解，这种方法就是完全枚举法。对于模型[式(4-1)]，整数解共有 25 个(图 4-1 中 • 对应的点)，计算其函数值，比较后可得 IP 在 *A*(0,5)处取得的最大值 Z^*_{IP}=800。

对于比较简单的问题枚举法可以使用。但当问题比较复杂时，整数解数目太多，确定全部整数解并计算其目标函数值不容易实现，因此用完全枚举法求解整数规划不是一个有效的方法。对于 0-1 整数型规划问题，可以只对可行域中的部分整数解进行比较，称为隐枚举法或部分枚举法。

(三) 圆整法

将 IP 去掉整数约束而松弛为 LP，求出 LP 的最优解，然后在 LP 最优解附近选择一个整数解近似作为 IP 的最优解，这就是圆整法。

例如，模型[式(4-1)]对应的 LP 解为 $\boldsymbol{X}_1=(2.25, 3.75)^T$，按四舍五入取整后得到 $(2,4)^T$，但该解不满足约束条件。$\boldsymbol{X}_1$ 附近其他的整数解有 $(2,3)^T$、$(3,3)^T$ 等为其可行解，其目标函数值分别为 680、780，但均不是最优解。如果以 $(3,3)^T$ 作为近似最优解，其目标函数值与最优值相差 20。

圆整法的优点是简单，但一般情况下得到的整数解不一定是 IP 的最优解。因此，只有在精度要求不是太高的情况下，圆整法才可以作为一种求近似最优解的方法。

(四)分支定界法

如果 LP 的最优解为整数，则该最优解也是 IP 的最优解，否则 LP 最优值是 IP 目标函数的上界。取 LP 最优解中不满足整数约束的一个变量，以其邻近的整数为界，将 LP 可行域分为包含整数点的两部分分别求解，进一步确定 IP 目标函数的上界和下界。这样通过反复的分支与定界过程就可以得到 IP 的最优解，这种方法称为分支定界法。

(五)割平面法

根据 LP 的非整数最优解，构造一个线性约束条件(称为割平面)，将原可行域切掉一块不包含整数点的部分，重新求解新的 LP 问题。这样逐渐切割，直至得到的 LP 最优解为整数解，即为 IP 最优解，这种方法称为割平面法。

(六)匈牙利法

匈牙利法是求解指派问题的一类特殊解法。1955 年库恩(Kuhn)利用匈牙利数学家克尼格(König)的关于矩阵中独立“0”元素的定理，提出了求解指派问题的一种方法，习惯上称之为匈牙利法。匈牙利法的基本原理就是“效率矩阵的任一行(或列)减去(或加上)任一常数，指派问题的最优解不会受到影响”。

第二节　分支定界法与割平面法

一、分支定界法

(一)分支定界法的概念和基本思路

分支定界法(branch and bound method, BBM)是 A. H. Land 和 A. G. Doig 于 1958 年提出的一种求解整数规划的方法，既可以求解纯整数规划，又可求解混合整数规划等模型。

分支定界法的基本思路：不考虑整数约束，求解相应的松弛 LP 问题。若 LP 最优解满足整数约束，则 LP 最优解即为 IP 最优解；否则，取 LP 最优解中不满足整数约束的一个变量，以其邻近的整数为界，将 LP 可行域分为包含整数点的两部分分别求解，根据求解结果确定 IP 目标函数的上界和下界。这样重复以上分支、定界过程，直至得到 IP 的最优解。因此，分支定界法是把 IP 转化为一系的 LP 进行求解。

(二)分支定界法的相关概念

分支定界法在求解过程中涉及松弛、分支、定界、剪枝等概念，下面介绍这些概念的内涵。

(1)松弛：不考虑 IP 的整数约束，得到 IP 模型 A 相应的 LP 模型 B，称为 IP 的 LP 松弛。

(2) 分支：将 LP 模型 B 的可行域分解为若干个子区域。

(3) 定界：LP 最优目标函数值为 IP 目标函数的上界；如果求解过程中得到一个整数解，则其目标函数值为 IP 目标函数值的下界。

(4) 剪枝：当 LP 的某一分支无解或最优值小于已确定的下界时，则该分支不可能找到 IP 最优解，在进一步的求解中不予考虑。

(三) 分支定界法的计算步骤

根据分支定界法的基本思路及计算过程中所涉及的相关概念，一般分支定界法的计算步骤如下。

1) 松弛

不考虑整数约束，将 IP(A) 松弛为 LP(B)，则可能出现以下三种情况：①若 B 无可行解，则 A 也无可行解；②B 有最优解且满足整数约束，则该最优解也是 IP 的最优解；③B 有最优解但不满足整数约束，其最优值为 IP 目标函数的上界 Z_u，继续以下迭代过程。

2) 分支

在模型 B 的最优解中选一个不满足整数约束的变量 $x_j=b_j$，构造两个不等式约束

$$x_j \leqslant [b_j],\ x_j \geqslant [b_j]+1 \tag{4-4}$$

式中：$[b_j]$为不超过 b_j 的最大整数。

将模型 B 中分别增加以上两个约束条件，得到两个新的子模型，即分支：

$$\mathrm{B}_1:\begin{cases}\mathrm{B}\\ x_j \leqslant [b_j]\end{cases},\ \mathrm{B}_2:\begin{cases}\mathrm{B}\\ x_j \geqslant [b_j]+1\end{cases} \tag{4-5}$$

求解 B_1、B_2。由于每一个分支问题比原问题增加一个约束条件，分支问题的求解可以参考第三章中灵敏度分析中增加约束条件对线性规划模型解影响的相关内容。

3) 定界

找出以上 B_1、B_2 各分支最优目标函数值的最大值作为 IP 目标函数的上界 Z_u，从已满足整数约束的各分支中找出目标函数的最大值作为 IP 目标函数的下界 Z_l。

4) 比较与剪枝

若某一分支的最优解满足整数约束，则该分支不需要继续分支；若某一分支无可行解或其最优目标函数值 $Z_i \leqslant Z_l$，则该分支中不可能存在 IP 最优解，以后不再继续分支；若 $Z_i > Z_l$ 且不满足整数要求，则重复以上分支、定界过程，直到不能再分支为止，得到 IP 最优解。

【例 4-3】 用分支定界法求解例 4-1 中的模型 [式(4-1)]。

解：(1) 松弛。在 IP 模型中不考虑整数约束，得到其 LP 松弛模型 B：式(4-1a)～式(4-1d)。求解模型 B 可得到最优解为 $\boldsymbol{X}_\mathrm{B}=(2.25, 3.75)^\mathrm{T}$，最优值为 $Z_\mathrm{B}=825$，由此可得到 IP 的上界 $Z_u=825$。

(2) 分支与定界。取模型 B 最优解中的一个非整数变量(称为分支变量) $x_2=3.75$，其邻近整数为 3、4，将可行域分为三部分：$x_2 \leqslant 3$，$3 < x_2 < 4$，$x_2 \geqslant 4$，其中，$3 < x_2 < 4$ 的部分不包含整数解，不予考虑。这样分别在模型 B 的基础上增加约束条件 $x_2 \leqslant 3$，$x_2 \geqslant 4$，可将其分为两个子问题(图 4-2)，即分支：

$$B_1: B, x_2 \leqslant 3; B_2: B, x_2 \geqslant 4$$

求解 B_1 得到最优解 $\boldsymbol{X}_1=(3, 3)^{\mathrm{T}}$，最优值为 $Z_1=780$；求解 B_2 得到最优解 $\boldsymbol{X}_2=(1.8, 4)^{\mathrm{T}}$，最优值为 $Z_2=820$。至此，B_1 最优解为整数解，B_1 分支不再继续分支，得到 IP 目标函数的下界 $Z_l=780$；IP 目标函数新的上界 B_1、B_2 目标函数值中的最大值，即 $Z_u=\max(Z_1, Z_2)=820$。

(3) 对 B_2 继续分支。取 B_2 最优解中非整分量 $x_1=1.8$，分别在模型 B_2 的基础上增加约束条件 $x_1 \leqslant 1$，$x_1 \geqslant 2$，可将其分为两个子问题：

$$B_{21}: B_2, x_1 \leqslant 1; B_{22}: B_2, x_1 \geqslant 2$$

求解 B_{21} 得到最优解 $\boldsymbol{X}_{21}=(1, 4.44)^{\mathrm{T}}$，最优值为 $Z_{21}=811$；B_{22} 无可行解，剪枝，得到 IP 目标函数新的上界 $Z_u=811$。

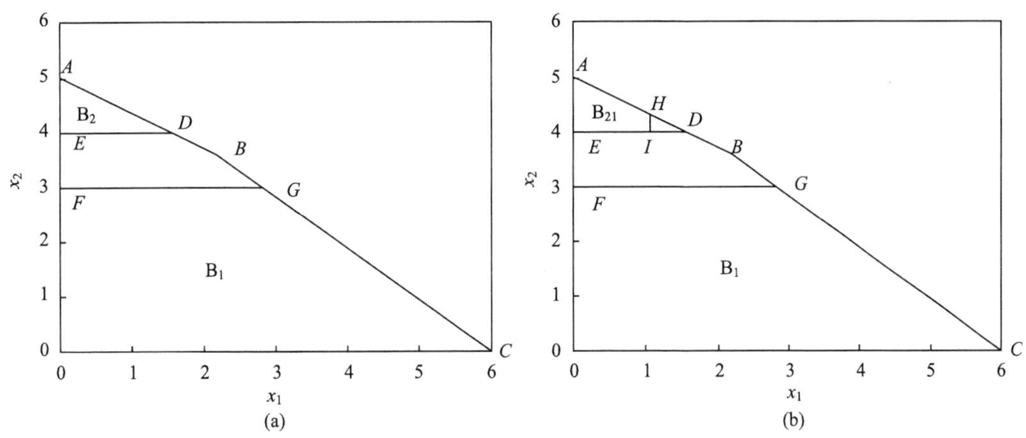

图 4-2　例 4-3 分支定界法计算示意图

(4) 对 B_{21} 继续分支。取 B_{21} 最优解中的非整数分量 $x_2=4.44$，分别在模型 B_{21} 的基础上增加约束条件 $x_2 \leqslant 4$，$x_2 \geqslant 5$，可将其分为两个子问题：

$$B_{211}: B_{21}, x_2 \leqslant 4; B_{212}: B_{21}, x_2 \geqslant 5$$

求解 B_{211} 得到最优解 $\boldsymbol{X}_{211}=740<Z_l$，因此该分支不可能存在 IP 最优解，剪枝；$B_{212}$ 最优解 $Z_{212}=800$。至此可得到 $Z_l=Z_u=800$，即 IP 最优解为 $\boldsymbol{X}^*=(0,5)^{\mathrm{T}}$，最优值为 $Z^*=800$。

以上分支定界法计算过程见图 4-3。

在分支定界过程中，选取不同的分支变量、分支的计算顺序可能使问题求解的复杂程度有较大差别，一般情况下，首先选择 LP 最优解中小数部分最大的变量作为分支变量，或选取目标函数中价值系数最大的变量作为分支变量，IP 的求解会相对容易。如果不同的分支需要继续分支时，一般应首先考虑目标函数值较大的分支，有可能找到较优的整数解，使得上下界更快接近 IP 最优值，通过剪枝减少分支的数量。

从分支定界法计算过程可以看出，该方法比较灵活，适用于计算机编程求解。分支定界法既可用于纯整数规划，也可用于混合整数规划。有些情况下，分支定界法的计算量比较大，但比枚举法要小。

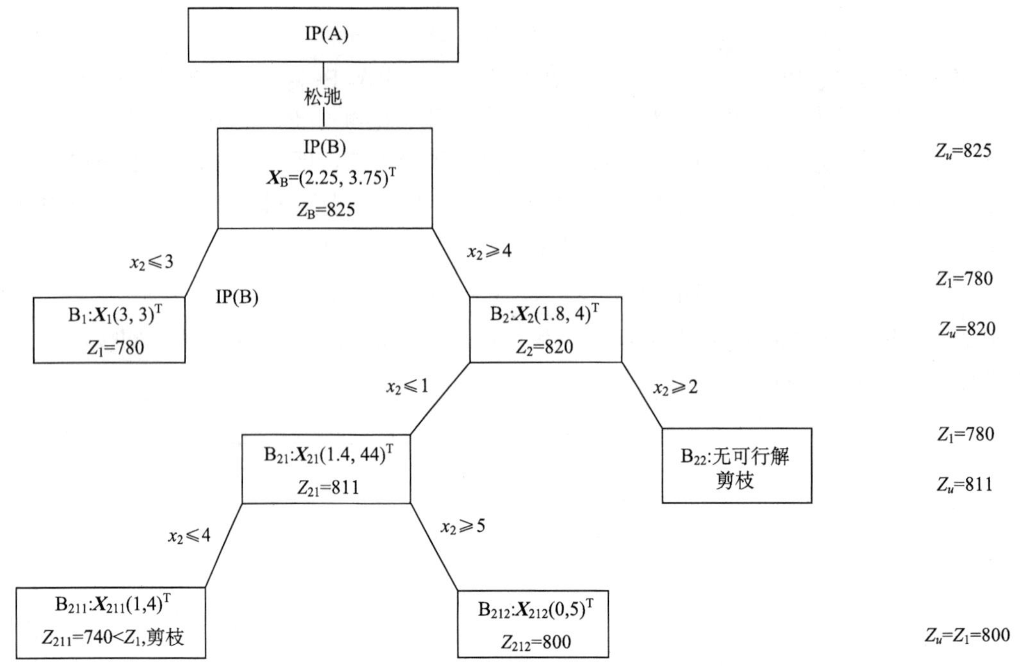

图 4-3　例 4-3 分支定界法计算求解过程

二、割平面法

(一)割平面法的概念及思路

割平面法(cutting plane algorithm)是 R. E. Gomory 提出的一种求解 IP 问题的优化方法。与分支定界法类似，割平面法也是将 IP 问题转化为一系列的 LP 问题求解。其基本思路是：按照一定的方式构造新的约束条件，把 LP 可行域的一部分(不包含整数点)切割掉，得到的 LP 的最优解满足整数约束，即为 IP 的最优解。

(二)割平面法的计算步骤

对于一般的整数规划 IP 问题，割平面法的求解步骤如下。

1)松弛

不考虑整数约束，将 IP(A)松弛为 LP(B)，则可能出现以下三种情况：①若 B 无可行解，则 A 也无可行解；②B 有最优解满足整数约束，则该最优解也是 IP 的最优解；③B 有最优解但不满足整数约束，则继续以下迭代过程。

2)构造割平面

在 B 的最终单纯形表中任取一个不满足整数约束的基变量 x_k 对应约束条件为

$$x_k + \sum_{j=m+1}^{n} a'_{kj} x_j = b'_k \tag{4-6}$$

将式(4-6)中的非整数系数 a 均分解为整数$[a]$和真分数$\{a\}$ $(0 \leqslant \{a\} < 1)$之和，即

$$a=[a]+\{a\} \tag{4-7}$$

将式(4-7)代入式(4-6)，并将整数系数部分、分数系数部分分别移至方程的左端、右端可得到

$$x_k+\sum_{j=m+1}^{n}\left[a'_{kj}\right]x_j-\left[b'_k\right]=\left\{b'_k\right\}-\sum_{j=m+1}^{n}\left\{a'_{kj}\right\}x_j \tag{4-8}$$

由于所有决策变量均为非负数，因此式(4-8)左端为整数，同时右端项满足

$$\left\{b'_k\right\}-\sum_{j=m+1}^{n}\left\{a'_{kj}\right\}x_j\leqslant\left\{b'_k\right\} \tag{4-9}$$

根据 $0\leqslant\{b'_k\}<1$、右端与左端同为整数，可得到

$$\left\{b'_k\right\}-\sum_{j=m+1}^{n}\left\{a'_{kj}\right\}x_j\leqslant 0 \quad 或 \quad \sum_{j=m+1}^{n}\left\{a'_{kj}\right\}x_j\geqslant\left\{b'_k\right\} \tag{4-10}$$

加入松弛变量转化为等式约束，可得到切割方程(割平面)，如下式：

$$-\sum_{j=m+1}^{n}\left\{a'_{kj}\right\}x_j+x_s=-\left\{b'_k\right\} \tag{4-11}$$

3) 求解新的 LP 模型

将割平面[式(4-11)]加到 B 的最终单纯形表中，用对偶单纯形法继续求解。若其最优解为整数解，则为 IP 最优解；否则返回步骤 2) 继续迭代。

【例 4-4】　用割平面法求解例 4-1 中的模型[式(4-1)]。

解：首先将模型[式(4-1)]中约束条件的系数转化为整数，加入松弛变量得到其标准型为

$$\max Z=100x_1+160x_2 \tag{4-12a}$$

$$2x_1+2x_2+x_3=12 \tag{4-12b}$$

$$5x_1+9x_2+x_4=45 \tag{4-12c}$$

$$x_1,x_2,x_3,x_4\geqslant 0 \tag{4-12d}$$

$$x_1,x_2\ 为整数 \tag{4-12e}$$

不考虑整数约束[式(4-12e)]，得到一个松弛 LP 模型。用单纯形法求解 LP 模型，可得到其最终单纯形表(表 4-2)。

表 4-2　例 4-4 松弛 LP 模型的最终单纯形表

基变量	x_1	x_2	x_3	x_4	b
x_1	1	0	9/8	–1/4	9/4
x_2	0	1	–5/8	1/4	15/4
检验数行	0	0	–25/2	–15	

在最终单纯形表中取一个约束条件，如取第二个约束条件为

$$x_2+(-5/8)x_3+(1/4)x_4=15/4 \tag{4-13}$$

将该约束条件中的非整数系数均表示为 $a=[a]+a_0$ 的形式($0\leqslant a_0<1$)：

$$x_2+(-1+3/8)x_3+(0+1/4)x_4=3+3/4 \tag{4-14}$$

将整数系数部分、分数系数部分分别移至方程左、右端，可得到

$$x_2-x_3-3=3/4-(3/8)x_3-1/4x_4 \tag{4-15}$$

由于在约束条件[式(4-12b)和式(4-12c)]中所有系数及变量 x_1、x_2 均为整数，松弛变量 x_3、x_4 也必然为整数；因此式(4-15)左端项为整数，从而右端项也必然为整数。由于变量为非负，因此式(4-15)右端项为整数 $3/4-(3/8)x_3-1/4x_4\leqslant 3/4$，考虑右端项为整数，故 $3/4-(3/8)x_3-1/4x_4\leqslant 0$，即

$$3x_3+2x_4\geqslant 6 \tag{4-16}$$

式(4-16)是在假设 IP 模型[式(4-12)]存在整数解的情况下推导出来的新的约束条件，相应的方程构成一个割平面。利用式(4-12b)、式(4-12c)、式(4-15)和式(4-16)，割平面也可以表示为

$$2x_1+3x_2\leqslant 15 \text{ 或 } x_2-x_3-3\leqslant 0 \tag{4-17}$$

在 IP 模型中增加约束[式(4-16)或式(4-17)]，则包括 LP 最优解的部分可行域(图 4-4 中 $\triangle ABD$ 部分)被切掉，但切掉的部分不包括 IP 的可行解，式(4-16)减去剩余变量 x_5 变成等式约束为

$$-3x_3-2x_4+x_5=-6 \tag{4-18}$$

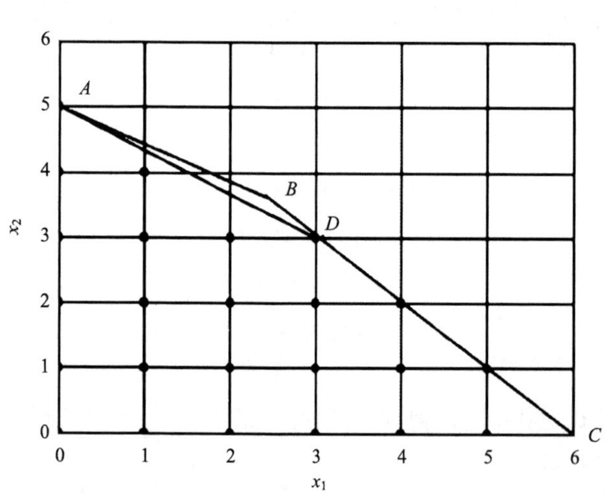

图 4-4　例 4-4 的割平面法示意图

将以上约束加入最终单纯形表(表 4-2)中，利用对偶单纯形法计算(表 4-3)，可得到新的 LP 模型的最优解为 $(0,5,2,0,0)^{\mathrm{T}}$ 为整数解，因此 IP 的最优解为 $(0,5)^{\mathrm{T}}$，目标函数值为 800。

表 4-3　例 4-3 的对偶单纯形法计算表

序号	基变量	x_1	x_2	x_3	x_4	x_5	b
	x_1	1	0	9/8	−1/4	0	9/4
0	x_2	0	1	−5/8	1/4	0	15/4
	x_5	0	0	[−3]	−2	1	−6

续表

序号	基变量	x_1	x_2	x_3	x_4	x_5	b
0	检验数行	0	0	–25/2	–15	0	
	θ'			<u>25/6</u>	15/2		
1	x_1	1	0	0	–1	3/8	0
	x_2	0	1	0	2/3	–5/24	5
	x_3	0	0	1	2/3	–1/3	2
	检验数行	0	0	0	–20/3	–25/6	

第三节　0-1 型整数规划及指派问题

一、0-1 型整数规划

0-1 型整数规划(简称 0-1 规划)是一类特殊的整数规划，决策变量只能取 0 或 1，可以利用一般整数规划的分支定界法、割平面法来求解。但是由于 0-1 规划的特殊性，其有特殊的解法。对于 n 个决策变量的 0-1 规划，当不考虑 0-1 约束之外的其他线性约束条件时，解最多有 2^n 个，该解集 T 定义为松弛域；0-1 规划的可行域$S \subseteq T$。当 n 较小时，可以采用完全枚举法将 2^n 个解一一列出，从满足约束条件的可行解中找出目标函数最优值对应的解就是 0-1 规划的最优解；但当 n 较大时用完全枚举法是不可能的。隐枚举法(implicit enumeration method，IEM)是求解 0-1 规划的一种比完全枚举法较为简便的方法，利用该方法只需要比较其中一部分解(舍弃一些不可能成为最优解的解)即可得到最优解，计算量比完全枚举法大为减少。隐枚举法包括过滤隐枚举法和分支隐枚举法两类。

(一)过滤隐枚举法

对于一个决策变量数为 n 的 0-1 规划问题，其松弛域内的解有 2^n 个。将这些解按二进制编码由小到大排序，依次判断是否满足约束条件，直至找到一个满足所有约束条件的可行解(当前最优解)，其目标函数值为 Z_p。对于最大化问题 Z_p 为目标函数 $Z=f(\boldsymbol{X})$ 的下界，于是可以增加一个约束条件：

$$Z \geqslant Z_p \tag{4-19a}$$

该附加约束条件称为过滤条件(filtering constraint)。

而对于最小化问题，Z_p 为目标函数的上界，过滤条件为

$$Z \leqslant Z_p \tag{4-19b}$$

凡是不满足过滤条件的松弛解不可能成为最优解，因而可以不用检验其他约束条件。而当找到新的当前最优解后，过滤条件可以进行相应修正。最后一个当前的最优解即为 0-1 规划的最优解。

【例 4-5】　利用过滤隐枚举法求解以下 0-1 规划问题。

$$\max Z=8x_1+2x_2+4x_3+7x_4 \tag{4-20a}$$

$$g_1=1-3x_1-3x_2+x_3+2x_4 \geqslant 0 \tag{4-20b}$$

$$g_2=-7+5x_1+3x_2+2x_3+x_4\leqslant 0 \tag{4-20c}$$

$$x_1,x_2,x_3,x_4=0,\ 1 \tag{4-20d}$$

解：根据过滤条件[式(4-19a)]，过滤隐枚举法的计算过程见表 4-4。

表 4-4　例 4-5 的过滤隐枚举法计算过程

序号	X^{T}	过滤条件	约束条件左端		满足否？	当前最优值 Z_p
		$Z\geqslant Z_p$	$g_1\geqslant 0$	$g_2\leqslant 0$		
1	$(0,0,0,0)^{\mathrm{T}}$	0	1	−7	√	0
2	$(0,0,0,1)^{\mathrm{T}}$	7	2	−6	√	7
3	$(0,0,1,0)^{\mathrm{T}}$	4			×	
4	$(0,0,1,1)^{\mathrm{T}}$	11	4	−4	√	11
5	$(0,1,0,0)^{\mathrm{T}}$	2			×	
6	$(0,1,0,1)^{\mathrm{T}}$	9			×	
7	$(0,1,1,0)^{\mathrm{T}}$	6			×	
8	$(0,1,1,1)^{\mathrm{T}}$	13	1	−1	√	13
9	$(1,0,0,0)^{\mathrm{T}}$	8			×	
10	$(1,0,0,1)^{\mathrm{T}}$	15	0	−1	√	15
11	$(1,0,1,0)^{\mathrm{T}}$	12			×	
12	$(1,0,1,1)^{\mathrm{T}}$	19	1	1	×	
13	$(1,1,0,0)^{\mathrm{T}}$	10			×	
14	$(1,1,0,1)^{\mathrm{T}}$	17	−3		×	
15	$(1,1,1,0)^{\mathrm{T}}$	14			×	
16	$(1,1,1,1)^{\mathrm{T}}$	21	−2		×	

最后可得到 0-1 规划问题的最优解为 $\boldsymbol{X}^*=(1,0,0,1)^{\mathrm{T}}$，最优值 $Z^*=15$。

以上过滤隐枚举法的计算量小于完全枚举法，但是所有松弛解都要列出，在 n 比较大时计算量大。

(二)分支隐枚举法

1. 分支隐枚举法的标准形式

分支隐枚举法可以认为是分支定界法在 0-1 规划中的应用。在利用该方法时，首先要将 0-1 规划模型转化为标准形式：

$$\max Z=\sum_{j=1}^{n}c_j x_j \tag{4-21a}$$

$$g_i=-b_i+\sum_{j=1}^{n}a_{ij}x_j\leqslant 0, i=0,1,2,\cdots,m \tag{4-21b}$$

$$x_j=0,\ 1, j=1,\ 2,\ \cdots,n \tag{4-21c}$$

同时，要求目标函数价值系数 $c_j\leqslant 0$。

对于一般的 0-1 规划，可以通过以下变换将其转化为标准形式。

(1) 标准形式中目标函数规定为最大化，对于 $\min Z=\sum_{j=1}^{n}c_jx_j$，则将其转化为

$$\max f=-Z=-\sum_{j=1}^{n}c_jx_j \tag{4-22}$$

(2) 标准形式中规定 $c_j \leqslant 0$，可以方便地求出松弛域内的最大值(所有变量取 0)。若 $c_j>0$，则引入互补变量(complement variable) y_i 替换 c_j 相应的变量 x_j：$y_i=1-x_j$。

(3) 标准形式要求约束条件为“≤”约束，这样可以用统一的标准来判断约束条件是否满足；同时当约束左端负系数之和大于常数项 b_i 时，可以确定该分支无可行解，应当剪枝。

对于“≥”约束，在不等式两端乘以−1，即可转换为“≤”约束。

对于等式约束，$-b_i+\sum_{j=1}^{n}a_{ij}x_j=0$，可以用两个“≤”约束表示：

$$-b_i+\sum_{j=1}^{n}a_{ij}x_j \leqslant 0,\quad b_i-\sum_{j=1}^{n}a_{ij}x_j \leqslant 0 \tag{4-23}$$

如果有 $k(k>1)$ 个等式约束 $-b_i+\sum_{j=1}^{n}a_{ij}x_j=0, i=0,1,2,\cdots,k$，则只需 $k+1$ 个“≤”不等式来替换 k 个等式约束：

$$-b_i+\sum_{j=1}^{n}a_{ij}x_j \leqslant 0, i=0,1,2,\cdots,k,\quad b_i-\sum_{j=1}^{n}a_{ij}x_j \leqslant 0 \tag{4-24}$$

2. 分支隐枚举法的求解过程

对于以上 0-1 规划的标准形式，如果不考虑线性约束[式(4-21b)]，得到在松弛域内的松弛问题。显然，在所有变量均为 0 的情况下，松弛问题的目标函数达到最大值 0。但是该解不一定满足约束条件，这时可令一个变量分别取 0、1，将原问题分为两支。这样依次将变量置为 1，其余仍为 0，检验约束条件是否满足，直到找出一个可行解，称为现有最优可行解，然后继续分支，检验目标函数能否在现有基础上有所改善，对于不可能出现最优解的分支则被剪枝，最后找到最优解。因此这种方法称为分支隐枚举法。

【例 4-6】 利用分支隐枚举法求解例 4-5 中的 0-1 规划问题。

解：引入互补变量 $y_j=1-x_j$，$j=1,2,3,4$，将模型转换为标准形式：

$$\max Z=21-8y_1-2y_2-4y_3-7y_4 \tag{4-25a}$$

$$\text{s.t. } g_1=2-3y_1-3y_2+y_3+2y_4 \leqslant 0 \tag{4-25b}$$

$$g_2=4-5x_1-3x_2-2x_3-x_4 \leqslant 0 \tag{4-25c}$$

$$y_1,y_2,y_3,y_4=0,1 \tag{4-25d}$$

记以上初始问题为问题 0，其可行域为 S_0。分支隐枚举法求解过程见图 4-5。

(1) 松弛。不考虑约束条件 g_1，g_2，得到问题 0 的松弛最优解为 $\boldsymbol{Y}_0=(0,0,0,0)^{\mathrm{T}}$，最优值为 $Z_0=21$。由于该松弛最优解不满足约束条件，需要进行分支。

(2) 问题 0 分支。令 $y_1=1$，$y_2=0$，将问题 0 分为两支，对应的两个 0-1 规划问题记为 1、

2，可行域分别为 S_1、S_2。问题 1 的松弛解为 $\boldsymbol{Y}_1=(1,0,0,0)^{\mathrm{T}}$，同时 $\boldsymbol{Y}_1\in S_1$，为当前最优解，相应的目标函数值为 $\underline{Z}_1=13$，当前最优值 $Z=13$，该分支不需要继续分支。问题 2 的松弛解为 $\boldsymbol{Y}_2=(0,0,0,0)^{\mathrm{T}}$，$\boldsymbol{Y}_2\notin S_2$，同时其目标函数值 $Z_2=21>\underline{Z}$，需要继续分支。

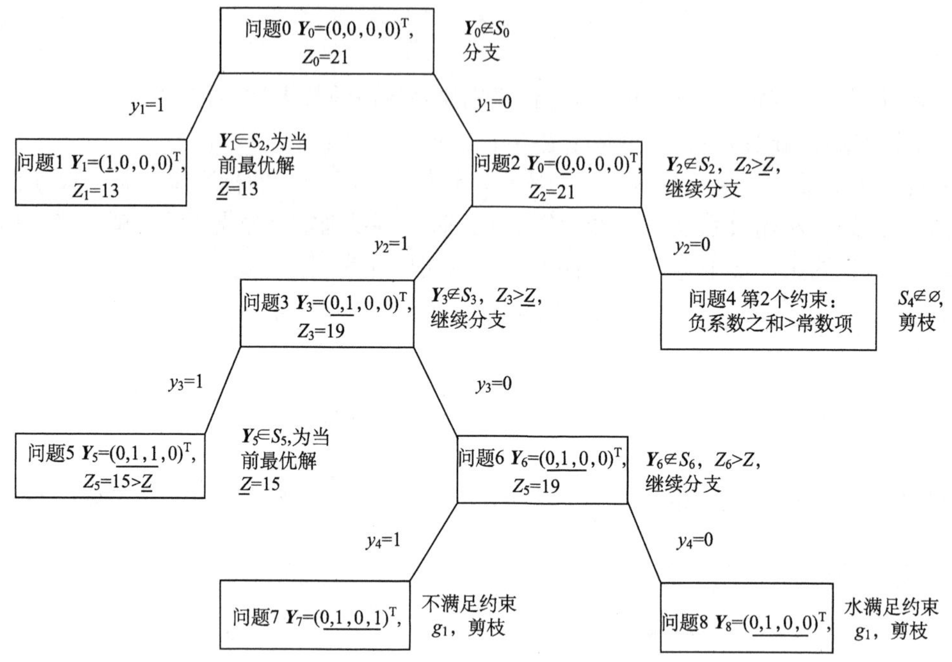

图 4-5　例 4-6 的分支隐枚举法的求解过程

各分支的松弛最优解中加下划线的部分表示变量取值已确定，$\underline{Z}$ 为当前最优解的目标函数值

(3) 问题 2 分支。令 $y_2=1$，$y_2=0$，将问题 2 分为两支，相应的两个 0-1 规划问题记为 3、4，可行域分别为 S_3、S_4。问题 3 的松弛解为 $\boldsymbol{Y}_3=(0,1,0,0)^{\mathrm{T}}$，$\boldsymbol{Y}_3\notin S_3$，同时其目标函数值 $Z_3=19$，大于当前最优值 13，需要继续分支。对于问题 4，约束条件 $g_2=4-2y_3-y_4\leqslant 0$ 的负系数之和为 -3，大于 -4，因此 $S_4=\varnothing$，该分支剪枝。

(4) 问题 3 分支。令 $y_3=1$，$y_3=0$，将问题 3 分为两支，对应的两个 0-1 规划问题记为 5、6，可行域分别为 S_5、S_6。问题 5 的松弛解为 $\boldsymbol{Y}_5=(0,1,1,0)^{\mathrm{T}}$，$\boldsymbol{Y}_5\in S_5$，同时目标函数值 $Z_5=15>\underline{Z}=13$，$\boldsymbol{Y}_5$ 成为当前最优解，当前最优值变为 $\underline{Z}=15$。对于分支 6，其松弛最优解为 $\boldsymbol{Y}_6=(0,1,0,0)^{\mathrm{T}}$，该解不满足约束条件，同时其目标函数值 $Z_6=19>\underline{Z}=15$，需要继续分支。

(5) 问题 6 分支。令 $y_4=1$，$y_4=0$，将问题 6 分为两支，对应两个 0-1 规划问题记为 7、8，可行域分别为 S_7、S_8。S_7 的松弛域中只有一个元素 $\boldsymbol{Y}_7=(0,1,0,1)^{\mathrm{T}}$，不满足约束条件，剪枝，$S_8$ 的松弛域中只有一个元素 $\boldsymbol{Y}_8=(0,1,0,0)^{\mathrm{T}}$，不满足约束条件，剪枝。

最后得到 0-1 规划问题的最优解为 $\boldsymbol{Y}^*=(0,1,1,0)^{\mathrm{T}}$，$\boldsymbol{X}^*=(1,0,0,1)^{\mathrm{T}}$，最优值为 $Z^*=15$。

根据以上求解过程可知，分支隐枚举法实际上是对松弛域内的部分点进行比较，其计算量一般比过滤隐枚举法要小。

二、指派问题

(一)指派问题的数学模型

指派问题(assignment problem)也称为分派问题或最优匹配问题，是一类特殊的 0-1 规划问题。例如，有 m 项任务需要安排 n 个人(或车辆、设备等)去完成，其中，第 $i\,(i=1,2,\cdots,n)$ 人完成第 $j\,(j=1,2,\cdots,m)$ 项任务的时间或费用为 c_{ij}，如何分配任务才能使完成任务的总时间或费用最小？

如果 $m=n$，把 n 项任务分配给 n 个人，共有 n！种不同的组合，采用枚举法算出全部 n！种组合的时间(或费用)，再找出最优解，但当 n 较大时，求解较困难。

引入 0-1 变量 $x_{ij}=\begin{cases}1\ \text{指派第}i\text{人完成第}j\text{项任务}\\0\ \text{不指派第}i\text{人完成第}j\text{项任务}\end{cases}\ (i=1,2,\cdots,n;\ j=1,2,\cdots,n)$，可以建立以上指派问题的 0-1 规划模型：

$$\min Z=\sum_{i=1}^{n}\sum_{j=1}^{n}c_{ij}x_{ij} \tag{4-26a}$$

$$\sum_{i=1}^{n}x_{ij}=1,\ j=1,2,\cdots,n \tag{4-26b}$$

$$\sum_{j=1}^{n}x_{ij}=1,\ i=1,2,\cdots,n \tag{4-26c}$$

$$x_{ij}=0,\ 1,\ i=1,\ 2,\cdots,\ n;\ j=1,\ 2,\cdots,\ n \tag{4-26d}$$

在式(4-26)模型中，目标函数系数 c_{ij} 构成一个矩阵 $\boldsymbol{C}$，称为效应矩阵；决策变量 x_{ij} 则构成解矩阵 $\boldsymbol{X}$：

$$\boldsymbol{C}=\begin{bmatrix}c_{11}&c_{12}&\cdots&c_{1n}\\c_{21}&c_{22}&\cdots&c_{2n}\\\vdots&\vdots&\ddots&\vdots\\c_{n1}&c_{n2}&\cdots&c_{nn}\end{bmatrix},\quad \boldsymbol{X}=\begin{bmatrix}x_{11}&x_{12}&\cdots&x_{1n}\\x_{21}&x_{22}&\cdots&x_{2n}\\\vdots&\vdots&\ddots&\vdots\\x_{n1}&x_{n2}&\cdots&x_{nn}\end{bmatrix}$$

约束条件[式(4-26b)]表明矩阵各列元素之和为 1，即每项任务只能由 1 人完成；约束条件[式(4-26c)]表明矩阵各行元素之和为 1，即每个人要分配一项任务。

把 $m=n$ 最小化的指派问题模型[式(4-26)]作为标准形式。如果效应矩阵 $\boldsymbol{C}$ 确定，则指派问题的模型也就完全确定。下面研究指派问题标准形式的解法，然后讨论其他情况处理。

(二)指派问题标准形式求解的匈牙利法

1955 年库恩利用匈牙利数学家克尼格关于矩阵中独立“0”元素的定理，提出了求解指派问题的一种方法，习惯上称之为匈牙利法。匈牙利法的基本原理是“效率矩阵的任一行(或列)减去(或加上)任一常数，指派问题的最优解不会受到影响”，即效应矩阵 $\boldsymbol{C}=(c_{ij})$ 的一行(列)减去一个数，得到一个新的矩阵 $\boldsymbol{B}=(b_{ij})$，那么，以 $\boldsymbol{B}$ 为效应矩阵所求得的指派问题最优解与原效应矩阵 $\boldsymbol{C}$ 求得的最优解相同。下面就对这一基本原理进行简单的证明。

假设取各行最小值 $a_i=\min_j\{c_{ij}\}$，$b_{ij}=c_{ij}-a_i$，以 $\boldsymbol{B}=(b_{ij})$ 为效应矩阵的指派问题的目标函

数为

$$Z' = \sum_{i=1}^{n}\sum_{j=1}^{n} b_{ij}x_{ij} = \sum_{i=1}^{n}\sum_{j=1}^{n}(c_{ij} - a_i)x_{ij} = \sum_{i=1}^{n}\sum_{j=1}^{n} c_{ij}x_{ij} - \sum_{i=1}^{n}\sum_{j=1}^{n} a_i x_{ij} = Z - \sum_{i=1}^{n} a_i \sum_{j=1}^{n} x_{ij} = Z - \sum_{i=1}^{n} a_i \quad (4\text{-}27)$$

即原目标函数与新目标函数只相差一个常数(各行所减数之和)，因此两个指派问题具有相同的最优解。对于各列减去其最小元素，也有类似的结论。以上效应矩阵的一行(列)减去该行(列)的最小元素，是为了使效应矩阵的元素保持非负。

利用这一基本原理，可以将效应矩阵 $\boldsymbol{C}=(c_{ij})$ 变换为含有多个 0 元素的新效应矩阵 $\boldsymbol{B}=(b_{ij})$，同时最优解保持不变。在效应矩阵中，不在同一行、同一列的 0 元素称为独立 0 元素。若能在 $\boldsymbol{B}$ 中找到 n 个独立 0 元素，则令解矩阵 $\boldsymbol{X}$ 中对应于 n 个独立 0 元素的 $x_{ij}=1$，其他 $x_{ij}=0$，则得到 $\boldsymbol{B}$ 对应的指派问题的目标函数值为 $Z_{\boldsymbol{B}}=0$。由于在变换过程中保持 $b_{ij}\geqslant 0$，因此 $Z_{\boldsymbol{B}}=0$ 为其最小值，相应的解为其最优解，同时也是原指派问题的最优解。

匈牙利数学家克尼格提出的关于矩阵中独立 0 元素的定理：矩阵中独立 0 元素的最多个数是能覆盖所有 0 元素的最小直线数。

下面介绍匈牙利法的求解步骤。

步骤 1：对效应矩阵进行变换，即每行减去该行的最小元素、每列减去该列的最小元素，使其各行、各列中均出现 0 元素。

步骤 2：试指派，寻求最优解。

(1) 从只有 1 个 0 元素的行开始，给其中的 0 加圈，表示该行对应的人只有一种任务可指派。然后划掉圈 0 所在列的其他 0 元素，表示该项任务已指派，不再考虑其他人。

(2) 给只有一个 0 元素的列中的 0 加圈，然后划掉圈 0 所在行的其他 0 元素。

(3) 重复(1)，(2)，直至不能再有 0 元素被加圈或划掉。

(4) 若此时仍有未加圈或未划掉的 0，则同行(列)中至少有两个 0，表示该人(任务)可从 0 对应的任务(人)中指派，则选择 0 元素较少的列中的 0 加圈，然后划掉同行的 0 元素，重复进行。

(5) 若圈 0 数目 $p=n$，表明已找到 n 个独立的 0 元素，得到最优解；否则继续变换。

步骤 3：作最小数目的直线覆盖所有 0 元素，以确定矩阵中最多的独立 0 元素数。

(1) 对没有圈 0 元素的行打√。

(2) 对打√行中的 0 元素所在列打√。

(3) 对打√列中的 0 元素所在行打√。

(4) 重复以上步骤直至其他行、列不能被打√。

(5) 对没有打√的行和打√的列划线，得到覆盖所有 0 元素的最小直线数 q。若 $q=n$ 而 $p<n$，则返回步骤 2 重新试指派，否则继续变换。

步骤 4：对上述矩阵继续进行变换。找出没有被直线覆盖部分的最小元素，在打√行中均减去该最小元素，而在打√列中均加上该最小元素(保证原有 0 元素数目不变)，得到一个新的矩阵(其最优解与原问题相同)。

若能得到 n 个独立 0 元素，则可得到最优解，否则返回步骤 2 重新进行指派。

【例 4-7】 某设计院四个设计室(A_1，A_2，A_3，A_4)完成四项设计任务(B_1，B_2，B_3，B_4)所需时间列于表 4-5 中，如何分配设计任务，可以使总工作量最小？

表 4-5　各设计组完成任务所需时间

设计室	任务 B_1	任务 B_2	任务 B_3	任务 B_4
A_1	3	4	8	7
A_2	7	5	6	8
A_3	6	8	9	6
A_4	4	7	9	5

解：在模型[式(4-26)]中，令 n=4、效应矩阵取表 4-5 中的数值，即可得到该问题的模型，用匈牙利法进行求解。

步骤 1：对效应矩阵进行变换，即各行分别减去 3，5，6，4，变换后第 3 列减去 1，使其各行、各列中均出现 0 元素。

$$\boldsymbol{C}=\begin{bmatrix}3&4&8&7\\7&5&6&8\\6&8&9&6\\4&7&9&5\end{bmatrix}\xrightarrow{\text{各行分别减去3,5,6,4}}\begin{bmatrix}0&1&5&4\\2&0&1&3\\0&2&3&0\\0&3&5&1\end{bmatrix}\xrightarrow{\text{第三列减去1}}\begin{bmatrix}0&1&4&4\\2&0&0&3\\0&2&2&0\\0&3&4&1\end{bmatrix}$$

步骤 2：试指派。

(1) 第 1 行只有一个 0(第 1 列)，给该 0 加圈(用圈 0 表示)，同时划掉第 1 列中其余的两个 0(用 ∅ 表示)；

(2) 第 3 行只剩一个 0(第 4 列)，给该 0 加圈；

(3) 第 2 列只有一个 0(第 2 行)，给该 0 加圈，同时划掉第 2 行中另外 1 个 0。

至此，矩阵中所有 0 均被加圈或划掉，得到独立 0 元素(加圈的 0)的数目 p=3<4，需要继续进行变换。

步骤 3：作最小数目的直线覆盖所有 0 元素，以确定矩阵中最多独立 0 元素的数目。

(1) 对没有圈 0 元素的第 4 行打√;

(2) 对第 4 行 0 元素所在的第 1 列打√;

(3) 对第 1 列 0 元素所在的第 1、3 行打√;

(4) 对第 3 行 0 元素所在的第 4 列打√，至此其他行、列不能被打√;

(5) 对没有打√的第 2 行、打√的第 1、4 列划线，得到覆盖所有 0 元素的最小直线数 q=3<4，需要继续进行变换。

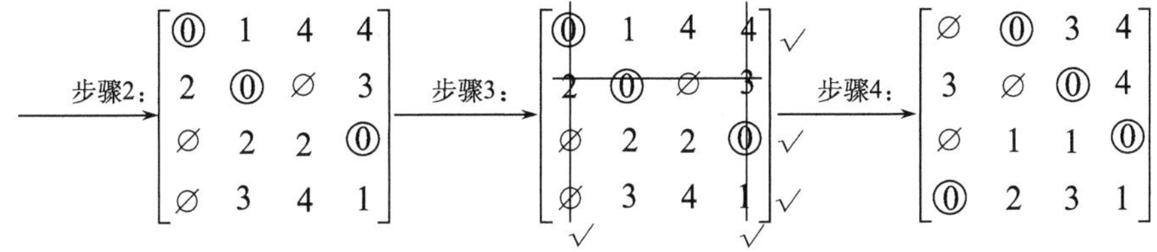

步骤 4：找出没有被直线覆盖部分的最小元素为 1，在打√的第 1、3、4 行中均减去 1，而打√的第 1、4 列均加上 1，得到一个新的矩阵。重新进行试指派，可得到独立 0 元素的数目 p=4=n，于是指派问题的最优解为

$$\boldsymbol{X}=\begin{bmatrix}0 & 1 & 0 & 0\\0 & 0 & 1 & 0\\0 & 0 & 0 & 1\\1 & 0 & 0 & 0\end{bmatrix}$$

即 A_1，A_2，A_3，A_4，分别完成任务 B_2，B_3，B_4，B_1，总时间等于解矩阵中元素 1 所对应的效应矩阵系数之和，即 4+6+6+4=20；也等于矩阵变换中各行、各列所减去数值之和，即 3+5+6+4+1+3－2=20。

【例 4-8】 某项水利工程的规划设计需要五个部门分别完成五项工作，要求每项工作由一个部门来完成，每个部门只能完成一项工作，五个部门分别完成每项工作所需时间见表 4-6。为了尽快完成规划设计工作，如何分配工作？

表 4-6　各部门完成各项工作所需时间　　（单位：h）

部门	工作 A	工作 B	工作 C	工作 D	工作 E
部门甲	8	6	10	9	12
部门乙	9	12	7	11	9
部门丙	7	4	3	5	8
部门丁	9	5	8	11	8
部门戊	4	6	7	5	11

解：采用 LINGO 软件来求解指派问题，LINGO 计算程序及运算结果见表 4-7。

表 4-7　例 4-8 的 LINGO 计算程序及运算结果

LINGO 计算程序

```
MODEL:
SETS:
WORKER/W1..W5/;
JOB/J1..J5/;
LINKS(WORKER,JOB):C,X;
ENDSETS
DATA:
C=8,6,10,9,12,
9,12,7,11,9,
7,4,3,5,8,
9,5,8,11,8,
4,6,7,5,11;
ENDDATA
MIN=@SUM(LINKS:C*X);
@FOR(WORKER(I):@SUM(JOB(J):X(I,J))=1);
@FOR(JOB(J):@SUM(WORKER(I):X(I,J))=1);
@FOR(LINKS:@BIN(X));
END
```

LINGO 运行结果(部分)

```
Global optimal solution found.
Objective value:            30.00000
Objective bound:            30.00000
Infeasibilities:            0.000000
Extended solver steps:      0
Total solver iterations:    0
Variable      Value       Reduced Cost
X( W1, J1)    1.000000    8.000000
X( W1, J2)    0.000000    6.000000
X( W1, J3)    0.000000    10.00000
X( W1, J4)    0.000000    9.000000
X( W1, J5)    0.000000    12.00000
X( W2, J1)    0.000000    9.000000
X( W2, J2)    0.000000    12.00000
X( W2, J3)    0.000000    7.000000
X( W2, J4)    0.000000    11.00000
X( W2, J5)    1.000000    9.000000
X( W3, J1)    0.000000    7.000000
```

续表

LINGO 计算程序	LINGO 运行结果(部分)		
	X(W3, J2)	0.000000	4.000000
	X(W3, J3)	1.000000	3.000000
	X(W3, J4)	0.000000	5.000000
	X(W3, J5)	0.000000	8.000000
	X(W4, J1)	0.000000	9.000000
	X(W4, J2)	1.000000	5.000000
	X(W4, J3)	0.000000	8.000000
	X(W4, J4)	0.000000	11.00000
	X(W4, J5)	0.000000	8.000000
	X(W5, J1)	0.000000	4.000000
	X(W5, J2)	0.000000	6.000000
	X(W5, J3)	0.000000	7.000000
	X(W5, J4)	1.000000	5.000000
	X(W5, J5)	0.000000	11.00000

通过运行 LINGO 程序运算结果(表 4-7)，求得结果为 $x_{11}=1$，$x_{25}=1$，$x_{33}=1$，$x_{42}=1$，$x_{54}=1$，分别表示部门甲完成工作 A，部门乙完成工作 E，部门丙完成工作 C，部门丁完成工作 B，部门戊完成工作 D，目标函数为 30。

(三)其他类型指派问题的求解方法

以上介绍的匈牙利法可用于效应矩阵为方阵的最小化问题，对于最大化问题、非方阵问题(如人数与任务数不同)则需要通过一定的变换，将其转换为指派问题的标准形式，再利用匈牙利法进行求解。

1. 最大化指派问题的求解

对于求最大利润或效率的指派问题 $\max Z=\sum_{i=1}^{n}\sum_{j=1}^{n}c_{ij}x_{ij}$，首先找出效应矩阵 $\boldsymbol{C}=(c_{ij})$ 中的最大元素 $M=\max_{i,j}\{c_{ij}\}$，减去 $\boldsymbol{C}$ 中的每一元素，形成一个差额矩阵 $\boldsymbol{B}=(b_{ij})$，其中，$b_{ij}=M-c_{ij}$。则

$$Z=\sum_{i=1}^{n}\sum_{j=1}^{n}c_{ij}x_{ij}=\sum_{i=1}^{n}\sum_{j=1}^{n}(M-b_{ij})x_{ij}=\sum_{i=1}^{n}\sum_{j=1}^{n}Mx_{ij}-\sum_{i=1}^{n}\sum_{j=1}^{n}b_{ij}x_{ij}=nM-Z' \tag{4-28}$$

求解以差额矩阵 $\boldsymbol{B}$ 为效应矩阵的最小化指派问题：

$$\min Z'=\sum_{i=1}^{n}\sum_{j=1}^{n}b_{ij}x_{ij} \tag{4-29}$$

其最优解即为原问题的最优解，同时原问题的目标函数值为 $nM-Z'$。

2. 非方阵问题

在指派问题中，如果人数 n 不等于任务数 m，则存在两种情况：①$n<m$，则至少有 1 人

需要完成两项或两项以上任务，不满足指派问题模型的约束条件[式(4-26c)]，属于一般的0-1规划问题。如果仍然要求每个人只能完成一项任务，则指派问题可以表示为从 m 项任务中选出 n 项分配给 n 个人。② $n>m$，可以考虑从 n 人中选出 m 个进行指派。

以上两种情况下，效应矩阵均不为方阵。为了利用匈牙利法进行求解，$n<m$ 时需要增加 $m-n$ 个虚拟的人，效应矩阵增加 $m-n$ 行，其效应系数为0；$n>m$ 时需要增加 $n-m$ 项虚拟的任务，效应矩阵增加 $n-m$ 列，其效应系数为0。效应矩阵变为方阵后，可以用匈牙利法求解，但在步骤3中确定矩阵中最多的独立0元素数时，首先将人为增加的若干行或列(系数均为0)划线，然后找出最小数目的直线覆盖其余的0元素。

【例 4-9】　在例4-7中，如果只有三项设计任务(B_1，B_2，B_3)，则应如何分配设计任务才能使总工作量最小？

解：在效应矩阵中增加一列，其元素均为0，然后利用匈牙利法进行求解。

步骤1：对效应矩阵进行变换，前3列分别减去3，4，6，使其各行各列中均出现0元素。

$$\boldsymbol{C}=\begin{bmatrix}3&4&8&0\\7&5&6&0\\6&8&9&0\\4&7&9&0\end{bmatrix}\xrightarrow{\text{前三列分别减去}3,4,6}\begin{bmatrix}0&0&2&0\\4&1&0&0\\3&4&3&0\\1&3&3&0\end{bmatrix}$$

步骤2：试指派，得到独立0元素(加圈的0)的数目 $p=3<4$，需要继续进行变换。

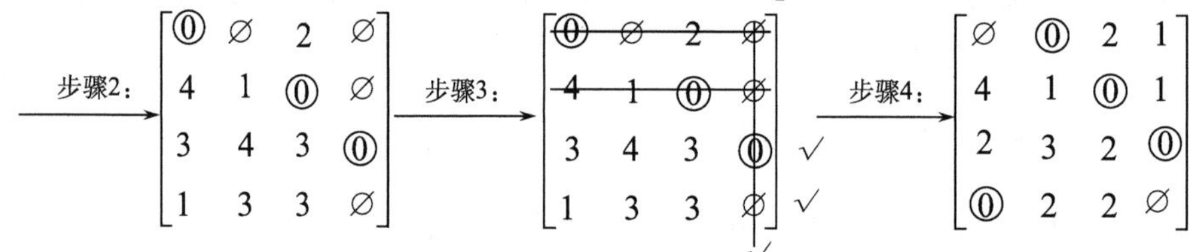

步骤3：作最小数目的直线覆盖所有0元素，以确定矩阵中最多独立0元素的数目。首先将第4列打√并画线，然后对其余部分确定能覆盖所有0元素的最小直线数目。最后得到覆盖所有0元素的最小直线数(包括第4列) $q=3<4$，需要继续进行变换。

步骤4：找出没有被直线覆盖部分的最小元素为1，在打√的第3、4行中均减去1，而打√的第4列加上1，得到一个新的矩阵。按照步骤2重新进行试指派，可得到独立0元素的数目 $p=4=n$，于是该指派问题的最优解与例4-7相同。把最后一列去掉，得到任务分配方案为 A_1，A_2，A_4 分别完成任务 B_2，B_3，B_1，总时间为4+6+4=14。

第四节　整数线性规划的实例应用

一、投资建设项目的选址问题

【例 4-10】　某施工公司有六项水利工程建设工地要开工，工地的位置 (x_i, y_i) (单位：km)和所需的建筑材料日用量 d_i (单位：t)见表4-8。该施工公司目前有两个临时存放材料的场地(简称料场)分别位于 $A(5, 1)$ 和 $B(2, 7)$，日存储量都为20t，假设从料场到工地之间均有直线道路相连，试解决如下两个问题：

(1)制订公司的每天运输计划，即从 A、B 两个料场分别向各个工地送多少材料，使总运输量(t · km)最小。

(2)为了进一步减少运输量(t ·km)，预计舍弃目前的两个临时料场，改建两个新的料场，日存储量仍然各为 20t，试确定新料场的建设位置。

表 4-8　各工地的位置和材料的日需求量

工地		1	2	3	4	5	6
位置	x_i	1.25	8.75	0.5	5.75	3	7.25
	y_i	1.25	0.75	4.75	5	6.5	7.75
日用量	d_i	3	5	4	7	6	11

解：首先绘制出六个工地和两个临时料场的空间位置示意图(图 4-6)。

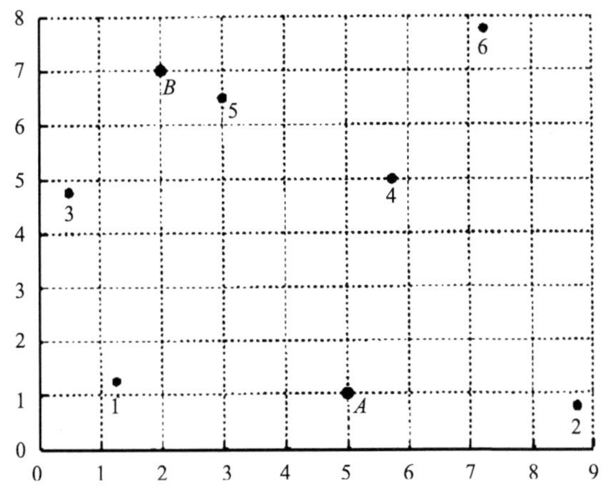

图 4-6　工地与料场的空间位置示意图

假设料场的位置用(p_{x_j}，p_{y_j})来表示，材料的日存储量用 e_j 来表示，从料场 j 向工地 i 的日运输量用 C_{ij} 来表示。

(1)用临时料场 A 和 B 时，p_{x_j}，p_{y_j} 是已知条件，决策变量为 C_{ij}，料场 j 到工地 i 的距离为 $\sqrt{\left(p_{x_j}-x_i\right)^2+\left(p_{y_j}-y_i\right)^2}$ 。

目标函数是总的运输量(t · km)最小，约束条件有两个：一个是满足各工地建筑材料的日需求量；另一个是各料场的总运出量不超过日存储量，建立数学模型如下：

$$\min Z=\sum_{i=1}^{6}\sum_{j=1}^{2}C_{ij}\sqrt{\left(p_{x_j}-x_i\right)^2+\left(p_{y_j}-y_i\right)^2} \tag{4-30a}$$

$$\text{s.t.}\quad \sum_{j=1}^{2}C_{ij}=d_j\text{，}\ i=1, 2, \cdots, 6 \tag{4-30b}$$

$$\sum_{i=1}^{6}C_{ij}\leqslant e_j\text{，}\ j=1, 2 \tag{4-30c}$$

由表 4-8 和图 4-6 可知，各料场到各个工地的距离是常数，目标函数和约束条件都是线性关系，故模型(4-30)是线性规划。

LINGO 的计算程序及运算结果见表 4-9。

表 4-9　例 4-10(1)题的 LINGO 程序及运算结果

LINGO 计算程序

```
MODEL:
SETS:
gd/1..6/:x,y,d;        !定义 6 个工地;
lch/A,B/:px,py,e;      !定义 2 个料场;
links(gd,lch):c;       !c 为运量;
ENDSETS
DATA:
x=1.25 8.75 0.5 5.75 3 7.25;
y=1.25 0.75 4.75 5 6.5 7.75;      !工地的位置;
d=3,5,4,7,6,11;    !工地材料的需求量;
px=5,2;py=1,7;     !料场的位置;
e=20,20;           !料场的日存储量;
ENDDATA
min=@sum(links(i,j):c(i,j)*((px(j)-x(i))^2+(py(j)-y(i))^
2)^(1/2));
!目标函数是总运输量(t·km)最小;
@for(gd(i):@sum(lch(j):c(i,j))=d(i));      !满足各工地材
料的日需求量;
@for(lch(j):@sum(gd(i):c(i,j))<=e(j));      !料场每天总
运出量不超过存储量;
END
```

LINGO 运算结果

Global optimal solution found.
Objective value:　　136.2275
Infeasibilities:　0.000000
Total solver iterations:　1

Variable	Value	Reduced Cost
X(1)	1.250000	0.000000
X(2)	8.750000	0.000000
X(3)	0.5000000	0.000000
X(4)	5.750000	0.000000
X(5)	3.000000	0.000000
X(6)	7.250000	0.000000
Y(1)	1.250000	0.000000
Y(2)	0.7500000	0.000000
Y(3)	4.750000	0.000000
Y(4)	5.000000	0.000000
Y(5)	6.500000	0.000000
Y(6)	7.750000	0.000000
D(1)	3.000000	0.000000
D(2)	5.000000	0.000000
D(3)	4.000000	0.000000
D(4)	7.000000	0.000000
D(5)	6.000000	0.000000
D(6)	11.00000	0.000000
PX(A)	5.000000	0.000000
PX(B)	2.000000	0.000000
PY(A)	1.000000	0.000000
PY(B)	7.000000	0.000000
E(A)	20.00000	0.000000
E(B)	20.00000	0.000000
C(1, A)	3.000000	0.000000
C(1, B)	0.000000	3.852207
C(2, A)	5.000000	0.000000
C(2, B)	0.000000	7.252685
C(3, A)	0.000000	1.341700
C(3, B)	4.000000	0.000000
C(4, A)	7.000000	0.000000
C(4, B)	0.000000	1.992119
C(5, A)	0.000000	2.922492
C(5, B)	6.000000	0.000000
C(6, A)	1.000000	0.000000
C(6, B)	10.00000	0.000000

通过表 4-9 运行的结果可知，目标函数最优值为 136.2275(t·km)，材料的运输方案见表 4-10。

表 4-10　例 4-10(1)题施工材料的最优运输方案

工地		1	2	3	4	5	6	合计
运量	料场 *A*	3	5	0	7	0	1	16
	料场 *B*	0	0	4	0	6	10	20
合计		3	5	4	7	6	11	36

(2)不用临时料场，改建新的料场时，决策变量为 p_{x_j}、p_{y_j}、C_{ij}(未知变量的总数是 16 个)，此时，$\sqrt{\left(p_{x_j}-x_i\right)^2+\left(p_{y_j}-y_i\right)^2}$ 对决策变量 p_{x_j}，p_{y_j} 来说是非线性的，目标函数为非线性函数，此时的模型[式(4-30)]为非线性规划。

LINGO 的计算程序及运算结果见表 4-11。

表 4-11　例 4-10(2)题的 LINGO 程序及运算结果

LINGO 计算程序

```
MODEL:
SETS:
gd/1..6/:x,y,d;          !定义 6 个工地;
lch/A,B/:px,py,e;        !定义 2 个料场;
links(gd,lch):c;         !c 为运量;
ENDSETS
DATA:
x=1.25 8.75 0.5 5.75 3 7.25;
y=1.25 0.75 4.75 5 6.5 7.75;     !工地的位置;
d=3,5,4,7,6,11;      !工地材料的需求量;
e=20,20;             !料场的日存储量;
ENDDATA
min=@sum(links(i,j):c(i,j)*((px(j)-x(i))^2+(py(j)-y(i))^
2)^(1/2));
!目标函数是总运输量(t·km)最小;
@for(gd(i):@sum(lch(j):c(i,j))=d(i));        !满足各工地材
料的日需求量;
@for(lch(j):@sum(gd(i):c(i,j))<=e(j));        !料场每天总
运出量不超过存储量;
END
```

LINGO 运算结果

```
Local optimal solution found.
Objective value:            85.26604
Infeasibilities:            0.000000
Total solver iterations:    68
Variable      Value        Reduced Cost
X(1)          1.250000     0.000000
X(2)          8.750000     0.000000
X(3)          0.5000000    0.000000
X(4)          5.750000     0.000000
X(5)          3.000000     0.000000
X(6)          7.250000     0.000000
Y(1)          1.250000     0.000000
Y(2)          0.7500000    0.000000
Y(3)          4.750000     0.000000
Y(4)          5.000000     0.000000
Y(5)          6.500000     0.000000
Y(6)          7.750000     0.000000
D(1)          3.000000     0.000000
D(2)          5.000000     0.000000
D(3)          4.000000     0.000000
D(4)          7.000000     0.000000
D(5)          6.000000     0.000000
D(6)          11.00000     0.000000
PX(A)         3.254883     0.000000
PX(B)         7.250000     0.8084079E-07
PY(A)         5.652332     0.000000
PY(B)         7.750000     0.2675276E-06
E(A)          20.00000     0.000000
E(B)          20.00000     0.000000
```

续表

LINGO 计算程序	LINGO 运算结果		
	C(1, A)	3.000000	0.000000
	C(1, B)	0.000000	4.008540
	C(2, A)	0.000000	0.2051358
	C(2, B)	5.000000	0.000000
	C(3, A)	4.000000	0.000000
	C(3, B)	0.000000	4.487750
	C(4, A)	7.000000	0.000000
	C(4, B)	0.000000	0.5535090
	C(5, A)	6.000000	0.000000
	C(5, B)	0.000000	3.544853
	C(6, A)	0.000000	4.512336
	C(6, B)	11.00000	0.000000

通过表 4-11 运行的结果可知，目标函数最优值为 85.26604，新建料场的位置为 A(3.254883，5.652332)，B(7.250000，7.750000)，运输的最优方案见表 4-12。

表 4-12 例 4-10(2)题施工材料的最优运输方案

工地		1	2	3	4	5	6	合计
运量	料场 A	3	0	4	7	6	0	20
	料场 B	0	5	0	0	0	11	16
合计		3	5	4	7	6	11	36

二、投资建设项目选择问题

【例 4-11】 在一流域工程规划中，初步拟定了 n 项技术可行的工程项目，工程建设需要人、财、物等各种资源 m 种。如果工程 j (j=1, 2, …, n) 对资源 i (i=1, 2, …, m) 的需求量 a_{ij}、效益为 c_j，资源 i 的可利用量为 b_i。请选择合适的工程项目进行投资，使总效益最大。

解：引入 0-1 变量 $x_j=\begin{cases}1 & \text{对工程项目}j\text{投资}\\ 0 & \text{对工程项目}j\text{不投资}\end{cases}$ $(j=1,2,\cdots,n)$，定义工程项目 j 的权重系数 ω_j，则可以建立以上投资项目选择问题的 0-1 规划模型：

$$\max Z=\sum_{j=1}^{n}\omega_j c_j x_j \tag{4-31a}$$

$$\sum_{j=1}^{n}a_{ij}x_j\leqslant b_i, i=1,2,\cdots,m \tag{4-31b}$$

$$x_j=0, 1, j=1,2,\cdots,n \tag{4-31c}$$

求解以上 0-1 规划模型，即可选出适合进行投资建设的项目。

在方案实施前，还需要对优化结果进行分析。如果最优解中某些资源对应的松弛变量较大，资源没有充分利用，而其他一些资源则起控制性作用，这时对控制性资源进行分析和调整，如增加其数量或压缩某些工程的需求量。如果某些重要的工程未被选上，则可以考虑增加其权重系数(关于权重系数的确定方法，如层次分析法等将在以后章节介绍)。对优化结果进行一定的分析和调整后，可提出工程投资建议，供决策者参考。

对于一些实际投资项目选择问题，除了以上资源约束之外，还可能有资金等方面的约束条件。

【例 4-12】 某部门现有资金 1000 万元，在今后 5 年内考虑对以下四个项目投资，已知：项目 1，从第 1~4 年每年年初需要投资，并于次年年末收回本利 111%；项目 2，第 3 年年初需要投资，到第 5 年年末能收回本利 116%，但规定最多投资额不超过 450 万元；项目 3，第 2 年年初需要投资到第 5 年年末能收回本利 123%，但规定最多投资额不超过 360 万元；项目 4，5 年内每年年初可购买公债，于当年年末归还，并加利息 4%，试确定收益最大的投资方案。

解：设决策变量 x_{ij} 为第 i 年年初投资给项目 j 的资金(万元)，i=1,2,⋯,5，j=1,2, ⋯,4。由于项目 4 每年年初可投资且年末能收回，由此手上的资金应全部投出。

目标函数：5 年后的收益最大。

$$\max Z=1.23x_{23}+1.16x_{32}+1.11x_{41}+1.04x_{54} \tag{4-32a}$$

约束条件：

第 1 年可投资第 1 个项目和第 4 个项目，其资金满足如下约束：

$$x_{11}+x_{14}=1000 \tag{4-32b}$$

第 2 年可投资第 1 个项目、第 3 个项目和第 4 个项目，其资金满足如下约束：

$$x_{21}+x_{23}+x_{24}=1.04x_{14} \tag{4-32c}$$

第 3 年可投资第 1 个项目、第 2 个项目和第 4 个项目，其资金满足如下约束：

$$x_{31}+x_{32}+x_{34}=1.11x_{11}+1.04x_{24} \tag{4-32d}$$

第 4 年可投资第 1 个项目和第 4 个项目，其资金满足如下约束：

$$x_{41}+x_{44}=1.11x_{21}+1.04x_{34} \tag{4-32e}$$

第 5 年可投资第 4 个项目，其资金满足如下约束：

$$x_{54}=1.11x_{31}+1.04x_{44} \tag{4-32f}$$

其他约束条件：

$$x_{23}\leqslant 360 \tag{4-32g}$$

$$x_{32}\leqslant 450 \tag{4-32h}$$

决策变量的非负约束：

$$x_{ij}\geqslant 0,\quad i=1,2,\cdots,5;\quad j=1,2,\cdots,4 \tag{4-32i}$$

LINGO 的计算程序及运算结果见表 4-13。

通过表 4-13 运行的结果可知，目标函数最优值为 1293.705 万元，x_{14}=1000.000 万元，x_{21}=1050.000 万元，x_{41}=1165.500 万元，其他决策变量为 0。

三、项目开发建设次序优化问题

水资源开发利用中经常会遇到安排工程开发次序的问题。在流域的梯级水电站开发建设

表 4-13　例 4-12 的 LINGO 程序及运算结果

LINGO 计算程序	LINGO 运算结果		
max =1.23*x23+1.16*x32+1.11*x41+1.04*x54;	Global optimal solution found.		
x11+x14=1000;	Objective value:		1293.705
x21+x23+x24=1.05*x14;	Infeasibilities:		0.000000
x31+x32+x34=1.11*x11+1.04*x24;	Total solver iterations:		1
x41+x44=1.11*x21+1.04*x34;	Variable	Value	Reduced Cost
x54=1.11*x31+1.04*x44;	X23	0.000000	0.2100000E-02
x23<=360;	X32	0.000000	0.000000
x32<=450;	X41	1165.500	0.000000
	X54	0.000000	0.000000
	X11	0.000000	0.6105000E-02
	X14	1000.000	0.000000
	X21	1050.000	0.000000
	X24	0.000000	0.2570000E-01
	X31	0.000000	0.5600000E-02
	X34	0.000000	0.5600000E-02
	X44	0.000000	0.2840000E-01

中，确定梯级水电站的开发方案和规模后，需要在一定的投资、资源和技术条件下确定合理的开发次序，以满足各阶段对水电的需求，同时达到最大的梯级水电开发效益。在供水工程建设中，对于若干个可行的水源工程，需要确定合理的建设次序，以满足各发展阶段的需水要求，同时使工程总投资(现值)最小。对于这类工程开发次序问题，可以建立整数规划模型来解决，也可以采用第六章水资源系统动态规划模型来解决。

【例 4-13】 一城市根据发展规划，预测了规划期 T 年内各年末的需水量比现状需水量增加 $W_t(t=1, 2, \cdots, T)$，同时确定了 n 个可行的水源工程，其工程投资和供水量分别为 K_i 和 $V_i(i=1, 2, \cdots, n)$。如果第 t 年的投资总额最大为 M_t，如何安排水源工程的建设次序(假设工程在年初投资，年末建成供水)，才能使规划期内各年的需水要求得到满足，同时工程建设投资的现值最小？

解：

引入 0-1 变量 $x_{it}=\begin{cases}1 & 水源工程i在第t年建设\\ 0 & 水源工程i不在第t年建设\end{cases}$ $(i=1,2,\cdots,n;t=1,2,\cdots,T)$ 作为决策变量。

设折现率为 r，则水源工程 i 在第 t 年建设时的投资现值为

$$K_{it}=K_i/(1+r)^{t-1}$$

目标函数工程建设投资的现值最小

$$\min Z=\sum_{t=1}^{T}\sum_{i=1}^{n}K_{it}x_{it}/(1+r)^{t-1}$$

约束条件主要包括供水能力、建设资金、建设项目，以及决策变量为整数 0 或 1 等方面。

(1)供水能力约束：规划期内新建水源工程的累积供水能力满足城市需水的增长要求。

$$\sum_{s=1}^{t}\sum_{i=1}^{n}V_i x_{it}\geqslant W_t, t=1,2,\cdots,T$$

(2) 建设资金约束：某规划水平年中工程项目的建设资金不应大于当年的投资总额。

$$\sum_{i=1}^{n} K_i x_{it} \leqslant M_t, t=1,2,\cdots,T$$

(3) 建设项目约束：每个项目最多投资建设 1 次。

$$\sum_{t=1}^{T} x_{it} \leqslant 1, i=1,2,\cdots,n$$

(4) 整数 0-1 约束：决策变量应该为整数 0，1。

$$x_{it}=0,1, i=1,2,\cdots,n; t=1,2,\cdots,T$$

根据以上分析，可以建立水源工程建设次序的 0-1 规划模型：

$$\min Z = \sum_{t=1}^{T}\sum_{i=1}^{n} K_{it} x_{it} / (1+r)^{t-1} \tag{4-33a}$$

$$\sum_{s=1}^{t}\sum_{i=1}^{n} V_i x_{it} \geqslant W_t, t=1,2,\cdots,T \tag{4-33b}$$

$$\sum_{i=1}^{n} K_i x_{it} \leqslant M_t, t=1,2,\cdots,T \tag{4-33c}$$

$$\sum_{t=1}^{T} x_{it} \leqslant 1, i=1,2,\cdots,n \tag{4-33d}$$

$$x_{it}=0,1, i=1,2,\cdots,n; t=1,2,\cdots,T \tag{4-33e}$$

求解以上 0-1 规划模型，即可得到水源工程的合理开发次序。

【例 4-14】　徐淮北部某地区，属于半湿润暖温带气候，多年平均降水量为 800mm，年际变化较大且年内分配极不均匀，当地地表径流量有 80%以上发生在汛期。区域内现有供水工程主要为一座水库，其兴利库容为 4.72 亿 m^3，还有一个逐级提水的泵站系统，现有的引江抽水能力为 8.00 亿 m^3/a。由于该地区经济的发展，各项用水要求日益增长；农业方面的大面积旱改水使得农业用水量剧增；人口增长和工业结构规模的变化也使得总需水量大幅度提高。因此，水资源供需矛盾非常突出。为了解决地区水资源短缺问题，促进社会经济发展，决策部门打算在一个 25 年的规划工程建设期(即工程建设规划年限)内相继修建一批供水工程，用以扩大区域内的供水能力。采取的工程措施有提高水库设计标准，抬高水库蓄水位，增加其蓄存当地径流量的能力(记为工程项目 1)；修建和扩建逐级提水系统中的各泵站，增加提引外水能力(记为工程项目 2)；开通一条新的供水线路，将另一区域中某水库的多余水量输送进来(记为工程项目 3)；按规划修建地下水开采设施，合理开采地下水(记为工程项目 4)。有关数据如表 4-14 所列(其中，建设费用由 1998 年价格指数估算而得)。要求前两阶段修建的工程总容量能满足供水需求时间不小于 10 年，且工程能力增加供水量不低于 5.00 亿 m^3，为简化计算，假设供水能力和可获资金在各阶段均无其他明确限制，贴现率取 10%。根据以上的资料来选择合适的工程建设次序，使得工程总费用最少。

表 4-14 待开发建设项目的基本信息

工程项目代号	工程规模/亿 m^3	建设费用/亿元	工程能力满足供水需求的时间/a
1	1.28	0.65	2.68
2	5.50	1.05	11.58
3	4.00	1.60	8.42
4	1.00	0.40	2.11

解：

1) 模型建立

(1) 目标函数。供水能力扩展规划年限为 4 年，在规划年限内应该安排建设的所有工程的集合中有 4 项工程；又设每项工程在一定时期被选中后将在该时期初始时刻一次性连续建完，且一个时期只能选定一个工程项目。因此，针对 4 项工程可以设定 4 个建设时期，此时引入 0-1 决策变量为 x_{ij}，表示第 i 项工程在第 j 时期是否建设的状态指示，则

$$x_{ij}=1,\text{表示第}i\text{项工程在第}j\text{时期建设}，\quad i,j=1,2,3,4$$

$$x_{ij}=0,\text{表示第}i\text{项工程在第}j\text{时期不建设}，\quad i,j=1,2,3,4$$

并且有 $\sum_{i=1}^{4}x_{ij}=1, j=1,2,3,4$。因此，工程建设顺序安排即如何在每一时期恰当地选定一项工程。

目标函数为工程总费用最少：

$$\min P_t=\sum_{i=1}^{4}C_i\cdot x_{i1}+[\sum_{j=2}^{4}(\sum_{i=1}^{4}C_i\cdot x_{ij})(1+r)^{-T}]$$

式中：P_t 为总贴现金额；C_i 为第 i 项工程的建设资金；r 为贴现率，本例取 10%。

$$T_1=\sum_{i=1}^{4}t_i\cdot x_{i1}$$

$$T_2=\sum_{i=1}^{4}t_i\cdot x_{i2}$$

$$T_3=\sum_{i=1}^{4}t_i\cdot x_{i3}$$

式中：t_i 为第 i 项目的工程能力满足供水需求的时间。

(2) 约束条件。

a. 工程能力增加供水量约束：要求前两阶段工程能力增加供水量不低于 5.00 亿 m^3。

$$\sum_{i=1}^{4}M_i\cdot(x_{i1}+x_{i2})\geqslant 5$$

式中：M_i 为第 i 项目的工程容量。

b. 供水需求时间约束：要求前两阶段修建的工程总容量能满足供水需求时间不小于 10 年。

$$\sum_{i=1}^{4}t_i\cdot(x_{i1}+x_{i2})\geqslant 10$$

式中：t_i 为第 i 项目的工程能力满足供水需求的时间。

c. 项目建设约束：因为每个建设时期只能建设一个项目，同时，每个项目也只能被建设一次。

$$\sum_{i=1}^{4} x_{ij} = 1, j = 1,2,3,4$$

$$\sum_{j=1}^{4} x_{ij} = 1, i = 1,2,3,4$$

$$\sum_{i=1}^{4}\sum_{j=1}^{4} x_{ij} = 4$$

d. 整数 0-1 约束：决策变量应该为整数 0，1。

$$x_{ij}=0, 1, i=1,2,3,4; j=1,2,3,4$$

根据以上分析，可以建立研究区内工程建设次序的 0-1 规划模型：

$$\min P_t = \sum_{i=1}^{4} C_i \cdot x_{i1} + [\sum_{j=2}^{4}(\sum_{i=1}^{4} C_i \cdot x_{ij})(1+r)^{-\mathrm{T}}] \tag{4-34a}$$

$$\sum_{i=1}^{4} M_i \cdot (x_{i1} + x_{i2}) \geqslant 5 \tag{4-34b}$$

$$\sum_{i=1}^{4} t_i \cdot (x_{i1} + x_{i2}) \geqslant 10 \tag{4-34c}$$

$$\begin{cases} \sum_{i=1}^{4} x_{ij} = 1, j = 1,2,3,4 \\ \sum_{j=1}^{4} x_{ij} = 1, i = 1,2,3,4 \\ \sum_{i=1}^{4}\sum_{j=1}^{4} x_{ij} = 4 \end{cases} \tag{4-34d}$$

$$x_{ij}=0, 1, i=1,2,3,4; j=1,2,3,4 \tag{4-34e}$$

2）模型求解

该 0-1 规划模型采用 LINGO 编程计算，其计算程序如下。

```
model:
sets:
P/P1..P4/:price;!建设费用;
T/T1..T4/:time;!工程能力满足供水需求的时间;
C/C1..C4/:capacity;!工程容量;
links(P,T):x;
endsets
min=@sum(P(i):price(i)*x(i,1))+
@sum(P(i):price(i)*x(i,2))*(1+0.10)^(-@sum(T(i):time(i)*x(i,1)))+
@sum(P(i):price(i)*x(i,3))*(1+0.10)^(-@sum(T(i):time(i)*(x(i,1)+x(i,2))))+
@sum(P(i):price(i)*x(i,4))*(1+0.10)^(-@sum(T(i):time(i)*(x(i,1)+x(i,2)+x(i,3))));!目标函数;
@sum(T(i):time(i)*(x(i,1)+x(i,2)))>=10;!供水需求时间约束;
@sum(C(i):capacity(i)*(x(i,1)+x(i,2)))>=5;!工程能力增加供水量约束;
@for(P(j):@sum(C(i):x(i,j))=1);
@for(P(i):@sum(C(j):x(i,j))=1);
@sum(P(j):@sum(C(i):x(i,j)))=4;!项目建设约束;
@for(P(j):@for(C(i):@bin(x(i,j))));!0-1 约束;
```

data:
price=6400 10500 16000 4000;
time=2.68 11.58 8.42 2.11;
capacity=1.28 5.50 4.00 1.00;
enddata
end

通过 LINGO 软件计算，结果如图 4-7 所示。由程序结果可以看出，$x_{21}=1$，$x_{42}=1$，$x_{13}=1$，$x_{34}=1$，其余均为 0。因此，上述各项工程的最优建设顺序为 2、4、1、3。最小贴现建设费用为 1.69 亿元；如果假设工程建设规划年限初始的供水能力正好等于需求，则按这样的建设投资顺序，在已知的线性需求增长函数条件下，所建工程总供水能力可满足供水增长需求 25 年。

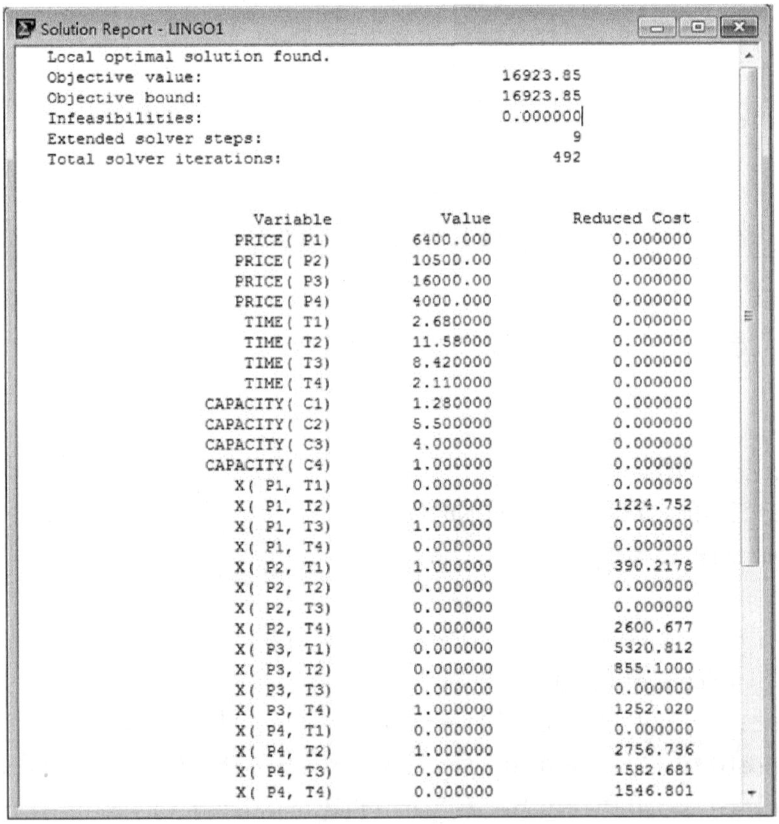

```
Solution Report - LINGO1
  Local optimal solution found.
  Objective value:                              16923.85
  Objective bound:                              16923.85
  Infeasibilities:                              0.000000
  Extended solver steps:                               9
  Total solver iterations:                           492


                       Variable           Value        Reduced Cost
                      PRICE( P1)        6400.000            0.000000
                      PRICE( P2)        10500.00            0.000000
                      PRICE( P3)        16000.00            0.000000
                      PRICE( P4)        4000.000            0.000000
                       TIME( T1)        2.680000            0.000000
                       TIME( T2)        11.58000            0.000000
                       TIME( T3)        8.420000            0.000000
                       TIME( T4)        2.110000            0.000000
                   CAPACITY( C1)        1.280000            0.000000
                   CAPACITY( C2)        5.500000            0.000000
                   CAPACITY( C3)        4.000000            0.000000
                   CAPACITY( C4)        1.000000            0.000000
                      X( P1, T1)        0.000000            0.000000
                      X( P1, T2)        0.000000            1224.752
                      X( P1, T3)        1.000000            0.000000
                      X( P1, T4)        0.000000            0.000000
                      X( P2, T1)        1.000000            390.2178
                      X( P2, T2)        0.000000            0.000000
                      X( P2, T3)        0.000000            0.000000
                      X( P2, T4)        0.000000            2600.677
                      X( P3, T1)        0.000000            5320.812
                      X( P3, T2)        0.000000            855.1000
                      X( P3, T3)        0.000000            0.000000
                      X( P3, T4)        1.000000            1252.020
                      X( P4, T1)        0.000000            0.000000
                      X( P4, T2)        1.000000            2756.736
                      X( P4, T3)        0.000000            1582.681
                      X( P4, T4)        0.000000            1546.801
```

图 4-7　例 4-14 的 LINGO 程序计算结果

四、工程建设中材料的优化问题

【例 4-15】 某项水利工程建设过程中需要 A、B、C 三种圆钢材料，长度分别为 3.1m、2.1m、1.2m，数量分别为 100 根、200 根、400 根，而圆钢原材料每根长度为 5.5m，试问：如何安排能使圆钢原材料的总量最少？

解：假设圆钢材料在切割时没有损耗，一根长度5.5m的圆钢截出A、B、C三种材料的切割方式有哪些？例如，先截出1根A，则余下2.4m可截出2根C，若2.4m截出1根B，则余下0.3m；若5.5m截出4根C，则余下0.7m；5.5m截出2根B和1根C，则余下0.1m，所有可能的下料方式见表4-15。

表4-15　余料小于1.2m的下料方式

材料	规格	方式一	方式二	方式三	方式四	方式五	需求量
A	3.1m	1	1	0	0	0	100
B	2.1m	1	0	2	1	0	200
C	1.2m	0	2	1	2	4	400
余料		0.3	0	0.1	1.0	0.7	

设五种下料方式的数量分别为x_1，x_2，…，x_5，单位是根，以圆钢原材料的总量最少为目标函数，构建如下整数规划模型：

$$\min Z=x_1+x_2+x_3+x_4+x_5 \tag{4-35a}$$

$$x_1+x_2\geqslant 100 \tag{4-35b}$$

$$x_1+2x_3+x_4\geqslant 200 \tag{4-35c}$$

$$2x_2+x_3+2x_4+4x_5\geqslant 400 \tag{4-35d}$$

$$x_i\geqslant 0，x_i \text{为整数} \qquad i=1,2,\cdots,5 \tag{4-35e}$$

LINGO的计算程序及运算结果见表4-16。

表4-16　例4-15的LINGO程序及运算结果

LINGO计算程序	LINGO运算结果

min =x1+x2+x3+x4+x5;
x1+x2>=100;
x1+2*x3+x4>=200;
2*x2+x3+2*x4+4*x5>=400;
	Global optimal solution found.
	Objective value: 225.0000
	Infeasibilities: 0.000000
	Total solver iterations: 3
	Variable Value Reduced Cost
	X1 0.000000 0.1250000
	X2 100.0000 0.000000
	X3 100.0000 0.000000
	X4 0.000000 0.1250000
	X5 25.00000 0.000000
	Row Slack or Surplus Dual Price
	1 225.0000 -1.000000
	2 0.000000 -0.5000000
	3 0.000000 -0.3750000
	4 0.000000 -0.2500000

通过表4-16运行的结果可知，目标函数最优值为225根，x_2=100根，x_3=100根，x_5=25根，第一种方式和第四种方式为0根。

习 题

1. 什么是整数规划？整数规划包括哪几种类型？

2. 简述分支定界法的基本思路。

3. 简述分支定界法求解整数规划的基本步骤。

4. 什么是割平面法？简述割平面法求解整数规划的计算步骤。

5. 什么是 0-1 规划？0-1 规划中指派问题的标准形式是什么？

6. 简述求解 0-1 规划的分支隐枚举法的计算步骤。

7. 某施工单位为了满足水利工程建设日益增长的需要，正考虑购置一批新的大型、中型和小型的施工设备。每台大型施工设备的价格为 670 万元，中型设备为 500 万元，小型设备为 350 万元。该单位现有资金 1.2 亿元可用于购买设备。据估计年净利润(扣除成本)每台大型设备 82 万元，中型设备 60 万元，小型设备 40 万元。设该单位现有熟练设备操作员可用来配备 30 台新购设备。维修机械足以维修新增加 40 台新的小型设备，每台中型设备维修量相当于 4/3 台小型设备，每台大型设备维修量相当于 5/3 台小型设备。为获取最大利润，该单位应购买各类设备各多少台？

8. 用分支定界法求解下列整数规划问题。

(1)

$$\max Z=x_1+x_2$$
$$\text{s. t. } 14x_1+9x_2\leqslant 51$$
$$-6x_1+3x_2\leqslant 1$$
$$x_1, x_2\geqslant 0$$
$$x_1, x_2 \text{ 为整数}$$

(2)

$$\max Z=4x_1+3x_2$$
$$\text{s. t. } 3x_1+4x_2\leqslant 12$$
$$4x_1+2x_2\leqslant 9$$
$$x_1, x_2\geqslant 0$$
$$x_1, x_2 \text{ 为整数}$$

9. 某城市供水单位为满足居民用水要求，拟在 7 个居民区增设若干个供水网点。已知各备选网点代号及覆盖的居民区编号，如表 4-17 所示，试问：覆盖所有居民区至少增设多少个供水网点？对应的网点代号是哪些？

表 4-17 备选供水网点覆盖的居民区情况

备选供水网点	A	B	C	D	E	F
居民区编号	1，5，7	1，2，5	1，3，5	2，4，5	3，6	4，6

10. 求解下列 0-1 型整数规划问题。

(1)

$$\max Z=2x_1-x_2+5x_3-3x_4+4x_5$$
$$\text{s. t. } 3x_1-2x_2+7x_3-5x_4+4x_5\leqslant 6$$
$$x_1-x_2+2x_3-4x_4+2x_5\leqslant 0$$

$$-2x_1+3x_2+4x_3+x_4=6$$

$$x_1, x_2, x_3, x_4, x_5=0，1$$

(2)

$$\max Z=2x_1+5x_2+3x_3+4x_4$$

$$\text{s.t.}\ -4x_1+x_2+x_3+x_4\geqslant 0$$

$$-2x_1+4x_2+2x_3+4x_4\geqslant 4$$

$$x_1+x_2-x_3+x_4\geqslant 1$$

$$x_1, x_2, x_3, x_4=0，1$$

11. 有四项工作要甲、乙、丙、丁四个人去完成，每项工作只允许一个人去完成，每个人只完成其中一项工作。已知每个人完成各项工作的时间如表 4-18 所示，问：应指派哪个人去完成哪项工作才能使总的消耗时间最少？

表 4-18　每个人分别完成四项工作所需时间　(单位：h)

	工作 1	工作 2	工作 3	工作 4
甲	10	13	16	19
乙	14	18	17	13
丙	21	12	11	14
丁	14	16	18	12

12. 甲、乙、丙、丁四人要完成五项工作，每项工作只由一个人来完成，其中有一人兼做一项工作。试问：每个人去完成哪项(或哪两项)工作才能使总的消耗时间最少?已知每个人完成各项工作的时间如表 4-19 所示。

表 4-19　每个人分别完成五项工作所需时间　(单位：h)

	工作 1	工作 2	工作 3	工作 4	工作 5
甲	12	15	10	18	20
乙	8	12	20	14	11
丙	18	9	16	12	15
丁	20	22	15	10	12

第五章　水资源系统非线性规划模型及其应用

【学习要求】了解和掌握非线性规划及其相关的基本概念；了解非线性规划的一般模型；掌握非线性规划模型的类型；掌握非线性规划的特点；掌握无约束非线性规划模型求解的梯度法、牛顿法、共轭梯度法；掌握有约束非线性规划模型求解的拉格朗日乘子法、内点法和外点法。

【学习重点】无约束非线性规划模型求解的梯度法、牛顿法、共轭梯度法；有约束非线性规划模型求解的拉格朗日乘子法、内点法和外点法。

第一节　概　　述

前几章讲述的线性规划，其目标函数和约束条件都是决策变量的线性函数。如果目标函数是非线性函数或至少有一个约束条件是非线性等式(不等式)，则这一类规划模型就称为非线性规划。在科学管理和工程系统优化领域中，很多实际问题可以归结为线性规划，可以简化为线性规划及其扩展问题来求解，但是还有相当多的问题很难用线性函数加以描述，即还有另一些问题属于非线性规划。在线性规划、整数规划中，目标函数与约束条件均为决策变量的线性函数，但在生产实践中，还有大量的优化问题，其目标函数、约束条件中存在非线性关系。这类优化问题就是非线性规划(nonlinear programming，NLP)所要解决的问题。一般来说，非线性关系是普遍存在的，线性关系是非线性关系的一种特殊情况或在一定条件下的近似。自然科学和工程技术中有许多问题要用到非线性的数学模型，采用了非线性模型以后，可以说明为什么同一个前提会导致几种不同的结果，可以说明什么时候两种效应不能“叠加”(superposition)，这两种现象会怎样彼此影响、发生“耦合”作用。由于非线性规划含有深刻的背景和丰富的内容，已发展为运筹学的重要分支，并且在最优设计、管理科学、风险管理、系统控制、求解均衡模型，以及数据拟合等领域得到越来越广泛的应用。

非线性规划的研究始于20世纪30年代末，是由卡鲁什首次进行的，40年代后期进入系统研究阶段，1951年库恩和塔克提出带约束条件非线性规划最优化的判别条件，从而奠定了非线性规划的理论基础，到20世纪70年代在理论研究和实用算法方面都有长足的发展。

一般来讲，非线性规划问题的求解要比线性规划问题的求解困难得多；而且也不像线性规划问题那样具有一种通用的求解方法(单纯形法)。非线性规划没有能够适应所有问题的一般求解方法，各种方法都只能在特定的范围内发挥作用。

随着科学技术的发展及计算机技术的进步，越来越多的非线性规划问题的求解方法不断涌现，如基于生物遗传变异的遗传算法、基于人脑神经元工作原理的人工神经网络、基于鸟群捕食行为的粒子群优化算法、基于物理中固体物质退火过程原理的模拟退化算法，以及基于混沌理论的混沌优化算法等现代智能优化算法，这些现代求解非线性规划问题的智能算法将在第八章中介绍。

本章在简要介绍非线性规划基本概念和一维搜索的基础上，重点讲述不同类型非线性规划的常用求解方法及其应用。

一、非线性规划的数学模型

【例 5-1】 供水系统优化问题。在例 2-1 中，水源 i 到城市 j 的供水费用一般为供水量 x_{ij} 的非线性函数 $f_{ij}(x_{ij})$，其他条件不变，构建总供水费用最小的模型。

解：目标函数：总输水费用最小。

$$\min Z=\sum_{i=1}^{2}\sum_{j=1}^{3}f_{ij}\left(x_{ij}\right) \tag{5-1a}$$

约束条件：包括水源供水能力约束、城市需水量约束、决策变量非负约束：

$$x_{i1}+x_{i2}+x_{i3}\leqslant W_i,\ i=1,2 \tag{5-1b}$$

$$x_{1j}+x_{2j}\geqslant b_j,\ j=1,2,3 \tag{5-1c}$$

$$x_{ij}\geqslant 0,\ i=1,2;\ j=1,2,3 \tag{5-1d}$$

【例 5-2】 防洪优化问题。某河道防洪规划中计划采用两项工程措施以保证下游安全：①在河流上游修建水库；②修筑河堤。上游水库可将设计洪峰流量 $Q_{\rm m}$ 调节到 x[图 5-1(a)]，水库调蓄后的洪水由堤防来拦挡。确定一个合适的 x，使防洪工程的总投资最小。

解：水库、堤防的投资均为水库调蓄后洪峰流量 x 的函数。x 越大，水库的投资 $f_1(x)$ 越小，而堤防的投资 $f_2(x)$ 越大，如图 5-1(b) 所示。总投资最小的数学模型可以表示为

$$\min Z=f_1(x)+f_2(x),\ 0<x\leqslant Q_{\rm m} \tag{5-2}$$

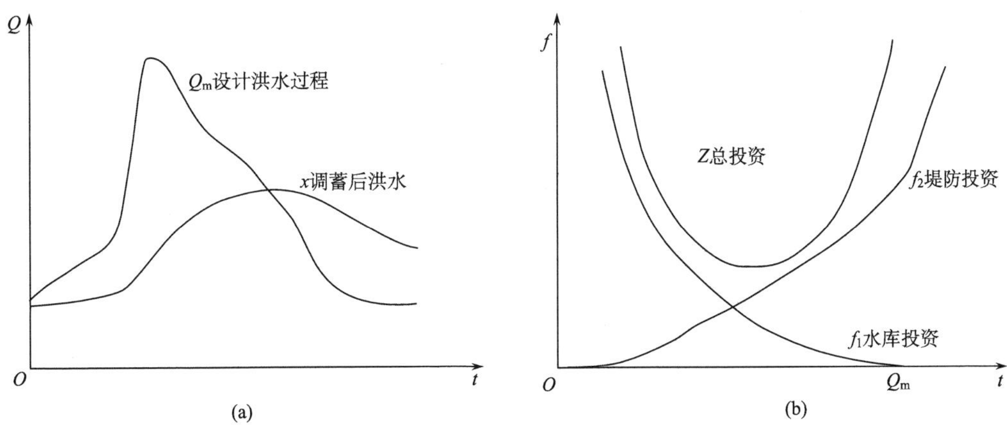

图 5-1 例 5-1 的防洪工程优化问题

【例 5-3】 曲线拟合问题。回归分析模型是一类重要的系统分析模型，一般采用最小二乘法确定回归参数。最小二乘法的本质是以曲线上的点与实测点的误差平方和最小为目标的一个非线性优化问题。例如，一组观测数据 (x_i, y_i)，$i=1,2,\cdots,n$，需要建立 x，y 之间的相关关系 $y=f(x;\boldsymbol{\theta})$，其中，$\boldsymbol{\theta}$ 为模型参数向量。在最小二乘法中，要求：

$$\min Z(\boldsymbol{\theta})=\sum_{i=1}^{n}\left[f\left(x_i;\boldsymbol{\theta}\right)-y_i\right]^2 \tag{5-3}$$

对于以上问题，如果$y=f(x;\boldsymbol{\theta})$可微，可以利用微分法求解以上极值问题，得到关于模型参数的方程组。当$y=f(x;\boldsymbol{\theta})$对参数向量$\boldsymbol{\theta}$为线性关系时，上述方程组为线性方程组，可以方便地求出模型参数；否则，上述方程组为非线性方程组，求解通常比较困难。因此，对于非线性曲线拟合问题，往往采用其他一些方法，如一部分非线性模型可以通过变量变换而转化为线性模型，但这时进行的是变换后变量的最小二乘回归；另外一部分模型由于函数关系复杂而不易转化为线性模型，在有些情况下对模型求导数可能还有一些约束限制，这些问题可以用非线性规划的方法来解决，即通过一定的非线性优化方法直接寻找式(5-3)中$Z(\boldsymbol{\theta})$的极小值点来得到模型参数。

以上几个模型都属于非线性规划模型。NLP 的一般模型为

$$\min f(\boldsymbol{X}) \tag{5-4a}$$

$$h_j(\boldsymbol{X})=0,\ j=1, 2, \cdots, m \tag{5-4b}$$

$$g_k(\boldsymbol{X})\geqslant 0,\ k=1, 2, \cdots, p \tag{5-4c}$$

式中：$\boldsymbol{X}=(x_1, x_2,\cdots, x_i,\cdots, x_n)^{\mathrm{T}}$，$i=1, 2, \cdots, n$为决策变量。由于等式约束可以用两个不等式约束来表示，NLP 的一般模型也可以表示为

$$\min f(\boldsymbol{X}) \tag{5-5a}$$

$$g_k(\boldsymbol{X})\geqslant 0,\ k=1, 2, \cdots, p \tag{5-5b}$$

二、非线性规划的图解法

当决策变量只有两个时，NLP 可用图解法进行求解。

【例 5-4】　对于 NLP 模型：

$$\min f(\boldsymbol{X})=(x_1-2)^2+(x_2-2)^2 \tag{5-6a}$$

$$h(\boldsymbol{X})=x_1+x_2-6\geqslant 0 \tag{5-6b}$$

目标函数$f(\boldsymbol{X})$表示点(2,2)与(x_1, x_2)之间距离的平方，其等值线是以(2, 2)为圆心的同心圆(图 5-2)。

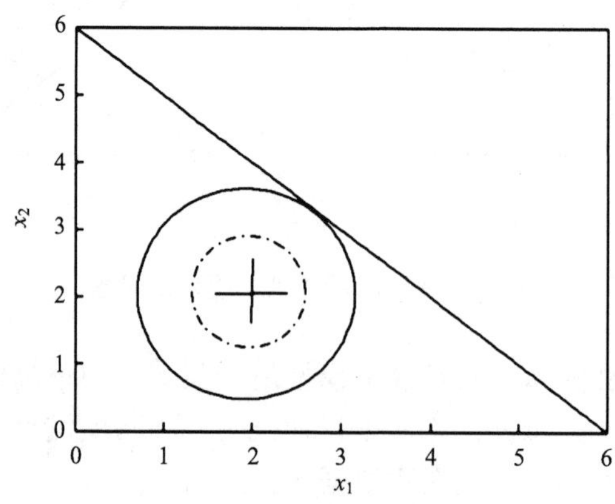

图 5-2　NLP 图解法示意图

1. 解法一：图解法

采用图解法，模型[式(5-6)]如图 5-2 所示，当直线 $h(X)=0$ 与圆相切时目标函数达到最小值，此时得到最优解为 $\boldsymbol{X}^*=(3,3)^{\mathrm{T}}$，模型[式(5-6)]的最优值为 $f(\boldsymbol{X}^*)=2$。

2. 解法二：Excel 规划求解工具

利用 Excel 规划求解工具计算结果见图 5-3。

得到最优解为 $x_1=3$，$x_2=3$，目标函数的最优值为 $f(\boldsymbol{X}^*)=2$。

	A	B	C	D	E	F	G	H
1		x_1	x_2	计算	约束条件	约束值		
2	变量	3	3					
3	目标			2				
4	条件			0	≥	0		
5								
6								

图 5-3　Excel 规划求解工具计算例 5-4 的结果

3. 解法三：采用 LINGO 求解

在 LINGO11 软件界面，输入如下关系表达式：

min =(x1-2)^2+(x2-2)^2;

x1+x2-6>=0;

通过单击工具条上的按钮 得到运行结果(图 5-4)。

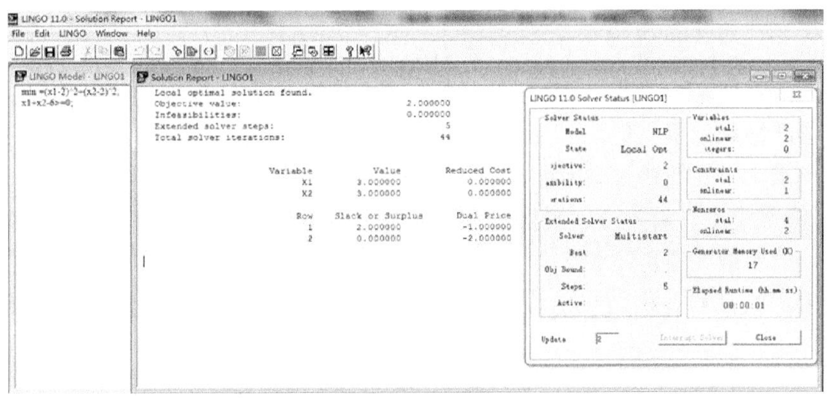

图 5-4　例 5-4 的 LINGO 运行结果

得到最优解为 $x_1=3$，$x_2=3$，目标函数的最优值为 $f(\boldsymbol{X}^*)=2$。

如果不考虑约束条件[式(5-6b)]或将其变为

$$h(\boldsymbol{X})=x_1+x_2-6\leqslant 0 \tag{5-6c}$$

则目标函数最小值为 0，最优解为 $\boldsymbol{X}^*=(2,2)^{\mathrm{T}}$。因此，NLP 的最优解可能在可行域的边界上取得，也可能在可行域的内部取得，即可能在可行域的任一点取得。

三、非线性规划的类型与特点

线性规划一般可以用一个统一的模型来表示，同时有一些通用的解法(如单纯形法)。但对于非线性规划，则存在不同的类型，每一类型都有不同的解法。

从变量的多少来看，NLP 可分为单变量(一维)问题、多变量(多维)问题两类。

从约束条件来看，NLP 可以分为以下几种类型。

(1)无约束极值问题，其模型为

$$\min f(\boldsymbol{X}) \tag{5-7}$$

(2)约束极值问题，包括等式约束极值(约束条件均为等式)和不等式约束极值(约束条件至少有一个不等式)两种情况，其模型分别为

$$\min f(\boldsymbol{X}),\ h_j(\boldsymbol{X})=0,\ j=1,2,\cdots,m \tag{5-8}$$

$$\min f(\boldsymbol{X}),\ h_j(\boldsymbol{X})=0\ (j=1,2,\cdots,m),\ g_k(\boldsymbol{X})\geqslant 0\,(k=1,2,\cdots,P,P>0) \tag{5-9}$$

与线性规划相比，非线性规划具有以下特点：①目标函数或约束条件至少有一个非线性函数。②NLP 可以无约束，即对非线性函数求无条件极值，而线性函数的无约束极值不存在(+∞或−∞)。③NLP 最优解可能在可行域的边界或内部，而 LP 的最优解一定在可行域的顶点上。④LP 最多有一个最优目标函数值(存在多重最优解时目标函数值相同)；而 NLP 的极值可能不止一个，存在局部极值和全局极值。⑤LP 有标准的模型和算法，而 NLP 则有多种算法，但各种算法都有一定的适用范围。

四、非线性规划的相关基础知识

(一)函数极值的概念与条件

设函数 $f(\boldsymbol{X})$ 的定义域为 $\boldsymbol{R}$，对于 $\boldsymbol{X}^*\in\boldsymbol{R}$，如果存在 $\varepsilon>0$，任意 $\boldsymbol{X}\in\boldsymbol{R}$ 且 $\|\boldsymbol{X}-\boldsymbol{X}^*\|<\varepsilon$、$\boldsymbol{X}\neq\boldsymbol{X}^*$，$f(\boldsymbol{X})\geqslant(>、\leqslant、<)f(\boldsymbol{X}^*)$ 成立，则称 $\boldsymbol{X}^*$ 为 $f(\boldsymbol{X})$ 在 $\boldsymbol{R}$ 上的一个局部极小点(严格局部极小点、局部极大点、严格局部极大点)，相应的目标函数值 $f(\boldsymbol{X}^*)$ 为局部极小值(严格局部极小值、局部极大值、严格局部极大值)。

对于 $\boldsymbol{X}^*\in\boldsymbol{R}$，如果任意 $\boldsymbol{X}\in\boldsymbol{R}$ 且 $\boldsymbol{X}\neq\boldsymbol{X}^*$，$f(\boldsymbol{X})\geqslant(>、\leqslant、<)f(\boldsymbol{X}^*)$，则 $\boldsymbol{X}^*$ 为 $f(\boldsymbol{X})$ 在 $\boldsymbol{R}$ 上的最小点(严格最小点、最大点、严格最大点)，相应的目标函数值 $f(\boldsymbol{X}^*)$ 为最小值(严格最小值、最大值、严格最大值)。

对于可微函数 $f(\boldsymbol{X})$，函数极值可以用其导数来判断。$f(\boldsymbol{X})$ 的一阶偏导数构成一个向量，即梯度向量

$$\nabla f(\boldsymbol{X})=\left(\frac{\partial f(\boldsymbol{X})}{\partial x_1},\frac{\partial f(\boldsymbol{X})}{\partial x_2},\cdots,\frac{\partial f(\boldsymbol{X})}{\partial x_n}\right)^{\mathrm{T}} \tag{5-10}$$

$f(\boldsymbol{X})$ 的二阶偏导数构成一个矩阵，称为海塞矩阵(Hessian matrix)，见式(5-11)：

$$H(\boldsymbol{X})=\begin{bmatrix} \dfrac{\partial^2 f(\boldsymbol{X})}{\partial x_1^2} & \dfrac{\partial^2 f(\boldsymbol{X})}{\partial x_1 \partial x_2} & \cdots & \dfrac{\partial^2 f(\boldsymbol{X})}{\partial x_1 \partial x_n} \\ \dfrac{\partial^2 f(\boldsymbol{X})}{\partial x_2 \partial x_1} & \dfrac{\partial^2 f(\boldsymbol{X})}{\partial x_2^2} & \cdots & \dfrac{\partial^2 f(\boldsymbol{X})}{\partial x_2 \partial x_n} \\ \vdots & \vdots & \ddots & \vdots \\ \dfrac{\partial^2 f(\boldsymbol{X})}{\partial x_n \partial x_1} & \dfrac{\partial^2 f(\boldsymbol{X})}{\partial x_n \partial x_2} & \cdots & \dfrac{\partial^2 f(\boldsymbol{X})}{\partial x_n^2} \end{bmatrix} \tag{5-11}$$

在二阶偏导数连续时，$H(\boldsymbol{X})$为一实对称矩阵。实对称矩阵按其特征值可分为正定矩阵、半正定矩阵、负定矩阵、半负定矩阵和不定矩阵，其定义和充分必要条件见表 5-1，其中，矩阵$\boldsymbol{A}$的主子式$\boldsymbol{A}_i\,(i=1,2,\cdots,n)$为矩阵左上角$i$阶方阵的行列式。

对于连续可微函数$f(\boldsymbol{X})$，$\boldsymbol{X}^*$为极值点的必要条件是梯度向量为 0，即

$$\nabla f\left(\boldsymbol{X}^*\right)=0 \tag{5-12}$$

此时，$\boldsymbol{X}^*$称为$f(\boldsymbol{X})$的稳定点或驻点。

若$f(\boldsymbol{X})$在驻点$\boldsymbol{X}^*$的邻域内二阶连续可微，则$\boldsymbol{X}^*$为严格局部极小点(局部极小点、严格局部极大点、局部极大点)的充分条件是海塞矩阵 $H(\boldsymbol{X}^*)$正定(半正定、负定、半负定)。如果$H(\boldsymbol{X}^*)$不定，则稳定点不一定是极值点；如果$H(\boldsymbol{X}^*)$的各阶主子式均为 0，则需要考虑更高阶的偏导数。

表 5-1　实对称矩阵 $\boldsymbol{A}$ 正定、负定的判别条件

序号	矩阵性质	定义	充分必要条件(矩阵各阶主子式$\boldsymbol{A}_i$)
1	正定矩阵	特征值均大于 0，即$\lambda_i>0\,(i=1,2,\cdots,n)$	所有主子式均大于 0，即$\boldsymbol{A}_i>0\,(i=1,2,\cdots,n)$
2	半正定矩阵	特征值均不小于 0，即$\lambda_i\geqslant0\,(i=1,2,\cdots,n)$	$\boldsymbol{A}_i\geqslant0\,(i=1,2,\cdots,n-1)$；$\boldsymbol{A}_n=\lvert\boldsymbol{A}\rvert=0$
3	负定矩阵	特征值均小于 0，即$\lambda_i<0\,(i=1,2,\cdots,n)$	$\boldsymbol{A}_i\begin{cases}<0, i\text{为奇数}\\>0, i\text{为偶数}\end{cases}(i=1,2,\cdots,n)$
4	半负定矩阵	特征值均不大于 0，即$\lambda_i\leqslant0\,(i=1,2,\cdots,n)$	$\boldsymbol{A}_i\begin{cases}\leqslant0, i\text{为奇数}\\>0, i\text{为偶数}\end{cases}(i=1,2,\cdots,n-1);\boldsymbol{A}_n=0$
5	不定矩阵	特征值既有大于 0，又有小于 0	有两个奇数阶主子式，一正一负；或有一个偶数阶主子式为 0

(二)凸函数的概念与判别条件

由于非线性函数有各种各样的形式，在非线性优化中需要考虑函数的特性，其中一个重要的特性是函数的凸性。

定义在凸集$\boldsymbol{R}\subseteq\boldsymbol{E}^n$ ($\boldsymbol{E}^n$为n维欧氏空间)上的函数$f(\boldsymbol{X})$，如果对任意$\boldsymbol{X}_1\in\boldsymbol{R}$，$\boldsymbol{X}_2\in\boldsymbol{R}$及$0<a<1$，都有

$$f\left[a\boldsymbol{X}_1+(1-a)\boldsymbol{X}_2\right]\leqslant af(\boldsymbol{X}_1)+(1-a)f(\boldsymbol{X}_2) \tag{5-13}$$

成立，则$f(\boldsymbol{X})$为一凸函数(convex function)。若式(5-13)中的“≤”换为“<”，则$f(\boldsymbol{X})$为严格凸函数；若式(5-13)中的“≤”换为“≥”“>”，则 $f(\boldsymbol{X})$分别称为凹函数(concave function)与严格凹函数。如果$f(\boldsymbol{X})$为凸函数，则$-f(\boldsymbol{X})$为凹函数；反之亦然。

对于线性函数，式(5-13)中“＝”恒成立，因此线性函数既可视为凸函数，也可视为凹函数。

对于一维的情况，凸函数与凹函数的几何意义如图 5-5 所示，凸函数$f(\boldsymbol{X})$上任意两点的连线均位于曲线$f(\boldsymbol{X})$之上(图形下凸)，而凹函数上任意两点的连线均位于曲线$f(\boldsymbol{X})$之下(图形上凸)。

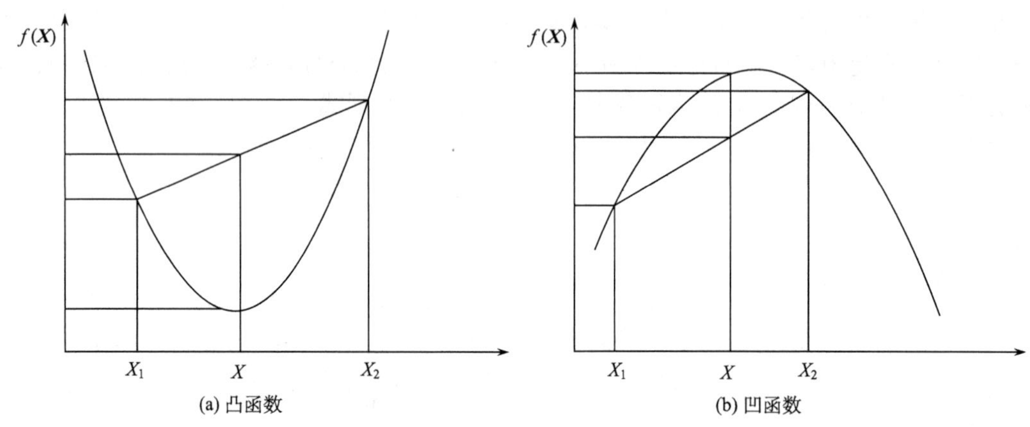

图 5-5　凸函数与凹函数示意图

根据凸函数与凸集的定义，可以得到凸函数的以下性质：

(1)如果$f(\boldsymbol{X})$为凸集$\boldsymbol{R}$上的凸函数，则当$\beta>0$时，$\beta f(\boldsymbol{X})$为$\boldsymbol{R}$上的凸函数。

(2)如果$f_1(\boldsymbol{X})$，$f_2(\boldsymbol{X})$均为凸集$\boldsymbol{R}$上的凸函数，则$f(\boldsymbol{X})=f_1(\boldsymbol{X})+f_2(\boldsymbol{X})$也为$\boldsymbol{R}$上的凸函数。

(3)如果$f(\boldsymbol{X})$为凸集$\boldsymbol{R}$上的凸函数，β为常数，则$S_\beta=\{\boldsymbol{X}|\boldsymbol{X}\in\boldsymbol{R}，f(\boldsymbol{X})\leqslant\beta\}$为凸集；如果$f(\boldsymbol{X})$为凹函数，则$S_\beta=\{\boldsymbol{X}|\boldsymbol{X}\in\boldsymbol{R}，f(\boldsymbol{X})\geqslant\beta\}$为凸集。

函数的凸性可以根据一阶条件(梯度向量)或二阶条件(海塞矩阵)来判断。对于凸集$\boldsymbol{R}$上的连续可微函数$f(\boldsymbol{X})\in\boldsymbol{C}^1$，$f(\boldsymbol{X})$是凸函数的充分必要条件为

$$\forall\boldsymbol{X}\in\boldsymbol{R},\boldsymbol{X}+\nabla\boldsymbol{X}\in\boldsymbol{R},f\left(\boldsymbol{X}+\Delta\boldsymbol{X}\right)\geqslant f\left(\boldsymbol{X}\right)+\left[\nabla f\left(\boldsymbol{X}\right)\right]^{\mathrm{T}}\cdot\Delta\boldsymbol{X} \tag{5-14}$$

对于二阶连续可微函数$f(\boldsymbol{X})\in\boldsymbol{C}^2$，$f(\boldsymbol{X})$是凸函数(严格凸函数)的充分必要条件为海塞矩阵处处半正定(正定)。

【例 5-5】　判断函数$f(x_1,x_2)=x_1^2+\exp(x_2)$的凸性。

解：(1)利用凸函数的性质判断。

对于函数$f_1(x_1)=x_1^2$，$f_2(x_2)=\exp(x_2)$，有

$$\frac{\partial^2 f_1(x_1)}{\partial x_1^2}=2>0,\quad \frac{\partial^2 f_2(x_2)}{\partial x_2^2}=\exp(x_2)>0$$

因此，$f_1(x_1)$，$f_2(x_2)$均为凸函数，$f(x_1,\ x_2)=f_1(x_1)+f_2(x_2)$也为凸函数。

(2)利用海塞矩阵判断。

$$\frac{\partial^2 f(x_1,x_2)}{\partial x_1^2}=2,\frac{\partial^2 f(x_1,x_2)}{\partial x_2^2}=\exp(x_2),\frac{\partial^2 f(x_1,x_2)}{\partial x_1 \partial x_2}=0,H(\boldsymbol{X})=\begin{bmatrix}2 & 0\\0 & \exp(x_2)\end{bmatrix}$$

$H(\boldsymbol{X})$的一阶、二阶主子式分别为 $2>0$，$2\exp(x_2)>0$，因此，$H(\boldsymbol{X})$为正定矩阵，$f(x_1, x_2)$为凸函数。

(三) 凸规划

在可行域为凸集的条件下，求凸函数极小值或凹函数极大值的非线性规划称为凸规划。对于 NLP 模型[式(5-5)]，如果 $f(\boldsymbol{X})$为凸函数，$g_k(\boldsymbol{X})$，$k=1,2,\cdots,p$ 均为凹函数(或者$-g_k(\boldsymbol{X})$，$k=1,2,\cdots,p$ 均为凸函数)，则该模型为凸规划。凸规划在非线性规划理论研究中具有重要意义。

凸规划的主要性质：①约束集是凸集；②最优解集是凸集；③任何局部最优解也是全局最优解；④若目标函数是严格凸函数，且最优解存在，则其最优解是唯一的。

对于凸规划来说，目标函数的局部极值即为其最优值。如果凸规划的目标函数为严格凸函数(极小化问题)或严格凹函数(极大化问题)，当存在最优解时最优解唯一。

由于线性函数既是凸函数，又是凹函数，因此线性规划属于凸规划。

【例 5-6】　判断下面的非线性规划是否为凸规划。

$$\max f(\boldsymbol{X})=-x_1^2-x_2^2+3x_1+5 \tag{5-15a}$$

$$\text{s.t. } x_1^2+x_2^2\leqslant 1 \tag{5-15b}$$

$$x_1, x_2\geqslant 0 \tag{5-15c}$$

解：首先将非线性规划模型[式(5-15)]转化为非线性规划模型的一般式(5-16)

$$\min(-f(\boldsymbol{X}))=x_1^2+x_2^2-3x_1-5 \tag{5-16a}$$

$$\text{s.t. } g_1(\boldsymbol{X})=1-x_1^2-x_2^2\geqslant 0 \tag{5-16b}$$

$$g_2(\boldsymbol{X})=x_1\geqslant 0 \tag{5-16c}$$

$$g_3(\boldsymbol{X})=x_2\geqslant 0 \tag{5-16d}$$

因为 $H_{-f(X)}=\begin{bmatrix}2 & 0\\0 & 2\end{bmatrix}\geqslant 0$，所以函数$-f(\boldsymbol{X})$为凸函数；因为 $H_{g_1(X)}=\begin{bmatrix}-2 & 0\\0 & -2\end{bmatrix}\leqslant 0$，所以函数 $g_1(\boldsymbol{X})$为凹函数，而 $g_2(\boldsymbol{X})$，$g_3(\boldsymbol{X})$均为线性函数；故该非线性规划模型[式(5-15)]为凸规划。

第二节　一维最优化搜索方法

一维最优化搜索方法不仅可以用于求解单变量的 NLP 问题，同时是多变量优化的基础。单变量的 NLP 问题可以表示为

$$\min f(x),\ a\leqslant x\leqslant b \tag{5-17}$$

一维最优化方法包括解析法、消去法中的黄金分割法(0.618 法)、多项式插值法(二次插值、三次插值)等。

一、解析法

解析法也称间接法，是通过求解函数 $f(x)$ 的稳定点及其他可能的局部极小点(如端点、函数的不可微点等)来确定模型[式(5-17)]的最优解。$f(x)$ 的局部极小点可能有以下三种情况。

(1) $f(x)$ 的稳定点 x_0，满足 $f'(x_0)=0$，$f''(x_0)>0$ 时为极小点。当函数形式比较简单时，可以直接求解 $f'(x_0)=0$，得到稳定点；当函数形式比较复杂时，可以用数值方法(如二分法、牛顿-拉夫逊法、割线法等)求得 $f'(x_0)=0$ 的近似解，其中，牛顿-拉夫逊法的迭代公式为

$$x_{n+1}=x_n-f'(x_n)/f''(x_n),\quad n=0,1,2,\cdots \tag{5-18}$$

(2) $f(x)$ 的不可导点 x_0，在 x_0 附近 x_1、x_2 满足 $x_1<x_0<x_2$，$f(x_0)<f(x_1)<f(x_2)$ 时，x_0 为局部极小点。例如，$f(x)=|x|$ 在 $x_0=0$ 不可微，可以判断 0 为 $f(x)$ 的极小点。

(3) x 取值区间的端点 a、b，当 $f'(a)>0$ 时，a 为局部极小点；当 $f'(b)<0$ 时，b 为局部极小点。

在 $f(x)$ 的所有局部极小点中，函数值最小的点即为 NLP 最优解。

【例 5-7】 在例 5-2 中，如果 $f_1(x)=16/x$，$f_2(x)=x^2$，$1\leqslant x\leqslant 5$，求解相应的 NLP 模型：

$$\min f(x)=16/x+x^2,\quad 1\leqslant x\leqslant 5 \tag{5-19}$$

1. 解法一：微分法

利用微分法有

$$f'(x)=-16/x^2+2x,\quad f''(x)=32/x^3+2$$

令 $f'(x)=0$，可得到稳定点 $x=2$，$f(2)=12$。又 $f''(2)=6>0$，区间端点处函数值均大于 $f(2)$，故 $\min f(x)=f(2)=12$。

$f'(x)=0$ 的解不容易直接计算时，可采用迭代法。取区间中点 $x_0=3$ 为初始点，利用牛顿-拉夫逊法[式(5-18)]进行迭代(表 5-2)，求解结果与微分法求解一致。

表 5-2 例 5-7 的牛顿-拉夫逊法迭代过程

n	x_n	$f'(x_n)$	$f''(x_n)$	$f(x_n)$
0	3.000	4.222	3.185	14.333
1	1.674	−2.358	8.816	12.359
2	1.942	−0.359	6.370	12.010
3	1.998	−0.010	6.010	12.000
4	2.000	-8.9×10^{-6}	6.000	12.000

2. 解法二：Excel 规划求解工具

利用 Excel 规划求解工具计算，结果见图 5-6。

	A	B	C	D	E	F	G
1		x	计算	约束条件	约束值		
2	变量	2					
3	目标		12				
4	条件		2	≥	1		
5			2	≤	5		
6							
7							

图 5-6 Excel 规划求解工具计算例 5-7 的结果

得到最优解为 x=2，目标函数的最优值为 f^*=12。

3. 解法三：采用 LINGO 求解

在 LINGO11 软件界面，输入如下关系表达式：

min=16/x+x^2;

x>=1;

x<=5;

通过单击工具条上的按钮，得到运行结果(图 5-7)。

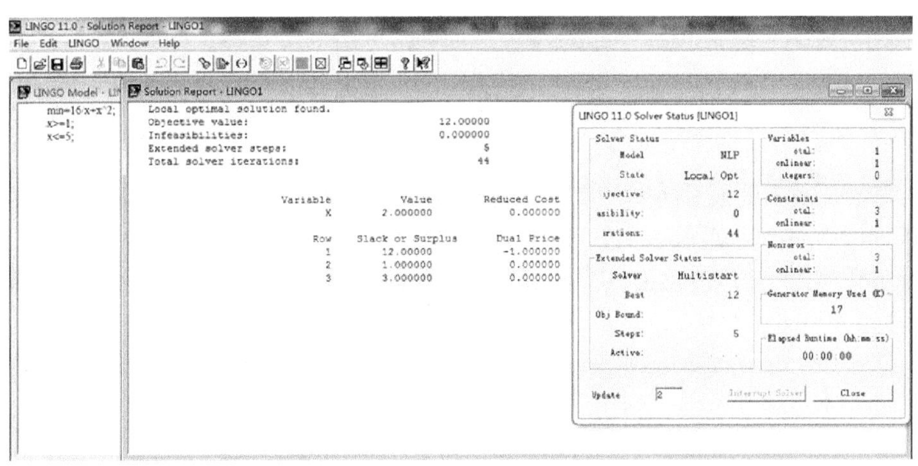

图 5-7 例 5-7 的 LINGO 运行结果

得到最优解为 x=2，目标函数的最优值为 f^*=12。

4. 解法四：Matlab 优化工具箱

求解该模型的 Matlab 代码如下(%后为说明部分)：

```
%例 5-7 的 Matlab 代码：
%5_7.m
function f=func(x)
f=16/x+x^2;
```

```
[x,f]=fminbnd(@5_7,1,5)
```

运行以上 M 文件，得到该模型的最优解为 x=2.0000，最优值为 f^*=12.0000。

二、消去法

当 $f(x)$ 不可微或求方程 $f'(x)=0$ 的解比较困难时，不宜用解析法来求解 NLP 模型［式(5-17)］。$f(x)$ 在区间[a,b]内只有一个极值点(为最大点或最小点)时，称 $f(x)$ 为单峰函数。如果 $f(x)$ 在区间[a,b]内有多个极值点，则称其为多峰函数，此时可以适当划分区间，使 $f(x)$ 在每一个子区间内是单峰函数。对于单峰函数，可以利用消去法求其最大值、最小值。

如果单峰函数 $f(x)$ 的最小点在[a,b]内，任取两点 $a<x_1<x_2<b$，比较其函数值 $f(x_1)$，$f(x_2)$，则可出现以下两种情况。

(1) $f(x_1)<f(x_2)$，则最小点必在区间[a, x_2]，消去[x_2,b]，如图 5-8(a)所示。

(2) $f(x_1)\geqslant f(x_2)$，则最小点必在区间[x_1,b]，消去[a, x_1]，如图 5-8(b)所示。

这样通过区间内两点函数值的比较可将最小点所在的区间缩小至[a, x_2]或[x_1,b]。重复以上消去过程，逐步缩小搜索区间，直至最优解所在的区间长度小到允许的精度，即可得到 $f(x)$ 的近似最优解。这种求解一元函数极值点的方法称为消去法。

区间[a,b]内的点 x_1，x_2 的不同取法对应不同的消去法，常用的有 Fibonacci 法、黄金分割法(也称 0.618 法)。下面介绍黄金分割法的基本原理和计算步骤。

黄金分割法(golden section method，GSM)也称 0.618 法。点 x_1，x_2 取区间[a, b]的黄金分割位置：

$$x_1=a+0.382(b-a)=a+b-x_2 \tag{5-20a}$$

$$x_2=a+0.618(b-a)=a+b-x_1 \tag{5-20b}$$

这样每次比较后消去原区间长度的 38.2%，一个内点变为新的搜索区间端点，而另一个内点(保留点)则为新搜索区间的黄金分割点。取保留点的对称点作为新搜索区间的另一内点，继续进行函数值比较、区间消去。经过 n 次计算后，收缩率(新的搜索区间长度与初始区间长度的比值)为 E^n=0.618^n。

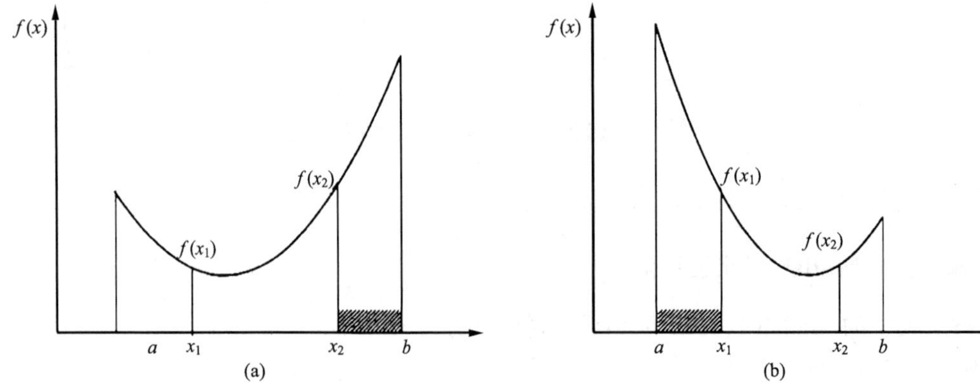

图 5-8　消去法示意图

黄金分割法的计算步骤如下。

(1) 已知函数 $f(x)$、区间端点 a_0，b_0，给定相对精度 ε_1 或绝对精度 ε_2，令 $a=a_0$，$b=b_0$。

(2) 确定搜索区间的黄金分割点并计算其函数值：$x_1=a+0.382(b-a)$，$x_2=a+b-x_1$，计算 $f_1=f(x_1)$，$f_2=f(x_2)$。

(3) 比较与消去。若 $f_1\geqslant f_2$，则 $a=x_1$，$x_1=x_2$，$f_1=f_2$，$x_2=a+b-x_1$，$f_2=f(x_2)$；否则，$b=x_2$，$x_2=x_1$，$f_2=f_1$，$x_1=a+b-x_2$，$f_1=f(x_1)$。

(4) 判断是否满足精度要求。如果 $|b-a|/|b_0-a_0|\leqslant\varepsilon_1$ 或 $|b-a|\leqslant\varepsilon_2$，则将 f_1，f_2 中的最小值作为函数 $f(x)$ 的近似最小值，否则返回步骤 (3) 继续迭代。

【例 5-8】　利用黄金分割法求解例 5-7 中的非线性规划模型，取 $\varepsilon_2=0.1$。

解：目标函数为 $f(x)=16/x+x^2$，初始搜索区间为[1,5]。利用黄金分割法进行迭代，其迭代过程如表 5-3 所示。经过 9 次消去迭代，搜索区间长度缩短至 0.09，满足精度要求，得到近似最小点 $x^*=1.997$，最小值 $f(x^*)=12.00$。

表 5-3　例 5-8 的消去法迭代过程

迭代次数	a	b	$b-a$	x_1	x_2	f_1	关系	f_2
1	1	5	4.00	2.528	3.472	12.7199	<	16.6631
2	1	3.472	2.47	1.944	2.528	12.0095	<	12.7199
3	1.584	2.528	1.53	1.584	1.944	12.6110	>	12.0095
4	1.584	2.528	0.94	1.944	2.167	12.0095	<	12.0796
5	1.807	2.167	0.58	1.807	1.944	12.1202	>	12.0095
6	1944	2.167	0.36	1.944	2.030	12.0095	>	12.0026
7	1.944	2.167	0.22	2.830	2.082	12.0026	<	12.0197
8	1.944	2.082	0.14	1.997	2.030	12.0000	<	12.0026
9	1.944	2.030	0.09	1.997	1.997	12.0016	>	12.0000

三、多项式插值法

在消去法的寻优中仅利用了两个函数值的大小关系，而没有利用其数值大小。多项式插值法则考虑了函数值的相对大小，其基本思路是：如果目标函数 $f(x)$ 是光滑的，则可以利用一个通过函数 $f(x)$ 若干个点的插值多项式来逼近 $f(x)$，利用多项式的极小点来近似目标函数的极小点。这种方法要求目标函数为单峰、连续，常用的有二次多项式插值法和三次多项式插值法。

对于二次多项式（抛物线）插值法，在目标函数 $f(x)$ 的定义域内取 3 个点 x_1，x_2，x_3，相应的函数值分别为 f_1，f_2，f_3。用通过点 (x_1,f_1)，(x_2,f_2)，(x_3,f_3) 的二次拉格朗日插值多项式 $q(x)$ 来逼近 $f(x)$。

$$q(x)=f_1\frac{(x-x_2)(x-x_3)}{(x_1-x_2)(x_1-x_3)}+f_2\frac{(x-x_1)(x-x_3)}{(x_2-x_1)(x_2-x_3)}+f_3\frac{(x-x_1)(x-x_2)}{(x_3-x_1)(x_3-x_2)} \tag{5-21}$$

按下式求出 $q(x)$ 的最小点：

$$x_4=\frac{1}{2}\frac{f_1\left(x_2^2-x_3^2\right)+f_2\left(x_3^2-x_1^2\right)+f_3\left(x_1^2-x_2^2\right)}{f_1\left(x_2-x_3\right)+f_2\left(x_3-x_1\right)+f_3\left(x_1-x_2\right)} \tag{5-22}$$

用 x_4 来近似 $f(x)$ 的最小点。计算 $f_4=f(x_4)$，对于给定的允许误差 ε，如果

$$\min\{|f_4-f_1|,\ |f_4-f_2|,\ |f_4-f_3|\}<\varepsilon \tag{5-23}$$

则取 x_4 为 $f(x)$ 的近似最小点，否则利用 x_4 及其相邻的两点作为插值点，重复以上过程，直至满足误差要求。

三次多项式插值法则用区间内两个点 x_1，x_2 的函数值 $f(x_1)$，$f(x_2)$ 及导数值 $f'(x_1)$，$f'(x_2)$ 来构造三次 Hermite 插值多项式，并以其极小点作为 $f(x)$ 的近似极小点。一般来说，三次多项式插值法比二次多项式插值法收敛速度要快。

【例 5-9】 用抛物线插值法求解例 5-7 中的非线性规划模型。

解：目标函数为 $\min f(x)=16/x+x^2$，3 个插值点分别取为 $x_1=1.5$，$x_2=3$，$x_3=4.5$，相应的函数值分别为 $f_1=12.92$，$f_2=14.33$，$f_3=23.81$，二次插值多项式(图 5-9)为

$$q(x)=1.790x^2-7.111x+19.556$$

以 $q(x)$ 的最小点 $x_4=1.986$ 作为 $f(x)$ 的近似极小点，$f^*=f(x_4)=12.001$。x_4 与理论极小点 $x^*=2$ 比较接近。如果需要，可根据以上结果继续进行迭代，插值多项式的最小点可进一步逼近 $f(x)$ 的最小点。

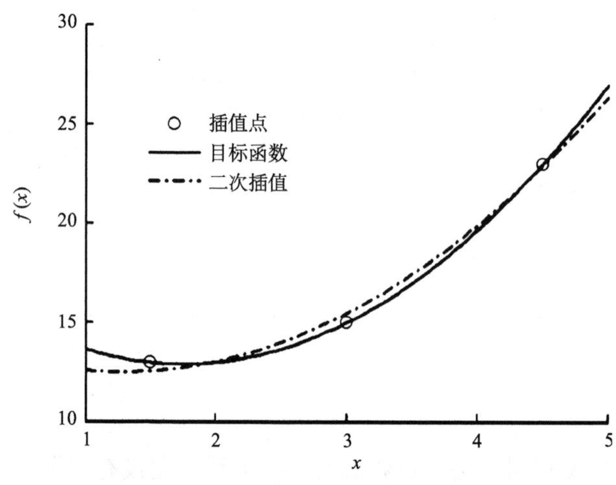

图 5-9　例 5-9 的二次多项式插值法示意图

第三节　无约束非线性规划的解析搜索法

无约束非线性规划的一般模型可以表示为

$$\min f(\boldsymbol{X}),\ \boldsymbol{X}=(x_1,x_2,\cdots,x_n)^{\mathrm{T}} \tag{5-24}$$

根据目标函数的形式，可以采用解析法、搜索法(包括直接搜索法、解析搜索法)等(表 5-4)对以上模型进行求解。

本节和下节分别介绍常用的解析搜索法、直接搜索法。搜索法的基本原理是从某一近似极小点 $\boldsymbol{X}_k$ 出发，找出一个使目标函数下降的搜索方向 $S(\boldsymbol{X}_k)$，沿该方向移动一个步长 h_k，得到一个新的近似极小点 $\boldsymbol{X}_{k+1}$，即

$$\boldsymbol{X}_{k+1}=\boldsymbol{X}_k+h_kS(\boldsymbol{X}_k) \tag{5-25}$$

使得 $f(\boldsymbol{X}_{k+1})<f(\boldsymbol{X}_k)$。这样逐步迭代直至满足精度要求，即

$$\left\|\nabla f\left(\boldsymbol{X}_k\right)\right\|\leqslant\varepsilon_1\text{或}\left|f\left(\boldsymbol{X}_{k+1}\right)-f\left(\boldsymbol{X}_k\right)\right|\leqslant\varepsilon_2 \tag{5-26}$$

式中：ε_1、ε_2 分别为给定的梯度精度、前后两次迭代目标函数差值的精度。

表 5-4　无约束非线性规划的主要求解方法

序号	类型		求解原理	特点	适用范围	主要方法
1	解析法(微分法、间接法)		通过一阶导数的零点来确定 $f(\boldsymbol{X})$ 的稳定点，利用海塞矩阵来判断稳定点是否为极值点	利用目标函数的一阶导数、二阶导数	目标函数二阶连续可微	解析法
2	搜索法(迭代法)	解析搜索法	从某一初始点出发，沿目标函数下降的方向进行搜索，得到新的近似点，通过一系列的迭代求出近似极小点	利用目标函数值及其导数	目标函数连续可微(有些方法要求二阶连续可微)	梯度法、牛顿法、共轭梯度法、变尺度法等
		直接搜索法		只用到函数值	只用到函数值	坐标轮换法、模式搜索法、单纯形搜索法、共轭方向法

搜索法的关键是确定迭代过程中的搜索方向 $S(\boldsymbol{X}_k)$ 与步长 h_k，不同的 $S(\boldsymbol{X}_k)$，h_k 导致不同的搜索方法。其中一类方法在迭代过程中需要用到目标函数的一阶导数(梯度)或二阶导数(海塞矩阵)，称为解析搜索法；另一类则只用到函数值，称为直接搜索法。一般情况下，直接搜索法收敛速度比解析搜索法慢，但是由于迭代过程中只用到函数值，可用于函数形式复杂或不可微的情况。

一、梯度法

梯度法(gradient method, GM)是一种基本的解析搜索法，搜索方向是目标函数的负梯度方向。由于梯度方向是函数值增大最快的方向，沿着负梯度方向搜索可以使函数值减小最快，因此梯度法又称为最陡(速)下降法(steepest descent method, SDM)。

梯度法的基本思路是从 $f(\boldsymbol{X})$ 极小点的一个初始估计 $\boldsymbol{X}_0$ 出发，沿负梯度方向进行搜索，得到一个新的近似极小点 $\boldsymbol{X}_1$，使得目标函数值减小；重复以上步骤，得到一个近似极小点序列 $\boldsymbol{X}_k(k=1,2,\cdots)$，直到近似极小点达到给定的精度要求。在式(5-25)中，取搜索方向 $S\left(\boldsymbol{X}_k\right)=-\nabla f\left(\boldsymbol{X}_k\right)$ 则可得到梯度法的迭代公式为

$$\boldsymbol{X}_{k+1}=\boldsymbol{X}_k-h_k\nabla f\left(\boldsymbol{X}_k\right) \tag{5-27}$$

式中：$\nabla f\left(\boldsymbol{X}_k\right)$ 为 $\boldsymbol{X}_k$ 处的梯度；h_k 为搜索步长。

搜索步长 h_k 有两种确定方法：一种是试探法，即采用固定步长沿负梯度方向不断计算新点，当新点的函数值增加时缩短步长；另一种采用最优步长，最优步长 h_k 由下式确定：

$$f(\boldsymbol{X}_{k+1})=f[\boldsymbol{X}_k-h_k\nabla f(\boldsymbol{X}_k)]=\min_{h>0}f[\boldsymbol{X}_k-h\nabla f(\boldsymbol{X}_k)] \tag{5-28}$$

式(5-28)是沿负梯度方向的一维最优化问题，可以采用一维搜索法(如黄金分割法)或解析法来求解。在解析法中，令 $\dfrac{\partial f\left[\boldsymbol{X}_k-h\nabla f\left(\boldsymbol{X}_k\right)\right]}{\partial h}=0$，可得到最优步长为

$$h_k = \frac{\left[\nabla f\left(\boldsymbol{X}_k\right)\right]^{\mathrm{T}} \nabla f\left(\boldsymbol{X}_k\right)}{\left[\nabla f\left(\boldsymbol{X}_k\right)\right]^{\mathrm{T}} H\left(\boldsymbol{X}_k\right) \nabla f\left(\boldsymbol{X}_k\right)} \tag{5-29}$$

式中：$H(\boldsymbol{X}_k)$为$\boldsymbol{X}_k$处的海塞矩阵。

对于最优步长，有

$$\frac{\partial f\left[\boldsymbol{X}_k - h\nabla f\left(\boldsymbol{X}_k\right)\right]}{\partial h} = \frac{\partial f\left[\boldsymbol{X}_k - h\nabla f\left(\boldsymbol{X}_k\right)\right]}{\partial\left[\boldsymbol{X}_k - h\nabla f\left(\boldsymbol{X}_k\right)\right]} \frac{\partial\left[\boldsymbol{X}_k - h\nabla f\left(\boldsymbol{X}_k\right)\right]}{\partial h} = -\left[\nabla f\left(\boldsymbol{X}_{k+1}\right)\right]^{\mathrm{T}} \cdot \nabla f\left(\boldsymbol{X}_k\right) = 0$$

或

$$\left[\nabla f\left(\boldsymbol{X}_{k+1}\right)\right]^{\mathrm{T}} \cdot \nabla f\left(\boldsymbol{X}_k\right) = 0 \tag{5-30}$$

即相邻两次迭代中梯度的内积为 0，表明采用最优步长时相邻的梯度(搜索方向)相互垂直，即间隔的两个搜索方向相同。

对于模型[式(5-24)]，给定允许误差ε_1(或ε_2)，则梯度法的迭代步骤如下：

(1) k=0，确定初始点$\boldsymbol{X}_k=\boldsymbol{X}_0$。

(2)计算点$\boldsymbol{X}_k$的梯度$\nabla f\left(\boldsymbol{X}_k\right)$。

(3)如果$\left\|\nabla f\left(\boldsymbol{X}_k\right)\right\| \leqslant \varepsilon_1$或$|f(\boldsymbol{X}_{k+1}) - f(\boldsymbol{X}_k)| \leqslant \varepsilon_2$，则迭代收敛，得到$f(\boldsymbol{X})$的近似极小点、极小值分别为$\boldsymbol{X}^*=\boldsymbol{X}_k$，$f(\boldsymbol{X}^*)=f(\boldsymbol{X}_k)$，停止迭代。否则按照式(5-29)或一维搜索法确定最优步长h_k，按照式(5-27)确定$\boldsymbol{X}_{k+1}$。$k+1\rightarrow k$，返回步骤(2)重新进行迭代，直至满足精度要求。

【例 5-10】 用梯度法求解以下 NLP 模型(取前后两次迭代函数值允许误差ε_2=0.0001)：

$$f(\boldsymbol{X}) = x_1^2 - x_1x_2 + x_2^2 - 10x_1 - 4x_2$$

解：$\nabla f\left(\boldsymbol{X}\right) = \left(2x_1 - x_2 - 10, -x_1 + 2x_2 - 4\right)^{\mathrm{T}}$，取初始点$\boldsymbol{X}_0=(0,0)^{\mathrm{T}}$，则$f(\boldsymbol{X}_0)=0$，$\nabla f\left(\boldsymbol{X}_0\right) = \left(-10,-4\right)^{\mathrm{T}}$。$\boldsymbol{X}_1 = \boldsymbol{X}_0 - h_0\nabla f\left(\boldsymbol{X}_0\right) = \left(10h_0, 4h_0\right)^{\mathrm{T}}$，$f\left(\boldsymbol{X}_1\right) = 76h_0^2 - 116h_0$

令 $\mathrm{d}f(\boldsymbol{X}_1)/\mathrm{d}h_0=152h_0-116=0$，可得到最优步长$h_0^*=116/152$。最优步长也可以根据式(5-29)确定，即

$$h_0^* = \frac{(-10,-4)(-10,-4)^{\mathrm{T}}}{(-10,-4)\begin{bmatrix} 2 & -1 \\ -1 & 2 \end{bmatrix}(-10,-4)^{\mathrm{T}}} = \frac{116}{152}$$

故可得到$\boldsymbol{X}_1=(7.6316,3.0526)^{\mathrm{T}}$，$f(\boldsymbol{X}_1)=-44.26$，比初始点的函数值小。

重复以上迭代过程，经过 8 次迭代(表 5-5)，满足迭代精度要求，得到$f(\boldsymbol{X})$的近似极小值点为$\boldsymbol{X}^*=(7.996,5.997)^{\mathrm{T}}$，极小值$f(\boldsymbol{X}^*)=-51.99999$。这一迭代结果与精确解$\boldsymbol{X}^*=(8,6)^{\mathrm{T}}$，$f(\boldsymbol{X}^*)=-52$ 非常接近。

表 5-5 例 5-10 的梯度法迭代过程

迭代次数	点 $\boldsymbol{X}_k$		函数值	梯度 $\nabla f(\boldsymbol{X}_k)$			最优步长
K	x_1	x_2	$f(\boldsymbol{X}_k)$	$\partial f(\boldsymbol{X}_k)/\partial x_1$	$\partial f(\boldsymbol{X}_k)/\partial x_2$	$\left\|\nabla f(\boldsymbol{X}_k)\right\|$	h_k^*
0	0	0	0	−10	−4	10.77033	0.7632
1	7.6316	3.0526	−44.26316	2.21053	−5.52632	5.95202	0.3718

续表

迭代次数	点 X_k		函数值	梯度 $\nabla f(X_k)$			最优步长
K	x_1	x_2	$f(X_k)$	$\partial f(X_k)/\partial x_1$	$\partial f(X_k)/\partial x_2$	$\|\nabla f(X_k)\|$	h_k^*
2	6.8097	5.1073	−50.84887	−1.48785	−0.59514	1.60247	0.7632
3	7.9452	5.5615	−51.82873	0.32889	−0.82224	0.88557	0.3718
4	7.8229	5.8672	−51.97452	−0.22137	−0.08855	0.23842	0.7632
5	7.9918	5.9348	−51.99621	0.04893	−0.12234	0.13176	0.3718
6	7.9737	5.9802	−51.99944	−0.03294	−0.01317	0.03547	0.7632
7	7.9988	5.9903	−51.99992	0.00728	−0.01820	0.01960	0.3718
8	7.9961	5.9971	−51.99999				

由表 5-5 可以看出，在远离极值点时梯度法收敛较快(如第 1 次迭代)，但在极值点附近收敛较慢。为了克服这一缺点，在梯度法的基础上发展出了二阶梯度法(牛顿法)、共轭梯度法等方法。

二、牛顿法

对于梯度法，当目标函数的等值线为圆时，沿负梯度方向可一次搜索到最小点。但对于一般的函数，负梯度方向并不是最好的搜索方向。梯度法中只用到了一阶导数信息，每一次迭代中可以看作是对目标函数的线性逼近；而牛顿(Newton)法(也称二阶梯度法)则是一种二次逼近，同时用到了一阶、二阶导数。对于二阶可微函数 $f(\boldsymbol{X})$，用 $f(\boldsymbol{X})$ 在 $\boldsymbol{X}_k$ 附近的二阶泰勒展开式(忽略三阶及以上的项)来逼近 $f(\boldsymbol{X})$：

$$f(\boldsymbol{X}) \approx f(\boldsymbol{X}_k) + [\nabla f(\boldsymbol{X}_k)]^{\mathrm{T}} \Delta \boldsymbol{X} + [\Delta \boldsymbol{X}]^{\mathrm{T}} H(\boldsymbol{X}_k) \Delta \boldsymbol{X} / 2 \tag{5-31}$$

式中：$\Delta\boldsymbol{X}=\boldsymbol{X}-\boldsymbol{X}_k$。令式(5-31)中 $f(\boldsymbol{X})$ 的梯度为 0，即 $\nabla f(\boldsymbol{X}) = \nabla f(\boldsymbol{X}_k) + H(\boldsymbol{X}_k)\Delta\boldsymbol{X} = 0$，可得到牛顿法的迭代公式

$$\boldsymbol{X}_{k+1} = \boldsymbol{X}_k - \boldsymbol{H}^{-1}(\boldsymbol{X}_k)\nabla f(\boldsymbol{X}_k) \tag{5-32}$$

若 $f(\boldsymbol{X})$ 为一元函数 $f(x)$，则式(5-32)即为式(5-18)，即求解方程 $f'(x)=0$ 的牛顿法迭代公式。对于次数为 2 的多项式，式(5-31)右端是 $f(\boldsymbol{X})$ 的准确展开式，利用式(5-32)进行一次迭代就能达到 $f(\boldsymbol{X})$ 的极小点。

【例 5-11】 利用牛顿法求解例 5-10 的 NLP 模型。

解：对于例 5-10 中的二次函数 $f(\boldsymbol{X})$，取初始点 $\boldsymbol{X}_0=(0,0)^{\mathrm{T}}$，利用式(5-32)可得到

$$\boldsymbol{X}_1 = \begin{bmatrix} 0 \\ 0 \end{bmatrix} - \begin{bmatrix} 2 & -1 \\ -1 & 2 \end{bmatrix}^{-1} \begin{bmatrix} -10 \\ -4 \end{bmatrix} = \begin{bmatrix} 8 \\ 6 \end{bmatrix}$$

$\nabla f(\boldsymbol{X}_1) = (0,0)^{\mathrm{T}}, \boldsymbol{X}_1$ 为最优点，即经过一次迭代即可达到最优点为 $\boldsymbol{X}^*=(8,6)^{\mathrm{T}}$，函数的最优值为 $f(\boldsymbol{X}^*)=-52$。

对于一般(非二次)函数，式(5-31)右端是 $f(\boldsymbol{X})$ 的近似展开式，利用式(5-32)可以得到 $f(\boldsymbol{X})$ 的近似极小点。但如果初始点选择不好，则有可能不收敛，这时可以把 $S(\boldsymbol{X}_k) = -H^{-1}(\boldsymbol{X}_k)\nabla f(\boldsymbol{X}_k)$ 作为搜索方向(称为牛顿方向)，沿此方向进行一维搜索，使得

$$f(\boldsymbol{X}_{k+1})=f(\boldsymbol{X}_k-h_k\boldsymbol{H}^{-1}(\boldsymbol{X}_k)\nabla f(\boldsymbol{X}_k))=\min_{h>0}f(\boldsymbol{X}_k-h\boldsymbol{H}^{-1}(\boldsymbol{X}_k)\nabla f(\boldsymbol{X}_k))\tag{5-33}$$

以 $\boldsymbol{X}_{k+1}$ 作为新的近似极小点，经过迭代逐步逼近 $f(\boldsymbol{X})$ 的极小点。牛顿方向是由负梯度向量左乘 $H^{-1}(\boldsymbol{X}_k)$ 得到的，相当于对负梯度方向进行了一定的偏转。

一般情况下，牛顿法收敛速度较快；但每一次迭代过程中都需要计算 $H(\boldsymbol{X}_k)$ 及其逆矩阵，计算量较大。

三、共轭梯度法

梯度法与牛顿法各有优缺点，梯度法在远离最优点时收敛很快，而在最优点附近收敛速度较慢；牛顿法在最优点附近收敛速度较快，但需要计算海塞矩阵及其逆矩阵，计算量较大，共轭梯度法(conjugate gradient method, CGM)利用以上两种方法的优点，即首先沿负梯度方向搜索一次，然后沿该负梯度方向共轭的方向进行搜索。共轭梯度法吸收了梯度法和牛顿法的优点，收敛速度比梯度法快，同时又避免了牛顿法中海塞矩阵及其逆矩阵的计算。

对于二元二次函数 $f(\boldsymbol{X})$，假设其等值线为一组同心椭圆(图 5-10)。

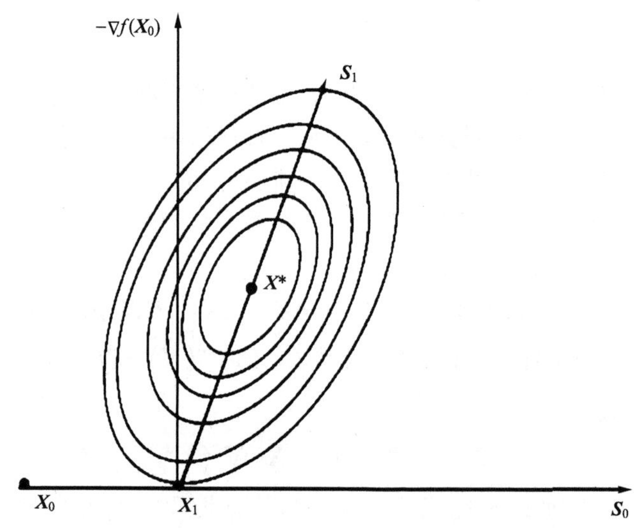

图 5-10　共轭梯度法示意图

从一个近似点 $\boldsymbol{X}_0$ 出发，沿负梯度方向 $\boldsymbol{S}_0=-\nabla f\left(\boldsymbol{X}_0\right)$ 进行一维搜索，得到最优点附近的一点 $\boldsymbol{X}_1$，则 $\boldsymbol{X}_1$ 为某条等值线的切点。然后沿新的方向进行一维搜索，如果新搜索方向 $\boldsymbol{S}_1$ 为 $\boldsymbol{X}_1$ 与最优点 $\boldsymbol{X}^*$ 的连线方向，则可以找到最优点 $\boldsymbol{X}^*$。可以证明，$\boldsymbol{X}_1$ 与 $\boldsymbol{X}^*$ 的连线方向 $\boldsymbol{S}_1$ 为 $\boldsymbol{S}_0$ 关于 $H(\boldsymbol{X}_1)$ 的共轭方向，即 $\boldsymbol{S}_0$，$\boldsymbol{S}_1$，$H(\boldsymbol{X}_1)$ 满足

$$\boldsymbol{S}_0{}^{\mathrm{T}}H(\boldsymbol{X}_1)\boldsymbol{S}_1=0\tag{5-34}$$

一般情况下，$\boldsymbol{S}_1$ 与 $\boldsymbol{X}_1$ 点的负梯度方向 $-\nabla f\left(\boldsymbol{X}_1\right)$ ($\boldsymbol{S}_0$ 的正交方向)并不一致，而是偏转了一个角度，可以用 $\boldsymbol{S}_0$ 与 $-\nabla f\left(\boldsymbol{X}_1\right)$ 的组合来确定 $\boldsymbol{S}_1$，即 $\boldsymbol{S}_1=-\nabla f\boldsymbol{X}\left(\boldsymbol{x}_1\right)+\beta_0\boldsymbol{S}_0$。其中，$\beta_0$ 称为共轭系数，可由 $\nabla f\left(\boldsymbol{X}_0\right)$、$\nabla f\left(\boldsymbol{X}_1\right)$ 计算，见式(5-36)。在 $\boldsymbol{S}_1$ 方向上进行一维搜索即可得到最优点。

共轭梯度法也适用于多元二次函数，一般可通过 n 次迭代找到最优点。对于非二次函数，在最优点附近函数性质接近于二次函数，因此也可以应用共轭梯度法求其最优点，但 n 维问题的共轭方向最多有 n 个，因此迭代 n 次后可将迭代结果作为新的初始点，重新进行迭代。

共轭梯度法的计算步骤如下。

(1) 确定初始值 $\boldsymbol{X}_0$，收敛精度 ε。

(2) k=0，计算 $\boldsymbol{S}_k=-\nabla f\left(\boldsymbol{X}_k\right)$。

(3) 在 $\boldsymbol{S}_k$ 方向上进行一维搜索，得到新点 $\boldsymbol{X}_{k+1}$，即

$$\boldsymbol{X}_{k+1}=\boldsymbol{X}+h_k\boldsymbol{S}_k \tag{5-35a}$$

式中：h_k 为搜索步长。类似于梯度法，可以得到共轭梯度法的最优搜索步长为

$$h_k=\frac{-\left[\nabla f\left(\boldsymbol{X}_k\right)\right]^{\mathrm{T}}\boldsymbol{S}_k}{\boldsymbol{S}_k^{\mathrm{T}}H\left(\boldsymbol{X}_k\right)\boldsymbol{S}_k} \tag{5-35b}$$

(4) 计算 $\nabla f\left(\boldsymbol{X}_{k+1}\right)$，如果 $\left\|\nabla f\left(\boldsymbol{X}_{k+1}\right)\right\|\leqslant\varepsilon$，则迭代收敛，停止计算；否则按以下公式确定 $\boldsymbol{S}_k$ 的共轭方向 $\boldsymbol{S}_{k+1}$：

$$\beta_k=\frac{\left[\nabla f\left(\boldsymbol{X}_{k+1}\right)\right]^{\mathrm{T}}\nabla f\left(\boldsymbol{X}_{k+1}\right)}{\left[\nabla f\left(\boldsymbol{X}_k\right)\right]^{\mathrm{T}}\nabla f\left(\boldsymbol{X}_k\right)}=\frac{\left\|\nabla f\left(\boldsymbol{X}_{k+1}\right)\right\|^2}{\left\|\nabla f\left(\boldsymbol{X}_k\right)\right\|^2} \tag{5-36a}$$

$$\boldsymbol{S}_{k+1}=-\nabla f\left(\boldsymbol{X}_{k+1}\right)+\beta_k\boldsymbol{S}_k \tag{5-36b}$$

(5) $k+1\to k$，如果 $k=n$，则取 $\boldsymbol{X}_0=\boldsymbol{X}_n$，转步骤(2)；否则转步骤(3)。

【例 5-12】 用共轭梯度法求解例 5-10 中的极小值问题。

解：共轭梯度法的迭代过程知下。

(1) 取初值点 $\boldsymbol{X}_0=(0,0)^{\mathrm{T}}$，则 $f(\boldsymbol{X}_0)=0$，$\nabla f\left(\boldsymbol{X}_0\right)=(-10,-4)^{\mathrm{T}}$。沿 $\boldsymbol{S}_0=-\nabla f\left(\boldsymbol{X}_0\right)$ 搜索一次，从表 5-7 可得到 $\boldsymbol{X}_1=(7.6316,3.0526)^{\mathrm{T}}$，$f(\boldsymbol{X}_1)=-44.26$，$\nabla f\left(\boldsymbol{X}_1\right)=(2.2105,-5.5263)^{\mathrm{T}}$。

(2) 利用式(5-36)可得到，β_0=0.305，$\boldsymbol{S}_1=-\nabla f\left(\boldsymbol{X}_1\right)+\beta_0\boldsymbol{S}_0=(0.8435,6.7479)^{\mathrm{T}}$，在 $\boldsymbol{S}_1$ 方向上进行一维搜索，新的近似点和函数值为

$$\begin{aligned}\boldsymbol{X}_2=\boldsymbol{X}_1+h\boldsymbol{S}_1&=(7.6316,3.0526)^{\mathrm{T}}+h(0.8435,6.7479)^{\mathrm{T}}\\&=(7.6316+0.8435h,\ 3.0526+6.7479h)^{\mathrm{T}}\end{aligned}$$

$$f(\boldsymbol{X}_2)=40.5538h^2-35.4270h-44.2629$$

令 $\mathrm{d}f(\boldsymbol{X}_2)/\mathrm{d}h=0$，可得到 $\boldsymbol{S}_1$ 方向上的最优步长为 h_1=0.4368。最优步长也可根据式(5-35b)计算。故 $\boldsymbol{X}_2=(8.000,6.000)^{\mathrm{T}}$，$f(\boldsymbol{X}_2)=-52$，$\left\|\nabla f\left(\boldsymbol{X}_2\right)\right\|=0$，$\boldsymbol{X}_2$ 为最优点，即对二维的二次函数，经过 2 次迭代可以搜索到最优点。

四、变尺度法

在 $f(\boldsymbol{X})$ 形式比较复杂时，海塞矩阵 $H(\boldsymbol{X}_k)$ 及其逆矩阵的计算量很大，甚至无法计算。在牛顿法的基础上，提出了不少改进算法，统称为拟牛顿法(quasi-Newton methods)，其中具有代表性的算法是 Davidon、Fletcher 及 Powell 等发展的变尺度法(variable-metric algorithm，也称为 DFP 算法)。在 DFP 算法中，利用 $f(\boldsymbol{X})$ 的一阶导数构造一个矩阵 $\boldsymbol{A}_{k+1}$ 来逼近 $H^{-1}(\boldsymbol{X}_k)$，

并将 $S\left(\boldsymbol{X}_k\right)=-\boldsymbol{A}_{k+1}\nabla f\left(\boldsymbol{X}_k\right)$ 作为搜索方向。

对 $f(\boldsymbol{X})$ 的二阶近似泰勒展开式(5-31)求导并忽略高阶项，可得到

$$\nabla f(\boldsymbol{X}_{k+1})=\nabla f(\boldsymbol{X}_k)+H(\boldsymbol{X}_k)\Delta\boldsymbol{X}_k$$

式中：$\Delta\boldsymbol{X}_k=\boldsymbol{X}_{k+1}-\boldsymbol{X}_k$。记 $\Delta\boldsymbol{g}_k=\nabla f\left(\boldsymbol{X}_{k+1}\right)-\nabla f\left(\boldsymbol{X}_k\right)$，则

$$\Delta\boldsymbol{X}_k=H^{-1}(\boldsymbol{X}_k)\ \Delta\boldsymbol{g}_k$$

用矩阵 $\boldsymbol{A}_{k+1}$ 来替换 $H^{-1}(\boldsymbol{X}_k)$，则

$$\Delta\boldsymbol{X}_k=\boldsymbol{A}_{k+1}\Delta\boldsymbol{g}_k$$

令

$$\boldsymbol{A}_{\mathrm{k}+1}=\boldsymbol{A}_{\mathrm{k}}+\Delta\boldsymbol{A}_{\mathrm{k}}$$

则有

$$\Delta\boldsymbol{X}_{\mathrm{k}}=\boldsymbol{A}_{\mathrm{k}}\Delta\boldsymbol{g}_{\mathrm{k}}+\Delta\boldsymbol{A}_{\mathrm{k}}\Delta\boldsymbol{g}_{\mathrm{k}}$$

可以验证，式(5-37)中的 $\boldsymbol{A}_k$，$\Delta\boldsymbol{A}_k$ 满足上式：

$$\boldsymbol{A}_{k+1}=\boldsymbol{A}_k+\Delta\boldsymbol{A}_k=\boldsymbol{A}_k+\frac{\Delta\boldsymbol{X}_k\left(\Delta\boldsymbol{X}_k\right)^{\mathrm{T}}}{\left(\Delta\boldsymbol{X}_k\right)^{\mathrm{T}}\Delta\boldsymbol{g}_k}-\frac{\boldsymbol{A}_k\Delta\boldsymbol{g}_k\left(\Delta\boldsymbol{g}_k\right)^{\mathrm{T}}\boldsymbol{A}_k}{\left(\Delta\boldsymbol{g}_k\right)^{\mathrm{T}}\boldsymbol{A}_k\Delta\boldsymbol{g}_k} \tag{5-37}$$

式中：$\Delta\boldsymbol{A}_k$ 称为尺度矩阵，在迭代过程中不断变化。有了前一步的方向矩阵 $\boldsymbol{A}_k$ 后，即可根据式(5-37)构造出新的方向矩阵 $\boldsymbol{A}_{k+1}$。在第一次迭代时，可取 $\boldsymbol{A}_0=\boldsymbol{I}$，沿负梯度方向 $\boldsymbol{S}(\boldsymbol{X}_0)=-\nabla f\left(\boldsymbol{X}_0\right)$ 搜索一次(梯度法)，得到新点 $\boldsymbol{X}_1$。之后利用式(5-37)可得到 $\boldsymbol{A}_1$，并沿着 $\boldsymbol{S}\left(\boldsymbol{X}_1\right)=-\boldsymbol{A}_1\nabla f\left(\boldsymbol{X}_1\right)$ 的方向搜索，得到 $\boldsymbol{X}_2$。这样一直迭代下去，直至满足精度要求。对于 n 维二次函数，一般经过 n 次迭代即可搜索到最优点，这时的 $\boldsymbol{A}_{k+1}$ 实际上就是 $H^{-1}(\boldsymbol{X}_k)$，而前 n 个搜索方向是共轭的。但对于非二次函数，如果迭代到 $\boldsymbol{X}_n$ 仍达不到精度要求，则以 $\boldsymbol{X}_n$ 作为新的初始点 $\boldsymbol{X}_0$，重新开始迭代，直至达到精度要求。

【例 5-13】 用 DFP 法求解例 5-10 中的极小值问题。

解：DFP 法的迭代过程知下。

(1) 取初值点 $\boldsymbol{X}_0=(0,0)^{\mathrm{T}}$，则 $f(\boldsymbol{X}_0)=0$，$\nabla f\left(\boldsymbol{X}_0\right)=(-10,-4)^{\mathrm{T}}$。$\boldsymbol{A}_0=\boldsymbol{I}$，沿 $-\nabla f\left(\boldsymbol{X}_0\right)$ 搜索一次，从表 5-5 可得到 $\boldsymbol{X}_1=(7.6316,3.0526)^{\mathrm{T}}$，$f(\boldsymbol{X}_1)=-44.26$，$\nabla f\left(\boldsymbol{X}_1\right)=(2.2105,-5.5263)^{\mathrm{T}}$。

(2) $\Delta\boldsymbol{X}_0=\boldsymbol{X}_1-\boldsymbol{X}_0=(7.6316,3.0526)^{\mathrm{T}}$，$\Delta\boldsymbol{g}_0=\nabla f\left(\boldsymbol{X}_1\right)-\nabla f\left(\boldsymbol{X}_0\right)=(12.2105,-1.5263)^{\mathrm{T}}$，利用式(5-37)可得到

$$\boldsymbol{A}_1=\boldsymbol{I}+\Delta\boldsymbol{A}_0=\begin{bmatrix}1&0\\0&1\end{bmatrix}+\begin{bmatrix}-0.3267&0.3862\\0.3862&0.0899\end{bmatrix}=\begin{bmatrix}0.6733&0.3862\\0.3862&1.0899\end{bmatrix}$$

搜索方向为 $\boldsymbol{S}\left(\boldsymbol{X}_1\right)=-\boldsymbol{A}_1\nabla f\left(\boldsymbol{X}_1\right)=(0.6461,5.1692)^{\mathrm{T}}$，新的近似点和函数值为

$$\boldsymbol{X}_2=\boldsymbol{X}_1+h\boldsymbol{S}_1=(7.6316+0.6461h,\ 3.0526+5.1692h)^{\mathrm{T}}$$

$$f(\boldsymbol{X}_2)=23.798h^2-27.138h-44.2629$$

令 $\mathrm{d}f(\boldsymbol{X}_2)/\mathrm{d}h=0$，可得到 $\boldsymbol{S}(\boldsymbol{X}_1)$ 方向上的最优步长为 $h_1=0.570$。故 $\boldsymbol{X}_2=(8.000,6.000)^{\mathrm{T}}$，$f(\boldsymbol{X}_2)=-52$，$\left\|\nabla f\left(\boldsymbol{X}_2\right)\right\|=0$，$\boldsymbol{X}_2$ 为最优点，即对二维的二次函数，经过 2 次迭代可以搜索到最优点。

DFP 算法的优点是收敛快，稳定性较好，被认为是一种比较有效的搜索方法。在迭代过程中避免了牛顿法中海塞矩阵及其逆矩阵的计算，但是计算过程仍比较烦琐，这是该方法的主要缺点。

【例 5-14】 利用 Excel 规划求解工具、LINGO 和 Matlab 优化工具箱等方法求解例 5-10 中的极小值问题。

1. 解法一：Excel 规划求解工具

利用 Excel 规划求解工具，在 D3 单元格中输入非线性函数即 D3=B2^2-B2*C2+C2^2-10*B2-4*C2，计算结果见图 5-11。

	A	B	C	D	E	F
1		x_1	x_2	计算		
2	变量	8	6			
3	目标			-52		
4						
5						

图 5-11　Excel 规划求解工具计算例 5-14 的结果

得到最优解为 x_1=8，x_2=6，目标函数的最优值为 $f^*=-52$。

2. 解法二：采用 LINGO 求解

在 LINGO11 软件界面，输入如下关系表达式：

min =x1^2-x1*x2+x2^2-10*x1-4*x2;

通过单击工具条上的按钮 得到运行结果(图 5-12)。

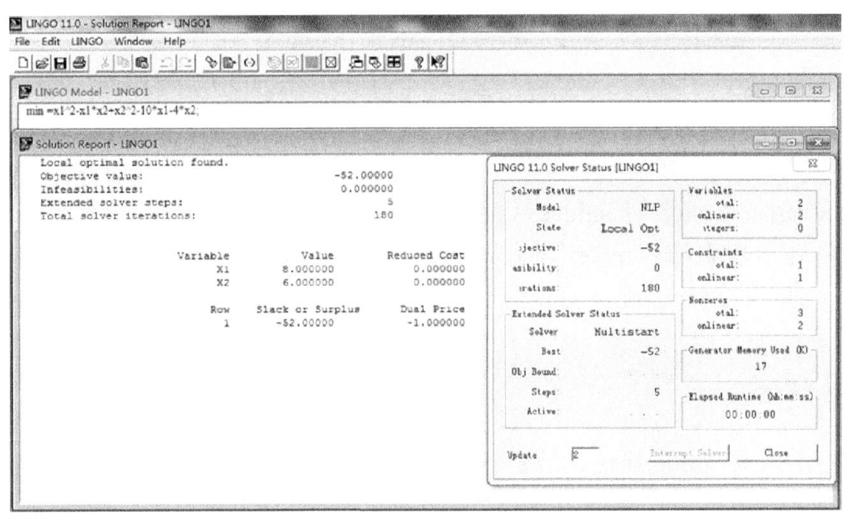

图 5-12　例 5-14 的 LINGO 运行结果

得到最优解为 x_1=8，x_2=6，目标函数的最优值为 $f^*=-52$。

3. 解法三：采用 Matlab 优化工具箱求解

可以采用 Matlab 优化工具箱中的 fminsearch 和 fminunc 分别求解该函数的极小值。

求解该模型的 Matlab 代码如下(%后为说明部分)：

```
%例 5-14 的 Matlab 代码：
%5_14.m
function f=func(x)
f=x(1)^2-x(1)*x(2)+x2^2-10*x(1)-4*x(2);
x0=[0,0];
[x1,fval1]= fminsearch(@5_14,x0)
[x2,fval2]= fminunc(@5_14,x0)
```

运行以上 M 文件，得到该模型的最优解为 $\boldsymbol{X}^*=(8.0000,6.0000)^{\mathrm{T}}$，最优值为 $f^*=-52$。

五、解析搜索法小结

以上几种解析搜索法都是基于梯度的方法，在搜索过程中均需要用到目标函数的导数，有些方法还要用到二阶导数。这些方法的迭代公式可以统一表示为

$$\boldsymbol{X}_{k+1}=\boldsymbol{X}_k+h_k\boldsymbol{S}(\boldsymbol{X}_k)=\boldsymbol{X}_k-h_k\eta(\boldsymbol{X}_k)\nabla f(\boldsymbol{X}_k) \tag{5-38}$$

采用不同的搜索方向 $\boldsymbol{S}(\boldsymbol{X}_k)=-\eta(\boldsymbol{X}_k)\nabla f(\boldsymbol{X}_k)$ 即得到不同的搜索方法，如 $\eta(\boldsymbol{X}_k)=\boldsymbol{I}$ 为梯度法，$\eta(\boldsymbol{X}_k)=H^{-1}(\boldsymbol{X}_k)$ 为牛顿法，$\eta(\boldsymbol{X}_k)$ 取式(5-37)中的 $\boldsymbol{A}_{k+1}$ 为拟牛顿法中的 DFP 算法，$\boldsymbol{S}_{k+1}=-\nabla f(\boldsymbol{X}_{k+1})+\left[\left\|\nabla f(\boldsymbol{X}_{k+1})\right\|^2/\left\|\nabla f(\boldsymbol{X}_k)\right\|^2\right]\boldsymbol{S}_k$ 为共轭梯度法。

在实际问题中，有些情况下梯度比较复杂或没有解析表达式[如目标函数 $f(\boldsymbol{X})$ 为离散的模拟结果]，在迭代过程中可以用数值方法(如前向差分、中心差分等)来逼近梯度。

第四节　无约束非线性规划的直接搜索法

对于函数形式复杂或函数不可微的情况，用解析搜索法求解比较困难，甚至不可能。此时可采用只利用函数值信息而不使用导数的搜索方法，即直接搜索法。直接搜索法主要有坐标轮换法(univariate search technique, cyclic coordinate method)、模式搜索法(pattern search method)、单纯形搜索法(simplex evolutionary method)、共轭方向法(conjugate direction method)等。与解析搜索法相比，直接搜索法一般计算简单，容易实现，但迭代次数比基于梯度的算法要多。

一、坐标轮换法

坐标轮换法又称变量轮换法，沿 n 个坐标轴方向轮流搜索最优点，在一次搜索中只沿一个坐标方向进行搜索。

n 阶单位矩阵 $\boldsymbol{I}$ 的 n 个列向量 $\boldsymbol{e}_i(i=1,2,\cdots,n)$ 构成了 n 维欧氏空间 E^n 的 n 个基。在坐标轮换法中，从初始点 $\boldsymbol{X}_0$ 开始，依次沿 $\boldsymbol{e}_i(i=1,2,\cdots,n)$ 方向进行一维搜索，根据

$$\min_h f\left(X_{i-1}+he_i\right)=f\left(X_{i-1}+h_ie_i\right) \tag{5-39}$$

确定 e_i 方向的最优步长 h_i，进而得到新点

$$X_i=X_{i-1}+h_i e_i \tag{5-40}$$

最后得到 X_n。若$\|X_n-X_0\|\leqslant\varepsilon_1$ 或$\|f(X_n)-f(X_0)\|\leqslant\varepsilon_2$ (ε_1，ε_2 为给定的迭代精度)，则迭代收敛；否则以 X_n 作为 X_0，重新按以上步骤进行搜索。

【例 5-15】 用坐标轮换法求解例 5-10 中的极小值问题，迭代精度 ε_2=0.0001。

解： $f(X)=x_1^2-x_1x_2+x_2^2-10x_1-4x_2$，取初始点 $X_0=(0,0)^T$，$f(X_0)=0$。

首先沿 $e_1=(1,0)^T$ 方向进行搜索：

$$X_0+he_1=(h,0)^T，f(X_0+he_1)=h^2-10h$$

令 $df(X_0+he_1)/dh=2h-10=0$，可得到 e_1 方向的最优步长 $h_1=5$，$X_1=(5,0)^T$，$f(X_1)=-25$。

然后沿 $e_2=(0,1)^T$ 方向进行搜索：

$$X_1+he_2=(5,h)^T，f(X_1+he_2)=h^2-9h-25$$

可得到 e_2 方向的最优步长 $h_1=4.5$，$X_2=(5,4.5)^T$，$f(X_2)=-45.25$。

重复以上迭代过程，经过 6 次迭代(表 5-6)，满足迭代精度要求，得到 $f(X)$ 的近似极小值点为 $X^*=(7.997,5.999)^T$，极小值 $f(X^*)=-51.99999$。

表 5-6　例 5-15 的坐标轮换法迭代过程

迭代次数	迭代方向	最优步长	x_1	x_2	$f(X)$
0	—	—	0	0	0
1	$e_1=(1,0)^T$	5	5	0	–25.0
	$e_2=(0,1)^T$	4.5	5	4.5	–45.25
2	$e_1=(1,0)^T$	2.25	7.25	4.5	–50.31250
	$e_2=(0,1)^T$	1.125	7.25	5.625	–51.57813
3	$e_1=(1,0)^T$	0.563	7.813	5.625	–51.89453
	$e_2=(0,1)^T$	0.281	7.813	5.906	–51.97363
4	$e_1=(1,0)^T$	0.141	7.953	5.906	–51.99341
	$e_2=(0,1)^T$	0.0703	7.953	5.977	–51.99835
5	$e_1=(1,0)^T$	0.0352	7.988	5.977	–51.99959
	$e_2=(0,1)^T$	0.0176	7.988	5.994	–51.99990
6	$e_1=(1,0)^T$	0.00879	7.997	5.994	–51.99997
	$e_2=(0,1)^T$	0.00439	7.997	5.999	–51.99999

坐标轮换法简单、直观，但由于该方法只能沿坐标轴方向搜索，不能斜向搜索，因此不适用于山脊型函数。

二、模式搜索法

模式搜索法又称模矢法、步长加速法，是由 Hooke 和 Jeeves 于 1961 年提出的一种直接搜索方法，是为改进坐标轮换法不能斜向搜索而设计的。该方法包括两种搜索方式，即试探

性搜索和模式搜索。试探性搜索利用坐标轮换法沿不同的坐标方向搜索，得到合适的搜索方向。例如对于二维问题，从 $\boldsymbol{X}_0$ 开始经过 $\boldsymbol{e}_1$、$\boldsymbol{e}_2$ 两个方向的搜索得到新点 $\boldsymbol{X}_1$(图 5-13)，显然点 $\boldsymbol{X}_1$ 优于 $\boldsymbol{X}_0$。然后进行模式搜索，即在 $\boldsymbol{X}_0$、$\boldsymbol{X}_1$ 连线方向向前移动相同的距离(步长加速)，得到 $\boldsymbol{Y}_1=2\boldsymbol{X}_1-\boldsymbol{X}_0$。以 $\boldsymbol{Y}_1$ 为起点进行试探性搜索，得到新点 $\boldsymbol{X}_2$，然后以 $\boldsymbol{X}_1$、$\boldsymbol{X}_2$ 连线方向进行模式搜索，就可以解决山脊型函数的问题。

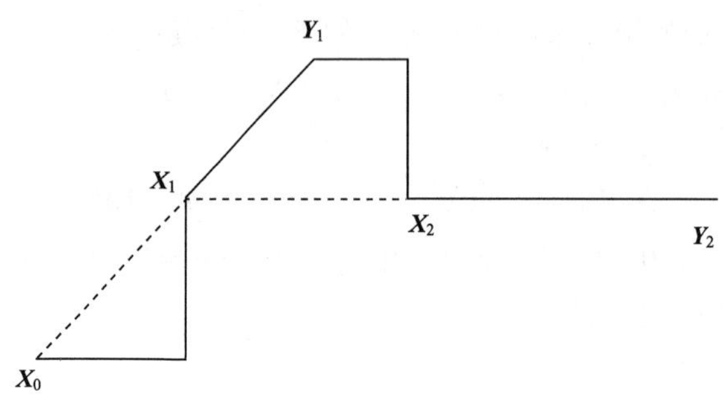

图 5-13　模式搜索法示意图

在试探性搜索中，各个坐标方向可以按一定的步长进行搜索，而不必考虑最优步长。当一次试探性搜索失败(即目标函数值不能改善)时，压缩步长(一般步长减半)，重新搜索，直至搜索步长小于给定的精度要求。

【例 5-16】　用模式搜索法求解例 5-10 中的极小值问题。

解：$f(\boldsymbol{X})=x_1^2-x_1x_2+x_2^2-10x_1-4x_2$，取初始点 $\boldsymbol{X}_0=(0,0)^{\mathrm{T}}$，步长 $\Delta\boldsymbol{X}=(2,2)^{\mathrm{T}}$，$f(\boldsymbol{X}_0)=0$。模式搜索法迭代过程如下。

(1) 以 $\boldsymbol{X}_0$ 为起点进行试探性搜索。首先固定 $x_2=0$，在 x_1 方向进行搜索，即 x_1 分别增减 Δx_1，计算相应的函数值，$f(2,0)=-16<0$，成功；$f(-2,0)=24>-16$，失败。然后以 $(2,0)^{\mathrm{T}}$ 为起点，固定 $x_1=2$，在 x_2 方向进行搜索：$f(2,2)=-24<-16$，成功；$f(2,-2)=0>-24$，失败。经过第一次试探性搜索，得到 $\boldsymbol{X}_1=(2,2)^{\mathrm{T}}$。

(2) 以 $\boldsymbol{X}_1=(2,2)^{\mathrm{T}}$ 为起点进行模式搜索。$\boldsymbol{Y}_1=2\boldsymbol{X}_1-\boldsymbol{X}_0=2\times(2,2)^{\mathrm{T}}-(0,0)^{\mathrm{T}}=(4,4)^{\mathrm{T}}$，$f(\boldsymbol{Y}_1)=-40<-24$，模式搜索成功。

(3) 以 $\boldsymbol{Y}_1=(4,4)^{\mathrm{T}}$ 为起点进行试探性搜索。固定 $x_2=4$，在 x_1 方向进行搜索：$f(6,4)=-48<-40$，成功；$f(2,4)=-24>-48$，失败。然后以 $(6,4)^{\mathrm{T}}$ 为起点，固定 $x_1=6$，在 x_2 方向进行搜索：$f(6,6)=-48=f(6,4)$，$f(6,2)=-40>-48$，失败；在 x_2 方向步长减半，即 $\Delta\boldsymbol{X}=(2,1)^{\mathrm{T}}$，$f(6,5)=-49<-48$，成功，$f(6,3)=-45>-49$，失败。得到 $\boldsymbol{X}_2=(6,5)^{\mathrm{T}}$。

(4) 以 $\boldsymbol{X}_2=(6,5)^{\mathrm{T}}$ 为起点进行模式搜索。$\boldsymbol{Y}_2=2\boldsymbol{X}_2-\boldsymbol{X}_1=2\times(6,5)^{\mathrm{T}}-(2,2)^{\mathrm{T}}=(10,8)^{\mathrm{T}}$，$f(\boldsymbol{Y}_2)=-48>-49$，模式搜索失败。

(5) 以 $\boldsymbol{X}_2=(6,5)^{\mathrm{T}}$ 为起点进行试探性搜索。固定 $x_2=5$，在 x_1 方向进行搜索：$f(8,5)=-51<-49$，成功；$f(4,5)=-39>-51$，失败。然后以 $(8,5)^{\mathrm{T}}$ 为起点，固定 $x_1=8$，在 x_2 方向进行搜索：$f(8,6)=-52<-51$，成功；$f(8,4)=-48>-52$，失败。得到 $\boldsymbol{X}_3=(8,6)^{\mathrm{T}}$。

继续进行搜索，即使步长减小也不能找到更好的点，因此，最小点为 $\boldsymbol{X}^*=(8,6)^{\mathrm{T}}$，$f^*=-52$。

三、单纯形搜索法

单纯形搜索法又称单纯形调优法、可变多面体法，是由 Nelder 和 Mead 提出的一种求解非线性规划的直接搜索法。前述各方法均利用一个初始点进行搜索，而单纯形搜索法利用 $n+1$ 个初始点，这 $n+1$ 个点构成了 n 维欧氏空间 E^n 中的一个凸多面体，称为单纯形。单纯形搜索法的基本思路是给定 n 维欧氏空间 E^n 中的一个单纯形，求出其 $n+1$ 个顶点上的函数值，并确定其最大值、次大值、最小值；然后通过反射、扩张、收缩、缩边等方法求得一个较好的点取代最大值点，构成新的单纯形；通过迭代逐步逼近最优点。

单纯形搜索法的计算步骤如下。

(1) 迭代次数 $k=0$，确定初始单纯形 $\boldsymbol{X}_i^{(k)}$，$i=0,1,\cdots,n$。首先确定 $\boldsymbol{X}_0^{(k)}$，然后利用

$$\boldsymbol{X}_i^{(k)}=\boldsymbol{X}_0^{(k)}+h_i\boldsymbol{e}_i,\quad i=1,2,\cdots,n \tag{5-41}$$

得到其余 n 个顶点，式中：$h_i>0$；$\boldsymbol{e}_i$ 为坐标轴 i 方向的单位向量。

(2) 计算各顶点函数值 $f_i=f(\boldsymbol{X}_i^{(k)})$，确定其最小点 $\boldsymbol{X}_{\mathrm{L}}$、最大点 $\boldsymbol{X}_{\mathrm{H}}$、次大点 $\boldsymbol{X}_{\mathrm{G}}$ 及相应的函数值：

$$f_{\mathrm{L}}=f\left(\boldsymbol{X}_{\mathrm{L}}\right)=\min_{0\leqslant i\leqslant n}\left\{f_i\right\} \tag{5-42a}$$

$$f_{\mathrm{H}}=f\left(\boldsymbol{X}_{\mathrm{H}}\right)=\max_{0\leqslant i\leqslant n}\left\{f_i\right\} \tag{5-42b}$$

$$f_{\mathrm{G}}=f\left(\boldsymbol{X}_{\mathrm{G}}\right)=\max_{0\leqslant i\leqslant n,i\neq\mathrm{H}}\left\{f_i\right\} \tag{5-42c}$$

找出最大点 $\boldsymbol{X}_{\mathrm{H}}$ 以外其余 n 个顶点的形心：

$$\boldsymbol{X}_{\mathrm{C}}=\frac{1}{n}\left[\sum_{i=0}^{n}\boldsymbol{X}_i^{(k)}-\boldsymbol{X}_{\mathrm{H}}\right] \tag{5-43}$$

(3) 判断收敛精度，对于给定的精度 ε，如果

$$\frac{1}{n+1}\sum_{i=0}^{n}\left[\boldsymbol{X}_i^{(k)}-\boldsymbol{X}_{\mathrm{C}}\right]^2\leqslant\varepsilon^2 \tag{5-44}$$

则迭代收敛，以 $\boldsymbol{X}_{\mathrm{L}}$ 作为最小点；否则继续进行迭代。

(4) 反射，从直观上看，$\boldsymbol{X}_{\mathrm{H}}$，$\boldsymbol{X}_{\mathrm{C}}$ 的连线方向可能是目标函数下降较快的方向，因此，以 $\boldsymbol{X}_{\mathrm{C}}-\boldsymbol{X}_{\mathrm{H}}$ 为搜索方向，将 $\boldsymbol{X}_{\mathrm{H}}$ 对 $\boldsymbol{X}_{\mathrm{C}}$ 反射，得到反射点

$$\boldsymbol{X}_{\mathrm{R}}=\boldsymbol{X}_{\mathrm{C}}+\alpha(\boldsymbol{X}_{\mathrm{C}}-\boldsymbol{X}_{\mathrm{H}})=(1+\alpha)\boldsymbol{X}_{\mathrm{C}}-\alpha\boldsymbol{X}_{\mathrm{H}} \tag{5-45}$$

式中：$\alpha>0$ 为反射系数，一般取 $\alpha=1$（此时 $\boldsymbol{X}_{\mathrm{R}}$ 为 $\boldsymbol{X}_{\mathrm{H}}$ 关于 $\boldsymbol{X}_{\mathrm{C}}$ 的对称点）。计算 $f_{\mathrm{R}}=f(\boldsymbol{X}_{\mathrm{R}})$，然后根据不同情况，分别利用(5)、(6)、(7)确定一个点取代最大点 $\boldsymbol{X}_{\mathrm{H}}$。

(5) 扩张，如果反射点目标函数值 f_{R} 小于当前最小值 f_{L}，即 $f_{\mathrm{R}}<f_{\mathrm{L}}$，则进一步沿 $\boldsymbol{X}_{\mathrm{R}}-\boldsymbol{X}_{\mathrm{C}}$ 方向向外扩张，得到扩展点

$$\boldsymbol{X}_{\mathrm{E}}=\boldsymbol{X}_{\mathrm{C}}+\gamma(\boldsymbol{X}_{\mathrm{R}}-\boldsymbol{X}_{\mathrm{C}})=(1-\gamma)\boldsymbol{X}_{\mathrm{C}}+\gamma\boldsymbol{X}_{\mathrm{R}} \tag{5-46}$$

式中：$\gamma>1$ 为扩张系数，一般取 $\gamma=2$。计算 $f_{\mathrm{E}}=f(\boldsymbol{X}_{\mathrm{E}})$，如果 $f_{\mathrm{E}}<f_{\mathrm{L}}$，则扩张成功，以扩展点 $\boldsymbol{X}_{\mathrm{E}}$ 取代最大点 $\boldsymbol{X}_{\mathrm{H}}$；否则以反射点取代 $\boldsymbol{X}_{\mathrm{H}}$。得到新的单纯形。转步骤(2)。

(6) 收缩，如果反射点函数值 f_{R} 大于次大值 f_{G}，即 $f_{\mathrm{R}}>f_{\mathrm{G}}$，说明反射点函数值较大，应进行收缩，收缩点为

$$X_S = X_H + \beta(X_R - X_H) = (1-\beta)X_H + \beta X_R \tag{5-47}$$

式中：收缩系数 $0<\beta<1$，$\beta\neq 0.5$(以保证 X_S 不同于 X_C 而使单纯形降维)。如果 $f_R>f_H$，则收缩点应取在 X_H，X_C 之间，$0<\beta<0.5$，一般取 $\beta=0.25$；否则收缩点应取在 X_C，X_R 之间，$0.5<\beta<1$，一般取 $\beta=0.75$，计算 $f_S=f(X_S)$，如果 $f_S<f_G$，则收缩成功，以收缩点 X_S 取代最大点 X_H，得到新的单纯形；否则进行缩边，向当前最小点 X_L 靠近：

$$X_i^{(k+1)} = X_L + 0.5(X_i^{(k)} - X_L) = (X_L + X_i^{(k)})/2 \tag{5-48}$$

得到新的单纯形。转步骤(2)。

(7)对于其他情况，以反射点 X_R 取代最大点 X_H，得到新的单纯形，转步骤(2)。

【例 5-17】　用单纯形搜索法求解例 5-10 中的极小值问题。

解：$f(X)=x_1^2-x_1x_2+x_2^2-10x_1-4x_2$，取初始点 $X_0=(0,0)^T$，$X_1=(3,0)^T$，$X_2=(0,3)^T$，反射系数 $\alpha=1$，扩张系数 $\gamma=2$。单纯形搜索法的前几次迭代结果见表 5-10，迭代过程说明如下。

第 1 次迭代：顶点函数值分别为 $f_0=0$，$f_1=-21$，$f_2=-3$，故 $X_L=X_1$，$f_L=-21$；$X_G=X_2$，$f_G=-3$；$X_H=X_0$，$f_H=0$。X_H 以外两个顶点的形心为 $X_C=(X_1+X_2)/2=(1.5,1.5)^T$，反射点 $X_R=2X_C-X_H=(3,3)^T$，$f_R=-33$。由于 $f_R<f_L$，可以进行扩张，扩展点为 $X_E=2X_R-X_C=(4.5,4.5)^T$，$f_E=-42.75<f_L$。以 X_E 取代 X_H，得到新的单纯形。

第 2 次迭代：反射点 $X_R=2X_C-X_H=(7.5,1.5)^T$，$f_R=-33.75$。由于 $f_R<f_G$，以 X_R 取代 X_H，得到新的单纯形。

第 3 次迭代：反射点 $X_R=2X_C-X_H=(9,6)^T$，$f_R=-51$。由于 $f_R<f_L$，可以进行扩张，扩展点为 $X_E=2X_R-X_C=(12,9)^T$，$f_E=-39>f_L$。以 X_R 取代 X_H，得到新的单纯形。

第 4 次迭代：反射点 $X_R=2X_C-X_H=(6,6)^T$，$f_R=-33$。由于 $f_R>f_H$，需要进行收缩，收缩点为 $X_S=(1-0.25)X_H+0.25X_R=(7.125,3.375)^T$，$f_S=-46.641<f_C$。以 X_S 取代 X_H，得到新的单纯形。

第 5 次迭代：反射点 $X_R=2X_C-X_H=(11.625,4.875)^T$，$f_R=-33.516$。由于 $f_R>f_H$，需要进行收缩，收缩点为 $X_S=(1-0.25)X_H+0.25X_R=(6.281,4.594)^T$，$f_S=-49.485<f_C$。以 X_S 取代 X_H，得到新的单纯形。

第 6 次迭代：反射点 $X_R=2X_C-X_H=(8.156,7.219)^T$，$f_R=-50.681<f_G$，以 X_R 取代 X_H，得到新的单纯形。

经过几次迭代以后(表 5-7)，单纯形逐步向最优点 $(8,6)^T$ 靠近，如果继续迭代，可进一步逼近最优点。

单纯形搜索法在开始搜索阶段效率较高，但在最优点附近收敛速度较慢。因此该方法可用于搜索的开始阶段。

表 5-7　例 5-17 的单纯形搜索法迭代过程

k	x,f	X_0	X_1	X_2	最小点	次大点	最大点	形心	反射点	扩展点	收缩点
	x_1	0	3	0	3	0	0	1.5	3	4.5	
1	x_2	0	0	3	0	3	0	1.5	3	4.5	
	$f(X)$	0	−21	−3	−21	−3	0	−18.75	−33	−42.75	
	x_1	4.5	3	0	4.5	3	0	3.75	7.5		
2	x_2	4.5	0	3	4.5	0	3	2.25	1.5		
	$f(X)$	−42.75	−21	−3	−42.75	−21	−3	−35.813	−33.75		

续表

k	x,f	X_0	X_1	X_2	最小点	次大点	最大点	形心	反射点	扩展点	收缩点
3	x_1	4.5	3	7.5	4.5	7.5	3	6	9	12	
	x_2	4.5	0	1.5	4.5	1.5	0	3	6	9	
	$f(X)$	−42.75	−21	−33.75	−42.75	−33.75	−21	−45	−51	−39	
4	x_1	4.5	9	7.5	9	4.5	7.5	6.75	6		7.125
	x_2	4.5	6	1.5	6	4.5	1.5	5.25	9		3.375
	$f(X)$	−42.75	−51	−33.75	−51	−42.75	−33.75	−50.813	−33		−46.641
5	x_1	4.5	9	7.125	9	7.125	4.5	8.063	11.625		6.281
	x_2	4.5	6	3.375	6	3.375	4.5	4.688	4.875		4.594
	$f(X)$	−42.75	−51	−46.641	−51	−46.641	−42.75	−50.191	−33.516		−49.485
6	x_1	6.281	9	7.125	9	6.281	7.125	7.641	8.156		
	x_2	4.594	6	3.375	6	4.594	3.375	5.297	7.219		
	$f(X)$	−49.485	−51	−46.641	−51	−49.485	−46.641	−51.629	−50.681		

四、共轭方向法

共轭方向法又称 Powell 法，是直接搜索法中比较有效的一种方法。在共轭梯度法中，利用当前点的负梯度方向与前一次搜索方向的线性组合来得到共轭方向，需要用到目标函数的梯度。而在共轭方向法中，则从 n 个线性无关的方向出发通过迭代逐步得到 n 个共轭方向，迭代过程中只用到目标函数值。

共轭方向法的迭代步骤如下。

(1) 迭代次数 k=1，初始点 $\boldsymbol{X}_{k,0}$，初始方向 $\boldsymbol{S}_{k,i}$ 一般取 n 个坐标轴方向 $\boldsymbol{e}_i$，$i=1,2,\cdots,n$。

(2) 从 $\boldsymbol{X}_{k,0}$ 出发，依次沿 $\boldsymbol{S}_{k,i}\,(i=1,2,\cdots,n)$ 方向进行一维搜索，得到各方向上的极小点 $\boldsymbol{X}_{k,i}$，最后一点为 $\boldsymbol{X}_{k,n}$。

(3) 计算第 k 次迭代中各方向上目标函数的下降值，并找出其中的最大值 $\Delta_{k,m}$：

$$\Delta_{k,m}=\max_{i=1,2,\cdots,n}[f(\boldsymbol{X}_{k,i-1})-f(\boldsymbol{X}_{k,i})] \tag{5-49}$$

相应的方向为 $\boldsymbol{S}_{k,m}=\boldsymbol{X}_{k,m}-\boldsymbol{X}_{k,m-1}$。

(4) 取共轭方向：

$$\boldsymbol{S}_{k,n+1}=\boldsymbol{X}_{k,n}-\boldsymbol{X}_{k,0} \tag{5-50}$$

计算反射点：

$$\boldsymbol{X}_{k,r}=2\boldsymbol{X}_{k,n}-\boldsymbol{X}_{k,0} \tag{5-51}$$

(5) 记 $f_0=f(\boldsymbol{X}_{k,0})$，$f_n=f(\boldsymbol{X}_{k,n})$，$f_r=f(\boldsymbol{X}_{k,r})$。如果式(5-52)和式(5-53)同时满足，

$$f_r<f_0 \tag{5-52}$$

$$(f_0-2f_n+f_r)(f_0-f_n-\Delta_{k,m})^2<\Delta_{k,m}(f_0-f_r)^2/2 \tag{5-53}$$

则以 $\boldsymbol{X}_{k,n}$ 为起点沿 $\boldsymbol{S}_{k,n+1}$ 方向进行一维搜索，得到极小点 $\boldsymbol{X}_{k,n+1}$。以 $\boldsymbol{X}_{k+1,0}=\boldsymbol{X}_{k,n+1}$ 作为下一次迭代的起点，以 $\boldsymbol{S}_{k,n+1}$ 替代 $\boldsymbol{S}_{k,m}$ 得到新的搜索方向组

$$(\boldsymbol{S}_{k+1,1},\boldsymbol{S}_{k+1,2},\cdots,\boldsymbol{S}_{k+1,n})=(\boldsymbol{S}_{k,1},\boldsymbol{S}_{k,2},\cdots,\boldsymbol{S}_{k,m-1},\boldsymbol{S}_{k,m+1},\cdots,\boldsymbol{S}_{k,n},\boldsymbol{S}_{k,n+1}) \tag{5-54}$$

否则，若条件[式(5-52)和式(5-53)]不全满足，则取 $\boldsymbol{X}_{k+1,0}=\boldsymbol{X}_{k,n}$ 作为下一次迭代的起点，搜索方向不变，$\boldsymbol{S}_{k+1,i}=\boldsymbol{S}_{k,i}$，$i=1,2,\cdots,n$。

(6)检验收敛条件：如果

$$|\boldsymbol{X}_{k,i}-\boldsymbol{X}_{k,i-1}|\leqslant\varepsilon,\quad i=1,2,\cdots,n \tag{5-55}$$

则迭代收敛；否则 $k+1\rightarrow k$，转步骤(2)进行新一轮迭代。对于 n 维二次函数，经过 n 轮迭代可以找到最优解；对于非二次函数，可以逐步逼近最优解。

【例 5-18】 利用共轭方向法求解例 5-10 中的极小值问题。

解：$f(\boldsymbol{X})=x_1^2-x_1x_2+x_2^2-10x_1-4x_2$，共轭方向法迭代过程如下。

第 1 次迭代：初始点 $\boldsymbol{X}_{1,0}=(0,0)^{\mathrm{T}}$，$f_0=f(\boldsymbol{X}_{1,0})=0$，搜索方向取坐标轴方向 $\boldsymbol{S}_{1,1}=(1,0)^{\mathrm{T}}$，$\boldsymbol{S}_{1,2}=(0,1)^{\mathrm{T}}$，从表 5-9 可知，$\boldsymbol{X}_{1,1}=(5,0)^{\mathrm{T}}$，$f(\boldsymbol{X}_{1,1})=-25$；$\boldsymbol{X}_{1,2}=(5,4.5)^{\mathrm{T}}$，$f_2(\boldsymbol{X}_{1,2})=-45.25$。

各方向上函数值降低值分别为 25，20.25，最大降低为 $\Delta_{1,1}=25$，相应的方向为 $\boldsymbol{S}_{1,1}$。

反射点 $\boldsymbol{X}_{1,r}=2\boldsymbol{X}_{1,2}-\boldsymbol{X}_{1,0}=(10,9)^{\mathrm{T}}$，$f_r=f(\boldsymbol{X}_{1,r})=-45$。

经检验，条件[式(5-52)和式(5-53)]均满足，以 $\boldsymbol{X}_{1,2}$ 为起点，$\boldsymbol{S}_{1,3}=\boldsymbol{X}_{1,2}-\boldsymbol{X}_{1,0}=(5,4.5)^{\mathrm{T}}$ 方向进行一维搜索：

$$\boldsymbol{X}_{1,2}+h\boldsymbol{S}_{1,3}=(5+5h,4.5+4.5h)^{\mathrm{T}}=(1+h)(5,4.5)^{\mathrm{T}}$$

$$f(\boldsymbol{X}_{1,2}+h\boldsymbol{S}_{1,3})=22.75(1+h)^2-68(1+h)$$

当 $h=68/2/22.75-1=0.495$ 时，$f(\boldsymbol{X}_{1,2}+h\boldsymbol{S}_{1,3})$ 达到最小值，故 $\boldsymbol{X}_{1,3}=(1+h)(5,4.5)^{\mathrm{T}}=(7.473,6.725)^{\mathrm{T}}$，$f(\boldsymbol{X}_{1,3})=-50.813$。

第 2 次迭代：初始点 $\boldsymbol{X}_{2,0}=\boldsymbol{X}_{1,3}=(7.473,6.725)^{\mathrm{T}}$，$f_0=f(\boldsymbol{X}_{2,0})=-50.813$，搜索方向 $\boldsymbol{S}_{2,1}=\boldsymbol{S}_{1,2}=(0,1)^{\mathrm{T}}$，$\boldsymbol{S}_{2,2}=\boldsymbol{S}_{1,3}=(5,4.5)^{\mathrm{T}}$。

沿 $\boldsymbol{S}_{2,1}$ 方向搜索，得到 $\boldsymbol{X}_{2,1}=(7.473, 5.736)^{\mathrm{T}}$，$f(\boldsymbol{X}_{2,1})=-51.791$。

沿 $\boldsymbol{S}_{2,2}$ 方向搜索，得到 $\boldsymbol{X}_{2,2}=(7.907, 6.28)^{\mathrm{T}}$，$f(\boldsymbol{X}_{2,2})=-51.963$。

各方向上函数值降低值分别为 0.978，0.172，最大降低为 $\Delta_{2,1}=0.978$，对应方向为 $\boldsymbol{S}_{2,1}$。

反射点 $\boldsymbol{X}_{2,r}=2\boldsymbol{X}_{2,2}-\boldsymbol{X}_{2,0}=(8.342,\ 5.530)^{\mathrm{T}}$，$f_r=f(\boldsymbol{X}_{0,r})=-51.501$。

经检验，条件[式(5-52)和式(5-53)]均满足，以 $\boldsymbol{X}_{2,2}$ 为起点，沿 $\boldsymbol{S}_{2,3}=\boldsymbol{X}_{2,2}-\boldsymbol{X}_{2,0}=(0.435,-0.598)^{\mathrm{T}}$ 方向进行一维搜索，得到最优步长为 0.213，$\boldsymbol{X}_{3,3}=(8,6)^{\mathrm{T}}$，$f(\boldsymbol{X}_{3,3})=-52$，即为最优解。

第五节　有约束非线性规划的求解方法

约束非线性规划可以分为等式约束、不等式约束(至少有一个约束条件为不等式)两种情况，其模型分别为

$$\min f(\boldsymbol{X}),\quad h_i(\boldsymbol{X})=0,\quad i=1,2,\cdots,m \tag{5-56}$$

$$\min f(\boldsymbol{X}),\quad h_i(\boldsymbol{X})=0\ (i=1,2,\cdots,m),\quad g_j(\boldsymbol{X})\geqslant 0\ (j=1,2,\cdots,p) \tag{5-57}$$

根据目标函数及约束条件的特点，可以用不同的方法求解约束非线性规划，主要的方法及其特点见表 5-8。本节只介绍其中部分常用的方法，其他方法可参考有关文献。

表 5-8　有约束非线性规划的主要求解方法

序号	类型	求解方法	应用条件	说明
1	解析法	消元法	等式约束	利用 m 个等式约束消除 m 个变量，将约束问题转化为无约束问题
		拉格朗日乘子法		引入拉格朗日乘子将约束问题转化为拉格朗日函数的无约束问题(不等式约束需先加入松弛变量转化为等式约束)
		Kuhn-Tucker 法		利用约束极值的最优性条件(Kuhn-Tucker 条件、二阶必要条件)求解 NLP
2	罚函数法	内点法	不等式约束	利用序列最小化技术(SUMT)将约束极值问题转化为一系列无约束极值问题来求解
		外点法		
		混合法		
3	直接搜索法	复合形法	不等式约束	对无约束 NLP 的单纯形搜索法进行修正，使其适用于不等式约束问题
		随机搜索法	不等式约束	随机生成一系列试验点，通过可行点函数值的比较找出最优点
4	线性化方法	直接使用线性规划	比较适合于线性约束情况	将 $f(\boldsymbol{X})$ 在可行点 $\boldsymbol{X}_k$ 线性展开，求解相应的 LP 问题，其最优解为 $\boldsymbol{X}_k^*$，在 $\boldsymbol{X}_k\boldsymbol{X}_k^*$ 方向上进行一维搜索：$\min f(\boldsymbol{X})$，得到 $\boldsymbol{X}_{k+1}$；继续迭代直至满足收敛精度
		可分规划	目标、约束函数可分*	将非线性的目标函数、约束函数分段线性化，用单纯形法求解
5	基于线性化的方向产生法	可行方向法	线性约束：$\boldsymbol{AX}=\boldsymbol{b}$，$\boldsymbol{X}\geqslant 0$	在目标函数下降的可行方向上进行搜索，得到新的近似最优点
		简约梯度法		对于一个基可行解，将基变量 $\boldsymbol{X}_B$ 用非基变量 $\boldsymbol{X}_N$ 表示，得到仅含非基变量的目标函数 $f(\boldsymbol{X})=F(\boldsymbol{X}_N)$，用梯度法对 $F(\boldsymbol{X}_N)$ 寻优，得到新解；通过一系列迭代逼近最优点
		广义简度法		将简约梯度法推广至能求解非线性约束
		梯度投影法		以负梯度方向在约束面上的投影方向作为搜索放向
6	二次逼近	直接序列二次规划法		将目标、约束函数在可行点 $\boldsymbol{X}_k$ 分别二次、线性展开，求解相应的二次规划问题，得到 $\boldsymbol{X}_{k+1}$；继续迭代直至满足收敛精度
		拉格朗日函数二次逼近方法		将 Kuhn-Tucker 法中的拉格朗日函数用二次函数逼近，其余同直接序列二次规划法
		约束变尺度法		利用无约束搜索法中拟牛顿法的思路，用适合的修正式来逼近拉格朗日函数的海塞矩阵

*可分函数是指一个函数可以表示为单变量函数之和。

一、约束非线性规划的可行方向与起作用约束

在 NLP 极小点的搜索过程中，通常是沿着目标函数值下降的方向(可行方向)进行搜索的。由于约束条件的限制，无约束 NLP 的搜索方向(如负梯度方向)在用于约束 NLP 时不一定可行，因此在约束 NLP 进行搜索时需要确定可行的搜索方向。

假设 $\boldsymbol{R}$ 为 NLP 模型[式(5-56)]中约束条件所形成的可行域。对于一个可行点 $\boldsymbol{X}_0\in\boldsymbol{R}$ 及方向 $\boldsymbol{D}$，如果存在 $\lambda_0>0$，对任意 $0\leqslant\lambda\leqslant\lambda_0$，$\boldsymbol{X}_0+\lambda\boldsymbol{D}\in\boldsymbol{R}$，则称 $\boldsymbol{D}$ 为点 $\boldsymbol{X}_0$ 处的可行方向(feasible direction)。对于可微函数 $f(\boldsymbol{X})$，将 $f(\boldsymbol{X}_0+\lambda\boldsymbol{D})$ 在 $\boldsymbol{X}_0$ 处一阶泰勒展开，得到

$f(\boldsymbol{X}_0+\lambda\boldsymbol{D})\approx f(\boldsymbol{X}_0)+\lambda[\nabla f(\boldsymbol{X}_0)]^{\mathrm{T}}\boldsymbol{D}$，如果

$$[\nabla f(\boldsymbol{X}_0)]^{\mathrm{T}}\boldsymbol{D}<0 \tag{5-58}$$

则 $\boldsymbol{D}$ 为一下降方向，此时 $\boldsymbol{D}$ 与 $\nabla f(\boldsymbol{X}_0)$ 的夹角应为钝角。

若 $\boldsymbol{X}_0\in R$，则 $\boldsymbol{X}_0$ 满足所有的等式约束 $h_i(\boldsymbol{X})=0$，$i=1,2,\cdots,m$；对于不等式约束 $g_j(\boldsymbol{X})\geqslant 0$，则存在以下两种可能。

(1) $g_j(\boldsymbol{X}_0)>0$：对于 $g_j(\boldsymbol{X})\geqslant 0$ 所形成的可行域边界来说，点 $\boldsymbol{X}_0$ 落在可行域内部，此时该约束对 $\boldsymbol{X}_0$ 处不起作用，称之为不起作用约束(inactive constraint, nonbinding constraint)。

(2) $g_j(\boldsymbol{X}_0)=0$：点 $\boldsymbol{X}_0$ 位于可行域边界上，称约束 $g_j(\boldsymbol{X})\geqslant 0$ 为起作用约束或紧约束(active constraint, binding constraint)。对于点 $\boldsymbol{X}$ 处起作用的不等式约束，其下标 j 所构成的集合记为

$$A(\boldsymbol{X})=\{j|g_j(\boldsymbol{X})=0, j=1,2,\cdots,p) \tag{5-59}$$

显然，等式约束均为起作用约束。

对于可行域内的点，可行方向不受限制，取一下降方向搜索即可。但可行域边界 $g_j(\boldsymbol{X}_0)=0$ 上的点受到约束条件 $g_j(\boldsymbol{X}_0)\geqslant 0$ 的限制，可行方向 $\boldsymbol{D}$ 应该取 $g_j(\boldsymbol{X})$ 增加的方向，此时 $\boldsymbol{D}$ 与 $\nabla g_j(\boldsymbol{X}_0)$ 的夹角 θ 应为锐角，即

$$[\nabla g(\boldsymbol{X}_0)]^{\mathrm{T}}\boldsymbol{D}=\|\nabla g(\boldsymbol{X}_0)\|\|\boldsymbol{D}\|\cos\theta>0 \tag{5-60}$$

因此，约束 NLP 的搜索方向应该同时是可行方向与下降方向，即同时满足式(5-58)与式(5-60)，搜索方向与目标函数梯度的夹角为钝角，而与起作用约束函数梯度的夹角为锐角。如果 $\boldsymbol{X}_0$ 是极小点，则 $\boldsymbol{X}_0$ 处所有可行方向 $\boldsymbol{D}$ 与 $\nabla f(\boldsymbol{X}_0)$ 的夹角小于 90°。

二、拉格朗日乘子法

对于等式约束 NLP 模型[式(5-56)]，通过构造拉格朗日函数

$$L(\boldsymbol{X},\boldsymbol{\lambda})=f(\boldsymbol{X})+\sum_{i=1}^{m}\boldsymbol{\lambda}_i h_i(\boldsymbol{X})=f(\boldsymbol{X})+\boldsymbol{\lambda}^{\mathrm{T}}h(\boldsymbol{X}) \tag{5-61}$$

可将有约束极值问题转化为 $L(\boldsymbol{X},\lambda)$ 的无约束极值问题，式中：$\boldsymbol{\lambda}=(\lambda_1,\lambda_2,\cdots,\lambda_m)^{\mathrm{T}}$ 称为拉格朗日乘子，这一求解约束非线性规划的方法称为拉格朗日乘子法。

如果约束条件为不等式约束 $g_j(\boldsymbol{X})\geqslant 0$，$j=1,2,\cdots,p$，需要先引入松弛变量 $\boldsymbol{\theta}_j^2$ 将不等式约束转化为等式约束，即

$$g_j(\boldsymbol{X})-\boldsymbol{\theta}_j^2=0,\ j=1,2,\cdots,p \tag{5-62}$$

相应的拉格朗日函数为

$$L(\boldsymbol{X},\boldsymbol{\lambda},\boldsymbol{\theta})=f(\boldsymbol{X})+\sum_{j=1}^{p}\boldsymbol{\lambda}_j(g_j(\boldsymbol{X})-\boldsymbol{\theta}_j^2) \tag{5-63}$$

根据函数极值的必要条件，得到

$$\frac{\partial L}{\partial x_i}=\frac{\partial f}{\partial x_i}+\sum\nolimits_{j=1}^{p}\boldsymbol{\lambda}_i\frac{\partial g_i}{\partial x_i}=0, i=1,2,\cdots,n \tag{5-64a}$$

$$\frac{\partial L}{\partial \boldsymbol{\lambda}_j}=g_j(\boldsymbol{X})-\boldsymbol{\theta}_j^2=0, j=1,2,\cdots,p \tag{5-64b}$$

$$\frac{\partial L}{\partial \boldsymbol{\theta}_j} = -2\boldsymbol{\lambda}_j\boldsymbol{\theta}_j = 0, j = 1,2,\cdots,p \tag{5-64c}$$

假设方程组[式(5-64)]的解为$(\boldsymbol{X}^*,\boldsymbol{\lambda}^*,\boldsymbol{\theta}^*)$。根据式(5-64c)，$\boldsymbol{\lambda}_j^*$，$\boldsymbol{\theta}_j^*$中至少有一个为 0，可能出现以下三种情况。

(1) $\boldsymbol{\lambda}_j^*=0$，$\boldsymbol{\theta}_j^*\neq0$。根据式(5-64b)，$g_j(\boldsymbol{X})=\boldsymbol{\theta}_j^2>0$，即相应的不等式约束 $g_j(\boldsymbol{X})\geqslant0$ 不起作用。如果所有的 $\boldsymbol{\lambda}_j^*=0$，$j=1, 2,\cdots,p$，则式(5-64a)可简化为$\nabla f\left(\boldsymbol{X}^*\right)=0$，为无约束极值的必要条件，这种情况下，约束极值点在可行域内部，与无约束极值点相同。

(2) $\boldsymbol{\lambda}_j^*\neq0$，$\boldsymbol{\theta}_j^*=0$。根据式(5-64b)，$g_j(\boldsymbol{X})=0$，极值点位于不等式约束 $g_j(\boldsymbol{X})\geqslant0$ 的边界上，该极值点不满足$\nabla f\left(\boldsymbol{X}^*\right)=0$。

(3) $\boldsymbol{\lambda}_j^*=0$，$\boldsymbol{\theta}_j^*=0$。此时 $g_j(\boldsymbol{X})=0$，相应的约束为起作用约束。如果所有的 $\boldsymbol{\lambda}_j^*=0$，$j=1, 2,\cdots,p$，则$\nabla f\left(\boldsymbol{X}^*\right)=0$，无约束极值点位于约束边界上。

【例 5-19】　对于例 5-7 中的模型[式(5-19)]，如果将变量 x 的取值范围 $1\leqslant x\leqslant5$ 视为两个约束条件：$x\geqslant1$，$x\leqslant5$，利用拉格朗日乘子法求解该问题。

解：该问题的拉格朗日函数为

$$L(x,\lambda,\theta)=16/x+x^2+\lambda_1(x-1-\theta_1^2)+\lambda_2(x-5+\theta_2^2) \tag{5-65a}$$

其稳定点(驻点)满足：

$$\partial L/\partial x=-16/x^2+2x+\lambda_1+\lambda_2=0 \tag{5-65b}$$

$$\partial L/\partial \lambda_1=x-1-\theta_1^2=0 \tag{5-65c}$$

$$\partial L/\partial \lambda_2=x-5+\theta_2^2=0 \tag{5-65d}$$

$$\partial L/\partial \theta_1=-2\lambda_1\theta_1=0 \tag{5-65e}$$

$$\partial L/\partial \theta_2=2\lambda_2\theta_2=0 \tag{5-65f}$$

根据式(5-65e)和式(5-65f)，λ_1，θ_1 中至少有一个为 0，λ_2，θ_2 中至少有一个为 0，存在以下四种组合。

(1) $\lambda_1=0$，$\lambda_2=0$。此时两个约束条件均不起作用，由式(5-65b)可得到$-16/x^2+2x=0$，$x^*=2$，$f(x^*)=12$。

(2) $\lambda_1=0$，$\theta_2=0$。此时约束条件 $x\geqslant1$ 不起作用，由式(5-65d)可得到 $x=5$，由式(5-65b)和式(5-65c)可得到 $\lambda_2=-9.36$，$\theta_1^2=4$，$f(5)=28.2$，$x=5$ 为边界点(极大点)。

(3) $\theta_1=0$，$\lambda_2=0$。此时约束条件 $x\leqslant5$ 不起作用，由式(5-65c)可得到 $x=1$，由式(5-65b)和式(5-65d)可得到 $\lambda_1=14$，$\theta_2^2=4$，$f(1)=17$，$x=1$ 为边界点(局部极大点)。

(4) $\theta_1=0$，$\theta_2=0$。此时式(5-65c)和式(5-65d)矛盾。

故极小点为 $x^*=2$，$f(x^*)=12$。

三、约束极值的最优性理论(Kuhn-Tucker 理论)

在拉格朗日乘子法中，通过引入剩余变量将不等式约束转化为等式约束，从而利用拉格朗日函数求解约束 NLP 模型。当不等式约束较多时，求解比较困难。Kuhn-Tucker 条件(简写为 K-T 条件，或称 Karush-Kuhn-Tucker 条件)则将等式约束的拉格朗日乘子法推广到不等式约束，而不必加入剩余变量。

Kuhn-Tucker 条件是非线性规划最重要的理论成果之一，可用于含有等式约束和不等式约束的一般 NLP 模型。K-T 条件是确定约束极值点的必要条件，对于凸规划来说同时也是充分条件。

(一) K-T 条件(约束极值点的一阶必要条件)

对于含有不等式约束的 NLP 模型[式(5-57)]，定义拉格朗日函数

$$L(\boldsymbol{X},\boldsymbol{\lambda},\boldsymbol{\gamma})=f(\boldsymbol{X})-\sum_{i=1}^{m}\lambda_i h_i(\boldsymbol{X})-\sum_{j=1}^{p}\gamma_j g_j(\boldsymbol{X}) \tag{5-66}$$

如果目标函数、约束条件均连续可微，$\boldsymbol{X}^*$为极小点且满足正则条件(即限定条件)，则必存在 $\boldsymbol{\lambda}^*=(\lambda_1,\lambda_2,\cdots,\lambda_m)^{\mathrm{T}}$，$\boldsymbol{\gamma}^*=(\gamma_1,\gamma_2,\cdots,\gamma_p)^{\mathrm{T}}$，使得以下各式成立：

$$\nabla f(\boldsymbol{X}^*)-\sum_{i=1}^{m}\lambda_i^*\nabla h_i(\boldsymbol{X}^*)-\sum_{j=1}^{p}\gamma_j^*\nabla g_j(\boldsymbol{X}^*)=0 \tag{5-67a}$$

$$\gamma_j^* g_j(\boldsymbol{X}^*)=0,\ j=1,2,\cdots,p \tag{5-67b}$$

$$\gamma_j^*\geqslant 0,\ j=1,2,\cdots,p \tag{5-67c}$$

$$h_i(\boldsymbol{X}^*)=0,\ i=1,2,\cdots,m \tag{5-67d}$$

$$g_j(\boldsymbol{X}^*)\geqslant 0,\ j=1,2,\cdots,p \tag{5-67e}$$

式(5-67a)～式(5-67c)称为 K-T 条件(约束极值的一阶必要条件)，满足该条件的点($\boldsymbol{X}^*$, $\boldsymbol{\lambda}^*$, $\boldsymbol{\gamma}^*$)称为 K-T 点，其中，$\boldsymbol{\gamma}^*$为 K-T 乘子或广义拉格朗日乘子。

条件[式(5-67a)]表明目标函数在极小点的梯度能用约束条件梯度的线性组合来表示，其中不起作用约束的函数梯度的系数为 0。条件[式(5-67b)]表示不等式约束函数 $g_j(\boldsymbol{X})$ 与相应的 K-T 乘子 γ_j 之间的互补松弛关系，是线性规划对偶理论中互补松弛关系的推广；对于起作用约束[$g_j(X^*)=0$]，γ_j 非负；对于不起作用约束[$g_j(\boldsymbol{X})>0$]，$\gamma_j=0$。条件[式(4-67d)和式(4-67e)]为约束条件。

在极小点处，约束条件必须满足一定的正则条件(regularity condition)或约束限制(constraint qualification)，K-T 条件才能成立。其中，常用的线性无关约束限制可以表述为：$\boldsymbol{X}^*$处起作用约束条件的梯度线性无关。当不等式约束为线性约束时，正则条件总是满足的。

(二) 约束极值点的二阶充分条件

对于凸规划来说，K-T 点为其全局极小点。但是凸规划对目标函数、约束条件的要求比较严格，实际问题一般难以满足。这种情况下，可以用二阶充分条件来检验 K-T 点是否为局部极小点。

对于 NLP 模型[式(5-57)]，如果目标函数、约束条件均二阶连续可微，可行点 $\boldsymbol{X}^*$是严格局部极小点的(二阶)充分条件如下。

(1) 存在($\boldsymbol{\lambda}^*$,$\boldsymbol{\gamma}^*$)，使($\boldsymbol{X}^*$,$\boldsymbol{\lambda}^*$,$\boldsymbol{\gamma}^*$)是一个 K-T 点，即满足条件[式(5-67a)～式(5-67c)]。

(2) 对于满足条件：

$$\boldsymbol{Y}^{\mathrm{T}}\cdot\nabla g_j\left(\boldsymbol{X}^*\right)=0,\ j\in J^+=\left\{j\mid j\in A\left(\boldsymbol{X}^*\right),\gamma_j^*>0\right\} \tag{5-68a}$$

$$\boldsymbol{Y}^{\mathrm{T}} \cdot \nabla g_j\left(\boldsymbol{X}^*\right) \geqslant 0, j \in J^0=\left\{j \mid j \in A\left(\boldsymbol{X}^*\right), \gamma_j^*=0\right\} \tag{5-68b}$$

$$\boldsymbol{Y}^{\mathrm{T}} \cdot \nabla h_i\left(\boldsymbol{X}^*\right)=0, i=1,2, \cdots, m \tag{5-68c}$$

的非 0 向量 $\boldsymbol{Y}$ 所形成的子空间 M 上，有

$$\boldsymbol{Y}^{\mathrm{T}} \boldsymbol{H}_L\left(\boldsymbol{X}^*, \boldsymbol{\lambda}^*, \boldsymbol{\gamma}^*\right) \boldsymbol{Y}>0 \tag{5-68d}$$

即 $L(\boldsymbol{X},\boldsymbol{\lambda},\boldsymbol{\gamma})$ 的海塞矩阵：

$$\boldsymbol{H}_L\left(\boldsymbol{X}^*, \boldsymbol{\lambda}^*, \boldsymbol{\gamma}^*\right)=\nabla^2 f\left(\boldsymbol{X}^*\right)-\sum_{i=1}^m \lambda_i^* \nabla^2 h_i\left(\boldsymbol{X}^*\right)-\sum_{j=1}^p \gamma_i^* \nabla^2 h g_j\left(\boldsymbol{X}^*\right) \tag{5-69}$$

在子空间 M 上正定。式中：$\boldsymbol{A}(\boldsymbol{X}^*)$ 为 $\boldsymbol{X}^*$ 处起作用的不等式约束的下标集；J^+，J^0 分别为 $\boldsymbol{A}(\boldsymbol{X}^*)$ 的满足条件 $\gamma_j^*>0$，$\gamma_j^*=0$ 的子集。

(三)利用 K-T 条件和二阶充分条件求解约束极值问题

在利用 K-T 条件和二阶充分条件求解约束极值问题时，一般先找出一个约束交点，如果该点满足可行条件、正则条件、K-T 条件、二阶充分条件，即为所求的极小点；或直接利用 K-T 条件求出所有的 K-T 点，其中满足二阶充分条件且目标函数值最小的点为极小点。

【例 5-20】　利用 Kuhn-Tucker 理论求解以下 NLP 问题：

$$\min f(\boldsymbol{X})=(x_1-1)^2+x_2^2,\ g(\boldsymbol{X})=-x_1+x_2^2 \geqslant 0 \tag{5-70}$$

解：拉格朗日函数为

$$L(\boldsymbol{X}, \gamma)=f(\boldsymbol{X})-\gamma g(\boldsymbol{X})$$

$f(\boldsymbol{X})$、$g(\boldsymbol{X})$ 的梯度向量分别为

$$\nabla f(\boldsymbol{X})=[2(x_1-1), 2x_2]^{\mathrm{T}}, \nabla g(\boldsymbol{X})=[-1, 2x_2]^{\mathrm{T}}$$

由于只有一个约束条件 $g(\boldsymbol{X})\geqslant 0$，其梯度向量 $\nabla g(\boldsymbol{X})$ 非 0，为线性独立，因此，极值点 $\boldsymbol{X}^*$ 满足 K-T 条件，即

$$2(x_1-1)+\gamma=0,\ 2x_2-2\gamma x_2=0,\ \gamma(-x_1+x_2^2)=0,\ \gamma\geqslant 0$$

若 $\gamma=0$，则根据前两式可得到 $\boldsymbol{X}=(1,0)^{\mathrm{T}}$，不满足约束条件；若 $\gamma>0$，则得到三个 K-T 点：$(0,0,2)^{\mathrm{T}}$，$(1/2, \sqrt{2}/2, 1)^{\mathrm{T}}$，$(1/2, -\sqrt{2}/2, 1)^{\mathrm{T}}$(图 5-14)，其目标函数值分别为 1，0.75，0.75。

取目标函数值较小的后两点来判断。拉格朗日函数在这两个 K-T 点的海塞矩阵为

$$\boldsymbol{H}_{\mathrm{L}}=\begin{bmatrix}2 & 0\\ 0 & 2\end{bmatrix}-\begin{bmatrix}0 & 0\\ 0 & 2\end{bmatrix}=\begin{bmatrix}2 & 0\\ 0 & 0\end{bmatrix}$$

对于满足式(5-68a)的非 0 向量 $\boldsymbol{Y}=(y_1,y_2)^{\mathrm{T}}$，有

$$0=\boldsymbol{Y}^{\mathrm{T}} \cdot \nabla g(\boldsymbol{X}^*)=(y_1, y_2) \cdot(-1, \pm\sqrt{2})^{\mathrm{T}}=-y_1 \pm \sqrt{2} y_2$$

即 $y_1=\pm\sqrt{2} y_2$，因 $\boldsymbol{Y}\neq 0$，故 $y_1\neq 0$。对于满足以上条件的非 0 向量 $\boldsymbol{Y}$，有

$$\boldsymbol{Y}^{\mathrm{T}} \boldsymbol{H}_{\mathrm{L}} \boldsymbol{Y}=(y_1, y_2)\begin{bmatrix}2 & 0\\ 0 & 0\end{bmatrix}\begin{bmatrix}y_1\\ y_2\end{bmatrix}=2 y_1^2>0$$

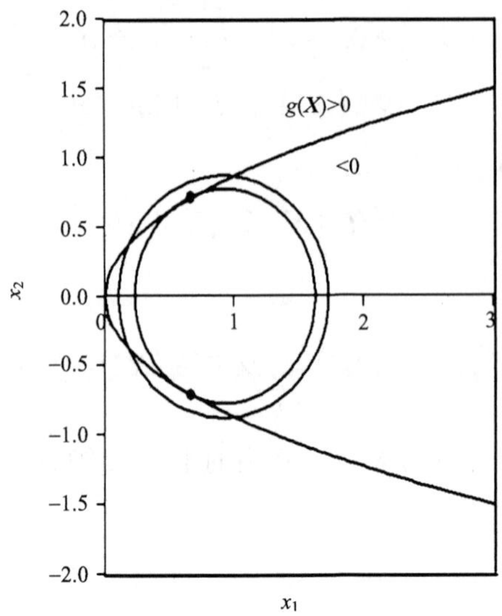

图 5-14　例 5-20 K-T 点示意图

即后两个 K-T 点满足极小点的二阶充分条件。故 NLP 问题式(5-70)的极小点有两个，为 $\boldsymbol{X}^{*}=(1/2, \pm\sqrt{2}/2)^{\mathrm{T}}$，极小值为 0.75。

对第一个 K-T 点，可以验证不满足约束极值点的二阶充分条件。

四、罚函数法

通过一定的途径将约束问题转化为无约束问题求解是约束 NLP 的最常用解法，其中，拉格朗日乘子法和 K-T 法均为解析法，而罚函数法则是一种常用的数值解法。

罚函数法的本质是在目标函数中引入惩罚项得到罚函数，在求解过程对不满足约束条件的解进行惩罚，使其不能成为最优解。对于 NLP 问题[式(5-57)]，罚函数的一般形式为

$$P(\boldsymbol{X},R)=f(\boldsymbol{X})+Q[R,h(\boldsymbol{X}),g(\boldsymbol{X})] \tag{5-71}$$

式中：Q 为惩罚项，是惩罚参数 R 和约束的函数。惩罚项 Q 采用不同的形式，可得到不同的方法。

罚函数法中应用最广泛的是 SUMT 法(sequential unconstrained minimization technique，序列无约束最小化技术)。根据惩罚项的函数形式和迭代过程中搜索点位置的不同 SUMT 法可以分为内点法、外点法和混合法。

(一) 内点法

内点法是求解不等式约束优化问题的一种有效方法，但不能用于含有等式约束的情况。其特点是惩罚函数定义在可行域内，同时在迭代过程中搜索点始终在可行域内，对于不等式约束问题：

$$\min f(\boldsymbol{X}),\ g_j(\boldsymbol{X})\geqslant 0,\ j=1,2,\cdots,p \tag{5-72}$$

为防止搜索点超出可行域，在边界设置障碍项 Q_j，当搜索点接近可行域边界时 $Q_j\to+\infty$，如 Q_j 可取

$$Q_j=-\ln[g_j(\boldsymbol{X})] \quad 或 \quad Q_j=1/g_j(\boldsymbol{X}),\ j=1,2,\cdots,p$$

因此，内点法罚函数(或称障碍函数)可以取以下形式：

$$P(\boldsymbol{X},R_k)=f(\boldsymbol{X})-R_k\sum_{j=1}^{p}\ln\left[g_j(\boldsymbol{X})\right] \tag{5-73a}$$

$$P(\boldsymbol{X},R_k)=f(\boldsymbol{X})+R_k\sum_{j=1}^{p}1/g_j(\boldsymbol{X}) \tag{5-73b}$$

式中：障碍因子 R_k 为递减的正数序列。随着 R_k 逐渐减小，障碍项的作用也逐渐减小，障碍函数也逐步逼近目标函数 $f(\boldsymbol{X})$。当 $R_k\to 0$ 时，障碍函数在可行域内的极值点即为 $f(\boldsymbol{X})$ 的约束极值点。

内点法的求解过程如下。

(1)给定允许误差 ε，取初始惩罚因子 $R_1>0$，如果 R_1 太小，则其惩罚作用太小，不能保证无约束极值点在可行域内；如果 R_1 太大，则计算效率太低。一般情况下可取 R_1 在 1～50，如取 $R_1=1$。

(2)在可行域内取一初始点 $\boldsymbol{X}_0$，令迭代次数 $k=1$。

(3)从 $\boldsymbol{X}_{k-1}$ 出发，用无约束最优化方法求解障碍函数[式(5-73)]的极值点 $\boldsymbol{X}^*(R_k)$。如果 $\boldsymbol{X}^*(R_k)$ 不在可行域内，则需要加大 R_k，重新求出相应的 $\boldsymbol{X}^*(R_k)$。

(4)如果前后两次迭代目标函数值之差小于给定的允许误差，或前后两次迭代点的距离小于一定的允许误差，则达到收敛，以 $\boldsymbol{X}^*(R_k)$ 作为 $f(\boldsymbol{X})$ 的近似约束极值点；否则，继续下一步迭代。

(5)减小障碍因子，取 $R_{k+1}=CR_k$，$k+1\to k$，返回步骤(3)继续迭代，直至满足误差要求。其中递减系数 C 一般取 0.1～0.5。

如果可以用解析法求出障碍函数[式(5-73)]的无约束极值点 $\boldsymbol{X}^*(R_k)$，则令 $R_k\to 0$，即可得到 NLP 问题[式(5-72)]的解。

【例 5-21】 用内点法求解以下 NLP 问题。

$$\min f(\boldsymbol{X})=x_1+x_2,\ g_1(\boldsymbol{X})=-x_1^2+x_2\geqslant 0,\ g_2(\boldsymbol{X})=x_1\geqslant 0 \tag{5-74}$$

解：内点法的障碍函数为

$$P(\boldsymbol{X},R_k)=x_1+x_2-R_k[\ln(-x_1^2+x_2)+\ln(x_1)] \tag{5-75}$$

令障碍函数的一阶导数为 0，可得到

$$\frac{\partial P}{\partial x_1}=1-R_k\frac{-2x_1}{-x_1^2+x_2}-\frac{R_k}{x_1}=0$$

$$\frac{\partial P}{\partial x_2}=1-\frac{R_k}{-x_1^2+x_2}=0$$

整理后得到

$$R_k=-x_1^2+x_2,\ 1+2x_1-R_k/x_1=0$$

考虑 $x_1\geqslant 0$，不同障碍因子下障碍函数[式(5-75)]的极值点为

$$x_1^*(R_k)=(-1+\sqrt{1+8R_k})/4,\quad x_2^*(R_k)=x_1^2+R_k=(12R_k+1-\sqrt{1+8R_k})/8$$

当 $R_k\to 0$，$\boldsymbol{X}^*(R_k)\to(0,0)^{\mathrm{T}}$，即为 NLP(5-74)的最优解，即 $\boldsymbol{X}^*=(0,0)^{\mathrm{T}}$，$f(\boldsymbol{X}^*)=0$。

如果取不同的 R_k，相应的 $\boldsymbol{X}^*(R_k)$，$P(\boldsymbol{X},R_k)$，$f(\boldsymbol{X})$ 列于表 5-9 中。可以看出，随着 R_k 的

减小，障碍作用越来越小，障碍函数的无约束极值点也逐渐逼近目标函数的约束极值点。

表 5-9 例 5-21 的内点法迭代过程

k	R_k	$x_1^*(R_k)$	$x_2^*(R_k)$	$P(\boldsymbol{X}, R_k)$	$f(\boldsymbol{X})$
1	2	0.7808	2.6096	2.4990	3.3904
2	1	0.5000	1.2500	2.4431	1.7500
3	0.5	0.3090	0.5955	1.8383	0.9045
4	0.10	0.0854	0.1073	0.6690	0.1927
5	0.01	0.0098	0.0101	0.1122	0.0199
6	0.001	0.0010	0.0010	0.0158	0.0020
7	0.0001	0.0001	0.0001	0.0020	0.0002

(二) 外点法

内点法要求从可行域内一点开始迭代，但在有些情况下不容易确定一个内点。这时可采用外点法，初始点位于可行域内、外均可。与内点法类似，外点法通过求解罚函数的无约束极值，逐步向满足约束条件的极值点逼近，从而得到目标函数的约束极值点。对于包含等式约束和不等式约束的模型[式(5-57)]，外点法罚函数的一般形式为

$$P(\boldsymbol{X},M_k)=f(\boldsymbol{X})+M_k\sum_{i=1}^{m}\left[h_i(\boldsymbol{X})\right]^2+M_k\sum_{j=1}^{p}\left[\min\left(0,g_j(\boldsymbol{X})\right)\right]^2 \tag{5-76}$$

式中：$M_k>0$ 为惩罚因子。在可行域内，惩罚项为 0；而在可行域外，惩罚项为正。求解无约束极值问题 $\min P(\boldsymbol{X},M_k)$，得到其极小点为 $\boldsymbol{X}^*(M_k)$。当 M_k 逐渐增大时，惩罚项的作用越来越大，从而迫使 $\boldsymbol{X}^*(M_k)$ 逐步逼近可行域。$M_k\to+\infty$时，$\boldsymbol{X}^*(M_k)$ 即为 $f(\boldsymbol{X})$ 的约束极值点。

外点法的迭代步骤如下。

(1) 取初始点 $\boldsymbol{X}_0$(可行域内、外均可)；$M_1>0$，一般取 $M_1=1$；允许误差 $\varepsilon>0$；迭代次数 $k=1$。

(2) 求解无约束极值问题 $\min P(\boldsymbol{X},M_k)$，得到其极小点为 $\boldsymbol{X}^*(M_k)$。

(3) 若对某一约束条件有 $-g_j[\boldsymbol{X}^*(M_k)]\geqslant\varepsilon$，则取从 $M_{k+1}>M_k$，$k+1\to k$，返回上一步继续迭代；否则，$\boldsymbol{X}^*(M_k)$ 近似满足所有约束条件，迭代收敛，以 $\boldsymbol{X}^*(M_k)$ 作为 $f(\boldsymbol{X})$ 的近似约束极值点。

【例 5-22】 用外点法求解例 5-21 中的 NLP 问题。

解：外点法的罚函数为

$$P(\boldsymbol{X},M_k)=x_1+x_2+M_k[\min(0,-x_1^2+x_2)]^2+M_k[\min(0,x_1)]^2 \tag{5-77a}$$

由于外点法从可行域外进行迭代，假设约束条件均不满足，则 $-x_1^2+x_2<0$，$g_2(\boldsymbol{X})=x_1<0$，此时罚函数为

$$P(\boldsymbol{X},M_k)=x_1+x_2+M_k[(-x_1^2+x_2)^2+x_1^2] \tag{5-77b}$$

令罚函数的一阶导数为 0：

$$\partial P/\partial x_1=1+M_k[2(-x_1^2+x_2)(-2x_1)+2x_1]=0,\quad \partial P/\partial x_2=1+M_k[2(-x_1^2+x_2)]=0$$

可得到 $x_1^*(M_k)=-1/(2+2M_k)$，$x_2^*(M_k)=1/(2+2M_k)^2-1/(2M_k)$。当 $M_k\to+\infty$ 时，$\boldsymbol{X}^*(M_k)\to(0,0)^{\mathrm{T}}$，即 $f(\boldsymbol{X})$ 的约束极值点 $\boldsymbol{X}^*=(0,0)^{\mathrm{T}}$，$f(\boldsymbol{X}^*)=0$。取不同的 M_k，可得到对应的

$\boldsymbol{X}(M_k)$及罚函数、目标函数值，见表 5-10。可以看出，随着M_k的增大，罚函数的无约束极值点也逐渐逼近目标函数的约束极值点。

表 5-10　例 5-22 的外点法迭代过程

k	M_k	$x_1^*(M_k)$	$x_2^*(M_k)$	$P(\boldsymbol{X}, M_k)$	$f(\boldsymbol{X})$
1	1	−0.2500	−0.4375	−0.3750	−0.6875
2	2	−0.1667	−0.2222	−0.2083	−0.3889
3	5	−0.0833	−0.0931	−0.0917	−0.1764
4	10	−0.0455	−0.0479	−0.0477	−0.0934
5	100	−0.0050	−0.0050	−0.0050	−0.0099
6	1000	−0.0005	−0.0005	−0.0005	−0.0010

图 5-15 表示以上内点法和外点法迭代过程中极值点的变化，在内点法中所有点均位于可行域内，而外点法中则均位于可行域外。

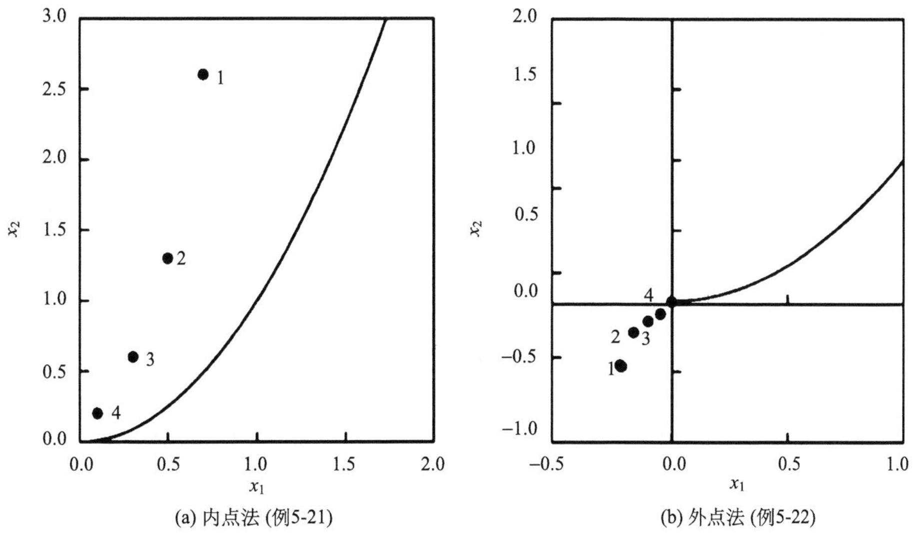

图 5-15　内点法和外点法迭代过程中极值点的变化

(三) 混合法

内点法与外点法相比各有优缺点。内点法在寻优过程中需要在可行域内进行，当约束条件较多且比较复杂时，不容易找到一个可行的初始点，同时内点法只能用于不等式约束；而外点法的初始点在可行域内、外均可，可用于等式约束和不等式约束。但是，外点法的罚函数形式比内点法复杂，选用无约束优化方法时需要考虑其可微阶数，而内点法则无此限制。内点法的另一个优点是迭代点序列均为可行解，在迭代过程中得到一系列逐步改善的可行方案可供选择，而外点法直到最后收敛才能得到最优解。

混合法则是将内点法和外点法的惩罚项形式结合在一起，用于解决同时包含等式约束和不等式约束的 NLP 问题。其中不等式约束的惩罚项采用内点法的形式，而等式约束的惩罚项

采用外点法的形式。对于 NLP 问题[式(5-57)]，其罚函数为

$$P\left(\boldsymbol{X},R_k\right)=f\left(\boldsymbol{X}\right)-R_k\sum_{j=1}^{p}\ln\left[g_j\left(\boldsymbol{X}\right)\right]+R_k^{-0.5}\sum_{i=1}^{m}\left[h_i\left(\boldsymbol{X}\right)\right]^2 \tag{5-78a}$$

或

$$P\left(\boldsymbol{X},R_k\right)=f\left(\boldsymbol{X}\right)+R_k\sum_{j=1}^{p}1/g_j\left(\boldsymbol{X}\right)+R_k^{-0.5}\sum_{i=1}^{m}\left[h_i\left(\boldsymbol{X}\right)\right]^2 \tag{5-78b}$$

混合法的求解与内点法类似，初始点应在可行域内，在迭代过程中惩罚因子逐渐减小，即 $R_1>R_2>R_3>\cdots>0$。当 $R_k\to 0$ 时，罚函数在可行域内的极值点即为 $f(\boldsymbol{X})$ 的约束极值点。

五、二次规划

二次规划(quadratic programming, QP)是一类特殊的非线性规划，其目标函数为变量 $\boldsymbol{X}$ 的二次函数，而约束条件为线性函数。不少实际问题都可以抽象成 QP，同时一般的 NLP 问题也可以通过二次逼近转化为一系列的二次规划来求解，因此 QP 是一类重要的非线性规划。

二次规划的模型可以表示为

$$\min f\left(\boldsymbol{X}\right)=\sum_{j=1}^{n}c_jx_j+\frac{1}{2}\sum_{j=1}^{n}\sum_{k=1}^{n}c_{jk}x_jx_k, c_{jk}=c_{kj}, j,k=1,2,\cdots,n \tag{5-79a}$$

$$\sum_{j=1}^{n}a_{ij}x_j+b_i\geqslant 0, i=1,2,\cdots,m \tag{5-79b}$$

$$x_j\geqslant 0, j=1,2,\cdots,n \tag{5-79c}$$

在二次规划中，如果 $f(\boldsymbol{X})$ 中二次型部分的系数矩阵 (c_{jk}) 正定或半正定，则 $f(\boldsymbol{X})$ 为凸函数，而线性约束构成的可行域为凸集，此时以上二次规划为一凸规划，K-T 条件为极值点的充分必要条件。

对于二次规划模型[式(5-79)]，根据 K-T 条件[式(5-67a)]可得到(注意：$x_j\geqslant 0$ 也属于不等式约束)：

$$c_j+\sum_{k=1}^{n}c_{jk}x_k-\sum_{i=1}^{m}a_{ij}y_i'-y_i=0, j=1,2,\cdots,n$$

或

$$-\sum_{k=1}^{n}c_{jk}x_k+\sum_{i=1}^{m}a_{ij}y_{i+n}+y_j=c_j, j=1,2,\cdots,n \tag{5-80a}$$

式中：$y_i'=y_{n+i}(i=1,2,\cdots,m)$，$y_j(j=1,2,\cdots,n)$ 分别为约束[式（5-79b)和式(5-79c)]对应的 K-T 乘子。将约束[式(5-79b)]左端加入松弛变量变为等式约束，得到

$$\sum_{j=1}^{n}a_{ij}x_j-x_{n+i}+b_i=0, i=1,2,\cdots,m \tag{5-80b}$$

根据 K-T 条件[式(5-67b)]并利用式(5-80b)，可得到

$$x_jy_j=0，j=1, 2,\cdots, n$$

$$\left(\sum_{j=1}^{n}a_{ij}x_j+b_i\right)y_{n+i}=x_{n+i}y_{n+i}=0,i=1,2,\cdots,m$$

故有

$$x_jy_j=0，j=1,2,\cdots,n+m \tag{5-80c}$$

$$x_j\geqslant 0, y_j\geqslant 0, j=1,2,\cdots,n+m \tag{5-80d}$$

因此，二次规划[式(5-79)]的 K-T 点满足式(5-80a)～式(5-80d)，其中共有 2(n+m)个非负变量 x_j, y_j, j=1, 2,⋯, n+m；式(5-80a)和式(5-80b)中共有 n+m 个方程；式(5-80c)中有 n+m 个互补松弛关系。

满足式(5-80)的 K-T 点可以利用 Wolfe 法求解，该方法是在求解线性规划的两阶段法中第一阶段的基础上修正而来(考虑互补松弛关系)的。将式(5-80a)、式(5-80b)和式(5-80d)视为一个线性规划的约束条件，为了得到一个基可行解，需要在约束[式(5-80a)]中加入人工变量 sgn(c_j)z_j，其中，sgn(c_j)为符号函数($c_j\geqslant 0$ 时 sgn(c_j)=1，$c_j<0$ 时 sgn(c_j)=−1)，引入 sgn(c_j)的目的是保证以人工变量 z_j 为基变量的基解为可行解。然后在以上约束条件下求解人工变量和的最小化问题，即

$$\min\omega=\sum_{j=1}^{n}z_j \tag{5-81a}$$

$$-\sum_{k=1}^{n}c_{jk}x_k+\sum_{i=1}^{m}a_{ij}y_{i+n}+y_i+\operatorname{sgn}\left(c_j\right)z_j=c_j,j=1,2,\cdots,n \tag{5-81b}$$

$$\sum_{j=1}^{n}a_{ij}x_j-x_{n+i}+b_i=0,i=1,2,\cdots,m \tag{5-81c}$$

$$x_j\geqslant 0, y_j\geqslant 0, j=1,2,\cdots,n+m \tag{5-81d}$$

$$z_j\geqslant 0, j=1,2,\cdots,n \tag{5-81e}$$

利用单纯形法求解以上 LP 模型[迭代过程中需要考虑互补松弛关系[式(5-78c)]，x_j 和 y_j 不能同时成为基变量，即可得到二次规划问题[式(5-79)]的最优解。

【例 5-23】　利用 Matlab 求解二次规划的命令[X, FVAL]= quadprog(H,f,A,b,Aeq, beq,lb,ub,x0,options)求解如下二次规划。

$$\min f(\boldsymbol{X})=2x_1^2-4x_1x_2+4x_2^2-6x_1-3x_2$$

$$x_1+x_2\leqslant 3$$

$$4x_1+x_2\leqslant 9$$

$$x_1,x_2\geqslant 0$$

解：在 Matlab 中编写如下程序

```
H=[4,-4;-4,8];
f=[-6;-3];
A=[1,1;4,1];
b=[3;9];
[X, FVAL]= quadprog(H,f,A,b,[],[],zeros92,1))
```

在 Matlab 中运行以上程序，得到最优解为 x_1=1.95，x_2=1.05，最优值为 min $f(X)$=－11.025。

【例 5-24】 利用 Excel 规划求解工具、LINGO、Matlab 优化工具箱求解例 5-21 的 NLP 模型。

1. 解法一：Excel 规划求解工具

利用 Excel 规划求解工具计算结果见图 5-16。

	A	B	C	D	E	F	G	H
1		x_1	x_2	计算	约束条件	约束值		
2	变量	0	0					
3	目标			0				
4	条件			0	≥	0		
5				0	≥	0		
6								
7								

图 5-16　Excel 规划求解工具计算例 5-24 的结果

得到最优解为 x_1=0，x_2=0，目标函数的最优值为 f^*=0。

2. 解法二：采用 LINGO 求解

在 LINGO11 软件界面，输入如下关系表达式：

```
min =x1+x2;
-x1^2+x2>=0;
x1>=0;
```

通过单击工具条上的按钮，得到运行结果(图 5-17)。

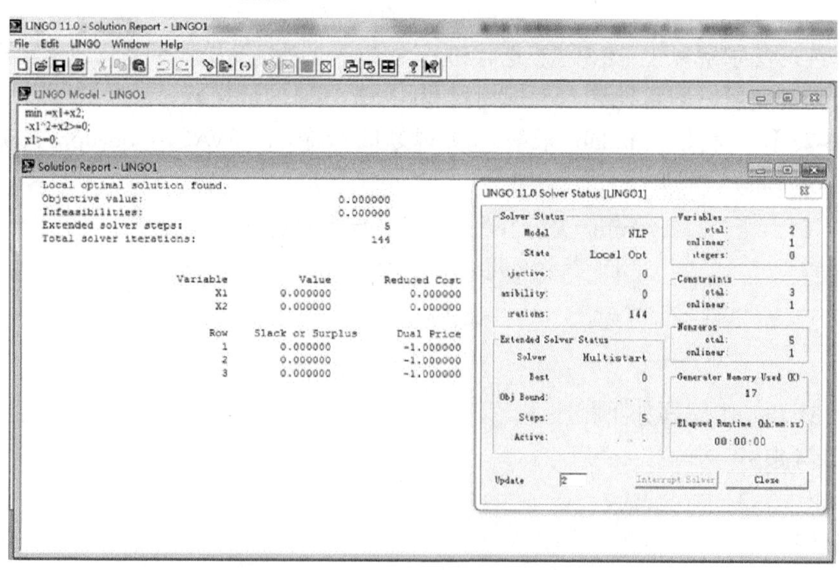

图 5-17　例 5-24 的 LINGO 运行结果

得到最优解为 $x_1=0$，$x_2=0$，目标函数的最优值为 $f^*=0$。

3. 解法三：采用 Matlab 优化工具箱求解

将约束条件转换为如下：

$$C_1(X)=-g_1(X)=x_1^2-x_2\leqslant 0$$
$$C_2(X)=-g_2(X)=-x_1\leqslant 0$$

求解该模型的 Matlab 代码如下(%后为说明部分)：

```
%例 5-24 的 Matlab 代码:
%5_24f.m: 例 5-24 的目标函数代码
function f=func(x)
f=x(1)+x(2);
%5_24nlc.m:例 5-24 的约束条件代码
function[c,ceq]=func(x)
c(1)=x(1)^2-x(2);
c(2)=-x(1);
ceq=[];
x0=[1 1];
[x,f]=fmincon(@5_24f,x0,[],[],[],[],[],[],@5_24nlc)
```

运行以上 M 文件，得到该模型的最优解为 $\boldsymbol{X}^*=1.0\times10^{-15}\times[-0.1005\ \ -0.0000]$，最优值为 $f^*=-1.005\times10^{-16}$。

第六节　非线性规划模型的实例应用

一、非线性回归分析问题

回归分析是试验数据处理的重要方法，回归分析模型中的参数一般通过最小二乘法[式(5-3)]来确定。当变量之间存在比较复杂的非线性关系或参数存在一定的限制条件时，不能直接建立回归模型参数的正则方程组，可以通过一定的非线性优化方法来得到回归参数。

以土壤水分特征曲线的拟合为例说明非线性优化方法在非线性回归中的应用。土壤水分特征曲线反映了土壤基质势与体积含水量之间的关系，在土壤水动力学、非饱和土力学中有重要的应用。

【例 5-25】　表 5-11 为某种土壤的基质吸力(基质势的绝对值) S 与体积含水量 θ 的测定数据，利用 van Genuchten 公式拟合表 5-15 中的数据。

$$\theta(S)=\theta_r+(\theta_S-\theta_r)/[1+(\alpha S)^n]^{1-1/n} \tag{5-82}$$

式中，θ_s、θ_r 分别为土壤饱和含水量、残余含水量；α、n 为经验参数。

1. 解法一：单纯形搜索法

根据最小二乘法原理，以模型[式(5-80)]计算得到的体积含水量 $\theta(S_i)$ 与实测含水量 θ_i 之间的误差平方和最小为目标函数，即

表 5-11　例 5-25 的土壤基质吸力 S 与体积含水量 θ 数据

S_i /cm	θ_i	S_i /cm	θ_i
6975	0.05	78	0.24
3365	0.06	64	0.26
1255	0.08	53	0.28
447	0.10	43	0.30
330	0.12	34	0.32
259	0.14	26	0.34
209	0.16	18	0.36
168	0.18	10	0.38
134	0.20	3	0.40
106	0.22	0	0.41

$$\min f(\theta)=\sum_{i=1}^{m}\left[\theta(S_i)-\theta_i\right]^2$$

式中：m=20 为数据个数，参数一般限定在 $0\leqslant\theta_r<\theta_s<1$，$0<\alpha<1$，$n>1$ 范围内。

利用单纯形搜索法进行优化，各参数的初始值取 θ_s=0.43，θ_r=0，α=0.015，n=1.5，得到一个初始点，然后按照式(5-41)确定其余4个初始点(各参数的变化值分别为0.02、0.02、0.005、0.5)，通过若干次迭代得到：θ_s=0.403，θ_r=0.032，α=0.0286，n=1.59。计算结果如图 5-14 所示。

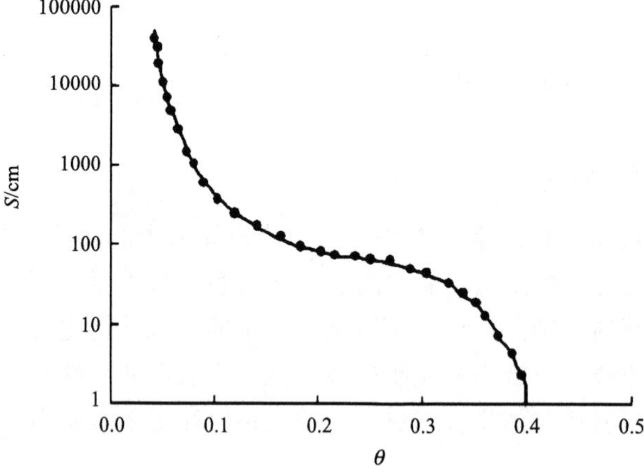

图 5-18　例 5-25 的土壤水特征曲线拟合结果

由图 5-18 可以看出，van Genuchten 公式能较好地描述该土壤的水分特征曲线，同时利用单纯形搜索法得到的有关参数是合适的。

2. 解法二：Matlab 优化工具箱

采用 Matlab 优化工具箱中的曲线拟合函数 lsqcurvefit 对该数据进行拟合。

%例 5-25Matlab 代码如下

S=[6975;3365;1255;447;330;259;209;168;134;106;78;64;53;43;34;26;18;10;3;0];

Sita=[0.05;0.06;0.08;0.10;0.12;0.14;0.16;0.18;0.20;0.22;0.24;0.26;0.28;0.30;0.32;0.34;0.36;0.38;0.40;0.41];

P0=[0.43 0 0.015 1.5];

VG=inline('p(2)+(p(1)−p(2))*power(1+power(p(3)*S,p(4)), −1+1/p(4))','p','S');

p=lsqcurvefit(VG,p0,S,Sita)

运行上面的M文件，得到结果为p=[0.4038 0.0286 0.0295 1.5723]，即θ_s=0.4038，θ_r=0.0286，α=0.0295，n=1.5723，这一结果与单纯形搜索法的结果有一些差距，这主要是精度不同而影响的。

3. 解法三：LINGO 程序

采用 LINGO 软件编制计算程序及运行结果见表 5-12。

表 5-12　例 5-25 的 LINGO 计算程序及运行结果

<table>
<tr><th>LINGO 计算程序</th><th>LINGO 运行结果(部分结果)</th></tr>
<tr><td>MODEL:
SETS:
BAC/R1..R20/:T,Y;! T 表示 S;! Y 表示 θ_i;
ENDSETS
DATA:
T=6975,3365,1255,447,330,259,209,168,134,106,78,64,53,43,34,26,18,10,3,0;
Y=0.05,0.06,0.08,0.10,0.12,0.14,0.16,0.18,0.20,0.22,0.24,0.26,0.28,0.30,0.32,0.34,0.36,0.38,0.40,0.41;
ENDDATA
MIN=@SUM(BAC:(A1+(A2-A1)/(1+(A3*T)^A4)^(1-1/A4)-Y)^2);!A1 表示 θ_r, A2 表示 θ_S, A3 表示 α,A4 表示 n;
END</td>
<td>Local optimal solution found.
Objective value: 0.5524399E-03
Infeasibilities: 0.000000
Extended solver steps: 5
Total solver iterations: 76
Variable　Value　Reduced Cost
A1　0.3206729E-01　0.1467525E-07
A2　0.4026609　0.2268912E-08
A3　0.2865091E-01　-0.4354673E-07
A4　1.593014　-0.2664515E-08
T(R1)　6975.000　0.000000
T(R2)　3365.000　0.000000
T(R3)　1255.000　0.000000
T(R4)　447.0000　0.000000
T(R5)　330.0000　0.000000
T(R6)　259.0000　0.000000
T(R7)　209.0000　0.000000
T(R8)　168.0000　0.000000
T(R9)　134.0000　0.000000
T(R10)　106.0000　0.000000
T(R11)　78.00000　0.000000
T(R12)　64.00000　0.000000
T(R13)　53.00000　0.000000
T(R14)　43.00000　0.000000
T(R15)　34.00000　0.000000
T(R16)　26.00000　0.000000
T(R17)　18.00000　0.000000
T(R18)　10.00000　0.000000
T(R19)　3.000000　0.000000
T(R20)　0.000000　0.000000</td></tr>
</table>

由 LINGO 程序的运行结果可知(表 5-12)，LINGO 运行的模型[式(5-82)]中各参数分别为：θ_s=0.4027，θ_r=0.0321，α=0.0287，n=1.5930，这一结果与 Matlab 优化工具运算的结果较为接近，与单纯形搜索法的结果有一定的差距。

二、灌溉水量的合理分配问题

例 2-2 对有限水资源条件下灌区种植结构优化问题进行了讨论，但其中作物灌溉制度采用的是充分灌溉制度，没有考虑非充分灌溉对作物产量的影响。下面以两种作物为例，说明在一定的种植结构下，如何考虑非充分灌溉情况下灌溉水量的分配问题。

【例 5-26】　某个灌区耕地面积 1000hm^2，计划种植作物 A、B 各 500hm^2，可用净灌溉水量 280 万 m^3。作物产量 Y(kg/hm^2)与总耗水量 ET(m^3/hm^2)的关系可以用二次曲线函数来表示：

$$Y=a\mathrm{ET}^2+b\,\mathrm{ET}+c \tag{5-83}$$

式中：a、b、c 为经验系数(表 5-13)；总耗水量 ET 取决于灌溉定额 Q、作物生育期有效降水量 P 和播前土壤水利用量 W(在平水年 P、W 见表 5-13)，即

$$\mathrm{ET}=Q+P+W \tag{5-84}$$

如果灌水成本 d 为 0.2 元/m^3，其他生产成本 C 分别为 2000 元/hm^2、1800 元/hm^2；作物 A、B 的单价 u 分别为 1.3 元/kg、1.0 元/kg。如何分配灌溉水量才能使整个灌区净收入最大？

表 5-13　例 5-26 的有关参数

作物	a	b	c	P/(m^3/hm^2)	W/(m^3/hm^2)	$P+W$/(m^3/hm^2)	u/(元/kg)	C/(元/hm^2)
A	−0.0016	15.1	−29500	1300	300	1600	1.3	2000
B	−0.0010	9.9	−16000	2300	0	2300	1.0	1800

解：以作物 A、B 的灌溉定额 Q_1、Q_2(m^3/hm^2)为决策变量。

目标函数：净收入(元)最大

$$\begin{aligned}\max Z=&1.3\times500[-0.0016(Q_1+1600)^2+15.1(Q_1+1600)-29500]\\&+1.0\times500[-0.0010(Q_2+2300)^2+9.9(Q_2+2300)-16000]\\&-0.2(500\ Q_1+500\ Q_2)-2000\times500-1800\times500\end{aligned} \tag{5-85a}$$

约束条件：

(1)可用水量(m^3)：

$$500\ Q_1+500\ Q_2\leqslant280\times10000 \tag{5-85b}$$

(2)非负约束：

$$Q_1\geqslant0,\ Q_2\geqslant0 \tag{5-85c}$$

求解以上模型，可得到 Q_1^*=3064 m^3/hm^2，Q_2^*=2536 m^3/hm^2，Z^*=576 万元(表 5-14)。

表 5-14　例 5-26 计算结果

作物	灌溉定额/(m^3/hm^2)	灌水量/万 m^3	粮食单产/(kg/hm^2)	粮食产量/t	净收入/万元
A	3064	153	6122	3061	267
B	2536	127	8490	4245	309
合计	—	280	—	7306	576

三、河流水质规划问题

随着社会、经济的发展，生产污水、生活污水的排放量越来越大，由于对污水处理的重视不够，大量污水未经处理直接排入河道、湖泊等水体，致使水体受到严重污染。为了保护水体水质，需要对水污染控制系统进行统一规划，以最低的水污染控制费用来保证水环境质量的要求。

一般情况下，水污染控制系统由污染源子系统、污水的收集与输送子系统、污水处理子系统和接受污水的水体子系统等构成。水污染控制费用 C 包括污水的输送费用和处理费用，污水处理费用与污水处理的规模 Q、效率 η 有关，通常可以表示为

$$C = K_1 Q^{K_2} + K_3 Q^{K_2} \eta^{K_4} \tag{5-86}$$

式中：K_1、K_2、K_3、K_4 为参数。

在污水处理效率不变时，污水处理费用可以表示为

$$C = aQ^{K_2}, \quad a = K_1 + K_3 \eta^{K_4} \tag{5-87}$$

根据大量研究成果，参数 K_2 的值为 0.7～0.8。由于 $K_2 < 1$，单位污水处理费用随着处理规模的增大而降低。

在污水处理规模不变时，污水处理费用可以表示为

$$C = a + b\eta^{K_4}, \quad a = K_1 Q^{K_2}, \ b = K_3 Q^{K_2} \tag{5-88}$$

根据研究成果，$K_4 > 1$，因此单位污水处理费用随着处理效率的增加而增加。

水污染控制系统规划也有不同的层次(流域、区域、设施)和方法(排放口处理、均匀处理、区域处理等)。以下以排放口处理最优规划为例，说明水污染控制系统规划的方法。

【例 5-27】 某河流上有三座城市 A、B、C，有关资料见表 5-15。拟在每个城市建一座污水处理厂，各厂的污水处理效率不超过 90%。根据式(5-88)，污水处理费用可以表示为

$$C_i = a_i + b_i \eta_i^k, i = 1, 2, 3 \tag{5-89}$$

式中：i=1, 2, 3 分别对应城市 A, B, C。要求对三座城市的污水处理进行统一规划，确定三座污水处理厂的最优污水处理效率 η，以最少的污水处理费用满足水环境质量要求。

解： 以三座城市污水处理厂的污水处理效率 η_1、η_2、η_3 为决策变量。

各城市污水排放所产生的河道断面污染物负荷量见表 5-15。

表 5-15　例 5-27 的城市排污量、河道流量等资料

城市		A	B	C	
污染排放量 P/(kg/d)		P_1	P_2	P_3	
河流天然流量 Q/(m^3/s)		Q_1	Q_2		Q_3
河流自净率 r/%			r_1	r_2	
河道容许污染物浓度 B/(kg/m^3)			B_1	B_2	B_3
各城市污水排放所产生的河道断面污染物量/(kg/d)	城市 A	$(1-\eta_1)P_1$	$(1-\eta_1)(1-r_1)P_1$		$(1-\eta_1)(1-r_1)(1-r_2)P_1$
	城市 B		$(1-\eta_2)P_2$		$(1-\eta_2)(1-r_2)P_2$
	城市 C				$(1-\eta_3)P_3$

目标函数：三座城市污水处理厂的日污水处理费用最小

$$\min Z = \sum_{i=1}^{3}\left(a_i + b_i\eta_i^k\right) \tag{5-90a}$$

约束条件：

(1)各河段的污染物浓度满足水环境质量要求：

A—B 河段：

$$(1-\eta_1)P_1/(86400Q_1)\leqslant B_1 \tag{5-90b}$$

B—C 河段：

$$[(1-\eta_1)(1-r_1)P_1+(1-\eta_2)P_2]/(86400Q_2)\leqslant B_2 \tag{5-90c}$$

C 以下河段：

$$[(1-\eta_1)(1-r_1)(1-r_2)P_1+(1-\eta_2)(1-r_2)P_2+(1-\eta_3)P_3]/(86400Q_3)\leqslant B_3 \tag{5-90d}$$

(2)污水处理效率不超过 90%：

$$\eta_i\leqslant 90\%,\ i=1, 2, 3 \tag{5-90e}$$

(3)非负约束：

$$\eta_i\geqslant 0,\ i=1, 2, 3 \tag{5-90f}$$

在以上建模过程中，假设河道自净率为一常数，是对河道水质变化的一种简化处理，更详细的分析需要建立河道水质模型模拟不同情况下河道水质的变化。

在以上模型中，目标函数为非线性函数，而约束条件为线性约束，可以采用罚函数法、线性化方法进行求解，也可以采用第六章中的动态规划方法进行求解。

四、城市排水方案的优化问题

【例 5-28】　泰州市主城区以扬州路、东进西路、东进东路、南通路、328 国道为界，南为通南水系，北为里下河水系，故分为两大排水分区，规划南区(上河)面积约 88.9km^2，规划北区(下河)面积约 29.6km^2。各个排水分区的排涝系统优化规划方法基本相同，以北区(下河)为例进行优化规划，规划范围为泰州引江河以东、先锋河以西、新通扬运河以南、328 国道以北区域。依据泰州市水系规划，主城区按 20 年一遇最大 24h 设计暴雨 24h 排出规划标准。由此确定合理的排水方案。

计算各项工程设施总费用所依据的经济指标在系统分析中处于特别重要的地位。一般来说，各项工程总费用与工程规模的关系曲线(称为工程总费用函数)不是线性的，但可根据其曲度大小确定是否能用线性函数近似表示。本模型中，湖泊、排水泵站的总费用函数简化为线性函数形式，河网的总费用函数拟合为二次抛物线形式。

(1)湖泊总费用函数：

$$R_1(d_1) = C_1 d_1 = C_{11} d_1 F$$

式中：F 为总排水面积，km^2；d_1 为湖泊水面率，%；C_{11} 为单位排水面积上，湖泊水面率为 1%时的投资，万元/km^2；C_1 为排水面积 F 上湖泊水面率为 1%时的投资，万元。

(2)泵站总费用函数：

$$R_2(d_2) = C_2 d_2$$

式中：d_2为排水泵站的抽排流量，m^3/s；C_2为排水泵站单位抽排流量的投资，万元/(m^3·s)。

(3)河网总费用函数：

$$R_3(d_3)=C_{31}d_3^2+C_{32}d_3$$

式中：d_3为河网水面率，%；C_{31}、C_{32}为拟合公式系数。

根据里下河地区和泰州市已建工程实际造价、劳动工日及当地生产水平等资料统计分析得到湖泊、排水泵站和河网的投资函数，如下。

$$R_1(d_1)=C_1d_1=13700d_1$$

$$R_2(d_2)=C_2d_2=144d_2$$

$$R_3(d_3)=C_{31}d_3^2+C_{32}d_3=310d_3^2+1370d_3$$

解：(1)模型建立。

目标函数：城市排水系统优化规划中常用系统工程总费用最小为优化准则，考虑城市水环境容量、泵站建设等约束，确定满足城市生态环境需求的最小水面率和相应的排水流量。目标函数表示为

$$\min R=\min\{R_1(d_1)+R_2(d_2)+R_3(d_3)\}$$

式中：R为系统工程总费用，万元；$R_1(d_1)$为湖泊总费用函数，万元；$R_2(d_2)$为泵站总费用函数，万元；$R_3(d_3)$为河网总费用函数，万元。

约束条件：

a. 排水区内水量平衡方程：

$$\sum_{n=1}^{3}y_n(d_n)=W$$

式中：W为排水区设计暴雨径流量；y_n为第n项工程所承担的排水量或蓄水量。

b. 考虑城市水环境容量最小水面率、河道最低水位及控制水位要求，湖泊、河网滞涝水深约束、水面率约束及排水泵站抽排流量约束：

$$0.8\leqslant H_1\leqslant 1$$

$$0.8\leqslant H_2\leqslant 1$$

$$0\leqslant d_1\leqslant 10$$

$$0\leqslant d_2\leqslant 85.9$$

$$6\leqslant d_3\leqslant 15.5$$

(2)模型求解，采用 LINGO 编程计算，计算程序如下：

```
model:
min=13700*d1+144*d2+310*(d3)^2+1370*d3;!目标函数;
29.6*(H1*d1+Hc*d3)+6.48*d2=556.8;!排水区内水量平衡方程;
@bnd(0.8,H1,1);
@bnd(0.8,Hc,1);
@bnd(0,d1,10);
@bnd(0,d2,85.9);
@bnd(6,d3,15.5);!其他约束;
```

end

在 LINGO 中运行，其结果见图 5-19，通过整理得到排涝工程的最优解及最优值，见表 5-16。

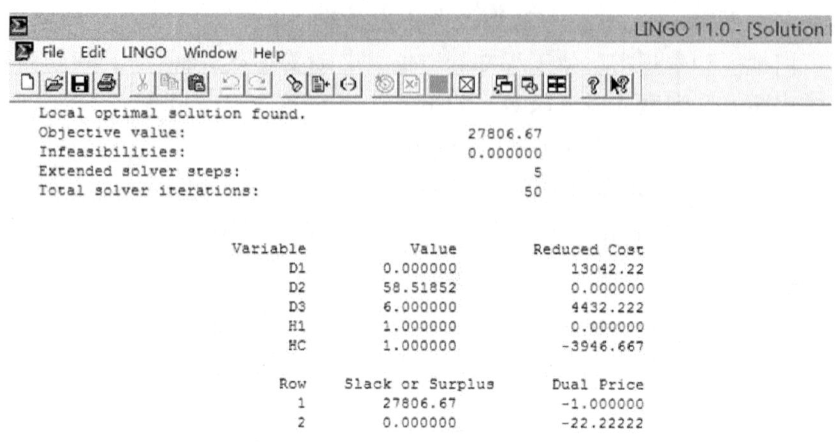

图 5-19　例 5-28 的 LINGO 运行结果

表 5-16　例 5-28 的最优解及最优值

排水工程项目	最优策略	工程总费用/万元
湖泊	d_1=0%，H_1=1m	
泵站	d_2=58.5m³/s	27806.7
河网	d_3=6%、H_c=1m	

由表 5-20 可知，泰州市主城区北区 20 年一遇最大 24h 设计暴雨 24h 排出标准，在系统工程总费用最小情况下，在不考虑城市雨水径流利用前提下，河网最优水面率为 6%、预降水深 1m，排水泵站抽排流量 58.5m^3/s，系统工程总费用 27806.7 万元。

习　　题

1. 什么是非线性规划？与线性规划相比，非线性规划有哪些特点？

2. 什么是函数的局部极小值(严格局部极小值、局部极大值、严格局部极大值)？什么是函数的最小值(严格最小值、最大值、严格最大值)？

3. 什么是凸函数、凹函数？凸函数有哪些性质？

4. 非线性规划主要有哪几种类型？

5. 什么是凸规划？简要解释线性规划是否属于凸规划。

6. 简述 Kuhn-Tucker 条件。

7. 简述内点法和外点法的计算步骤。

8. 判断下列函数是凸函数还是凹函数。

(1) $f(x)=(4-x)^3, x\leqslant 4$

(2) $f(\boldsymbol{X})=x_1^2+2x_1x_2+3x_2^2$

(3) $f(\boldsymbol{X})=x_1x_2$

(4) $f(\boldsymbol{X})=x_1^2+2x_1x_2+4x_1x_2x_3+3x_2^2+6x_3^2$

(5) $f(\boldsymbol{X})=x_1^2+2x_1x_2+4x_1x_2x_3+3x_2^2+6x_3^2$，$-1\leqslant x_1\leqslant 1$，$-1\leqslant x_1\leqslant 1$

9. 采用黄金分割法求下列函数的极小值，初始的搜索区间为 $x\in[1, 15]$，要求$|f(x_n)-f(x_{n-1})|\leqslant 0.3$。

(1) $f(x)=x^4-15x^3+72x^2-135x$

(2) $f(x)=x^3+3x^2-26x$

10. 试计算下列函数的梯度和海塞矩阵。

(1) $f(\boldsymbol{X})=x_1^2+x_2^2+x_3^2$

(2) $f(\boldsymbol{X})=\ln(x_1^2+x_1x_2+x_2^2)$

(3) $f(\boldsymbol{X})=3x_1x_2^2+4\mathrm{e}^{x_1x_2}$

(4) $f(\boldsymbol{X})=x_1^{x_2}+\ln(x_1x_2)$

11. 用梯度法和牛顿法求解如下非线性规划问题。

(1) $\max f(\boldsymbol{X})=4x_1+4x_2-2x_1^2-x_2^2$，初始点 $\boldsymbol{X}^{(0)}=(1,1)^{\mathrm{T}}$。

(2) $\min f(\boldsymbol{X})=2x_1^2+x_2^2+2x_1x_2+x_1-x_2+3$，初始点 $\boldsymbol{X}^{(0)}=(0,0)^{\mathrm{T}}$。

(3) $\min f(\boldsymbol{X})=x_1^2+x_2^2+2$，初始点 $\boldsymbol{X}^{(0)}=(4,0)^{\mathrm{T}}$。

(4) $\min f(x_1,x_2)=x_1^2+x_2^2-3x_1-3x_2+5$，初始点为 $\boldsymbol{X}^{(0)}=(0.1,0.2)^{\mathrm{T}}$。

12. 某滨海圩区为易涝地区，计划采用河网蓄涝、排水闸自排和泵站抽排等三项措施，设三项措施的规模分别为 x_1(表示河网水面占除涝区总面积的百分数)、x_2(表示排水闸的宽度，m)和 x_3(表示泵站的设计流量，$\mathrm{m^3/s}$)。经过分析，设计情况下应蓄存和排除的涝水总量为 1400 万 $\mathrm{m^3}$，上述三项措施的排水蓄水能力为 $100x_1+180x_2+5x_3$(万 $\mathrm{m^3}$)。工程建设的投资金额与这三项措施规模有直接的关系，可表示为 $15x_1^2+55x_1+17.5x_2^2+5x_2+5x_3$(万元)。如何决策三项措施的规模使这项工程的投资最少？[设初始点为(1，1)^{T}，采用牛顿法求解]

13. 用共轭梯度法求解函数 $f(x_1,x_2)=x_1^2+x_1x_2+x_2^2-5x_1-22x_2$ 的极小值，初始点为 $\boldsymbol{X}^{(0)}=(0,10)^{\mathrm{T}}$。

14. 用变尺度法求解 $\min f(\boldsymbol{X})=(x_1-2)^3+(x_1-2x_2)^2$，初始点 $\boldsymbol{X}^{(0)}=(0,3)^{\mathrm{T}}$，要求近似极小点梯度的模不大于 0.5。

15. 用坐标轮换法和模式搜索法求解 $\min f(\boldsymbol{X})=2x_1^2+x_2^2+2x_1x_2+x_1-x_2$ 的极值问题。

16. 用拉格朗日乘子法求解下列非线性规划问题。

(1)
$$\min f(\boldsymbol{X})=10x_1x_2+20x_1x_3+40x_2x_3+0.1x_4$$
$$\text{s. t. } x_1x_2x_3x_4=400$$

(2)
$$\min f(\boldsymbol{X})=x_1^2+4x_2^2$$
$$\text{s. t. } x_1+2x_2=6$$

17. 某水源地可供水量为 Q，可以分配给三个用户，分配水量 x_j 给用户 j 时所产生的效益可近似表示为 $b_j=c_j[1-\exp(-d_jx_j)]$，$j=1, 2, 3$。如何分配水量才能使总效益最大？建立数学模型，并用拉格朗日乘子法求解。如果 $Q=10$，$c_1=6$，$d_1=1$，$c_2=7$，$d_2=0.6$，$c_3=8$，$d_3=0.3$，求出具体的水量分配方案。

18. 写出下述非线性规划问题的 Kuhn-Tucker 条件。

(1)
$$\begin{aligned} &\min f(\boldsymbol{X})=x_1 \\ &\text{s. t. } (1-x_1)^3-x_2\geqslant 0 \\ &x_1,\ x_2\geqslant 0 \end{aligned}$$

(2)
$$\begin{aligned} &\min f(\boldsymbol{X})=(x_1-3)^3+(x_2-3)^3 \\ &\text{s. t. } 4-x_1-x_2\geqslant 0 \\ &x_1,\ x_2\geqslant 0 \end{aligned}$$

19. 利用 Kuhn-Tucker 条件求解下列非线性规划问题，并验证其是否是凸规划。

(1)
$$\begin{aligned} &\min f(\boldsymbol{X})=(x-3)^2 \\ &\text{s. t. } 0\leqslant x\leqslant 5 \end{aligned}$$

(2)
$$\begin{aligned} &\max f(\boldsymbol{X})=\ln(x_1+1)+x_2 \\ &\text{s. t. } 2x_1+x_2\leqslant 3 \\ &x_1, x_2\geqslant 0 \end{aligned}$$

20. 分别用内点法和外点法求解下列非线性规划问题。

(1)
$$\begin{aligned} &\min f(\boldsymbol{X})=x_1^2+x_2^2 \\ &\text{s. t. } x_1\geqslant 2 \end{aligned}$$

(2)
$$\begin{aligned} &\min f(\boldsymbol{X})=x_1^2-6x_1+2x_2+9 \\ &\text{s. t. } x_1\geqslant 3 \\ &x_2\geqslant 3 \end{aligned}$$

21. 采用 Excel 的求解工具、LINGO 和 Matlab 优化工具箱求解下列非线性规划的最优解

$$\begin{aligned} &\min f(\boldsymbol{X})=x_1+x_2 \\ &\text{s. t. } g_1(\boldsymbol{X})=-x_1^2+x_2\geqslant 0 \\ &g_2(\boldsymbol{X})=x_1\geqslant 0 \end{aligned}$$

第六章　水资源系统动态规划模型及其应用

【学习要求】了解和掌握动态规划及其相关的基本概念；掌握动态规划的基本原理；掌握动态规划的一般模型；掌握动态规划的建模过程；了解动态规划模型的类型。

【学习重点】确定性动态规划模型的构建及其求解过程。

第一节　概　　述

规划问题的最终目的就是确定各决策变量的取值，以使目标函数达到极大或极小。在线性规划和非线性规划中，决策变量都是以集合的形式被一次性处理的；然而，有时也会面对决策变量需分期、分批处理的多阶段决策问题。多阶段决策问题可以分解为若干个互相联系的阶段，每一阶段分别对应着一组可供选取的决策集合，即构成过程的每个阶段都需要进行一次决策的决策问题。将各个阶段的决策综合起来构成一个决策序列，称为一个策略。显然，由于各个阶段选取的决策不同，对应整个过程可以有一系列不同的策略。当过程采取某个具体策略时，相应可以得到一个确定的效果，采取不同的策略，就会得到不同的效果。多阶段的决策问题，就是要在所有可能采取的策略中选取一个最优的策略，以便得到最佳的效果。动态规划(dynamic programming, DP)同前面介绍过的各种优化方法不同，它不是一种算法，而是解决问题的一种途径。动态规划是一种求解多阶段决策问题的系统技术，可以说它横跨整个规划领域(线性规划和非线性规划)。当然，由于动态规划不是一种特定的算法，因而它不像线性规划那样有一个标准的数学表达式和明确定义的一组规则，动态规划必须对具体问题进行具体的分析处理。在多阶段决策问题中，有些问题对阶段的划分具有明显的时序性，动态规划的“动态”二字也由此而得名。

动态规划的主要创始人是美国数学家贝尔曼(Bellman)。20 世纪 40 年代末 50 年代初，当时在兰德公司(Rand Corporation)从事研究工作的贝尔曼首先提出了动态规划的概念。1951 年贝尔曼等根据一类多阶段决策过程的特点，提出了解决这类问题的最优性原理(贝尔曼最优性原理)，进而发展出一种新的最优化方法——动态规划，提出了著名的“最优化原理”(principle of optimality)，把多阶段过程转化为一系列互相联系的单阶段问题逐个求解，创立了确定这类过程优化问题的新方法。1957 年贝尔曼发表了数篇研究论文，并出版了他的第一部著作《动态规划》。该著作是当时唯一研究和应用动态规划的理论书籍。在贝尔曼及其助手们致力于发展和推广这一技术的同时，其他一些学者也对动态规划的发展做出了重大的贡献，其中最为突出的是爱尔思(Aris)和梅特顿(Mitten)。爱尔思先后于 1961 年和 1964 年出版了两部关于动态规划的著作，并于 1964 年同尼姆霍思尔(Nemhauser)、威尔德(Wild)一起创建了处理分支、循环性多阶段决策系统的一般性理论。梅特顿提出了许多对动态规划后来发展有着重要意义的基础性观点，并且对明晰动态规划路径的数学性质做出了巨大的贡献。

动态规划在工程技术、经济管理等社会各个领域都有着广泛的应用，如工业、农业、资源、环境、工程技术及企业管理等，并且获得了显著的效果。在生产过程的各个方面，动态规划可以用来解决最优路径问题、资源分配问题、生产调度问题、库存管理问题、排序问题、设备更新、装载问题及生产过程最优控制问题等，是实际生产管理过程中一种重要的决策技术。在所研究的各类系统中，多数属于动态系统，其组成要素与相互关系一般随着时间的推移而变化。在水库调度、生产计划等动态系统的最优控制中，需要根据具体情况将调度期(如年、月)分为若干个阶段，每一阶段均做出一定的决策，使系统状态(如水库蓄水量)发生变化，并产生一定的效益(如发电效益、供水效益)，系统控制的目标是使系统在调度期内的总效益达到最大。此外，一些与时间无关的静态系统的优化问题(如资源分配问题、最优线路问题等)在一定条件下也可以表示为多阶段决策过程。

许多规划问题用动态规划的方法来处理，常比线性规划或非线性规划更有效。DP 的适用范围比较广泛，对目标函数和约束条件没有严格的要求，特别是对于离散问题，LP、NLP 等解析方法无法应用，而 DP 是解决离散系统最优化的一种有效工具。

本章主要介绍动态规划的基本概念、理论和方法，并通过典型的案例说明这些理论和方法的应用。

第二节　动态规划的基本原理和基本方程

一、多阶段决策过程的数学描述

在现实世界中，有这样一类活动过程，其整个过程可分为若干相互联系的阶段，每一阶段都要做出相应的决策，以使整个过程达到最佳的活动效果。任何一个阶段(stage，即决策点)都是由输入(input)、决策(decision)、状态转移方程(transformation function)和输出(output)构成的，如图 6-1(a)所示。其中，输入和输出也称为状态(state)，输入称为输入状态，输出称为输出状态。

由于每一阶段都有一个决策，所以每一阶段都应存在一个衡量决策效益大小的指标函数，这一指标函数称为阶段指标函数，用 g_i 表示。显然，g_i 是状态变量 s_i 和决策变量 d_i 的函数，即 $g_i=r_i(s_i, d_i)$，如图 6-1(b)所示。显然，输出是输入和决策的函数，即

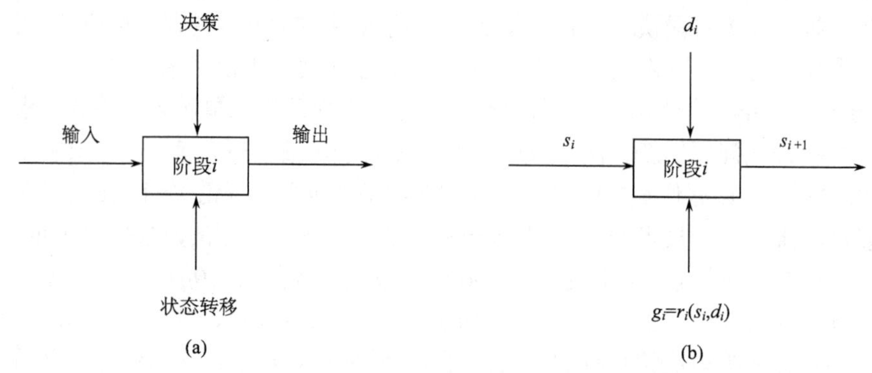

图 6-1　每一阶段决策过程的组成示意图

$$s_{i+1}=f(s_i, d_i), i=1,2, \cdots,N \tag{6-1}$$

式(6-1)即状态转移方程。在由 N 个阶段构成的过程中，前一个阶段的输出即为后一个阶段的输入。

对于具有 N 个阶段的决策过程用图 6-2 来进行描述。从系统的初始状态 s_1 开始，经过一系列的状态变化达到最终状态 s_{N+1}；其状态变化过程可以划分为 N 个阶段，在第 i(i=1,2,⋯,N)阶段的状态 s_i 下做出一定的决策 d_i，系统状态转移为 s_{i+1} 并产生一定的效应 $r_i(s_i,\ d_i)$。多阶段决策过程就是对整个过程进行分阶段决策，得到一个最优策略，使系统总体指标函数 $R_{1,N}$ 达到最优值 R^*。

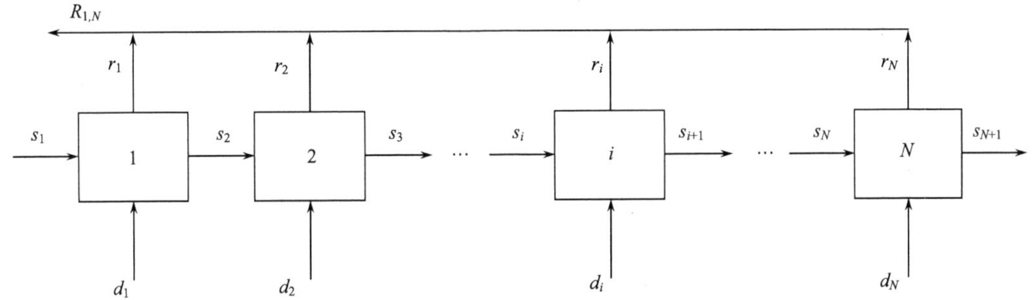

图 6-2　多阶段决策过程的数学描述

二、动态规划的基本概念

动态规划的数学描述离不开一些基本概念和符号，因此有必要在介绍多阶段决策过程的数学描述的基础上，系统地介绍动态规划的一些基本概念。

(1)阶段(stage)。阶段是过程中需要做出决策的决策点，是研究对象在发展过程中所处的时段或步骤。在水库调度中时间是一个连续变量，需要将调度周期按月、旬或日离散为若干个阶段。描述阶段的变量称为阶段变量(stage variable)，常用 i 或 k 来表示。阶段的划分一般是根据时间和空间的自然特征来进行的，但要便于将问题的过程转化为多阶段决策的过程。对于具有 N 个阶段的决策过程，其阶段变量 i=1, 2, ⋯, N，其中，N 为阶段总数。

(2)状态(state)。状态表示每个阶段开始所处的自然状况或客观条件，它描述了研究问题过程的状况，即表示系统在发展过程中某个阶段所有可能发生的情况。状态既反映前面各阶段系列决策的结局，又是本阶段决策的一个出发点和依据；它是各阶段信息的传递点和结合点。各阶段的状态通常用状态变量(state variable)来加以描述。一般用 S_i 表示。一个阶段有初始状态和末端状态，前一阶段的末端状态为后一阶段的初始状态，一般情况下阶段的状态指其初始状态，如果第 i 阶段有 m 个状态 s_{ij}(j=1, 2,⋯,m),其状态集合为

$$S_i=\{s_{i1}, s_{i2},\ \cdots, s_{im}\} \tag{6-2}$$

状态变量是多阶段决策过程中的一个重要变量。状态变量应具有这样的性质：如果某阶段状态给定后，则该阶段以后过程的发展不受此阶段以前各阶段状态的影响。换句话说，过程的历史只能通过当前的状态来影响未来，当前的状态是以往历史的一个总结。这个性质称为无后效性(the future is independent of the past)或健忘性(the process is forgetful)。无后效性是

随机过程中马尔可夫过程的特性。当过程在时刻 t_0 所处的状态已知时，过程在 $t>t_0$ 时的状态与 t_0 时刻之前的状态无关。在选择状态变量时必须选择合适的状态变量，以满足无后效性要求，否则不能用动态规划方法求解。

(3) 决策(decision)。决策是指决策者在所面临的若干个方案(即状态)中做出的选择，也就是某阶段状态给定后，从该状态演变到下一阶段某个状态的选择称为决策。决策用决策变量(decision variable)来表述，一般用 d_i 表示，则 d_i 就表示第 i 阶段的决策。在一个状态下，可能有多个可行的决策，但决策变量一般限制在一定的范围内，即决策变量 d_i 的取值会受到状态 s_i 的某种限制，用 $D_i(s_i)$ 表示第 i 阶段状态为 s_i 时决策变量允许的取值范围，称为允许决策集合，因而有 $d_i(s_i)\in D_i(s_i)$。

在多阶段过程的某一阶段，当系统状态 s_i 给定后，做出一系列的决策 d_i，则系统状态转移到相应的下一阶段状态 s_{i+1}。系统状态的转移可以用状态转移方程(或系统方程)来表示：

$$s_{i+1}=T_i(s_i, d_i),\ i=1, 2,\cdots, N \tag{6-3}$$

式中：T_i 为状态转移函数，将阶段变量 i、状态变量 s_i 和决策变量 d_i 联系起来。

状态转移方程确定由一个状态到另一状态演变过程的基本方程，该方程表明 i+1 阶段的状态 s_{i+1} 由 i 阶段的状态 s_i 和决策 d_i 所决定，而与 k 阶段以前的状态 $s_{i-1}, s_{i-2},\cdots, s_1$ 无关，这是多阶段决策过程对无后效性的要求。

(4) 策略(policy)与子策略(sub-policy)。由所有阶段决策所组成的一个决策序列称为一个策略，可见策略是一个决策序列。在多阶段决策过程中，经常把从第一阶段初始状态到最终状态的策略称为全过程策略，具有 N 个阶段的全过程策略可表示为

$$P_{i,N}=\{d_1(s_1), d_2(s_2),\cdots, d_N(s_N)\} \tag{6-4}$$

从某一阶段开始到过程终点为止的一个决策子序列，称为过程子策略或子策略。从第 k 个阶段开始的一个子策略可表示为

$$P_{k,N}=\{d_k(s_k), d_{k+1}(s_{k+1}),\cdots, d_N(s_N)\} \tag{6-5}$$

对于多阶段决策的实际问题来说，可供选择的策略有一定的限制范围(策略中的每一个决策都是相应允许决策集中的一个元素)，全部可行策略构成了允许策略集。其中，能使全过程或子过程获得最有效果的策略称为相应过程的最优策略，一般用 P^* 来表示。

对于每个策略，都确定了一个状态序列，称为轨迹，其中与最优策略相应的状态序列称为最优轨迹。

(5) 指标函数(target function)。指标函数主要包括阶段指标函数和过程指标函数。阶段指标函数是对应某一阶段决策的效应度量，对于多阶段决策过程的某一阶段 i，从初始状态 s_i 做出决策 d_i 而转移到状态 s_{i+1} 时所产生的效应(效益、损失等)的衡量指标，称为该阶段的指标函数。阶段指标函数是状态与决策的函数，可以表示为 $g_i=r_i(s_i, d_i)$；过程指标函数是用来衡量所实现过程优劣的数量指标，是定义在全过程(策略)或后续子过程(子策略)上的一个数量函数，过程指标函数应该是各阶段指标函数的“和”或“积”。

对于全过程或子过程来说，有相应的过程指标函数用 $R_{1,N}$、$R_{k,N}$ 表示，它们是相应的初始状态和策略的函数：

$$R_{1,N}=\sum_{i=1}^{N}g_i=\sum_{i=1}^{N}r_i(s_i,d_i)=R(s_1,P_{1,N})$$

或 $$R_{1,N} = \prod_{i=1}^{N} g_i = \prod_{i=1}^{N} r_i(s_i, d_i) = R(s_1, P_{1,N}) \tag{6-6}$$

$$R_{k,N} = \sum_{i=k}^{N} g_i = \sum_{i=k}^{N} r_i(s_i, d_i) = R(s_k, P_{k,N})$$

或 $$R_{k,N} = \prod_{i=k}^{N} g_i = \prod_{i=k}^{N} r_i(s_i, d_i) = R(s_k, P_{k,N}) \tag{6-7}$$

(6) 目标函数(objective function)。多阶段决策过程的目标函数则是全过程指标函数的最优值，即在最优策略下的全过程指标函数值：

$$R^* = \mathrm{opt} R(s_1, P_{1,N}) = R(s_1, P^*) \tag{6-8}$$

式中："opt"是最优化"optimization"的缩写，可根据目标要求取最大"max"或最小"min"。在不同的问题中，指标函数的含义是不同的，可能是距离、利润、成本、产量或资源量等。

三、动态规划的基本原理

最优化原理(the principle of optimality)也称贝尔曼(Bellman)原理，是由贝尔曼提出的 DP 的基本原理，其表述为："一个过程的最优策略具有这样的性质，即无论初始状态和初始决策如何，对于由前面的决策所形成的状态来说，其后各阶段的决策序列必定构成相应子过程的最优策略"。

下面用一个简单的多阶段决策过程来说明这一原理。对于某一多阶段决策过程(图 6-3)，*ABCDE* 是在最优决策下的系统状态序列(最优轨迹)，则从最优轨迹上的任一点 *C* 到终点 *E* 的最优轨迹必然是 *CDE*。

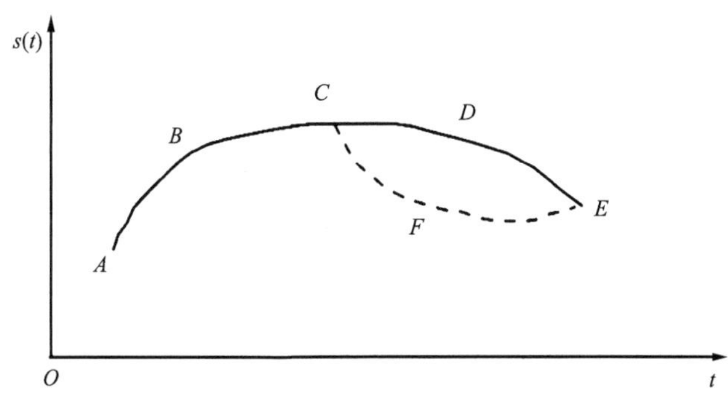

图 6-3 最优性原理示意图

这一结论可以用反证法来证明，假设存在另一条轨迹 *CFE* 是 *C* 到 *E* 的最优轨迹，那么，*CFE* 的指标函数优于 *CDE*，二者均加上 *ABC* 的指标函数，则 *ABCFE* 的指标函数优于 *ABCDE*，这与 *ABCDE* 是 *A* 到 *E* 的最优轨迹相矛盾。因此，*C* 到 *E* 的最优轨迹必然是 *CDE*。类似地，*A* 到 *C* 的最优轨迹必然是 *ABC*。

四、动态规划的基本方程

对于多阶段决策过程采用动态规划方法求解时，根据求解问题顺序的不同，有逆序法(从终点向起点递推，$k=N, N-1, \cdots, 2, 1$）和顺序法（从起点向终点递推，$k=1, 2, \cdots, N-1, N$）两种，相应的基本方程也有两种，其中常用的是逆序法。对于一般的多阶段决策问题，动态规划逆序法的基本方程为

$$f_k^*(s_k) = \text{opt}_{d_k \in D_k(s_k)} \left\{ r_k(s_k, d_k) + f_{k+1}^*(s_{k+1}) \right\}, k = N, N-1, \cdots, 2, 1$$

$$\text{或} \quad f_k^*(s_k) = \text{opt}_{d_k \in D_k(s_k)} \left\{ r_k(s_k, d_k) \cdot f_{k+1}^*(s_{k+1}) \right\}, k = N, N-1, \cdots, 2, 1 \tag{6-9}$$

式中：$s_{k+1} = T_k(s_k, d_k)$，$f_{k+1}^*(s_{k+1}) = 1$。

如果采用顺序法从起点向终点递推，也可以得出类似的顺序法基本方程，这时的子过程定义为从起点开始到某一阶段末状态的过程。一般来说，当初始状态给定时，采用顺序法比较方便；而最终状态给定时，采用逆序法比较方便。

五、动态规划模型的基本形式

动态规划的模型一般由三部分组成，包括目标函数、各阶段状态与决策需要满足的约束条件和系统方程，可以表示为

目标函数：

$$\text{opt } R = \sum_{i=1}^{N} r_i(s_i, d_i) \tag{6-10a}$$

约束条件：

$$s_i \in S_i,\ d_i(s_i) \in D_i(s_i),\ i=1, 2, \cdots, N \tag{6-10b}$$

系统方程：

$$s_{i+1} = T_i(s_i, d_i),\ i=1, 2, \cdots, N \tag{6-10c}$$

动态规划模型的求解是以基本方程［式(6-9)］为基础的，该方程把一个复杂的 N 阶段优化问题转化为 N 个相互关联的单阶段优化问题。逆序法求解中从末阶段开始，对 N 个单阶段优化问题依次求解，确定各阶段的最优决策（为各阶段状态的函数），最终得到最优策略 $P^*=\{d_1^*(s_1), d_2^*(s_2), \cdots, d_N^*(s_N)\}$。然后将已知的初始状态 s_1 和 $d_1^*(s_1)$ 代入系统方程［式(6-10c)］，即可得到 s_2；根据 s_2 和 $d_2^*(s_2)$ 可得到 s_3；依次类推，可以得到最优策略下的系统状态序列（最优轨迹）。

六、建立动态规划模型的一般步骤

一般的多阶段决策过程，需要通过如下步骤建立动态规划模型。

(1) 阶段的划分。划分阶段是运用动态规划求解多阶段决策问题的第一步，在确定多阶段特性后，按时间或空间先后顺序，将过程划分为若干相互联系的阶段。对于静态问题要人为地赋予“时间”概念，以便划分阶段。

(2) 状态变量的正确选择。选择变量既要确切描述过程演变又要满足无后效性，而且各阶段状态变量的取值能够确定。一般情况，状态变量的选择是从过程演变的特点中寻找。

(3) 决策变量及允许决策集合的确定。通常选择所求解问题的关键变量作为决策变量，同时要给出决策变量的取值范围，即确定允许决策集合。

(4) 状态转移方程的确定。根据 k 阶段状态变量和决策变量，写出 $k+1$ 阶段状态变量，状

态转移方程应当具有递推关系。

(5) 确定阶段指标函数和最优指标函数，建立动态规划基本方程。阶段指标函数是指第 k 阶段的收益，最优指标函数是指从第 k 阶段状态出发到第 n 阶段末所获得的收益的最优值，最后写出动态规划的基本方程。

以上五步是建立动态规划数学模型的一般步骤。由于动态规划模型与线性规划模型不同，动态规划模型没有统一的模式，模型建立时必须根据具体问题具体分析，只有通过不断实践总结，才能较好地掌握模型建立的方法与技巧。

七、动态规划的优越性和局限性

任何一个多阶段决策过程的最优化问题，都可以用非线性规划(特殊的可以用线性规划)模型来描述。因此，从原则上讲，一般也可以用非线性规划(或线性规划)的方法来求解。那么，利用动态规划求解多阶段决策过程有什么优越性、又有什么局限性呢？

动态规划的优点：①求解更容易、效率更高。动态规划方法是一种逐步改善法，把一个复杂的多阶段决策问题，转化为相互联系的单阶段决策过程，简化了多阶段决策问题的求解，把原问题化成一系列结构相似的最优化子问题，而每个子问题的变量个数比原问题少得多，约束集合也简单得多，故较易于求出最优解。②解的信息更丰富。非线性规划(或线性规划)的方法是对问题的整体进行一次性求解的，因此只能得到全过程的解；而动态规划方法是将过程分解成多个阶段进行求解的，因此不仅可以得到全过程的解，还可以得到所有子过程的解，从终点向起点逆推，计算过程中可以得到起点及每一个中间点到终点的最优轨迹，丰富了计算结果。

动态规划的缺点：①没有一个统一的标准模型。由于实际问题不同，其动态规划模型也就各有差异，模型构建存在一定困难。②应用条件苛刻。由于构造动态规划模型状态变量必须满足“无后效性”条件，这一条件不仅依赖于状态转移方程，还依赖于允许决策集合和指标函数的结构，不少实际问题在取其自然特征作为状态变量时并不满足这一条件，同时它没有标准的模型和算法，必须根据具体的问题来确定其求解方法，这就降低了动态规划的通用性。③状态变量存在“维数灾”。最优指标函数 $f_k(s_k)$ 是状态变量的函数，当状态变量的维数增加时，最优指标函数的计算量将呈指数倍增长；当系统状态变量的个数(维数)太大时，受计算机存储量和计算速度的限制可能无法求解，即存在“维数灾”问题。因此，无论是手工计算还是计算机计算，“维数灾”都是无法完全克服的。

动态规划可以按照决策过程的演变是否确定分为确定性动态规划和随机性动态规划；也可以按照决策变量的取值是否连续分为连续性动态规划和离散性动态规划。

第三节 确定性动态规划模型及其实例应用

动态规划除了可以用于解决动态系统的优化问题(如水库优化调度、作物优化灌溉制度等)外，还可以解决一些能表示成多阶段决策过程的静态优化问题(如最优线路问题、资源分配问题等)。本节主要讨论确定性问题的动态规划模型的建立和求解方法，随机性动态规划模型将在下节介绍。

一、最优线路问题

【例 6-1】 最优线路问题。由水源地 A 向城市 B 的输水线路需通过三个控制点 E、F、G，每个控制点均有两个可选方案，每段线路的输水费用如图 6-4 所示。选出一条输水线路，使得总输水费用最小。

在这一问题中，从 A 到 B 经过三个中间控制点 E、F、G，或者说从 A 到 B 需要经过四个阶段(A—E—F—G—B)，其中，第 1 阶段初始状态只有一个，而后 3 个阶段初始状态均有两种可能。因此，以上问题可以视为一个 4 阶段的决策过程。

解决这一问题的一种方法是完全枚举法，首先列出由 A 到 B 的所有可能线路，计算出各条线路的费用，然后进行比较，找出最优线路。对于以上问题，共有 8 条线路可供选择(图 6-5)，通过计算、比较，可以得到最优线路为 $AE_2F_1G_1B$，最小输水费用为 14。完全枚举法的计算量为 3×8=24 次加法运算、7 次比较运算。

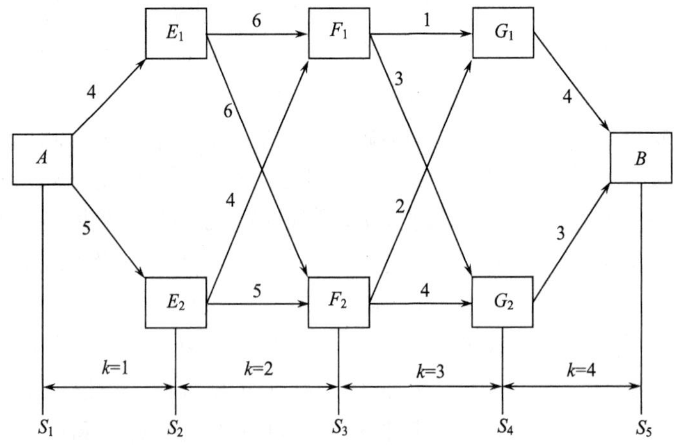

图 6-4　例 6-1 的输水线路示意图

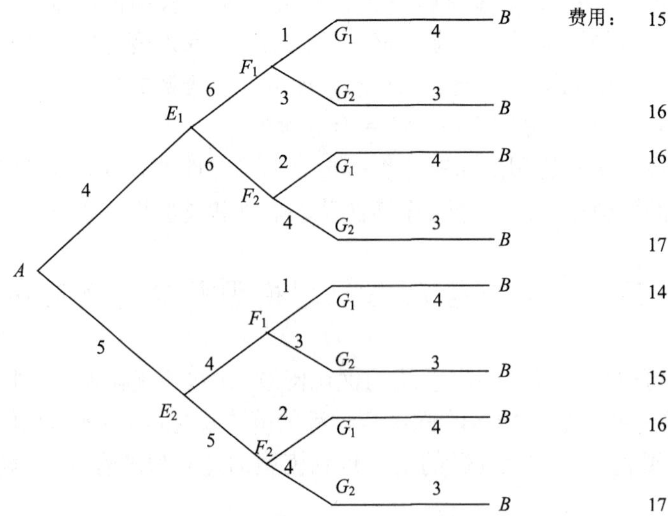

图 6-5　例 6-1 确定最优输水线路的完全枚举法决策树

对于以上简单的多阶段决策问题，完全枚举法是可行的，但对于比较复杂的多阶段决策问题，完全枚举法会由于计算量太大而失效。例如，对于水库的年调度问题，按月(旬)可将一年分为 12(36)个阶段，假设每个阶段将水位分为 10 个离散状态，则组合方案总数为 10^{12}(10^{36})个，用完全枚举法很难完成所有方案的计算与比较。动态规划方法则为解决多阶段决策问题提供了一种相对简便的方法。

对于以上最优线路问题，用 $f(C)$ 表示点 C(某一阶段初始状态，如 A、E_1、F_2 等)到终点 B 的最小费用，$r(C, D)$ 表示相邻点 C、D 间的费用。假如已经得到从 E_1、E_2 到 B 的最小费用 $f(E_1)$、$f(E_2)$，那么，A 点的决策(或 A 到 B 的最小费用)就很容易确定，A 通过 E_1、E_2 到 B 的最小费用分别为 $r(A, E_1)+f(E_1)$、$r(A, E_2)+f(E_2)$，二者取最小值即为 A 到 B 的最小费用，即 $f(A)=\min\{r(A, E_1)+f(E_1), r(A, E_2)+f(E_2)\}$。以上过程反映了动态规划的基本思路，即对 A 点的最优决策来说，关键是确定 E_1、E_2 到 B 的最小费用及相应的最优线路，而 E_1、E_2 到 B 的最优线路之外的其他线路对 A 点的决策是不需要的。

实际上，E_1、E_2 到 B 的最优线路并不知道，这时可采用类似的方法递推，通过 F_1、F_2 到 B 的最优线路来确定 E_1、E_2 到 B 的最优线路；通过 G_1、G_2 到 B 的最优线路来确定 F_1、F_2 到 B 的最优线路。到最后一个阶段，G_1、G_2 到 B 的费用是已知的，据此可以依次求出 F 到 B、E 到 B、A 到 B 的最小费用与最优线路。这就是贝尔曼最优性原理的基本思想。

按照以上思路从后向前递推，就可以逐步找出 A 到 B 的最优线路，具体计算过程如下。

(1)最后(第 4)阶段：起点为 G_1、G_2。

G_1 到 B：最小费用 $f_4(G_1)=4$，最优决策 $d_4(G_1)=B$；

G_2 到 B：最小费用 $f_4(G_2)=3$，最优决策 $d_4(G_2)=B$。

(2)第 3 阶段：起点为 F_1、F_2。

F_1 到 B：最小费用 $f_3(F_1)=\min\{r(F_1,G_1)+f_4(G_1), r(F_1,G_2)+f_4(G_2)\}=\min\{1+4, 3+3\}=5$，
最优决策 $d_3(F_1)=G_1$；

F_2 到 B：最小费用 $f_3(F_2)=\min\{r(F_2,G_1)+f_4(G_1), r(F_2,G_2)+f_4(G_2)\}=\min\{2+4, 4+3\}=6$，
最优决策 $d_3(F_2)=G_1$。

(3)第 2 阶段：起点为 E_1、E_2。

E_1 到 B：最小费用 $f_2(E_1)=\min\{r(E_1, F_1)+f_3(F_1), r(E_1, F_2)+f_3(F_2)\}=\min\{6+5, 6+6\}=11$，
最优决策 $d_2(E_1)=F_1$；

E_2 到 B：最小费用 $f_2(E_2)=\min\{r(E_2, F_1)+f_3(F_1), r(E_2, F_2)+f_3(F_2)\}=\min\{4+5, 5+6\}=9$，
最优决策 $d_2(E_2)=F_1$。

(4)第 1 阶段；起点为 A。

A 到 B：最小费用 $f_1(A)=\min\{r(A, E_1)+f_2(E_1), r(A, E_2)+f_2(E_2)\}=\min\{4+11, 5+9\}=14$，
最优决策 $d_1(A)=E_2$。

以上逆向递推后，再根据各阶段初的最优决策正向递推(表 6-1)，即可得到最优线路为 $AE_2F_1G_1B$，最小费用为 14。

以上计算过程中，共进行了 10 次加法运算、5 次比较运算，比完全枚举法有所减少。对于复杂的问题，用以上动态规划方法进行递推时的计算量比完全枚举法减少更显著。

表 6-1　例 6-1 的最优线路问题各阶段状态与最优决策

阶段	1	2	3	4	
状态	A	E_2	F_1	G_1	B
最优决策	$d_1(A)=E_2$	$d_2(E_2)=F_1$	$d_3(F_1)=G_1$	$d_4(G_1)=B$	

【例 6-2】 兰新线玉门段 K876+800~K887 和 K897+00~K906+400 水资源开发工程是属于动态规划的典型问题。以前者为例，由进水闸 A 处将一定量(按设计流量)的水引到绿色防护带最高点 H。进水闸 A 位置有多种方案可供选择，而终端位置(即林网最高点)视防护规模能够确定。此外，从进水闸 A 至林网最高点 H 之间的 20 多公里长地段，受地形、地质、施工、运输、材料生产条件及排洪建筑物位置等诸因素限制，则有不同的引水路线方案，而不同的方案，则有不同的工程投资，如图 6-6 所示。图中各节点(圆圈)表示输水线路的起点站、中转站和终点站，连线为可供选择的输水线路，标在连接线上的数字代表其投资（单位：万元）。试求解投资最省的最优引水路线。

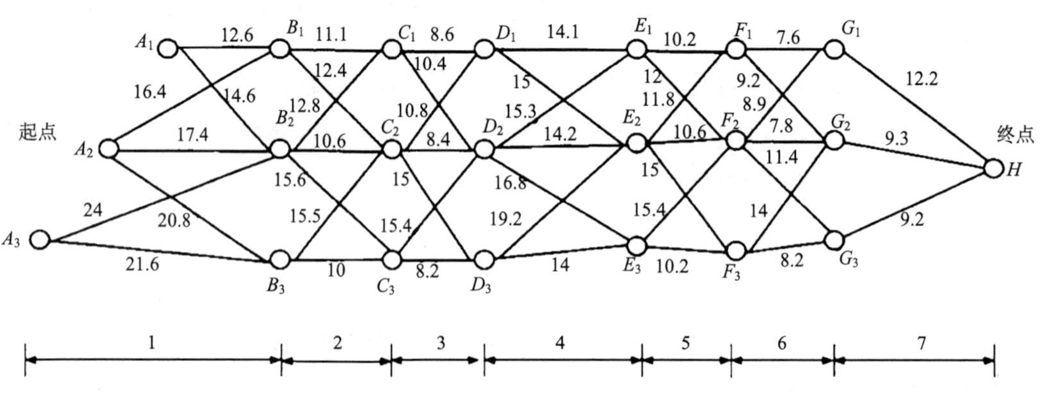

图 6-6　输水渠道 A 到 H 的线路选择方案

解：(1)模型构建。

目标函数：以投资最小作为目标：

$$\min L=\min\sum_{n=1}^{N}L\left(s_n,d_n\right),n=1,2,\cdots,N \tag{6-11a}$$

式中：L 为修建灌溉防渗渠道总费用，万元；$L(s_n, d_n)$为处于状态 s_n 做出决策 d_n 时第 n 阶段的投资；n 为阶段数；s_n 为状态变量，任一阶段的节点号码；d_n 为决策变量，当有 n 阶段要进行时，所要选的下一点，称为该状态下的决策。

状态转移方程，即递推关系：

$$f_n(d_n)=\min\left[L(s_n, d_n)+f_{n+1}^{*}(d_n)\right] \tag{6-11b}$$

式中：$f_n(d_n)$为处于状态 s_n 做出决策 d_n 后 n 个阶段的费用；d_n 为能使 f 达到最小的决策。

(2)模型求解。采用 LINGO 软件编制 DP 计算程序及 LINGO 运行结果见表 6-2。

表 6-2 例 6-2 的 LINGO 程序及运算结果

LINGO 计算程序	LINGO 运行结果
model: sets: Nodes/1..22/:L;!定义节点集合以及从节点 1 到每一个节点最少花费的函数 L; arcs (Nodes,Nodes) / 1,4 1,5 2,4 2,5 2,6 3,5 3,6 4,7 4,8 5,7 5,8 5,9 6,8 6,9 7,10 7,11 8,10 8,11 8,12 9,11 9,12 10,13 10,14 11,13 11,14 11,15 12,14 12,15 13,16 13,17 14,16 14,17 14,18 15,17 15,18 16,19 16,20 17,19 17,20 17,21 18,20 18,21 19,22 20,22 21,22/:D,P;!由节点集合够造图中两节点间有弧的派生集合 arcs,以及相应属性 D,P; endsets data: D= 12.6 14.6 16.4 17.4 20.8 24.0 21.6 11.1 12.4 12.8 10.6 15.6 15.5 10.0 8.6 10.4 10.8 8.4 15.0 15.4 8.2 14.1 15.0 15.3 14.2 16.8 19.2 14 10.2 12.0 11.8 10.6 15.0 15.4 10.2 7.6 9.2 8.9 7.8 11.4 14.0 8.2 12.2 9.3 9.2; enddata min=L (22) ;!目标函数; L (1) =0;!动态规划递推方程的边界条件; @for (Nodes (j) |j#ge#4:L (j) =@min (arcs (i,j) :L (i) +D (i,j))) ;!动态规划递推方程的递推方程; @for (Arcs (i,j) :P (i,j) =@if (L (j) #eq#L (i) +D (i,j) ,1,0)) ;! 判断是否为最少花费; end	Local optimal solution found. Objective value: 75.00000 Infeasibilities: 0.000000 Total solver iterations: 14 Variable Value Reduced Cost L(1) 0.000000 0.000000 L(2) 0.000000 0.000000 L(3) 3.037006 0.000000 L(4) 12.60000 0.000000 L(5) 14.60000 0.000000 L(6) 20.80000 0.000000 L(7) 23.70000 0.000000 L(8) 25.00000 0.000000 L(9) 30.20000 0.000000 L(10) 32.30000 0.000000 L(11) 33.40000 0.000000 L(12) 38.40000 0.000000 L(13) 46.40000 0.000000 L(14) 47.30000 0.000000 L(15) 50.20000 0.000000 L(16) 56.60000 0.000000 L(17) 57.90000 0.000000 L(18) 60.40000 0.000000 L(19) 64.20000 0.000000 L(20) 65.70000 0.000000 L(21) 68.60000 0.000000 L(22) 75.00000 0.000000 P(1, 4) 1.000000 0.000000 P(1, 5) 1.000000 0.000000 P(2, 4) 0.000000 0.000000 P(2, 5) 0.000000 0.000000 P(2, 6) 1.000000 0.000000 P(3, 5) 0.000000 0.000000 P(3, 6) 0.000000 0.000000 P(4, 7) 1.000000 0.000000 P(4, 8) 1.000000 0.000000 P(5, 7) 0.000000 0.000000 P(5, 8) 0.000000 0.000000 P(5, 9) 1.000000 0.000000 P(6, 8) 0.000000 0.000000 P(6, 9) 0.000000 0.000000 P(7, 10) 1.000000 0.000000 P(7, 11) 0.000000 0.000000 P(8, 10) 0.000000 0.000000 P(8, 11) 1.000000 0.000000 P(8, 12) 0.000000 0.000000 P(9, 11) 0.000000 0.000000 P(9, 12) 1.000000 0.000000 P(10, 13) 1.000000 0.000000 P(10, 14) 1.000000 0.000000 P(11, 13) 0.000000 0.000000 P(11, 14) 0.000000 0.000000 P(11, 15) 1.000000 0.000000 P(12, 14) 0.000000 0.000000 P(12, 15) 0.000000 0.000000 P(13, 16) 1.000000 0.000000 P(13, 17) 0.000000 0.000000 P(14, 16) 0.000000 0.000000 P(14, 17) 1.000000 0.000000 P(14, 18) 0.000000 0.000000

续表

LINGO 计算程序	LINGO 运行结果		
	P(15, 17)	0.000000	0.000000
	P(15, 18)	1.000000	0.000000
	P(16, 19)	1.000000	0.000000
	P(16, 20)	0.000000	0.000000
	P(17, 19)	0.000000	0.000000
	P(17, 20)	1.000000	0.000000
	P(17, 21)	0.000000	0.000000
	P(18, 20)	0.000000	0.000000
	P(18, 21)	1.000000	0.000000
	P(19, 22)	0.000000	0.000000
	P(20, 22)	1.000000	0.000000
	P(21, 22)	0.000000	0.000000

从表 6-2 中 LINGO 计算结果可以看到，投资最省的引水路线已经求出，从 A 到 H 的投资最少为 75 万元，由各个 $P(i,j)$ 的值分析可知，从 A 到 H 的路线为 $A_1 \to B_1 \to C_1 \to D_1 \to E_2 \to F_2 \to G_2 \to H$。

二、资源优化分配问题

资源分配问题是水资源管理中常见的问题，要求把有限的水资源进行合理分配以实现最大的效益。

【例 6-3】 水资源优化分配问题。某供水系统可供水量为 Q，用户数为 N，当给第 k 个用户供水 x_k 时所产生的效益为 $g_k(x_k)$。假设可供水量 Q=500 万 m^3，供给 A、B、C 三个用户(N=3)，各用户的供水效益 $g_k(x_k)$ 如表 6-3 所示。水量是一连续变量，但供水效益是以离散形式给出的，在求解过程中也需要将决策变量和状态变量离散化(以 100 万 m^3 为 1 个单位)。即使供水效益以连续函数形式给出，进行离散化求解也往往是比较方便的。如何合理分配水量才能使总效益最大？

表 6-3　例 6-3 的供水效益表

供水量 x/万 m^3	供水效益/万元		
	A：$g_1(x_1)$	B：$g_2(x_2)$	C：$g_3(x_3)$
0	0	0	0
100	30	50	40
200	70	100	60
300	90	110	110
400	120	110	120
500	130	110	120

解：(1)建立水资源优化分配的静态模型。

$$\max Z = \sum_{k=1}^{N} g_k\left(x_k\right) \tag{6-12a}$$

$$\sum_{k=1}^{N} x_k \leqslant Q \tag{6-12b}$$

$$x_k \geqslant 0, k=1,2,\cdots,N \tag{6-12c}$$

如果 $g_k(x_k)$ 均为 x_k 的线性函数，则以上模型属于线性规划模型；如果 $g_k(x_k)$ 为 x_k 的非线性函数，则模型属于非线性规划中的可分规划模型。

(2)将静态模型进行动态规划模型转换。

如果把向每一个用户供水视为一个阶段，则以上问题可看作是一个 N 阶段的决策过程，可以用动态规划方法来求解。其模型描述知下。

a. 阶段变量：k=1, 2,…, N，表示第 k 个用户。

b. 决策变量：第 k 个用户的供水量 x_k。

c. 状态变量：可用于分配给当前及以后阶段各用户的水量，即

$$q_k = \sum_{i=k}^{N} x_i, k = 1, 2, \cdots, N \tag{6-13a}$$

d. 状态转移方程：根据状态变量[式(6-13a)]，可得到状态转移方程为

$$q_{k+1}=q_k-x_k \tag{6-13b}$$

e. 指标函数：第 k 阶段的指标函数为第 k 个用户的效益 $g_k(x_k)$。

f. 目标函数：总效益最大：

$$\max Z = \sum_{k=1}^{N} g_k\left(x_k\right) \tag{6-13c}$$

g. 约束条件：

$$0 \leqslant q_k \leqslant Q, 0 \leqslant x_k \leqslant q_k, k=1,2,\cdots,N \tag{6-13d}$$

建立以上模型后，可采用逆序法进行递推求解，其基本方程为

$$f_k^*\left(q_k\right) = \max_{x_k}\left\{g_k\left(x_k\right) + f_{k+1}^*\left(q_k - x_k\right)\right\}, k = N, N-1, \cdots, 2, 1 \tag{6-13e}$$

(3)求解方法。采用动态规划的逆序法进行求解，其求解过程如下。

第一步：阶段 3(k=N=3)，将 x_3=q_3 的水量分配给用户 C，其基本方程为

$$f_3^*\left(q_3\right) = \max_{x_3}\left\{g_3\left(x_3\right)\right\} = g_3\left(q_3\right)$$

计算结果见表 6-4。

表 6-4　例 6-3 阶段 3 计算结果

状态变量 q_3	指标函数 $f_3^*(q_3)$	最优决策 x_3^*
0	0	0
100	40	100
200	60	200
300	110	300
400	120	400
500	120	500

第二步：阶段 2(k=2)，将 x_2=q_2-q_3 的水量分配给用户 B、C，其基本方程为

$$f_2^*(q_2)=\max_{0\leqslant x_2\leqslant q_2}\left\{g_2(x_2)+f_3^*(q_2-x_2)\right\}$$

计算结果见表 6-5，表中 $f_2(q_2)$ 的计算式中，第一项为 $g_2(x_2)$，第二项为 $f_3^*(q_3)=f_3^*(q_2-x_2)$。例如，$q_2$=200 时，$x_2$ 有 0、100、200 等三种可能的离散状态，相应的 $g_2(x_2)$ 分别为 0、50、100；$q_3=q_2-x_2$ 分别为 200、100、0，从表 6-4 中可查出相应的 $f_3^*(q_3)$ 分别为 60、40、0；因此 $f_2(q_2)$ 的值分别为 0+60=60、50+40=90、100+0=100，其中的最大值 100(在表中加下划线表示)即为 $f_2^*(q_2)$，此时 x_2^*=200。

第三步：阶段 1(k=1)，将 $x_1=q_1-q_2$ 的水量分配给用户 A、B、C，其基本方程为

$$f_1^*(q_1)=\max_{0\leqslant x_1\leqslant q_1}\left\{g_1(x_1)+f_2^*(q_1-x_1)\right\}$$

计算结果见表 6-6，在表中 $f_1(q_1)$ 的计算式中，第一项为 $g_1(x_1)$，第二项为 $f_2^*(q_2)=f_2^*(q_1-x_1)$。

表 6-5　例 6-3 阶段 2 计算结果

q_2	不同 x_2 下的 $f_2(q_2)$						$f_2^*(q_2)$	x_2^*
	0	100	200	300	400	500		
0	0+0						0	0
100	0+40	50+0					50	100
200	0+60	50+40	100+0				100	200
300	0+110	50+60	100+40	110+0			140	200
400	0+120	50+110	100+60	110+40	110+0		160	100，200
500	0+120	50+120	100+110	110+60	110+40	110+0	210	200

表 6-6　例 6-3 的阶段 1 计算结果

q_1	不同 x_1 下的 $f_1(q_1)$						$f_1^*(q_1)$	x_1^*
	0	100	200	300	400	500		
0	0+0						0	0
100	0+50	30+0					50	0
200	0+100	30+50	70+0				100	0
300	0+140	30+100	70+50	90+0			140	0
400	0+160	30+140	70+100	90+50	120+0		170	100，200
500	0+210	30+160	70+140	90+100	120+50	130+0	210	0，200

利用以上各阶段计算结果，可以确定不同初始状态(可供水量)下的最优策略。根据表 6-6，q_1=500 万 m^3 时的最大供水效益为 210 万元，相应的阶段 1 最优决策(用户 A 供水量)为 x_1^*=0 或 200。根据状态转移方程 $q_2=q_1-x_1$=500 或 300，从表 6-5 中查出相应的阶段 2 最优决策均为 x_2^*=200；$q_3=q_2-x_2$=300 或 100，从表 6-4 中查出相应的阶段 3 最优决策分别为 x_3^*=300、x_3^*=100。最后可得到两个最优策略：①P^*={0,200,300}，即向用户 A、B、C 供水量分别为 0、200 万 m^3、300 万 m^3；②P^*={200,200,100}，即向用户 A、B、C 供水量分别为 200 万 m^3、200 万 m^3、100 万 m^3。两种供水方案下的供水效益均达到最大值 210 万元。

以上最优供水方案是在可供水量 Q=500 万 m^3 的情况下得到的。如果遇到枯水年，可供

水量只有 400 万 m^3，则从以上各阶段计算结果中可以直接确定相应的最优策略；如果丰水年可供水量达到 600 万 m^3，则在以上计算表中加入相应的行、列计算即可；如果增加一个用户，则相当于增加一个阶段，在以上计算基础上再递推一次即可得到相应的最优供水方案。

这一问题属于资源优化分配问题，实际中的商品分配、投资选择等问题在一定条件下都可用类似的方法来解决。

【例 6-4】　某水库可分配水资源量为 700 万 m^3，每 1 单位代表 100 万 m^3，供给三个用户，各用户在分配水量 q_k 下的效益函数为 $g_i(q_k)$，i=1,2,3，效益函数见表 6-7。试求水库最优水资源的分配方案。

表 6-7　效益函数表　　　　（单位：万元）

$g_i(q_k)$ \ q_k	0	1	2	3	4	5	6	7
$g_1(q_k)$	0	5	15	40	80	90	95	100
$g_2(q_k)$	0	5	15	40	60	70	73	75
$g_3(q_k)$	0	4	26	40	45	50	51	53

解：这一问题与例 6-3 的水资源优化分配求解过程类似，也可以采用上面的动态规划方法逐步计算出最优解。采用 LINGO 软件编制计算程序，求解过程要相对简便。

采用 LINGO 软件编制计算程序及 LINGO 运行结果见表 6-8。

表 6-8　例 6-4 的 LINGO 程序及运算结果

LINGO 计算程序

```
SETS:
    !用户;
    USER/1..3/;
    !水量;
    WATER_AMOUNT/1..8/;
    !分配方案;
    ARCS(USER,WATER_AMOUNT):BENEFIT,SELECTI
ON,STATUS;
ENDSETS
DATA:
!效益;
BENEFIT=0 5 15 40 80 90 95 100
            0 5 15 40 60 70 73 75
            0 4 26 40 45 50 51 53;
!待定分配量;
STATUS=0 1 2 3 4 5 6 7
          0 1 2 3 4 5 6 7
          0 1 2 3 4 5 6 7;
ENDDATA
MAX=@SUM(ARCS(I,J):BENEFIT(I,J)*SELECTION(I,J));
@FOR(ARCS:@BIN(SELECTION));
@FOR(USER(I):@SUM(ARCS(I,K):SELECTION(I,K))=1)
;
@SUM(ARCS(I,J):STATUS(I,J)*SELECTION(I,J))=7;
```

LINGO 运行结果

```
Global optimal solution found.
  Objective value:              120.0000
  Objective bound:              120.0000
  Infeasibilities:              0.000000
  Extended solver steps:        0
  Total solver iterations:      0
Variable          Value        Reduced Cost
BENEFIT(1, 1)     0.000000     0.000000
BENEFIT(1, 2)     5.000000     0.000000
BENEFIT(1, 3)     15.00000     0.000000
BENEFIT(1, 4)     40.00000     0.000000
BENEFIT(1, 5)     80.00000     0.000000
BENEFIT(1, 6)     90.00000     0.000000
BENEFIT(1, 7)     95.00000     0.000000
BENEFIT(1, 8)     100.0000     0.000000
BENEFIT(2, 1)     0.000000     0.000000
BENEFIT(2, 2)     5.000000     0.000000
BENEFIT(2, 3)     15.00000     0.000000
BENEFIT(2, 4)     40.00000     0.000000
BENEFIT(2, 5)     60.00000     0.000000
BENEFIT(2, 6)     70.00000     0.000000
BENEFIT(2, 7)     73.00000     0.000000
BENEFIT(2, 8)     75.00000     0.000000
```

续表

LINGO 计算程序	LINGO 运行结果
在编制此程序时，使用了一个小技巧，就是为 ARCS 集合添加了 SELECTION 和 STATUS 属性。通过决策变量 SELECTION 和已知量 STATUS 的联合使用，不仅表达了总水资源量的约束，而且为离散取值最优化问题的求解提供了一个有效的途径。	BENEFIT(3, 1)　0.000000　0.000000 BENEFIT(3, 2)　4.000000　0.000000 BENEFIT(3, 3)　26.00000　0.000000 BENEFIT(3, 4)　40.00000　0.000000 BENEFIT(3, 5)　45.00000　0.000000 BENEFIT(3, 6)　50.00000　0.000000 BENEFIT(3, 7)　51.00000　0.000000 BENEFIT(3, 8)　53.00000　0.000000 SELECTION(1, 1)　0.000000　0.000000 SELECTION(1, 2)　0.000000　-5.000000 SELECTION(1, 3)　0.000000　-15.00000 SELECTION(1, 4)　0.000000　-40.00000 SELECTION(1, 5)　1.000000　-80.00000 SELECTION(1, 6)　0.000000　-90.00000 SELECTION(1, 7)　0.000000　-95.00000 SELECTION(1, 8)　0.000000　-100.0000 SELECTION(2, 1)　0.000000　0.000000 SELECTION(2, 2)　0.000000　-5.000000 SELECTION(2, 3)　0.000000　-15.00000 SELECTION(2, 4)　1.000000　-40.00000 SELECTION(2, 5)　0.000000　-60.00000 SELECTION(2, 6)　0.000000　-70.00000 SELECTION(2, 7)　0.000000　-73.00000 SELECTION(2, 8)　0.000000　-75.00000 SELECTION(3, 1)　1.000000　0.000000 SELECTION(3, 2)　0.000000　-4.000000 SELECTION(3, 3)　0.000000　-26.00000 SELECTION(3, 4)　0.000000　-40.00000 SELECTION(3, 5)　0.000000　-45.00000 SELECTION(3, 6)　0.000000　-50.00000 SELECTION(3, 7)　0.000000　-51.00000 SELECTION(3, 8)　0.000000　-53.00000 STATUS(1, 1)　0.000000　0.000000 STATUS(1, 2)　1.000000　0.000000 STATUS(1, 3)　2.000000　0.000000 STATUS(1, 4)　3.000000　0.000000 STATUS(1, 5)　4.000000　0.000000 STATUS(1, 6)　5.000000　0.000000 STATUS(1, 7)　6.000000　0.000000 STATUS(1, 8)　7.000000　0.000000 STATUS(2, 1)　0.000000　0.000000 STATUS(2, 2)　1.000000　0.000000 STATUS(2, 3)　2.000000　0.000000 STATUS(2, 4)　3.000000　0.000000 STATUS(2, 5)　4.000000　0.000000 STATUS(2, 6)　5.000000　0.000000 STATUS(2, 7)　6.000000　0.000000

续表

LINGO 计算程序	LINGO 运行结果
	STATUS(2, 8)　7.000000　0.000000
	STATUS(3, 1)　0.000000　0.000000
	STATUS(3, 2)　1.000000　0.000000
	STATUS(3, 3)　2.000000　0.000000
	STATUS(3, 4)　3.000000　0.000000
	STATUS(3, 5)　4.000000　0.000000
	STATUS(3, 6)　5.000000　0.000000
	STATUS(3, 7)　6.000000　0.000000
	STATUS(3, 8)　7.000000　0.000000
	Row　Slack or Surplus　Dual Price
	1　120.0000　1.000000
	2　0.000000　0.000000
	3　0.000000　0.000000
	4　0.000000　0.000000
	5　0.000000　0.000000

从表 6-8 的 LINGO 运算结果可知，将 7 个单位的水资源分别以 4、3、0 的比例分配给三个用户得到的效益最大，最大的效益为 120 万元。

三、水库优化调度的动态规划模型

水库优化调度问题是一个典型的多阶段决策过程，一般按一定的要求将调度期划分为若干个阶段，通过对下泄水量的合理调控使整个调度期内的总效益(如发电等)达到最大。

【例 6-5】　一年调节水库，起调水位(枯水期末)与最终水位均为死水位，相应蓄水量为死库容，调度期分为 N 个阶段，以一年内总效益最大为目标的动态规划模型建立过程如下。

(1) 阶段变量：t=1, 2,⋯, N，表示调度期内的第 t 个阶段(月或旬等)。

(2) 决策变量：第 t 个阶段的水库供水量 x_t。

(3) 状态变量：阶段初水库蓄水量 V_t。

(4) 状态转移方程：根据水库水量平衡方程，可得到

$$V_{t+1}=V_t+Q_t+P_t-x_t-\mathrm{WS}_t-E_t,\ t=1,2,\cdots,N \tag{6-14a}$$

式中：Q_t 为阶段内水库入库水量；P_t 为水库降水量；WS_t 为水库弃水量(当水库蓄水量超出当前阶段的蓄水量限制时，超出部分为阶段弃水量)；E_t 为水库蒸发、渗漏等损失量。

(5) 指标函数：t 阶段的指标函数为该阶段的供水效益，如发电效益是发电水量、入库水量与水头(与水库蓄水量相对应)的函数，可表示为 $r_t(V_t, x_t, Q_t)$。

(6) 目标函数：调度期内总效益最大，即

$$\max Z=\sum_{t=1}^{N} r_t\left(V_t, x_t, Q_t\right) \tag{6-14b}$$

(7) 约束条件：水库的水位(蓄水量)、阶段泄水量均有一定的限制条件，可以表示为

$$V_{t,\min}\leqslant V_t\leqslant V_{t,\max},\quad t=1, 2,\cdots, N \tag{6-14c}$$

$$x_{t,\min} \leqslant x_t \leqslant x_{t,\max},\quad t=1,2,\cdots,N \tag{6-14d}$$

(8) 边界条件：水库初始、最终蓄水量均为死库容 V_d，即

$$V_1=V_{N+1}=V_d \tag{6-14e}$$

由于以上动态规划模型中状态变量与决策变量均为连续变量，在求解过程中需要根据其变化范围[式(6-14c)和式(6-14d)]将其离散，然后采用逆序法进行递推求解，其基本方程为

$$R_t^*(V_t)=\max_{x_t}\left\{r_t(V_t,x_t,Q_t)+R_{t+1}^*(V_{t+1})\right\},t=N,N-1,\cdots,2,1 \tag{6-14f}$$

式中：$R^*_{N+1}(V_{N+1})=0$。

以上模型中只考虑了一个水库，为一维动态规划模型。如果考虑多个水库联合调度，在总效益最大的目标下可建立多维动态规划模型；对于综合利用水库，不同的目标(如防洪、发电、灌溉、航运等)不宜用统一的经济指标来描述时，则需要建立多目标动态规划模型；考虑水库入流过程随机性时，则需建立随机动态规划模型。

【例 6-6】 水库群优化调度问题。设某水库群系统的组成如图 6-7 所示，要求在 12 个运行期(N=12)内进行优化，使水库群总效益最大。已知在任何运行期内进入水库 1 和 2 的流量分别为 input1 和 input2。四个水库在每个运行期的出流为 output(I, J) (I=0,1,…,11; J=1,2,3,4)，通常用来发电，仅 output(I, 4) 经过发电之后，再引入灌区灌溉。四个水库的蓄水量分别为 storage(I, J)，效益函数值信息见表 6-9，其他数据信息见表 6-10。

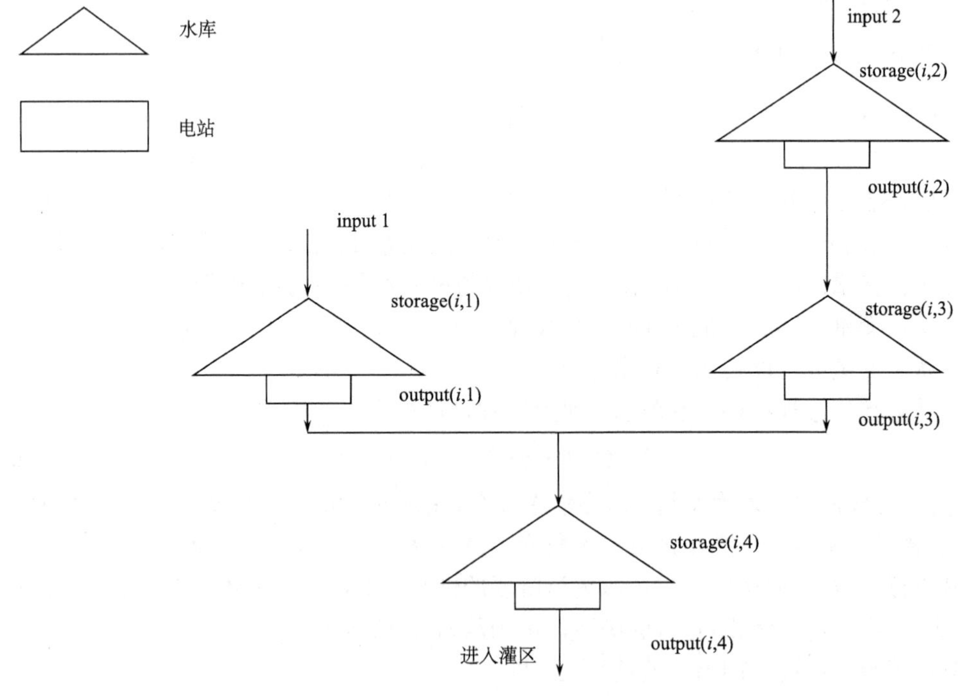

图 6-7　某水库群组成的示意图

解：根据已知条件可知蓄水量的约束为

$$0 \leqslant \text{storage}(I,1) \leqslant 10$$

$$0 \leqslant \text{storage}(I,2) \leqslant 10$$

$$0 \leqslant \text{storage}(I,3) \leqslant 10$$

$$0 \leqslant \text{storage}(I,4) \leqslant 15$$

式中：I=1,2,…,12。

任何运行期，决策变量的约束条件为

$$0 \leqslant \text{output}(I,1) \leqslant 3$$

$$0 \leqslant \text{output}(I,2) \leqslant 4$$

$$0 \leqslant \text{output}(I,3) \leqslant 4$$

$$0 \leqslant \text{output}(I,4) \leqslant 7$$

式中：I=0,1,…,11。

任意 I 的每个分量动态特性的系统方程为

$$\text{storage}(I,1)=\text{storage}(I-1,1)+\text{input1}-\text{output}(I-1,1)$$

$$\text{storage}(I,2)=\text{storage}(I-1,2)+\text{input2}-\text{output}(I-1,2)$$

$$\text{storage}(I,3)=\text{storage}(I-1,3)+\text{input}(I-1,2)-\text{output}(I-1,3)$$

$$\text{storage}(I,4)=\text{storage}(I-1,4)+\text{input}(I-1,3)+\text{output}(I-1,1)-\text{output}(I-1,4)$$

式中：I=1,2,…,12。

所有时段的入流均为

input1=2; input2=3;

所有变量的单位均为万 m^3。

水库群的效益主要是四个水电站所产生的发电效益与 output(I,4) 的灌溉效益之和，即

$$F=\sum_{I=0}^{11}\sum_{J=1}^{4}\left(\text{benefit}(I,J)\times\text{output}(I,J)\right)+\sum_{I=0}^{11}\left(\text{benefit}(I,5)\times\text{output}(I,4)\right)$$
$$+\sum_{J=1}^{4}\text{reservoir}(J)\left[\text{storage}(I,J),\text{expectation}(I,J)\right]$$

式中：F 为 12 个时段的水库群总效益；benefit(I,J) 为 I 至 $I-1$ 时段内的第 J 项功能(J=1,2,…,5)的单位输出的效益，这个水库群共有五项功能，即四个水电站和一个灌区，其单位效益函数 benefit(I, J) 值见表 6-9。

表 6-9 单位效益函数

J	benefit(I,1)	benefit(I,2)	benefit(I,3)	benefit(I,4)	benefit(I,5)
0	1.1	1.4	1	1	1.6
1	1	1.1	1	1.2	1.7
2	1	1	1.2	1.8	1.8
3	1.2	1	1.8	2.5	1.9
4	1.8	1.2	2.5	2.2	2
5	2.5	1.8	2.2	2	2
6	2.2	2.5	2	1.8	2
7	2	2.2	1.8	2.2	1.9

续表

J	benefit (I,1)	benefit (I,2)	benefit (I,3)	benefit (I,4)	benefit (I,5)
8	1.8	2	2.2	1.8	1.8
9	2.2	1.8	1.8	1.4	1.7
10	1.8	2.2	1.4	1.1	1.6
11	1.4	1.8	1.1	1	1.5
12	0	0	0	0	0

reservoir (*J*) [storage (*I*, *J*) ,expectation (*I*, *J*)]为惩罚函数，是当第 *I* 级第 *J* 个分量的最后状态是 storage (*I*, *J*) , 而不是所希望的状态 expectation (*I*, *J*) 时 (*J*=1,2,3,4) 对系统估计的一个惩罚函数量(表 6-10)。

表 6-10　例 6-6 的已知数据

	A	B	C	D	E	F
1	已知量	水库				
2		P1	P2	P3	P4	
3	expectation	5	5	5	5	
4	MINstorage	0	0	0	0	
5	MAXstorage	10	10	10	10	
6	MINoutput	0	0	0	0	
7	MAXoutput	3	4	4	7	
8						
9						
10	运行期	单位效益 (benefit)				
11		b1	b2	b3	b4	b5
12	0	1.1	1.4	1	1	1.6
13	1	1	1.1	1	1.2	1.7
14	2	1	1	1.2	1.8	1.8
15	3	1.2	1	1.8	2.5	1.9
16	4	1.8	1.2	2.5	2.2	2
17	5	2.5	2.8	2.2	2	2
18	6	2.2	2.5	2	1.8	2
19	7	2	2.2	1.8	2.2	1.9
20	8	1.8	2	2.2	1.8	1.8
21	9	2.2	1.8	1.8	1.4	1.7
22	10	1.8	2.2	1.4	1.1	1.6
23	11	1.4	1.8	1.1	1	1.5
24	12	0	0	0	0	0

惩罚函数采用下列形式：

reservoir (*J*) [storage (*I*, *J*) ,expectation (*I*, *J*)]=−40[storage (*I*, *J*) −expectation (*I*, *J*)]^2

storage (*I*, *J*) ≤expectation (*I*, *J*)

reservoir(J)[storage(I, J),expectation(I, J)]=0

storage(I, J)>expectation(I, J)

式中：expectation$(1, J)$和expectation$(12, J)$为设定的初级和末级状态向量，其数值分别为

$$\text{expectation}(1, J)=[5\ 5\ 5\ 5]^{\mathrm{T}}$$

$$\text{expectation}(12, J)=[5\ 5\ 5\ 5]^{\mathrm{T}}$$

用 LINGO 编制的计算程序及运行结果见表 6-11。

表 6-11 例 6-6 的 LINGO 计算程序及运行部分结果

LINGO 计算程序	LINGO 运行结果
model:	Local optimal solution found.
sets:	Objective value: 494.6804
reservoir/P1 P2 P3	Infeasibilities: 0.3552714E-14
P4/:expectation,minstorage,maxstorage,minoutput,maxoutput;	Total solver iterations: 79
time/1 2 3 4 5 6 7 8 9 10 11 12 13/;	
purpose/B1 B2 B3 B4 B5/;	Export Summary Report
links1(time,reservoir):storage,output;	--------------------
links2(time,purpose):benefit;	Transfer Method: OLE BASED
endsets	Workbook: d:\hkdata\hkdata.xlsx
data:	Ranges Specified: 1
!某级状态期望值，水库存水量最小值，水库存水量最大值，	OUTPUT
水库流出量最小值，水库流出量最大值;	Ranges Found: 1
expectation,minstorage,maxstorage,minoutput,maxoutput=@ole	Range Size Mismatches: 0
('d:\hkdata\hkdata.xlsx');	Values Transferred: 52
!单位效益;	Export Summary Report
	--------------------
benefit=@ole('d:\hkdata\hkdata.xlsx ');	Transfer Method: OLE BASED
!其他固定参数;	Workbook: d:\hkdata\hkdata.xlsx
input1=2;	Ranges Specified: 1
input2=3;!水库 1 和水库 2 的入库流量;	STORAGE
!输入水库流出水量(T/A);	Ranges Found: 1
@ole('d:\hkdata\hkdata.xlsx ')=output;	Range Size Mismatches: 0
@ole('d:\hkdata\hkdata.xlsx ')=storage;	Values Transferred: 52
enddata	
!目标函数;	Variable Value Reduced Cost
max=@sum(links1(i,j)|i#le#12:output(i,j)*benefit(i,j))	INPUT1 2.000000 0.000000
+@sum(time(i)|i#le#12:output(i,4)*benefit(i,5))	INPUT2 3.000000 0.000000
+@sum(reservoir(j):@if(storage(12,j)#le#expectation(j),	
-40*(storage(12,j)-expectation(j))^2,0))	EXPECTATION(P1) 5.000000 0.000000
+@sum(reservoir(j):@if(storage(1,j)#le#expectation(j),	EXPECTATION(P2) 5.000000 0.000000
-40*(storage(1,j)-expectation(j))^2,0));	EXPECTATION(P3) 5.000000 0.000000
!需求约束;	EXPECTATION(P4) 5.000000 0.000000
@for(reservoir(j):storage(1,j)=maxstorage(j));	MINSTORAGE(P1) 0.000000 0.000000
@for(reservoir(j):output(1,j)=maxoutput(j));	MINSTORAGE(P2) 0.000000 0.000000
@for(time(i)|i#ge#2:	MINSTORAGE(P3) 0.000000 0.000000
storage(i,1)=storage(i-1,1)+input1-output(i-1,1);	MINSTORAGE(P4) 0.000000 0.000000
storage(i,2)=storage(i-1,2)+input2-output(i-1,2);	MAXSTORAGE(P1) 10.00000 0.000000
storage(i,3)=storage(i-1,3)+output(i-1,2)-output(i-1,3);	MAXSTORAGE(P2) 10.00000 0.000000
	MAXSTORAGE(P3) 10.00000 0.000000
storage(i,4)=storage(i-1,4)+output(i-1,3)+output(i-1,1)-output	

续表

LINGO 计算程序	LINGO 运行结果
(i-1,4));	MAXSTORAGE(P4)　15.00000　0.000000
!边界约束;	MINOUTPUT(P1)　0.000000　0.000000
@for(links1(i,j):storage(i,j)<=maxstorage(j);	MINOUTPUT(P2)　0.000000　0.000000
output(i,j)<=maxoutput(j));	MINOUTPUT(P3)　0.000000　0.000000
	MINOUTPUT(P4)　0.000000　0.000000
	MAXOUTPUT(P1)　3.000000　0.000000
	MAXOUTPUT(P2)　4.000000　0.000000
	MAXOUTPUT(P3)　4.000000　0.000000
	MAXOUTPUT(P4)　7.000000　0.000000
	STORAGE(1, P1)　10.00000　0.000000
	STORAGE(1, P2)　10.00000　0.000000
	STORAGE(1, P3)　10.00000　0.000000
	STORAGE(1, P4)　15.00000　0.000000
	STORAGE(2, P1)　9.000000　0.000000
	STORAGE(2, P2)　9.000000　0.000000
	STORAGE(2, P3)　10.00000　0.000000
	STORAGE(2, P4)　15.00000　0.000000
	STORAGE(3, P1)　9.077786　0.000000
	STORAGE(3, P2)　8.950000　0.000000
	STORAGE(3, P3)　10.00000　0.000000
	STORAGE(3, P4)　12.97221　0.000000
	STORAGE(4, P1)　10.00000　0.000000
	STORAGE(4, P2)　10.00000　0.000000
	STORAGE(4, P3)　7.950000　0.000000
	STORAGE(4, P4)　11.05000　0.000000
	STORAGE(5, P1)　10.00000　0.000000
	STORAGE(5, P2)　10.00000　0.000000
	STORAGE(5, P3)　6.950000　0.000000
	STORAGE(5, P4)　10.05000　0.000000
	STORAGE(6, P1)　9.586873　0.000000
	STORAGE(6, P2)　10.00000　0.000000
	STORAGE(6, P3)　5.950000　0.000000
	STORAGE(6, P4)　9.463127　0.000000
	STORAGE(7, P1)　8.586873　0.000000
	STORAGE(7, P2)　9.481875　0.000000
	STORAGE(7, P3)　5.468125　0.000000
	STORAGE(7, P4)　9.463127　0.000000
	STORAGE(8, P1)　7.586873　0.000000
	STORAGE(8, P2)　8.481875　0.000000
	STORAGE(8, P3)　5.468125　0.000000
	STORAGE(8, P4)　9.463127　0.000000
	STORAGE(9, P1)　6.586873　0.000000
	STORAGE(9, P2)　7.481875　0.000000
	STORAGE(9, P3)　5.468125　0.000000
	STORAGE(9, P4)　9.463127　0.000000
	STORAGE(10, P1)　6.375186　0.000000
	STORAGE(10, P2)　6.481875　0.000000

续表

LINGO 计算程序	LINGO 运行结果
	STORAGE(10, P3)　5.468125　0.000000
	STORAGE(10, P4)　8.674814　0.000000
	STORAGE(11, P1)　5.375186　0.000000
	STORAGE(11, P2)　5.963750　0.000000
	STORAGE(11, P3)　4.986250　0.000000
	STORAGE(11, P4)　8.674814　0.000000
	STORAGE(12, P1)　4.977500　0.000000
	STORAGE(12, P2)　4.963750　0.000000
	STORAGE(12, P3)　4.986250　0.000000
	STORAGE(12, P4)　8.072500　0.000000
	STORAGE(13, P1)　3.977500　0.000000
	STORAGE(13, P2)　3.963750　0.000000
	STORAGE(13, P3)　4.986250　0.000000
	STORAGE(13, P4)　8.072500　0.000000
	OUTPUT(1, P1)　3.000000　0.000000
	OUTPUT(1, P2)　4.000000　0.000000
	OUTPUT(1, P3)　4.000000　0.000000
	OUTPUT(1, P4)　7.000000　0.000000
	OUTPUT(2, P1)　1.922214　0.000000
	OUTPUT(2, P2)　3.050000　0.000000
	OUTPUT(2, P3)　3.050000　0.000000
	OUTPUT(2, P4)　7.000000　0.000000
	OUTPUT(3, P1)　1.077786　0.000000
	OUTPUT(3, P2)　1.950000　0.000000
	OUTPUT(3, P3)　4.000000　0.000000
	OUTPUT(3, P4)　7.000000　0.000000
	OUTPUT(4, P1)　2.000000　0.000000
	OUTPUT(4, P2)　3.000000　0.000000
	OUTPUT(4, P3)　4.000000　0.000000
	OUTPUT(4, P4)　7.000000　0.000000
	OUTPUT(5, P1)　2.413127　0.000000
	OUTPUT(5, P2)　3.000000　0.000000
	OUTPUT(5, P3)　4.000000　0.000000
	OUTPUT(5, P4)　7.000000　0.000000
	OUTPUT(6, P1)　3.000000　0.000000
	OUTPUT(6, P2)　3.518125　0.000000
	OUTPUT(6, P3)　4.000000　0.000000
	OUTPUT(6, P4)　7.000000　0.000000
	OUTPUT(7, P1)　3.000000　0.000000
	OUTPUT(7, P2)　4.000000　0.000000
	OUTPUT(7, P3)　4.000000　0.000000
	OUTPUT(7, P4)　7.000000　0.000000
	OUTPUT(8, P1)　3.000000　0.000000
	OUTPUT(8, P2)　4.000000　0.000000
	OUTPUT(8, P3)　4.000000　0.000000
	OUTPUT(8, P4)　7.000000　0.000000
	OUTPUT(9, P1)　2.211687　0.000000

续表

LINGO 计算程序	LINGO 运行结果
	OUTPUT(9, P2)　4.000000　0.000000
	OUTPUT(9, P3)　4.000000　0.000000
	OUTPUT(9, P4)　7.000000　0.000000
	OUTPUT(10, P1)　3.000000　0.000000
	OUTPUT(10, P2)　3.518125　0.000000
	OUTPUT(10, P3)　4.000000　0.000000
	OUTPUT(10, P4)　7.000000　0.000000
	OUTPUT(11, P1)　2.397686　0.000000
	OUTPUT(11, P2)　4.000000　0.000000
	OUTPUT(11, P3)　4.000000　0.000000
	OUTPUT(11, P4)　7.000000　0.000000
	OUTPUT(12, P1)　3.000000　0.000000
	OUTPUT(12, P2)　4.000000　0.000000
	OUTPUT(12, P3)　4.000000　0.000000
	OUTPUT(12, P4)　7.000000　0.000000
	OUTPUT(13, P1)　0.000000　0.000000
	OUTPUT(13, P2)　0.000000　0.000000
	OUTPUT(13, P3)　0.000000　0.000000
	OUTPUT(13, P4)　0.000000　0.000000

对 LINGO 运行结果整理后的结果见表 6-12。

表 6-12　例 6-6 的 LINGO 运行结果整理

运行期	水库流出水量(output)				运行期	水库存储水量(storage)			
	P1	P2	P3	P4		P1	P2	P3	P4
0	3	4	4	7	0	10	10	10	15
1	1.922214	3.05	3.05	7	1	9	9	10	15
2	1.077786	1.95	4	7	2	9.077786	8.95	10	12.97221
3	2	3	4	7	3	10	10	7.95	11.05
4	2.413127	3	4	7	4	10	10	6.95	10.05
5	3	3.518125	4	7	5	9.586873	10	5.95	9.463127
6	3	4	4	7	6	8.586873	9.481875	5.468125	9.463127
7	3	4	4	7	7	7.586873	8.481875	5.468125	9.463127
8	2.211687	4	4	7	8	6.586873	7.481875	5.468125	9.463127
9	3	3.518125	4	7	9	6.375186	6.481875	5.468125	8.674814
10	2.397686	4	4	7	10	5.375186	5.96375	4.98625	8.674814
11	3	4	4	7	11	4.9775	4.96375	4.98625	8.0725
12	0	0	0	0	12	3.9775	3.96375	4.98625	8.0725

第四节　随机性动态规划模型及其实例应用

上节介绍的确定性动态规划模型及其应用中，系统的状态变量、决策变量及有关参数都是确定性的，因而决策过程和决策结果也是确定性的。但实际系统往往会包含一些随机因素，使得多阶段决策过程具有随机性的特点，需要采用随机动态规划方法来解决，本节介绍随机性动态规划模型的建立及其应用实例。

一、多阶段决策过程中的随机性

在多阶段决策过程中，状态转移方程、指标函数(效益或费用等)均可能存在一定的随机性因素，由此产生的最优决策也具有一定的随机性。

(1)状态转移方程中包含随机变量。系统状态转移方程中，通常会包含随机变量，如水库优化调度问题的状态转移方程[式(6-14a)]中，水库入库水量 Q_t、降水量 P_t 为随机变量。这些随机变量的存在，使得系统状态也具有随机性，此时，系统的状态转移方程可以表示为

$$s_{i+1}=T_i(s_i, d_i, K_i),\ i=1, 2, \cdots, N \tag{6-15}$$

式中：K_i 为随机变量。

(2)指标函数中包含随机变量。除状态变量外，指标函数中还可能包含其他的随机变量，如发电效益除了与发电量有关外，还与上网电价有关，而上网电价会受到供需关系等的影响而具有一定的不确定性。包含随机变量 K_i 的阶段指标函数可以表示为

$$r_i=r_i(s_i, d_i, K_i),\ i=1, 2, \cdots, N \tag{6-16}$$

对于具有随机性的指标函数，最大化或最小化没有意义。与随机线性规划类似，可以要求其期望值达到最大或最小。当 K_i 为离散型随机变量时，其概率为 $P_i(K_i)$，则指标函数的期望值为

$$Er_i\left(s_i,d_i\right)=\sum_{K_i}P_i\left(K_i\right)r_i\left(s_i,d_i,K_i\right),i=1,2,\cdots,N \tag{6-17a}$$

当 K_i 为连续型随机变量时，其分布密度函数为 $f_i(K_i)$，则指标函数的期望值为

$$Er_i\left(s_i,d_i\right)=\int_{K_i}f_i\left(K_i\right)r_i\left(s_i,d_i,K_i\right)\mathrm{d}K_i,i=1,2,\cdots,N \tag{6-17b}$$

在阶段指标函数期望值 Er_i 的基础上，可得到子过程指标函数

$$R_k\left(s_k,P_{k,N},K_{k,N}\right)=\sum_{i=k}^{N}r_i\left(s_i,d_i,K_i\right),k=1,2,\cdots,N \tag{6-18}$$

的期望值为

$$ER_k\left(s_k,P_{k,N}\right)=\sum_{i=k}^{N}Er_i\left(s_i,d_i\right),k=1,2,\cdots,N \tag{6-19}$$

二、随机最优策略与基本方程

如果状态转移方程、指标函数中包含有随机变量，则系统的状态、指标为随机变量。因此，在确定包含随机性因素的多阶段决策过程中，其最优策略必然会受到随机变量的影响而具有随机特性。与确定性动态规划相比，随机动态规划在决策过程中引入随机变量，或者说在决策过程中引入风险的概念。随机动态规划的最优策略一般指全过程指标函数期望值达到最优时的决策序列，这一确定最优策略的准则称为期望值最优准则。对于一个给定的初始状

态 s_i 的最大化问题，如果存在一个可行决策 d_i^*，对任意可行决策 d_i 均满足

$$Er_i(s_i, d_i^*) \geqslant Er_i(s_i, d_i) \tag{6-20}$$

式中：d_i^*为期望值最优准则下的最优决策。

按期望值来确定最优策略，只考虑了随机变量的均值，而没有考虑其方差等特性，因此没有考虑决策的风险程度，在有些情况下还可能存在一些问题。例如，在一定状态 s 下，两个决策均可能产生两种结果，其出现概率及效益指标见表 6-13，则决策 $d^{(1)}$、$d^{(2)}$的效益期望值分别为

$$Er(s, d^{(1)})=0.9\times 0+0.1\times 20=2$$

$$Er(s, d^{(2)})=0.3\times 1+0.7\times 2=1.7$$

表 6-13　两个决策可能产生的效益指标及其概率

决策	结果 1		结果 2	
	出现概率	效益	出现概率	效益
$d^{(1)}$	0.9	0	0.1	20
$d^{(2)}$	0.3	1	0.7	2

按期望值最大准则，应该选择决策 $d^{(1)}$，但这样没有考虑决策 $d^{(1)}$可能具有的风险，即尽管其效益期望值较大，但有 90%的可能性效益为 0；而选择决策 $d^{(2)}$时，效益有 70%的可能性达到 2，最不利的情况也能达到 1，人们通常选择决策 $d^{(2)}$，以避免决策 $d^{(1)}$的高风险性。在计算效益期望值时，如果考虑 0 效益的出现应当尽量避免，则可以用一定的负效益来代替 0 计算效益期望值，以改善决策效果。一般情况下，随机条件下期望值最优准则的缺点，可以采用适当的方法改变效益值来加以克服。这样，期望值最优准则为随机条件下的一个有效决策准则。

对于一个随机性多阶段决策过程，随机变量为离散情况时逆序法的基本方程为

$$ER_i^*(s_i) = \text{opt}_{d_i}\left\{\sum_{K_i} P_i(K_i)\left[r(s_i, d_i, K_i) + ER_{i+1}^*(s_{i+1})\right]\right\}, i = N, N-1, \cdots, 2, 1 \tag{6-21}$$

随机变量连续时也可写出类似的基本方程。利用以上基本方程，从最后一个阶段开始，逐步递推得到期望值最优准则下的最优决策序列，即随机最优策略，其随机性多阶段决策过程如图 6-8 所示。

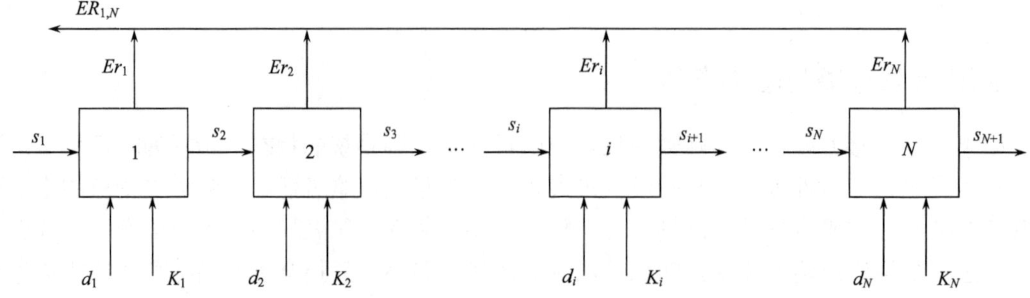

图 6-8　随机性多阶段决策过程示意图

随机动态规划的基本方程[式(6-21)]和确定性动态规划基本方程[式(6-10a)]在形式上基本一致，但二者有显著的不同，主要表现在确定性动态规划的优化目标是全过程的指标函数最大(或最小)，而随机动态规划的优化目标是全过程指标函数的期望值最大(或最小)，因此随机动态规划基本方程中有关的指标函数项均为相应的期望值。

随机性多阶段决策过程中的随机变量可以分为两种类型：一种是各阶段的随机变量之间是相互独立的，各有其独立的概率分布；另一种是各阶段的随机变量之间存在相关关系。第 i 阶段随机变量 K_i 的概率分布受以前若干个阶段($i-1,i-2,\cdots$)随机变量取值的影响，是在前面各阶段出现一定状态下的条件概率分布。如果 K_i 的条件概率分布只与 $i-1$ 阶段的状态有关(即满足无后效性要求)，则 K_i 为离散型、连续型随机变量时 $\{K_i\}$ 分别称为马尔可夫链(Markov chain，简称马氏链)和马尔可夫过程(Markov process，简称马氏过程)。在随机动态规划中通常考虑离散的情况，并将随机变量序列 $\{K_i\}$ 用马氏链来描述。

三、随机变量相互独立时的动态规划问题

在随机动态规划中，随机变量可能包含在状态转移方程中，通常将其作为随机状态变量；也可能包含在指标函数中，使决策产生的阶段或过程指标函数具有随机性，从而影响决策过程。下面以含有随机状态变量的动态规划问题为例说明其求解方法和求解过程。

【例 6-7】 雨季施工日期选择问题。某项室外工程，施工期为 1 天，要求在 5 天内选择 1 天完成。当时正值雨季，大雨、小雨和无雨时的施工费用分别为 800 元、600 元、500 元。根据天气预报，未来 5 天的降水概率分布见表 6-14。在这种情况下，该工程选择在哪一天施工最好？

表 6-14　未来 5 天的降水概率分布

雨情	第 1 天	第 2 天	第 3 天	第 4 天	第 5 天
大雨	0.2	0.2	0.2	0.4	0.4
小雨	0.2	0.2	0.2	0.4	0.4
无雨	0.6	0.6	0.6	0.2	0.2

解：利用动态规划方法进行求解，将问题按天划分为 5 个阶段，目标是使施工费用的期望值最小。这是一个 5 阶段的一维随机动态规划问题，对于第 $i\,(i=1, 2,\cdots, 5)$ 天来说，需要对出现第 $j\,(j=1, 2, 3$ 分别表示大雨、小雨和无雨)种天气状态时是否当天施工进行决策。

以 S_{ij} 表示第 i 天的雨情，p_{ij} 为与 S_{ij} 相应的概率；$r_i(S_{ij})$ 表示第 i 天遇到第 j 种天气所需要的施工费用，$R_i^*(S_{ij})$ 为相应的最小施工费用。逆序法求解的基本方程为

$$R_5^*(S_{ij})=r_5(S_{ij}) \tag{6-22a}$$

$$R_i^*(S_{ij})=\min\{r_i(S_{ij}),ER_{i+1}^*(S_{i+1})\},\ i=4,3,2,1 \tag{6-22b}$$

$$ER_{i+1}^*(S_{i+1})=\sum_{k=1}^{3}p_{i+1,k}R_{i+1}^*(S_{i+1,k}),i=4,3,2,1 \tag{6-22c}$$

式中：ER_{i+1}^* 为第 i 天以后施工的费用期望值。

(1)第 5 天：为施工期的最后一天，若前 4 天工程未施工，则第 5 天无论遇到何种天气

均要施工，即

$$R_5^*(S_{5j})=r_5(S_{5j}) \tag{6-23a}$$

计算结果见表 6-15。

(2) 第 4 天：将第 4 天的施工费用 $r_4(S_{4j})$ 与第 5 天施工费用的期望值 ER_5^* 进行比较，其递推方程为

$$R_4^*(S_{4j})=\min\{r_4(S_{4j}), ER_5^*(S_5)\} \tag{6-23b}$$

式中：$ER_5^*(S_5)=\sum_{k=1}^{3}p_{5,k}R_5^*(S_{5,k})=0.4\times800+0.4\times600+0.2\times500=660$。

(3) 第 3 天：将第 3 天的施工费用 $r_3(S_{3j})$ 与第 3 天以后施工的费用期望值 ER_4^* 进行比较，其递推方程为

$$R_3^*(S_{3j})=\min\{r_3(S_{3j}), ER_4^*(S_4)\} \tag{6-23c}$$

式中：$ER_4^*(S_4)=\sum_{k=1}^{3}p_{4,k}R_4^*(S_{4,k})=0.4\times660+0.4\times600+0.2\times500=604$。

(4) 第 2 天：将第 2 天的施工费用 $r_2(S_{2j})$ 与第 2 天以后施工的费用期望值 ER_3^* 进行比较，其递推方程为

$$R_2^*(S_{2j})=\min\{r_2(S_{2j}), ER_3^*(S_3)\} \tag{6-23d}$$

式中：$ER_3^*(S_3)=\sum_{k=1}^{3}p_{3,k}R_3^*(S_{3,k})=0.2\times604+0.2\times600+0.6\times500=541$。

表 6-15　例 6-7 的雨季施工日期选择问题计算表

日期 i	雨情	概率	当天施工费用/元	后期施工的费用期望值 $ER_{i+1}^*(s_{i+1})=\sum_{k=1}^{3}p_{i+1,k}R_{i+1}^*(s_{i+1,k})$	最小施工费用/元	决策
第 5 天	大雨	0.4	800		800	施工
	小雨	0.4	600		600	施工
	无雨	0.2	500		500	施工
第 4 天	大雨	0.4	800	$ER_5^*(S_5)=\sum_{k=1}^{3}p_{5,k}R_5^*(S_{5,k})$	min {800,660}=660	不施工
	小雨	0.4	600	=0.4×800+0.4×600+0.2×500=660	min {600,660}=600	施工
	无雨	0.2	500		min {500,660}=500	施工
第 3 天	大雨	0.2	800	$ER_4^*(S_4)=\sum_{k=1}^{3}p_{4,k}R_4^*(S_{4,k})$	min {800,604}=604	不施工
	小雨	0.2	600	=0.4×660+0.4×600+0.2×500=604	min {600,604}=600	施工
	无雨	0.6	500		min {500,604}=500	施工
第 2 天	大雨	0.2	800	$ER_3^*(S_3)=\sum_{k=1}^{3}p_{3,k}R_3^*(S_{3,k})$	min {800,541}=541	不施工
	小雨	0.2	600	=0.2×604+0.2×600+0.6×500=541	min {600,541}=541	不施工
	无雨	0.6	500		min {500,541}=500	施工
第 1 天	大雨	0.2	800	$ER_2^*(S_2)=\sum_{k=1}^{3}p_{2,k}R_2^*(S_{2,k})$	min {800,516}=516	不施工
	小雨	0.2	600	=0.2×541+0.2×541+0.6×500=516	min {600,516}=516	不施工
	无雨	0.6	500		min {500,516}=500	施工

(5) 第 1 天：将第 1 天的施工费用 $r_1(S_{1j})$ 与第 1 天以后施工费用的期望值 ER_2^* 进行比较，其递推方程为

$$R_1^*(S_{1j})=\min\{r_1(S_{1j}), ER_2^*(S_2)\} \tag{6-23e}$$

式中：$ER_2^*(S_2)=\sum_{k=1}^{3}p_{2,k}R_2^*(S_{2,k})=0.2\times541+0.2\times541+0.6\times500=516$。

根据表 6-15 的计算结果，室外工程的最优施工策略如下。

(1) 第 1 天、第 2 天(第 1 天不施工情况下)：无雨时施工，遇大雨或小雨均不施工。

(2) 第 3 天、第 4 天：如果前期没有施工，则无雨或小雨时施工，遇大雨则不施工。

(3) 第 5 天：如果前期没有施工，则无论什么天气均应施工。

以上问题属于状态变量为随机变量的一维动态规划问题，在每个阶段中可能的三种状态有一定的概率分布，且各阶段状态的概率分布相互独立；每个阶段的决策均有两种可能，即当天施工或不施工。由于状态是随机的，最优决策随着状态的不同而不同，因而最优决策也是随机的，最优决策及相应的施工费用需要根据各阶段天气状态的实际变化过程来确定。例如，对于表 6-16 给出的三种天气过程，根据最优策略确定的施工日期和施工费用有所差别。

表 6-16　不同天气过程下的最优决策和施工费用

序号	天气状态变化过程					根据最优决策确定的施工日期	施工费用/元
	第 1 天	第 2 天	第 3 天	第 4 天	第 5 天		
1	小雨	小雨	大雨	大雨	大雨	第 5 天	800
2	小雨	小雨	大雨	小雨	无雨	第 4 天	600
3	小雨	小雨	大雨	大雨	无雨	第 5 天	500

随机动态规划得到的最优策略是期望值准则下的最优策略，相应的期望效益或期望费用是多次重复的平均值，对于一个具体的状态变化过程来说不一定是最优策略。例如，对于表 6-16 中第 1 种天气变化过程，按最优策略选择的施工日期为第 5 天，其施工费用要大于在第 1 天或第 2 天施工。因此对于一些不具有重复性的随机动态规划问题，采用期望值准则确定的最优策略，在实际执行过程中是具有一定风险的，而风险性也是随机规划的一个基本特征。

四、随机变量具有马尔可夫链关系的动态规划问题

在例 6-7 中各阶段的随机状态变量是独立的。但在实际问题中，各阶段的随机变量往往存在一定的相关关系。例如水库调度中，相邻两个阶段的入库水量往往存在相关关系。这种情况下随机过程通常为马氏过程，而离散的随机序列通常为马氏链，可以用条件概率分布的形式来表示。对于离散随机变量也可用状态转移概率矩阵 $\boldsymbol{P}=(p_{jk})_{n\times m}$ 来表示，其中 n、m 分别为第 i 阶段、第 i+1 阶段随机变量的状态数；$p_{jk}(j=1, 2,\cdots, n; k=1, 2,\cdots, m)$ 为第 i 阶段随机变量 K_i 处于第 j 状态 K_{ij} 的条件下，第 i+1 阶段随机变量 K_{i+1} 处于第 k 状态 $K_{i+1,k}$ 的条件概率值，即 $p_{jk}=\boldsymbol{P}(K_{i+1}=K_{i+1,k}|K_i=K_{ij})$，也可简记为 $p_{jk}(K_{i+1,k}|K_{ij})$。

【例 6-8】 对于例 6-7 中的雨季施工日期选择问题，如果天气状况存在一定的相关关系，如相邻两天之间的天气状态转移概率矩阵相等(表 6-17)，这种情况下，该工程选择在哪一天施工最好？

表 6-17 相邻两天之间的天气状态转移概率矩阵 $P=(p_{jk})_{3\times3}$

第 i 天天气状态	第 i 天到第 i+1 天的天气状态转移概率		
	大雨 $S_{i+1,1}$	小雨 $S_{i+1,2}$	无雨 $S_{i+1,3}$
大雨 S_{i1}	0.4	0.4	0.2
小雨 S_{i2}	0.3	0.5	0.2
无雨 S_{i3}	0.2	0.3	0.5

与例 6-7 的求解方法类似，用 $p_{jk}(S_{i+1,k}|\ S_{ij})$ 表示第 i 天出现状态 S_{ij} 的条件下，第 $i+1$ 天出现状态 $S_{i+1,k}$ 的条件概率。逆序法求解的基本方程为

$$R_5^*(S_{ij})=r_5(S_{ij}) \tag{6-24a}$$

$$R_i^*(S_{ij})=\min\{r_i(S_{ij}), ER_{i+1}^*(S_{ij})\},\ i=4,3,2,1 \tag{6-24b}$$

$$ER_{i+1}^*(S_{ij})=\sum_{k=1}^{3}p_{jk}(S_{i+1,k}\mid S_{ij})R_{i+1}^*(S_{i+1,k}),\ j=1,2,3;i=4,3,2,1 \tag{6-24c}$$

与例 6-7 的基本方程[式(6-22c)]相比，其差别在于概率 $p_{i+1,k}$ 换成了条件概率 p_{jk}。计算过程及结果见表 6-18。

表 6-18 例 6-8 的雨季施工日期选择问题计算表

日期 i	雨情 S_{ij}	$p_{ik}(S_{i+1,k}\|S_{ij})$			后期施工的费用期望值	$r_i(S_{ij})$	$R_i^*(S_{ij})$	决策
		大雨 $S_{i+1,1}$	小雨 $S_{i+1,2}$	无雨 $S_{i+1,3}$	$ER_{i+1}^*(S_{ij})=\sum_{k=1}^{3}p_{jk}(S_{i+1,k}\mid S_{ij})R_{i+1}^*(S_{i+1,k})$			
第 5 天	大雨 S_{51}	—			—	800	800	施工
	小雨 S_{52}					600	600	施工
	无雨 S_{53}					500	500	施工
第 4 天	大雨 S_{41}	0.4	0.4	0.2	0.4×800+0.4×600+0.2×500=660	800	660	不施工
	小雨 S_{42}	0.3	0.5	0.2	0.3×800+0.5×600+0.2×500=640	600	600	施工
	无雨 S_{43}	0.2	0.3	0.5	0.2×800+0.3×600+0.5×500=590	500	500	施工
第 3 天	大雨 S_{31}	0.4	0.4	0.2	0.4×660+0.4×600+0.2×500=604	800	604	不施工
	小雨 S_{32}	0.3	0.5	0.2	0.3×660+0.5×600+0.2×500=598	600	598	不施工
	无雨 S_{33}	0.2	0.3	0.5	0.2×660+0.3×600+0.5×500=562	500	500	施工
第 2 天	大雨 S_{21}	0.4	0.4	0.2	0.4×604+0.4×598+0.2×500=581	800	581	不施工
	小雨 S_{22}	0.3	0.5	0.2	0.3×604+0.5×598+0.2×500=580	600	580	不施工
	无雨 S_{23}	0.2	0.3	0.5	0.2×604+0.3×598+0.5×500=550	500	500	施工
第 1 天	大雨 S_{11}	0.4	0.4	0.2	0.4×581+0.4×580+0.2×500=564	800	564	不施工
	小雨 S_{12}	0.3	0.5	0.2	0.3×581+0.5×580+0.2×500=564	600	564	不施工
	无雨 S_{13}	0.2	0.3	0.5	0.2×581+0.3×580+0.5×500=540	500	500	施工

根据计算结果(表 6-18)，室外工程的最优施工策略如下。

(1) 第 1 天、第 2 天、第 3 天：无雨时施工，遇大雨或小雨均不施工。

(2) 第 4 天：无雨或小雨时施工，遇大雨则不施工。

(3) 第 5 天：无论什么天气均应施工。

从例 6-7 和例 6-8 可以看出，随机变量为马氏链的动态规划问题与独立随机变量的动态规划问题，其求解方法是类似的；不同之处在于前者用随机变量的条件概率分布来代替各阶段变量的独立概率分布，或以状态转移概率矩阵来代替各阶段独立的概率向量，计算量要大于后者。

习　题

1. 什么是动态规划？动态规划的一般模型是什么？

2. 简述动态规划的基本原理。

3. 简述动态规划的建模步骤。

4. 随机性多阶段决策过程中的随机变量包括哪几种类型？

5. 某供水公司打算向三个城区增设 6 个供水网点，每个城区至少增设 1 个。各城区每年增加的利润与增设的供水网点个数有关，具体关系见表 6-19。试规划各城区应增设供水网点销售店的个数，以使供水公司总利润增加额最大。

表 6-19　供水网点个数与利润的关系　　(单位：万元)

增设供水网点个数	城区 A	城区 B	城区 C
1	100	120	150
2	160	150	165
3	190	170	175
4	200	180	190
5	210	190	200
6	230	200	220

6. 某水利工程施工单位有 100 台机械，拟分四个周期使用，每一周期有两种施工任务，据经验把机械投入第一种施工任务，则在一个周期中将有六分之一的机械报废，投入第二种施工任务，则有十分之一的机械报废。如果投入第一种施工任务每台机械可收益 1 万元，投入第二种施工任务每台机械可收益 0.5 万元。试问：怎样分配机械在四个周期内的使用才能使总收益最大？建立动态规划模型并求解。

7. 用动态规划求解下述规划问题。

(1)
$$\max z = \prod_{i=1}^{5} m_i$$
$$\sum_{i=1}^{5} m_i = 10$$
$$m_i \geqslant 0 \quad (i = 1, 2, 3, 4, 5)$$

(2)
$$\max z = 2x_1 - x_1^2 + x_2$$
$$2x_1^2 + 3x_2^2 \leqslant 6$$
$$x_1, x_2 \geqslant 0$$

第七章　水资源系统多目标规划模型及其应用

【学习要求】了解和掌握多目标规划及其相关的基本概念；掌握多目标规划模型的一般型；掌握多目标规划的特点；掌握多目标规划模型求解的方法，包括主要目标法、线性加权和法、理想点法，以及目标规划法等。

【学习重点】多目标规划模型的构建及其求解方法。

第一节　概　　述

随着经济和社会的发展，人们对水资源在质和量上的要求也越来越高，水资源开发利用也从局部地区、单一目标的水利工程逐步转向水资源综合利用(如防洪、发电、供水、航运等)、流域或区域的多目标(经济、社会、环境等)水资源优化配置。这些不同的目标可能存在矛盾，甚至是不可公度的(不能用同一单位来度量)。这种情况下，以经济效益为中心的单目标规划方法已不再适用，需要采用多目标决策(multiple criteria decision making)的方法来进行水资源系统的规划。在多目标决策问题中，如果目标能够定量描述且能以极大化或极小化的形式来表示，则可用多目标规划(multi-objective programming, MOP)的方法来解决；对于非结构化问题(问题复杂，无法定量描述，没有现成方法可以遵循)、半结构化问题，全部或部分目标只能定性描述，同时可供选择的方案为有限的情况，则属于多属性决策问题。

多目标最优化问题的研究始于19世纪末，20世纪70年代开始作为运筹学的一个分支进行系统的研究，理论上不断完善，应用领域也越来越广泛，目前已应用于工程技术、环境、经济、管理等领域。

本章主要介绍水资源系统多目标规划模型的相关概念、主要求解方法及其应用实例等。

一、水资源系统的多目标问题

区域水资源开发规划中经常会遇到多目标问题。一个具体的水利工程可以有防洪、发电、灌溉、工业及生活供水、航运、旅游等多种功能，相应的各种效益一般不能用统一的经济指标来描述；而区域、流域、跨流域的水资源规划中，除了经济指标外还要考虑社会发展、生态、环境等方面的要求。

水利工程通常是多用途的，如长江三峡工程的主要功能包括防洪、发电、航运、调水等。这些目标一般是存在矛盾的，如根据防洪要求，汛前水库水位需要降到较低的汛限水位，而这对于发电来说是不利的。另外，多个目标之间往往是不可公度的，如发电主要体现经济效益，可以用货币来度量；而防洪则更多地表现为社会效益，表现为工程保护的人口、城市、耕地等，不能完全用货币来定量表示。因此，在水利工程运行调度过程中需要考虑不同目标之间的协调问题。

区域水资源优化配置中，同样涉及多目标的问题，这些目标主要包括：①用货币表示的经济效益；②促进社会发展的社会效益；③保护环境、维持生态平衡的生态环境效益。例如，在华北宏观经济水资源规划多目标分析模型中，综合考虑了社会、经济、环境等方面的因素，以国内生产总值(gross domestic product, GDP)最大作为经济目标，以粮食产量(FOOD)最高作为农业与社会发展目标，以生化需氧量(biochemical oxygen demand, BOD)最低作为环境目标；在塔里木河干流水资源合理配置辅助决策模型中，考虑塔里木盆地生态保护及农牧业发展的需要，以生态保护面积最大、农牧业效益最大为决策目标。

二、多目标规划的数学模型及特点

与单目标模型不同，多目标规划的目标函数为多个，构成一个向量最优化问题。p 个目标函数、m 个约束条件的多目标规划模型可以表示为

$$\text{opt}\,F(\boldsymbol{X})=(f_1(\boldsymbol{X}),f_2(\boldsymbol{X}),\cdots,f_p(\boldsymbol{X}))^{\mathrm{T}} \tag{7-1a}$$

$$g_i(\boldsymbol{X})\leqslant b_i,\ \ i=1,2,\ \cdots,m \tag{7-1b}$$

以上模型反映出多目标规划问题的特点主要有：①多目标性；②目标之间是不可公度的；③各目标可能是相互矛盾的；④一般不存在最优解。

多目标性是多目标问题的基本特征，多目标规划实质上是一个向量优化问题。在单目标规划中，可以通过比较目标函数值的大小来确定可行解的优劣，而向量的比较问题是一个比较复杂的问题，需要首先界定多目标规划解的概念。

三、多目标规划的解

在多目标规划的研究中，已经引入了不同意义下解的概念，如有效解、弱有效解、满意解、绝对最优解、强有效解等。其中，最早提出、应用较为广泛的是有效解和弱有效解的概念。

以两个目标 f_1，f_2 的最大化问题为例，可行方案共有 5 个(图 7-1)。

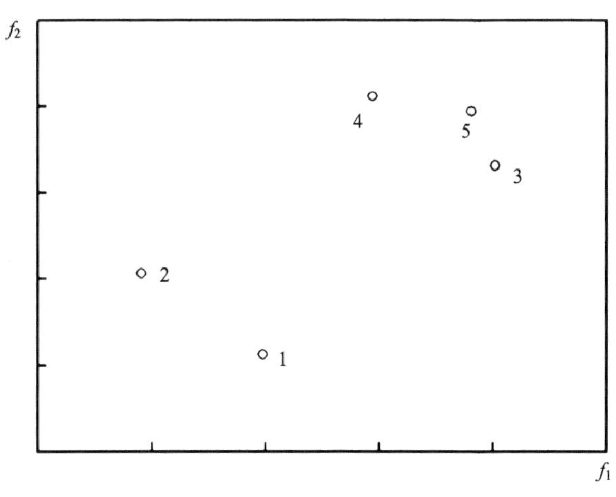

图 7-1　有效解的示意图

对于目标 f_1，各可行解从优到劣排序为 3，5，4，1，2；对于目标 f_2，各可行解从优到劣排序为 4，5，3，2，1。可以看出，方案 1，2 各有一个目标函数值优于另一方案，考虑两个目标函数时不能直接确定方案 1，2 的优劣；类似的，也无法确定方案 3，4，5 间的相对优劣。

但是，方案 3，4，5 的两个目标函数值均优于方案 1，2，这时称方案 3，4，5 为有效解(非劣解)，而称方案 1，2 为非有效解(劣解)。

对于一般的多目标规划模型[式(7-1)]，可行域为 $\boldsymbol{R}=\{\boldsymbol{X}|g_i(\boldsymbol{X})\leqslant b_i，i=1,2, \cdots, m\}$，对于最大化(max)的多目标规划问题，有效解、满意解、弱有效解、绝对最优解的定义如下。

(1) 有效解：设 $\boldsymbol{X}^*\in\boldsymbol{R}$，如果不存在 $\boldsymbol{X}\in\boldsymbol{R}$，使

$$f_k(\boldsymbol{X})\geqslant f_k(\boldsymbol{X}^*), k=1,2, \cdots, p \tag{7-2}$$

则称 $\boldsymbol{X}^*$ 为有效解(efficient solution)、非劣解(non-inferior solution)或 Pareto 最优解。对于一个有效解，不能在可行域内找到一个解，该解所有的目标函数值均优于有效解。否则，如果存在 $\boldsymbol{X}\in\boldsymbol{R}$，使式(7-2)成立，则 $\boldsymbol{X}^*$ 为非有效解(劣解)。

(2) 满意解：对于一个多目标问题，可能存在两个或两个以上的有效解，根据决策者的偏爱从其中选择出一个有效解称为满意解(satisfaction solution)。

(3) 弱有效解：如果有效解定义的不等式式(7-2)改为严格不等式 $f_k(\boldsymbol{X})>f_k(\boldsymbol{X}^*)$，则 $\boldsymbol{X}^*$ 为弱有效解(weakly efficient solution)。

(4) 绝对最优解：设 $\boldsymbol{X}^*\in\boldsymbol{R}$，如果对任一 $\boldsymbol{X}\in\boldsymbol{R}$，均有

$$f_k(\boldsymbol{X}^*)\geqslant f_k(\boldsymbol{X}), k=1, 2,\cdots, p \tag{7-3}$$

则称 $\boldsymbol{X}^*$ 为绝对最优解。绝对最优解概念是单目标规划最优解概念的直接推广，是一种理想的解，一般情况下是不存在的。

对于最小化(min)的多目标规划问题，可以定义相应的有效解、弱有效解和最优解。

若一个多目标问题的有效解、弱有效解、绝对最优解的全体分别有效解集 $\boldsymbol{R}_{\mathrm{p}}$、弱有效解集 $\boldsymbol{R}_{\mathrm{w}}$、绝对最优解集 $\boldsymbol{R}_{\mathrm{a}}$，单目标规划 $\min_{x\in\boldsymbol{R}}=f_k\left(\boldsymbol{X}\right)$ 的最优解集为 $\boldsymbol{R}_k(k=1,2，\cdots,p)$，则以下结论成立。

(1) $\boldsymbol{R}_{\mathrm{a}}\subset\boldsymbol{R}_{\mathrm{p}}\subset\boldsymbol{R}_{\mathrm{w}}\subset\boldsymbol{R}$；

(2) 若 $\boldsymbol{R}_{\mathrm{a}}\neq\varnothing$，则 $\boldsymbol{R}_{\mathrm{a}}=\boldsymbol{R}_{\mathrm{p}}$；

(3) $\boldsymbol{R}_{\mathrm{a}}=\bigcap_{k=1}^{p}\boldsymbol{R}_k$，$\boldsymbol{R}_k\subset\boldsymbol{R}_{\mathrm{w}}$，$\boldsymbol{R}_{\mathrm{p}}\cup\left(\bigcup_{k=1}^{p}\boldsymbol{R}_k\right)\subset\boldsymbol{R}_{\mathrm{w}}$；

(4) 若可行域 $\boldsymbol{R}$ 为凸集，目标函数 $f_k(\boldsymbol{X})$，$k=1,2, \cdots, p$ 为 $\boldsymbol{R}$ 上的严格凸函数，则

$$\boldsymbol{R}_{\mathrm{p}}\cup\left(\bigcup_{k=1}^{p}\boldsymbol{R}_k\right)=\boldsymbol{R}_{\mathrm{p}}=\boldsymbol{R}_{\mathrm{w}}$$

【例 7-1】 对于多目标规划问题：

$$\min f_1(x)=(x-1)^2+1 \tag{7-4a}$$

$$\min f_2(x)=(x-3)^2+1 \tag{7-4b}$$

$$x\geqslant 0 \tag{7-4c}$$

在 $x_1=1$ 时，$f_1(x)$ 取得极小值 1，在 $x_2=3$ 时，$f_2(x)$ 取得极小值 1(图 7-2)。

对于[1,3]上的任一点 x_0，如果找到一个点 x_1，使 $f_1(x_1)<f_1(x_0)$，则必有 $f_2(x_1)>f_2(x_0)$，因此，[1,3]内任一解均为有效解。而对于(0,1)，(3,+∞)内的任一点 x，均可找到两个目标函数值优于 x 的解[如分别取 $(x,1)$，$(3,x)$ 区间内的点]，因此，(0,1)，(3，+∞)内的解 x 均为非有效解。故模型[式(7-4)]的有效解集 $\boldsymbol{R}_{\mathrm{p}}$、弱有效解集 $\boldsymbol{R}_{\mathrm{w}}$ 为 $\boldsymbol{R}_{\mathrm{w}}=\boldsymbol{R}_{\mathrm{p}}=[1,3]$。

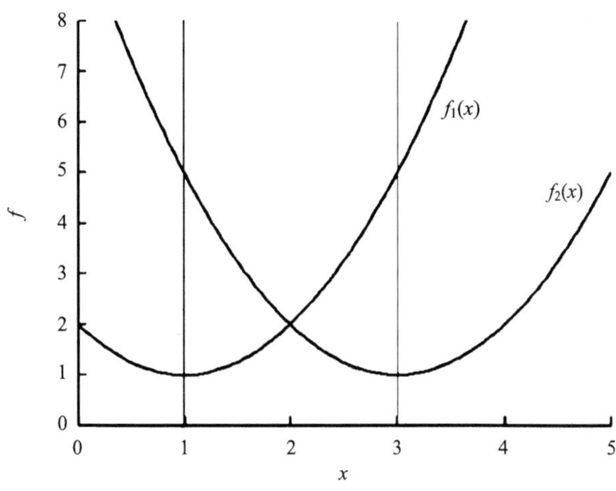

图 7-2　例 7-1 有效解的确定

【例 7-2】　第二章例 2-2 的灌区种植结构优化问题中，如果以灌区净收入最大和节水量最大为目标，建立其模型，并确定有效解。

解：以作物 A、B 的种植面积 x_1、x_2 为决策变量。

目标函数：

$$\max Z_1=f_1(\boldsymbol{X})=0.45x_1+0.60x_2 \tag{7-5a}$$

$$\max Z_2=f_2(\boldsymbol{X})=360-(0.3x_1+0.60x_2) \tag{7-5b}$$

约束条件：

$$x_1+x_2\leqslant 1000 \tag{7-5c}$$

$$0.3x_1+0.6x_2\leqslant 360 \tag{7-5d}$$

$$x_1, x_2\geqslant 0 \tag{7-5e}$$

以上模型的可行域 $\boldsymbol{R}$ 为图 7-3(a) 中的四边形 $OABC$ 及其内部区域，相应的目标域 $F(\boldsymbol{R})$ 为图 7-3(b) 中的四边形 $O'A'B'C'$ 及其内部区域。在 B 点 $\boldsymbol{X}_1=(800, 200)^{\mathrm{T}}$，目标函数 $f_1(\boldsymbol{X})$ 取得

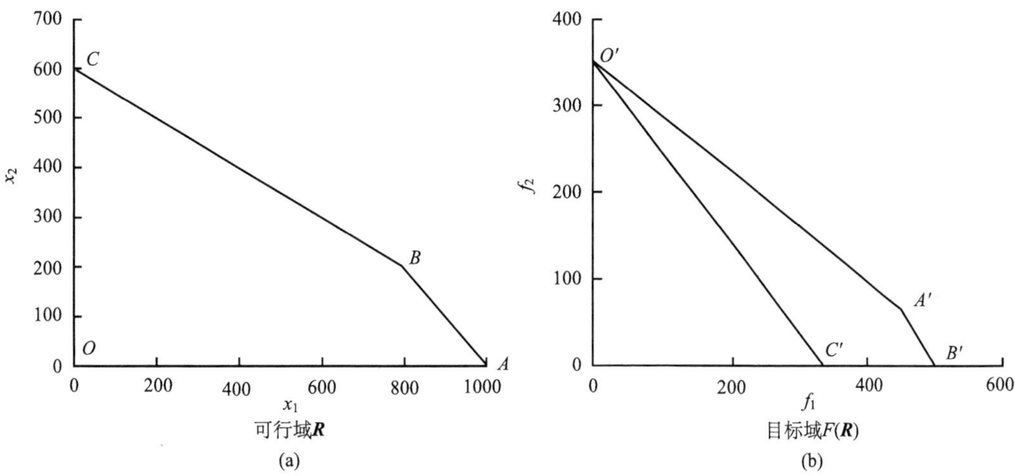

图 7-3　例 7-2 有效解的确定

最大值 480，$f_2(\boldsymbol{X})=0$，对应于图 7-3(b)的 B'点；在 O 点 $\boldsymbol{X}_2=(0,0)^{\mathrm{T}}$，目标函数 $f_2(\boldsymbol{X})$取得最大值 360，$f_1(\boldsymbol{X}_2)=0$，对应于图 7-3(b)的 O'点。因此，以上多目标问题无绝对最优解。从图 7-3 (b)可以看出，折线 $O'A'B'$上的点均为有效点，而图 7-3 (a)中相应的折线 OAB 上的点均为有效解。

四、多目标规划问题的求解方法

多目标规划的解法主要可以分为两大类：一类是直接法，另一类是间接法。

直接法是针对多目标规划本身，直接求出其有效解，目前只有几类特殊的多目标规划问题可以用直接法进行求解，包括单变量多目标规划方法、线性多目标规划方法及可行域有限时的优序法等。

间接法则根据问题的实际背景，在一定意义下将多目标问题转化为单目标问题来求解。间接法主要包括以下方法。

(1)转化为一个单目标问题的方法。按照一定的方法将多目标问题转化为一个单目标规划问题，然后利用相应的方法求解单目标规划问题，将其最优解作为多目标问题的最优解。这类方法的关键是保证单目标规划的最优解是多目标规划的有效解或弱有效解，常用的方法有主要目标法、评价函数法(包括加权和法、理想点法、乘除法、功效系数法等)等。

(2)转化为多个单目标问题的方法。按照一定的方法将多目标问题转化为有序的多个单目标问题，然后依次求解这些单目标规划问题，将最后一个单目标问题的最优解作为多目标问题的最优解。这类方法包括分层序列法、重点目标法、分组序列法、可行方向法、交互规划法等。

(3)目标规划法。对于每一个目标都给定了一定的目标值，要求在约束条件下目标函数尽可能逼近给定的目标值。常用的方法有目标点法、最小偏差法、分层目标规划法等。

以上几种方法均属于定量化的方法(多目标规划方法)。对于多目标决策问题，还可以利用层次分析法来解决。层次分析法属于定性和定量分析相结合的方法，将决策者的经验判断定量化，比较适合于目标结构复杂情况下的多目标决策问题。

第二节　评价函数法

化多目标为一个单目标的方法是多目标规划常用的一类求解方法，首先按照一定的方法将多目标问题转化为一个单目标规划，即构造一个评价函数，然后利用相应的方法求解单目标规划问题，将其最优解作为多目标问题的最优解。主要的方法有主要目标法、线性加权和法、理想点法、乘除法等，其共同点是单目标函数 $U(\boldsymbol{X})$都是根据原目标函数 $F(\boldsymbol{X})=[f_1(\boldsymbol{X}), f_2(\boldsymbol{X}),\cdots, f_p(\boldsymbol{X})]^{\mathrm{T}}$ 构造的，约束条件与多目标规划问题相同。$U(\boldsymbol{X})$ 可以统一表示为 $U(\boldsymbol{X})=U[F(\boldsymbol{X})]$的形式，称为评价函数，以上的方法称为评价函数法(evaluation function method)，其单目标问题可以表示如下：

$$\min_{\boldsymbol{X}\in\boldsymbol{R}} U(\boldsymbol{X})=\min_{\boldsymbol{X}\in\boldsymbol{R}} U\left[F(\boldsymbol{X})\right]=\min_{F(\boldsymbol{X})\in F(\boldsymbol{R})} U\left[F(\boldsymbol{X})\right] \tag{7-6}$$

在构造评价函数时，要保证评价函数的最优解是多目标问题的有效解或弱有效解。可以证明，如果评价函数 $U(\boldsymbol{X})=U[F(\boldsymbol{X})]$是 $F(\boldsymbol{X})$的单增(严格单增)函数，则评价函数的最优解是多目标问题的弱有效解(有效解)。

一、主要目标法

主要目标法又称约束法，其基本思路是根据多目标问题的具体情况，从多个目标中选择一个主要目标；其余的目标(次要目标)则限定在一定的范围内，构成对主要目标的约束条件。这样多目标问题就转化为单目标问题。

对于多目标规划问题：

$$\min F(\boldsymbol{X})=[f_1(\boldsymbol{X}),f_2(\boldsymbol{X}),\cdots,f_p(\boldsymbol{X})]^{\mathrm{T}} \tag{7-7a}$$

$$g_i(\boldsymbol{X})\leqslant b_i,\ i=1,2,\ \cdots,m \tag{7-7b}$$

如果选择 $f_1(\boldsymbol{X})$ 为主要目标，而对于其他目标 $f_k(\boldsymbol{X})$ $(k=2,\ \cdots,p)$ 根据具体情况给定相应的上限 $f_{k,\max}$ 和下限 $f_{k,\min}$，则以上多目标问题可以转化为如下的单目标问题：

$$\min f_1(\boldsymbol{X}) \tag{7-8a}$$

$$f_{k,\min}\leqslant f_k(\boldsymbol{X})\leqslant f_{k,\max},\ k=2,3,\ \cdots,p \tag{7-8b}$$

$$g_i(\boldsymbol{X})\leqslant b_i,\ i=1,2,\ \cdots,m \tag{7-8c}$$

利用线性规划或非线性规划方法求解以上单目标问题，将其最优解作为多目标问题的解。

上述由多目标规划问题转化为一个单目标问题的关键环节为：①从多个目标中遴选出一个主要目标(即多目标问题的主要矛盾)；②确定除主要目标之外其余目标的上限和下限；③构成由目标约束和原约束的单目标规划模型。

而这种由多目标转化为一个单目标问题是否成功的标准是转化后的单目标规划模型[式(7-8)]的最优解至少应该是原多目标规划模型[式(7-7)]的有效解，否则，需要重新转化。

【例 7-3】 对于例 7-2 中的多目标规划问题，如果将 $f_1(\boldsymbol{X})$ 作为主要目标，而 $f_2(\boldsymbol{X})$ 要求不小于 50，则可构造以下单目标规划问题：

$$\max Z_1=0.45x_1+0.60x_2 \tag{7-9a}$$

$$360-(0.3x_1+0.60x_2)\geqslant 50 \tag{7-9b}$$

$$x_1+x_2\leqslant 1000 \tag{7-9c}$$

$$0.3x_1+0.6x_2\leqslant 360 \tag{7-9d}$$

$$x_1,x_2\geqslant 0 \tag{7-9e}$$

求解以上线性规划问题，用 LINGO 软件进行计算，其计算程序及运行结果见表 7-1。

由表 7-1 的计算结果可知，最优解为 $\boldsymbol{X}_0=(966.7,33.3)^{\mathrm{T}}$，位于多目标规划可行域的边界 AB 上(图 7-3)，是一个有效解。相应的目标函数值分别为 $f_1(\boldsymbol{X}_0)=455$、$f_2(\boldsymbol{X}_0)=50$。对 $f_2(\boldsymbol{X})$ 的下限取[0,360]内的其他值，可以得到相应的有效解。

【例 7-4】 某工厂在一个计划期内生产甲、乙两种产品，各产品都要消耗 A、B、C 三种不同的资源。每件产品对资源的单位消耗、各种资源的限量及各产品的单位价格、单位利润和所造成的单位污染见表 7-2。假定产品能全部销售出去，试问：每期怎样安排生产，才能使利润和产值都最大，且造成的污染最小？

表 7-1 例 7-3 的 LINGO 计算程序及运行结果

LINGO 计算程序	LINGO 运行结果

max=0.45*x1+0.6*x2;
360–(0.3*x1+0.6*x2)>=50;
x1+x2<=1000;
0.3*x1+0.6*x2<=360;
	Global optimal solution found.
	Objective value: 455.0000
	Infeasibilities: 0.000000
	Total solver iterations: 2
	Variable Value Reduced Cost
	X1 966.6667 0.000000
	X2 33.33333 0.000000
	Row Slack or Surplus Dual Price
	1 455.0000 1.000000
	2 0.000000 –0.5000000
	3 0.000000 0.3000000
	4 50.00000 0.000000

表 7-2 例 7-4 的基本数据资料

项目	产品甲	产品乙	资源限量
资源 A 单位消耗	9	4	240
资源 B 单位消耗	4	5	200
资源 C 单位消耗	3	10	300
单位产品的价格	400	600	
单位产品的利润	70	120	
单位产品的污染	3	2	

解：(1)构建多目标规划模型。设计划生产产品甲、乙各 x_1 和 x_2 件，根据已知条件及表 7-2 中的基本数据资料，构建多目标规划模型如下。

目标函数：

$$\max f_1(\boldsymbol{X})=70x_1+120x_2 \tag{7-10a}$$

$$\max f_2(\boldsymbol{X})=400x_1+600x_2 \tag{7-10b}$$

$$\min f_3(\boldsymbol{X})=3x_1+2x_2 \tag{7-10c}$$

约束条件：

$$9x_1+4x_2\leqslant 240 \tag{7-10d}$$

$$4x_1+5x_2\leqslant 200 \tag{7-10e}$$

$$3x_1+10x_2\leqslant 300 \tag{7-10f}$$

$$x_1, x_2\geqslant 0 \tag{7-10g}$$

(2)将多目标规划模型转化为单目标规划模型。对于上述模型的三个目标，工厂确定利润最大为主要目标。另两个目标则通过预测预先给定的希望达到的目标值转化为约束条件。经研究，工厂认为总产值至少应达到 20000 个单位，而污染控制在 90 个单位以下，将多目标规划模型转化为单目标规划模型，如下。

目标函数：

$$\max f_1(\boldsymbol{X})=70x_1+120x_2 \tag{7-11a}$$

约束条件：

$$400x_1+600x_2\geqslant 20000 \tag{7-11b}$$

$$3x_1+2x_2\leqslant 90 \tag{7-11c}$$

$$9x_1+4x_2\leqslant 240 \tag{7-11d}$$

$$4x_1+5x_2\leqslant 200 \tag{7-11e}$$

$$3x_1+10x_2\leqslant 300 \tag{7-11f}$$

$$x_1,x_2\geqslant 0 \tag{7-11g}$$

(3) 求解方法。采用 Excel 规划求解工具对模型[式(7-11)]进行求解，计算结果见图 7-4。

由图 7-4 的计算结果可知，单目标规划模型的最优解为 $x_1=12.5$，$x_2=26.25$，$f_1(\boldsymbol{X})=4025$，$f_2(\boldsymbol{X})=400x_1+600x_2=20750$，$f_3(\boldsymbol{X})=90$。

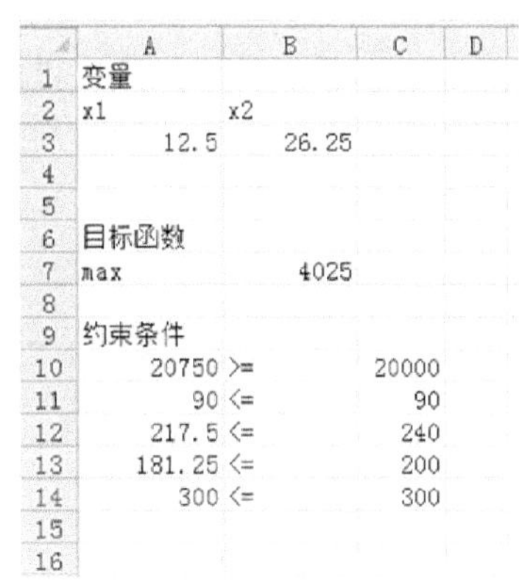

	A	B	C	D
1	变量			
2	x1	x2		
3	12.5	26.25		
4				
5				
6	目标函数			
7	max	4025		
8				
9	约束条件			
10	20750	>=	20000	
11	90	<=	90	
12	217.5	<=	240	
13	181.25	<=	200	
14	300	<=	300	
15				
16				

图 7-4　例 7-4 的 Excel 规划求解结果

二、线性加权和法

当多个目标函数均为最大化或最小化时，可以按照各个目标 $f_k(\boldsymbol{X})$ 的重要程度对其赋予不同的权重 λ_k，将各目标函数进行加权求和，将该加权和作为新的目标函数。如果目标函数既有最大化，又有最小化时，可将最大化目标函数乘以 – 1 转化为最小化。对于多目标函数模型[式(7-7)]，可以构造以下单目标规划问题：

$$\min U(\boldsymbol{X})=\sum_{k=1}^{p}\lambda_k f_k(\boldsymbol{X})=\boldsymbol{\lambda}^{\mathrm{T}}F(\boldsymbol{X}),\quad \boldsymbol{X}\in\boldsymbol{R}=\left\{\boldsymbol{X}\mid g_i(\boldsymbol{X})\leqslant b_i, i=1,2,\cdots,m\right\} \tag{7-12}$$

式中：$U(\boldsymbol{X})$ 为评价函数；$\boldsymbol{\lambda}=(\lambda_1,\lambda_2,\cdots,\lambda_p)^{\mathrm{T}}$ 为权重。

如果权重满足

$$\lambda_k\geqslant 0,\quad \sum_{k=1}^{p}\lambda_k=1 \tag{7-13}$$

则优化模型[式(7-12)]的最优解是多目标规划模型[式(7-7)]的弱有效解，如果式(7-13)的第一个条件变为 $\lambda_k>0$，则模型[式(7-12)]的最优解是多目标规划模型[式(7-7)]的有效解。

由于多目标问题的不同目标一般具有不同的量纲，因此，在加权求和之前一般需要进行无量纲化。以下均假设目标函数已经进行过无量纲化处理。

应用线性加权和法的关键是确定各目标函数的权重，主要方法有 α 法、λ 法、排序法。此外，也可采用 Delphi 法、专家打分法等定性方法。

(一) 专家打分法

【例 7-5】 某公司计划购进一批新的水利工程施工机械，可供选择的施工机械有 A1、A2、A3、A4 共四种类型，每种机械考虑六个属性：f_1 为维修期限，f_2 为每 100L 汽油能运行的公里数，f_3 为最大载重量，f_4 为价格(万元)，f_5 为可靠性，f_6 为灵敏性。这四种类型的施工机械的属性指标值 f_{ij} 见表 7-4。请采用专家打分法确定各机械的定性属性指标值的定量值及最终选购的施工机械的类型。

解：(1)定性指标定量化。采用专家打分法对定性指标进行定量化处理。属性指标分为效益型指标和成本型指标。效益型指标越大越好，成本型指标则越小越好。对于效益型指标中的很低、低、一般、高、很高等级分别打分 1、3、5、7、9；对于成本型指标中的很低、低、一般、高、很高等级分别打分为 9、7、5、3、1。而表 7-3 中的可靠性 f_5 和灵敏性 f_6 均为效益型指标，经定性指标定量化后的指标值见表 7-4。

表 7-3　施工机械的属性指标值

f_{ij}	f_1	f_2	f_3	f_4	f_5	f_6
A1	2.0	1500	4	55	一般	高
A2	2.5	2700	3.6	65	低	一般
A3	2.0	2000	4.2	45	高	很高
A4	2.2	1800	4	50	很高	一般

表 7-4　定量后的属性指标值

f_{ij}	f_1	f_2	f_3	f_4	f_5	f_6
A1	2.0	1500	4	55	5	7
A2	2.5	2700	3.6	65	3	5
A3	2.0	2000	4.2	45	7	9
A4	2.2	1800	4	50	9	5

(2)指标无量纲化处理。由定量化后的属性指标值(表 7-4)可以看出，由于各指标的量纲不同，其指标值的变化范围差距较大，故需对各个指标值进行无量纲化处理。

$$a_{ij}=\frac{99\times\left(f_{ij}-\min f_j\right)}{\max f_j-\min f_j}+1 \tag{7-14}$$

按式(7-14)进行无量纲化的指标值见表 7-5。

表 7-5　无量纲化后的属性指标值

a_{ij}	f_1	f_2	f_3	f_4	f_5	f_6
A1	1	1	67	50.5	34	50.5
A2	100	100	1	100	1	1
A3	1	42.25	100	1	67	100
A4	40.6	25.75	67	25.75	100	1

(3)确定各指标的权重。采用专家打分的方法确定各指标的权重，各指标的权重向量为 $\boldsymbol{W}$=(0.2,0.1,0.1,0.1,0.2,0.3)。

(4)采用线性加权和法构建评价函数。

$$U\left(\mathrm{A}i\right)=\sum_{j=1}^{6}\omega_j a_{ij}\text{，}\quad i=1,2,\cdots,4 \tag{7-15}$$

利用式(7-15)计算各种机械的评价函数值分别为 U(A1)=34、U(A2)=40.6、U(A3)=57.925、U(A4)=40.27。

可见，$U^*=\max U=U(\text{A3})=57.925$，故最优选购的机械类型为A3。

(二)确定权重的α法

α 法的前提是多目标规划问题不存在绝对最优解。为直观起见，首先说明多目标规划模型[式(7-7)]中 p=2 时，多目标规划模型[式(7-7)]变为模型[式(7-16)]：

$$\min f_k(\boldsymbol{X}),\ \boldsymbol{X}\in\boldsymbol{R},\ k=1,2 \tag{7-16}$$

假设单目标问题[式(7-16)]的最优解为 $\boldsymbol{X}_k$。若多目标问题不存在绝对最优解，令 $f_{11}=f_1(\boldsymbol{X}_1)$，$f_{12}=f_1(\boldsymbol{X}_2)$，$f_{21}=f_2(\boldsymbol{X}_1)$，$f_{22}=f_2(\boldsymbol{X}_2)$，则有 $f_{12}>f_{11}$，$f_{21}>f_{22}$。在目标空间 (f_1, f_2) 中，通过点 (f_{11}, f_{21})，(f_{12}, f_{22}) 作一条直线(图7-4中的直线1)，设其方程为

$$\lambda_1 f_1+\lambda_2 f_2=\alpha \tag{7-17}$$

将点 (f_{11}, f_{21})，(f_{12}, f_{22}) 的坐标代入直线方程[式(7-17)]，并利用 $\lambda_1+\lambda_2=1$ 可得到

$$\lambda_1=(f_{21}-f_{22})/[(f_{12}-f_{11})+(f_{21}-f_{22})] \tag{7-18a}$$

$$\lambda_2=(f_{12}-f_{11})/[(f_{12}-f_{11})+(f_{21}-f_{22})] \tag{7-18b}$$

由于 $f_{12}>f_{11}$，$f_{21}>f_{22}$，故 $\lambda_1>0$，$\lambda_2>0$，以 λ_1，λ_2 作为单目标规划模型[式(7-12)]中的权重即可。此时，评价函数 $U(\boldsymbol{X})$ 表示与直线1平行的一组直线，当改变 $U(\boldsymbol{X})$ 使直线移动到与目标函数域 $f(\boldsymbol{R})$ 相切的直线2时，$U(\boldsymbol{X})$ 达到最小值，图7-5中切点 C 的坐标即为相应的两个目标函数值。

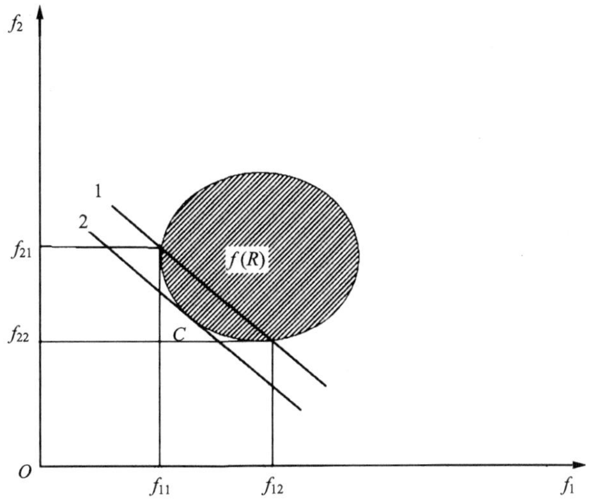

图7-5　确定权重α法的示意图

当 p>2 时，处理方法与 p=2 类似。首先求出 p 个单目标问题[式(7-19)]的最优解为 $\boldsymbol{X}_k$：

$$\min f_k(\boldsymbol{X}),\ \boldsymbol{X}\in\boldsymbol{R},\ k=1, 2, \cdots, p \tag{7-19}$$

记 $f_{ki}=f_k(\boldsymbol{X}_i)$，$i, k=1, 2,\cdots, p$。在目标空间中，通过 p 个点 $(f_{k1}, f_{k2},\cdots, f_{kp})$，$k=1, 2,\cdots, p$ 作一超平面，其方程为

$$\sum_{k=1}^{p}\lambda_k f_k = \alpha \tag{7-20}$$

式中：$\sum_{k=1}^{p}\lambda_k = 1$。可得到

$$\sum_{k=1}^{p}\lambda_k = 1；\sum_{k=1}^{p}\lambda_k f_{ki} = \alpha，i=1, 2,\cdots, p \tag{7-21}$$

记 $\boldsymbol{A}=[f_{ki}]$为 $p\times p$ 阶矩阵：$\boldsymbol{e}=(1,1,\cdots,1)^{\mathrm{T}}$为元素均为 1 的 p 维列向量，$\boldsymbol{\lambda}=(\lambda_1, \lambda_2,\cdots, \lambda_p)^{\mathrm{T}}$。当多目标规划目标模型[式(7-7)]没有绝对最优解时，矩阵 $\boldsymbol{A}$ 可逆，方程组[式(7-21)]的解为

$$\alpha=1/\boldsymbol{e}^{\mathrm{T}}\boldsymbol{A}^{-1}\boldsymbol{e}，\boldsymbol{\lambda}^{\mathrm{T}}=\boldsymbol{e}^{\mathrm{T}}\boldsymbol{A}^{-1}/\boldsymbol{e}^{\mathrm{T}}\boldsymbol{A}^{-1}\boldsymbol{e} \tag{7-22}$$

如果 $\boldsymbol{\lambda}\geqslant 0$，可以把 $\boldsymbol{\lambda}$ 取作权重，否则这种方法就失效了，这就是 α 法的不足之处。

(三)确定权重的 λ 法

α 法的计算过程复杂，可以不考虑 f_{ki}，$k\neq i$，此时方程组[式(7-21)]可以简化为

$$\sum_{k=1}^{p}\lambda_k = 1；\lambda_k f_{kk} = \alpha，k=1, 2,\cdots, p \tag{7-23}$$

当 $f_{kk}>0\,(k=1, 2, \cdots, p)$时，方程组[式(7-23)]的解为

$$\alpha = 1/\sum_{k=1}^{p}\left(1/f_{kk}\right)；\lambda_k = \left(1/f_{kk}\right)/\sum_{k=1}^{p}\left(1/f_{kk}\right)，k=1, 2,\cdots, p \tag{7-24}$$

如果 $\lambda_k>0\,(k=1, 2,\cdots, p)$，可以把 λ 作为权重。

【例 7-6】 利用线性加权和方法求解例 7-1 中的多目标规划问题。

解：$f_1(x)$、$f_2(x)$的极小点分别为 $x_1=1$、$x_2=3$，对应的目标函数值分别为 $f_{11}=f_1(x_1)=1$，$f_{12}=f_1(x_2)=5$，$f_{21}=f_2(x_1)=5$，$f_{22}=f_2(x_2)=1$。

利用 α 法确定权重时，根据式(7-18)可得到，$\lambda_1=4/(4+4)=1/2$，$\lambda_2=1/2$，故目标函数的线性加权和为

$$U(x)=[f_1(x)+f_2(x)]/2=(x-2)^2+2 \tag{7-25}$$

当 $x\geqslant 0$ 时，其最优解为 $x^*=2$，$U(x^*)=2$，$f_1(x^*)=2$，$f_2(x^*)=2$，如图 7-6 所示。

对本例来说，采用 λ 法得到的结果与 α 法是一样的。

(四)层次分析法

层次分析法(analytical hierarchy process, AHP)是美国运筹学家 T. L. Saaty 于 20 世纪 70 年代提出的一种多目标决策分析方法，属于定性与定量分析相结合的方法，是一种将决策者对复杂系统的决策思维过程模型化、定量化的过程。应用层次分析法，决策者可以把复杂的问题分解为若干层次，每个层次包含若干因素，在各层次、因素间进行比较和计算，可以得到表示方案重要性程度的权重，为最优方案的选择提供依据。层次分析法适用于多目标、多层次的非结构化、半结构化决策问题，在系统评价、方案比较等方面有广泛的应用。在流域水资源规划、工程设计、工程施工方案等的比较与优选中均可以考虑采用层次分析法。

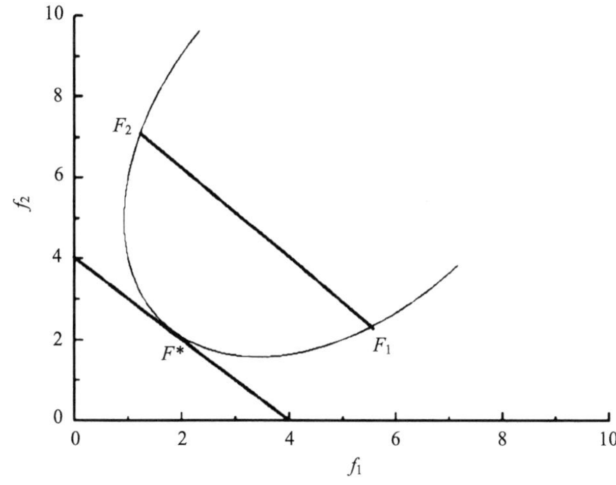

图 7-6　例 7-6 线性加权和法示意图

1．层次分析法的基本步骤

层次分析法的基本步骤是首先根据问题的性质和目标，把各种因素划分为相互联系的有序层次，构成一个多层次的系统分析模型；然后对每一层次任意两个因素的相对重要性进行判断，利用有关方法确定反映每一层次全部因素相对重要性的权值(单排序)、层次间的总排序；最后计算出最低层次因素(方案)相对于最高层次的重要性权值，从而确定各方案的优劣排序。

1) 建立层次结构模型

对于一个具体的问题，首先需要明确问题的目标、影响因素及其相互关系。按照各因素的类别及支配关系将其分为目标层、准则层、措施层。其中，目标层处于最高层；准则层处于中间层，是衡量目标能否实现的标准，对于复杂问题，准则层还可细分为若干个层次；措施层(方案层)位于最低层，是为实现目标而采取的方案、方法、手段等。

图 7-7 为一个简化的流域水资源系统规划的层次结构模型，该模型由目标层、指标层和方案层组成，相邻层之间为完全层次关系。目标层为流域水资源规划的总体目标，即流域水资源的合理配置；指标层是为实现总体目标而要求达到的指标，如经济指标、社会发展指标、生态环境指标等，根据流域的具体情况可以增加其他一些指标，每个指标还可以分解为若干子指标；方案层为根据流域具体情况及发展规划等所设置的若干个技术经济可行的规划方案。

2) 构造判断矩阵

在层次分析法中，需要逐层计算相关因素间的相对重要性，并予以量化，构成判断矩阵，作为进一步分析的基础。当上层一个因素与下层的多个因素相互联系时，通常难以确定各因素间的相对重要性，这时可先进行因素间的两两比较。假设上层因素 A_k 与下层的 n 个因素 $\boldsymbol{B}=\{B_1,B_2,\cdots,B_n\}$ 有关，用 a_{ij} 表示相对于 A_k 而言因素 B_i 对因素 B_j 的相对重要性，可以用一定的标度法进行量化，其中常用的标度方法是 Saaty 提出的 9 级标度法(表 7-6)。

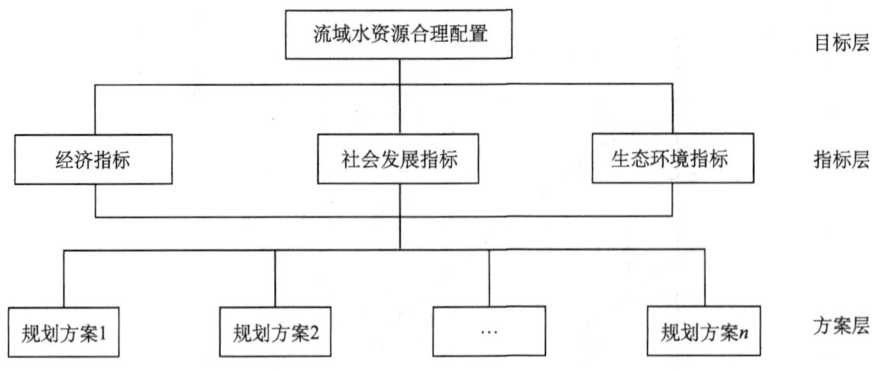

图 7-7　流域水资源规划的简化层次结构示意图

表 7-6　Saaty 9 级标度法

标度 a_{ij}	定义	标度 a_{ij}	定义
1	因素 B_i 与因素 B_j 同等重要	9	因素 B_i 与因素 B_j 极端重要
3	因素 B_i 与因素 B_j 略重要	2，4，6，8	以上两个判断之间的中间状态对应的标度值
5	因素 B_i 与因素 B_j 较重要		
7	因素 B_i 与因素 B_j 非常重要	1～9 的倒数	因素 B_j 与因素 B_i 比较，$a_{ji}=1/a_{ij}$

全部比较结果可以用矩阵表示为 $\boldsymbol{A}=(a_{ij})_{n\times n}$，称之为 A_k 的影响因素的判断矩阵，即

$$\begin{array}{c|cccc} A_k & B_1 & B_2 & \cdots & B_n \\ \hline B_1 & a_{11} & a_{12} & \cdots & a_{1n} \\ B_2 & a_{21} & a_{22} & \cdots & a_{2n} \\ \vdots & \vdots & \vdots & & \vdots \\ B_n & a_{n1} & a_{n2} & \cdots & a_{nn} \end{array} \tag{7-26}$$

判断矩阵 $\boldsymbol{A}$ 是一个正互反矩阵，其元素满足：

$$a_{ii}=1，\ a_{ij}=1/a_{ji}，\ i,j=1,2,\cdots,n \tag{7-27}$$

因此，n 阶判断矩阵只需给出 $n(n-1)/2$ 个元素即可确定，这些元素可根据有关的数据资料、专家评价或决策者的判断进行综合之后给出。如果矩阵中的元素满足条件：

$$a_{ij}=a_{ik}/a_{jk}，\ i,j,k=1,2,\ \cdots,n \tag{7-28}$$

则称判断矩阵 $\boldsymbol{A}$ 具有完全一致性，此时矩阵中任一行(列)均与其他行(列)成比例。

3) 层次单排序及一致性检验

对于 n 阶方阵 $\boldsymbol{A}$ 和 n 维非 0 向量 $\boldsymbol{\alpha}$，如果存在 λ 使得 $\boldsymbol{A\alpha}=\lambda\boldsymbol{\alpha}$，则 λ 为 $\boldsymbol{A}$ 的特征值，$\boldsymbol{\alpha}$ 为相应的特征向量。矩阵 $\boldsymbol{A}$ 的所有特征值中绝对值最大的一个称为其第一特征值。对于以上判断矩阵来说，最大特征值即为其第一特征值。

层次单排序是根据因素 A_k 的判断矩阵 $\boldsymbol{A}$，计算其最大特征值 $\lambda_{\max}$ 和相应的特征向量 $\boldsymbol{W}$，进而进行一致性检验，并确定 A_k 的影响因素 $\boldsymbol{B}=\{B_1,B_2,\cdots,B_n\}$ 中各元素间相对重要性的排序权值。

判断矩阵 $\boldsymbol{A}$ 为满足条件[式(7-27)]的正互反矩阵，该矩阵的最大特征值 λ_{max} 为正实数，且满足 $\lambda_{max} \geqslant n$，其特征向量的分量均为正数。对于满足完全一致性条件[式(7-28)]的判断矩阵，$\lambda_{max}=n$，其余特征值为 0。此时，可将对应于 λ_{max} 的特征向量 $\boldsymbol{W}$ 归一化后作为单排序的权重向量。

由于判断矩阵是两两比较确定的，$n>2$ 很难满足完全一致性的要求，需要进行一致性检验。如果判断矩阵不满足一致性要求，则其最大特征值 $\lambda_{max}>n$，且 λ_{max} 与 n 相比越大，不一致程度就越严重。可用一致性指标(consistency index, CI)来衡量判断矩阵的不一致程度，CI 用下式表示：

$$\mathrm{CI}=(\lambda_{max}-n)/(n-1) \tag{7-29}$$

式中：当 CI=0 时，判断矩阵具有完全一致性。

判断矩阵的阶数越高(影响因素越多)，判断的一致性越难以保证。为了考虑阶数 n 的影响，引入平均随机一致性指标 RI(表 7-7)，用判断矩阵的随机一致性比率来确定判断矩阵是否具有满意的一致性，CR 用下式表示：

$$\mathrm{CR}=\mathrm{CI}/\mathrm{RI} \tag{7-30}$$

一般认为，若 CR<0.1，则认为判断矩阵具有满意的一致性；否则需要对判断矩阵进行适当修正，并重新进行一致性检验。

表 7-7　平均随机一致性指标 RI

n	3	4	5	6	7	8	9	10	11	12	13	14	15
RI	0.58	0.90	1.12	1.24	1.32	1.41	1.45	1.49	1.52	1.54	1.56	1.58	1.59

4) *层次总排序及一致性检验*

从层次结构模型的第二层开始，逐层计算各层相对于最高层(目标层)相对重要性的排序权值，称为层次总排序。第二层的单排序即为其总排序，其后各层的总排序可逐层顺序计算。假设第 k 层包含 m 个因素 $A_1, A_2,\cdots, A_m$，相应的层次总排序权值分别为 $\alpha_1, \alpha_2,\cdots, \alpha_m$；第 k+1 层包含 n 个因素 $B_1, B_2,\cdots, B_n$，它们对 $A_j(j=1, 2,\cdots, m)$ 的层次单排序为 $\beta_{1j}, \beta_{2j},\cdots, \beta_{mj}$(如果 B_i 与 A_j 无联系，则 $\beta_{ij}=0$)；则第 k+1 层因素 B_i 的层次总排序权值为

$$\beta_i=\sum_{i=1}^{m}\alpha_j\beta_{ij}, i=1,2,\cdots,n \tag{7-31}$$

层次总排序也要进行一致性检验，检验从高层到低层逐步进行。如果第 k 层中因素 $A_j(j=1,2,\cdots,m)$ 对应的第 k+1 层的一致性指标为 CI_j，平均随机一致性指标为 RI_j，则第 k+1 层的总排序随机一致性比率为

$$\mathrm{CR}=\sum_{j=1}^{m}\alpha_j\mathrm{CI}_j \Big/ \sum_{j=1}^{m}\alpha_j\mathrm{RI}_j \tag{7-32}$$

若 CR<0.1，则认为该层次总排序的结果具有满意的一致性；否则需要对判断矩阵进行适当修正，重新进行分析。

2. 判断矩阵最大特征值与特征向量的计算

层次分析法中的一个关键问题是确定判断矩阵的最大特征值及相应的特征向量。特征值可根据判断矩阵 $\boldsymbol{A}$ 的特征方程 $|\boldsymbol{A}-\lambda \boldsymbol{I}|=0$ 求解得到，但由于判断矩阵本身是比较粗糙的，用一些简便的方法来得到最大特征值及特征向量的近似值即可，主要方法包括幂法、方根法、最小二乘法、对数最小二乘法等。

1) 幂法

幂法是求第一特征值的一种迭代方法，对于 n 阶判断矩阵 $\boldsymbol{A}$，其迭代步骤如下。

(1) 任取一 n 维归一化向量 $\boldsymbol{W}_0=(w_{10}, w_{20}, \cdots, w_{n0})^{\mathrm{T}}$ 作为初始特征向量，其中，$\sum_{i=1}^{n} w_{i0}=1$。

(2) 计算 $\boldsymbol{W}'_k=\boldsymbol{A}\boldsymbol{W}_{k-1}$，$\beta=\sum_{i=1}^{n} w'_{i,k}$，$\boldsymbol{W}_k=\boldsymbol{W}'_k/\beta$，$k=1, 2, \cdots$。

(3) 若前后两次求得的特征向量的各分量满足给定的精度 ε，即

$$|w_{i,k}-w_{i,k-1}|<\varepsilon, \quad i=1, 2, \cdots, n \tag{7-33}$$

则 $\boldsymbol{W}_k$ 即为所求的特征向量，转步骤(4)；否则 $k+1\rightarrow k$，转步骤(2)继续迭代。

(4) 计算判断矩阵的最大特征值 $\lambda_{\max}$：

$$\lambda_{\max}=\sum_{i=1}^{n}\frac{(\boldsymbol{A}\boldsymbol{W}_k)_i}{n w_{i,k}} \tag{7-34}$$

2) 方根法

方根法是一种常用的近似方法，其主要步骤如下。

(1) 计算判断矩阵中每行元素的几何平均值：

$$\overline{w}_i=\left(\prod_{j=1}^{n}\alpha_{ij}\right)^{1/n}, i=1, 2, \cdots, n \tag{7-35}$$

(2) 将 $\overline{w}_i$ 归一化，即

$$\beta=\sum_{i=1}^{n}\overline{w}_i, \quad w_i=\overline{w}_i/\beta, i=1, 2, \cdots, n \tag{7-36}$$

即可得到近似特征向量 $\boldsymbol{W}=(w_1, w_2, \cdots, w_n)^{\mathrm{T}}$。

(3) 计算判断矩阵的最大特征值 $\lambda_{\max}$：

$$\lambda_{\max}=\sum_{i=1}^{n}\frac{(\boldsymbol{A}\boldsymbol{W})_i}{n w_i} \tag{7-37}$$

3) 最小二乘法、对数最小二乘法

最小二乘法、对数最小二乘法分别利用以下两个最小化问题的求解来确定特征向量 $\boldsymbol{W}=(w_1, w_2, \cdots, w_n)^{\mathrm{T}}$：

$$\min Q_1(\boldsymbol{W})=\sum_{i=1}^{n}\sum_{j=1}^{n}(\alpha_{ij}-w_i/w_j)^2 \tag{7-38a}$$

$$\min Q_2(\boldsymbol{W})=\sum_{i=1}^{n}\sum_{j=1}^{n}\left[\ln(\alpha_{ij})-\ln(w_i/w_j)\right]^2 \tag{7-38b}$$

进而根据式(7-37)计算得到最大特征值。

3. 关于标度方法的讨论

1) 比例标度与指数标度

Saaty 提出的比例标度法在确定因素的排序上是基本合理的，但是据此得到的权重值有时并不可靠，其原因之一是 1～9 标度在有些情况下不太合理。例如，“略重要因素”的标度为 3，而“非常重要因素”的标度为 7，则“非常重要因素”相对于“略重要因素”的标度为 7/3=2.3，这与人们的认识不太一致。为此提出了一些新的标度方法，如改进的比例标度、指数标度等，这些标度方法中标度值的范围均为 1～9。

改进的比例标度包括 9/9～9/1 标度、10/10～18/2 标度(表 7-8)等，这些标度方法使得重要性等级之间的标度差异能较真实地反映人们的量化概念。

指数标度则认为不同重要性等级的标度按指数增加，明显重要、强烈重要和极端重要的标度分别为稍微重要标度的 3 次方、6 次方和 9 次方，取稍微重要的标度为 $9^{1/9}$，即可得到标度范围为 1～9 的指数标度(表 7-8)。

表 7-8　不同标度方法的标度值

因素相对重要性	Saaty 1～9 标度	9/9～9/1 标度	10/10～18/2 标度	指数标度
同等重要	1	9/9=1	10/10=1	$9^{0/9}=1$
略重要	3	9/7=1.28	12/8=1.5	$9^{1/9}=1.27$
较重要	5	9/5=1.8	14/6=2.333	$9^{3/9}=2.080$
非常重要	7	9/3=3	16/4=4	$9^{6/9}=4.32$
极端重要	9	9/1=9	18/2=9	$9^{9/9}=9$
通式	$k, k=1\sim9$	$9/(10-k), k=1\sim9$	$(9+k)/(11-k), k=1\sim9$	$9^{k/9}, k=0,1,3,6,9$

2) 三标度法

除了以上各种 1～9 标度外，还有三标度法，其标度取值范围为{0,1,2}，$a_{ij}=0$ 表示 i 因素没有 j 因素重要，$a_{ij}=1$ 表示 i 因素与 j 因素同等重要，$a_{ij}=2$ 表示 i 因素比 j 因素重要。这种方法只需比较确定两因素间哪个重要，而不需要比较其重要程度，因而降低了判断中的主观性。将各因素进行两两比较，得到其比较矩阵 $\boldsymbol{A}=(a_{ij})_{n\times n}$。然后计算因素 i 的重要性程度排序指数(比较矩阵 $\boldsymbol{A}$ 各行元素之和)：

$$r_i=\sum_{j=1}^{n}a_{ij}, i=1,2,\cdots,n \tag{7-39}$$

确定 r_i 的最大值 $r_{\max}$ 与最小值 $r_{\min}$，最后将比较矩阵 $\boldsymbol{A}$ 转化为间接判断矩阵 $\boldsymbol{B}$，其元素为

$$b_{ij}=\begin{cases}\dfrac{r_i-r_j}{r_{\max}-r_{\min}}(b_{\mathrm{m}}-1)+1 & r_i\geqslant r_j\\ \left[\dfrac{r_j-r_i}{r_{\max}-r_{\min}}(b_{\mathrm{m}}-1)+1\right]^{-1} & r_i<r_j\end{cases}, \quad i,j=1,2,\cdots,n \tag{7-40}$$

式中：b_{m}为基点比较标度，如 9 标度时 $b_{\mathrm{m}}=9$。

采用三标度法时，还可以通过改进的 AHP 法确定权重，其步骤如下。

(1) 建立三标度比较矩阵 $\boldsymbol{A}=(a_{ij})_{n\times n}$。

(2) 按式(7-39)计算 n 个因素的重要性程度排序指数 r_i，$i=1, 2,\cdots, n$；确定其最小值 $r_{\min}$。

(3) 构造间接判断矩阵 $\boldsymbol{B}=(b_{ij})_{n\times n}$，其元素为

$$b_{ij}=\begin{cases}\dfrac{r_i-r_j}{r_{\min}}+1 & r_i\geqslant r_j\\ \left[\dfrac{r_j-r_i}{r_{\min}}+1\right]^{-1} & r_i<r_j\end{cases},\ i,j=1,2,\cdots,n \tag{7-41a}$$

矩阵 $\boldsymbol{B}$ 满足式(7-27)的条件，因此为一正互反矩阵。

(4) 矩阵 $\boldsymbol{B}$ 各元素取对数，得到反对称矩阵 $\boldsymbol{C}=(c_{ij})_{n\times n}$，其元素为

$$c_{ij}=\ln(b_{ij}),\ i,j=1,2,\ \cdots,n \tag{7-41b}$$

(5) 计算矩阵 $\boldsymbol{C}$ 的最优传递矩阵 $\boldsymbol{D}=(d_{ij})_{n\times n}$，其元素为

$$d_{ij}=\sum_{k=1}^{n}\left(c_{ik}-c_{jk}\right)/n,\ i,j=1,2,\cdots,n \tag{7-41c}$$

(6) 计算得到间接判断矩阵 $\boldsymbol{B}$ 的拟优一致阵 $\boldsymbol{B}^*=(b^*_{ij})_{n\times n}$，其元素为

$$b^*_{ij}=\exp(d_{ij}),\ i,j=1,2,\ \cdots,n \tag{7-41d}$$

(7) 计算归一化权重向量 $\boldsymbol{W}=(w_j)_n$：

$$w_j=1/\sum_{i=1}^{n}b^*_{ij},\ i,j=1,2,\cdots,n \tag{7-41e}$$

【例 7-7】 某单位准备购买一套生产设备，希望功能强，价格低，维护容易。现有 A、B、C 三种型号可供选择，其中，A 的功能较好，价格一般，维护需要一般水平；B 的功能最好，价格较贵，维护也只需一般水平；C 的功能差，但价格便宜，容易维护。请采用层次分析法确定购买设备的型号。

解：(1) 建立层次结构。根据已知条件构建层次分析法的层次结构，如图 7-8 所示。

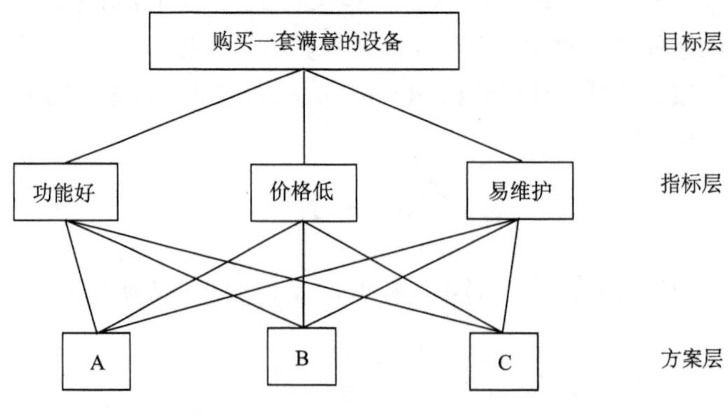

图 7-8　层次结构图

(2) 构造判断矩阵。根据单位领导决策层讨论认为生产设备应用上第一要求功能强，第

二要求容易维护，第三要求价格低，设 f_1 为功能指标、f_2 为价格指标、f_3 为维护指标，则各指标对于目标 Z 的判断矩阵如表 7-9 所示。

表 7-9　判断矩阵表

Z	f_1	f_2	f_3
f_1	1	5	3
f_2	1/5	1	1/3
f_3	1/3	3	1

(3) 判断矩阵最大特征值与特征向量的计算。

采用方根法计算三个指标对于目标的排序权重值。利用式(7-35)计算得到

$$\overline{w_1} = \sqrt[3]{1\times 5\times 3} = 2.466$$

$$\overline{w_2} = \sqrt[3]{1/5\times 1\times 1/3} = 0.405$$

$$\overline{w_3} = \sqrt[3]{1/3\times 3\times 1} = 1$$

根据式(7-36)得到各权重值：

$$w_1 = \frac{\overline{w_1}}{\sum_{i=1}^{3}\overline{w_i}} = \frac{2.466}{2.466+0.405+1} = 0.637 \tag{7-42a}$$

$$w_2 = \frac{\overline{w_2}}{\sum_{i=1}^{3}\overline{w_i}} = \frac{0.405}{2.466+0.405+1} = 0.105 \tag{7-42b}$$

$$w_3 = \frac{\overline{w_3}}{\sum_{i=1}^{3}\overline{w_i}} = \frac{1}{2.466+0.405+1} = 0.258 \tag{7-42c}$$

根据式(7-37)计算最大特征值 λ_{max}，λ_{max}=3.0385。

(4) 一致性检验。根据式(7-29)有 CI=($\lambda_{max}-n$)/($n-1$)= (3.0385−3)/(3−1)=0.01925。

根据式(7-30)有 CR=CI/RI=0.01925/0.58=0.0332<0.10

(5) 各个方案对于每个指标的判断矩阵及权重计算。对于功能指标 f_1，方案 A、B、C 对于功能指标的判断矩阵见表 7-10。

表 7-10　方案 A、B、C 对于功能指标的判断矩阵及其权重表

f_1	A	B	C	ω
A	1	1/4	2	0.1818
B	4	1	8	0.7272
C	1/2	1/8	1	0.0910

λ_{max}=3.0，CI=0.0，CR=0.0<0.10。

对于价格指标 f_2，方案 A、B、C 对于价格指标的判断矩阵见表 7-11。

表 7-11　方案 A、B、C 对于价格指标的判断矩阵及其权重表

f_2	A	B	C	ω
A	1	4	1/3	0.2559
B	1/4	1	1/8	0.0733
C	3	8	1	0.6708

λ_{max}=3.0183，CI=0.0091，CR=0.0157<0.10。

对于维护指标f_3，方案 A、B、C 对于维护指标的判断矩阵见表 7-12。

表 7-12　方案 A、B、C 对于维护指标的判断矩阵及其权重表

f_3	A	B	C	ω
A	1	1	1/3	0.1851
B	1	1	1/5	0.1562
C	3	5	1	0.6587

λ_{max}=3.0290，CI=0.0145，CR=0.0250<0.10。

(6)层次总排序权重计算。根据式(7-31)及表 7-10~表 7-12 可以计算出方案 A、B、C 对于目标层的总排序权重值(表 7-13)。

表 7-13　层次总排序权重计算表

Z	A	B	C	层次总排序权重值
	0.637	0.105	0.258	
A	0.1818	0.2559	0.1815	0.1895
B	0.7272	0.0733	0.1562	0.5112
C	0.0910	0.6708	0.6587	0.2984

CR=0.0081<0.10。

从总层次排序权重计算结果(表 7-13)可知，设备 B 是综合评价较为满意的方案。

三、理想点法

对于多目标规划模型[式(7-7)]，假设其第 k 个目标 $f_k(\boldsymbol{X})$ 在 $\boldsymbol{X}_k$ 取得最优值 $f_k^0=f_k(\boldsymbol{X}_k)$，$k$=1, 2, …, p。如果各个单目标函数的最优解集有公共元素，该公共元素即为多目标问题的绝对最优解。否则，点 $\boldsymbol{F}^0=(f_1^0, f_2^0, \cdots, f_p^0)^{\mathrm{T}}$ 为向量函数 $F(\boldsymbol{X})=[f_1(\boldsymbol{X}), f_2(\boldsymbol{X}), \cdots, f_p(\boldsymbol{X})]^{\mathrm{T}}$ 的一个理想点(ideal point)。

当已知理想点 $\boldsymbol{F}^0$ 时，可以考虑在目标空间 R^p 中定义一定的范数(模) $\|\cdot\|$，在这个范数的意义下寻找一个点尽量接近理想点，即考虑以下单目标问题：

$$\min U(\boldsymbol{X})=\|F(\boldsymbol{X})-\boldsymbol{F}^0\|=\left[\sum_{k=1}^{p}\lambda_k\left|f_k(\boldsymbol{X})-f_k^0\right|^q\right]^{1/q}=L_q(\boldsymbol{X}) \tag{7-43a}$$

式中：λ_k 为权重；q 的取值范围一般为[1,∞]。其中，常用的范数为 q=1、q=2、q→∞时的范数，分别称为 1-范数、2-范数、∞-范数，式(7-43a)表达的意义分别为各个目标 $f_k(\boldsymbol{X})$ 与理想点分量 f_k^0 偏差绝对值的加权和最小、$F(\boldsymbol{X})$ 与理想点 $\boldsymbol{F}^0$ 的欧氏距离最小、最大偏差最小，即

$$\min L_1(\boldsymbol{X})=\sum_{k=1}^{p}\lambda_k\left|f_k(\boldsymbol{X})-f_k^0\right| \tag{7-43b}$$

$$\min L_2(\boldsymbol{X})=\left[\sum_{k=1}^{p}\lambda_k\left|f_k(\boldsymbol{X})-f_k^0\right|^2\right]^{1/2} \tag{7-43c}$$

$$\min L_\infty(\boldsymbol{X})=\max_{1\leqslant k\leqslant p}\lambda_k\left|f_k(\boldsymbol{X})-f_k^0\right| \tag{7-43d}$$

以上解决多目标问题的方法称为理想点法(ideal point method)。

【例 7-8】　利用理想点法求解例 7-2 中的多目标规划问题。

解：理想点为 $\boldsymbol{F}^0=(480,360)^{\mathrm{T}}$(图 7-9)。由于两个目标函数值相差不大，为简化不进行无量纲化处理。以净收入 $f_1(\boldsymbol{X})$ 为重点目标，其权重系数取 $\lambda_1=0.8$；而节水量 $f_2(\boldsymbol{X})$ 的权重系数为 $\lambda_2=1-\lambda_1=0.2$。取 2-范数，则评价函数为

$$\min U(\boldsymbol{X})=[0.8(f_1(\boldsymbol{X})-480)^2+0.2(f_2(\boldsymbol{X})-360)^2]^{1/2} \tag{7-44}$$

在原问题可行域内求解以上目标函数，可得到其最优解为 $\boldsymbol{X}^*=(960,0)^{\mathrm{T}}$，该点位于可行域[图 7-3 (a)]的边界 OA 上，为一有效解。相应的目标函数值分别为 $f_1(\boldsymbol{X}^*)=432$，$f_2(\boldsymbol{X}^*)=72$，如图 7-9 所示。变换 $f_1(\boldsymbol{X})$、$f_2(\boldsymbol{X})$ 的权重系数，还可得到其他的有效解。$\lambda_1+\lambda_2=1$ 时，随着 λ_1 从 0 增加到 1，求得的有效解从 O 经 A 到 B，目标函数 $f_1(\boldsymbol{X})$ 逐渐增大，而 $f_2(\boldsymbol{X})$ 逐渐减小。

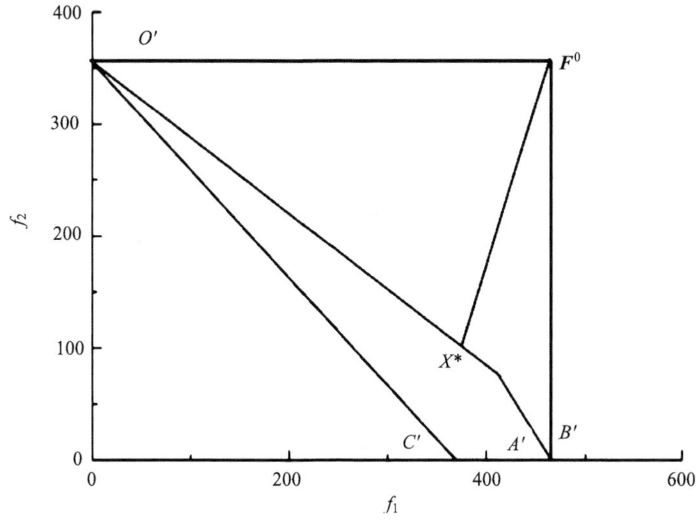

图 7-9　例 7-8 理想点法的示意图

四、乘除法

在 p 个目标函数 $f_1(\boldsymbol{X}), f_2(\boldsymbol{X}), \cdots, f_p(\boldsymbol{X})$ 中，假设前 q 个要求实现最小化，其余要求实现最大化。如果可行域内的目标函数值均为正，则可采用以下的评价函数将多目标函数转化为单目标问题：

$$\min U(\boldsymbol{X})=\frac{f_1(\boldsymbol{X})f_2(\boldsymbol{X})\cdots f_q(\boldsymbol{X})}{f_{q+1}(\boldsymbol{X})\cdots f_p(\boldsymbol{X})} \tag{7-45}$$

可以证明，$U(\boldsymbol{X})$的最优解为多目标问题的有效解。对于目标函数全为最大化或最小化的情况，乘除法也可以应用。

五、功效系数法

以上几种评价函数法直接根据目标函数来构造评价函数，而功效系数法则是首先用一定的功效系数 d_k(即评分)来衡量不同方案下每一个目标函数的优劣，然后将所有功效系数的算术平均值或几何平均值作为评价函数。

功效函数描述了功效系数 d_k 与目标函数值 $f_k(\boldsymbol{X})$之间的关系，即

$$d_k=d_k[f_k(\boldsymbol{X})],k=1,2,\cdots,p \tag{7-46}$$

d_k 的取值范围为[0,1]，当对某一方案最满意时，$d_k=1$；最不满意时，$d_k=0$。不同类型的目标函数，需要选择不同类型的功效函数，一般包括以下三种形式。

(1) Ⅰ型功效函数：目标函数 $f_k(\boldsymbol{X})$ 要求最大化，则 d_k 应为 $f_k(\boldsymbol{X})$ 的递增函数。

(2) Ⅱ型功效函数：目标函数 $f_k(\boldsymbol{X})$ 要求最小化，则 d_k 应为 $f_k(\boldsymbol{X})$ 的递减函数。

(3) Ⅲ型功效函数：目标函数 $f_k(\boldsymbol{X})$ 要求适中，则 $f_k(\boldsymbol{X})$ 较小时，d_k 应为 $f_k(\boldsymbol{X})$ 的递增函数；$f_k(\boldsymbol{X})$ 较大时，d_k 应为 $f_k(\boldsymbol{X})$ 的递减函数。

构造功效函数时，可以采用不同的方法，如直线法、折线法、指数曲线法等。

线性功效函数如图 7-10 所示，如果将该图中的直线用折线代替，则可得到折线功效函数。

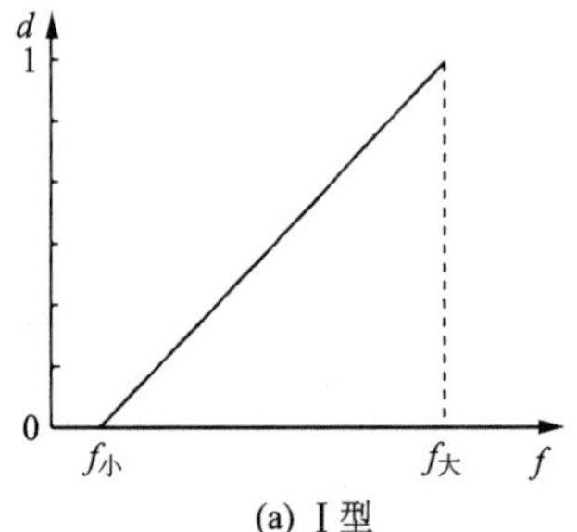

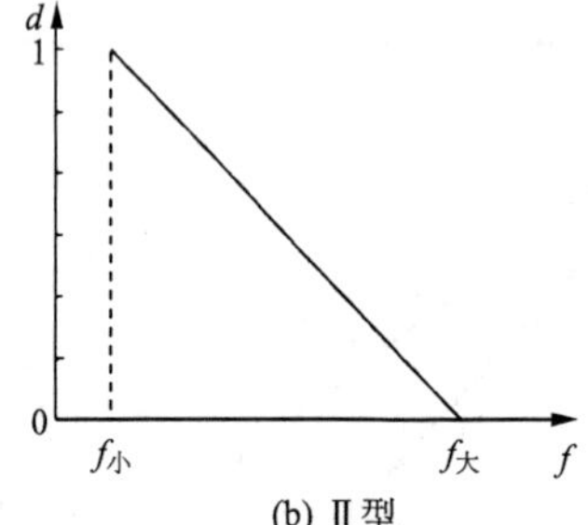

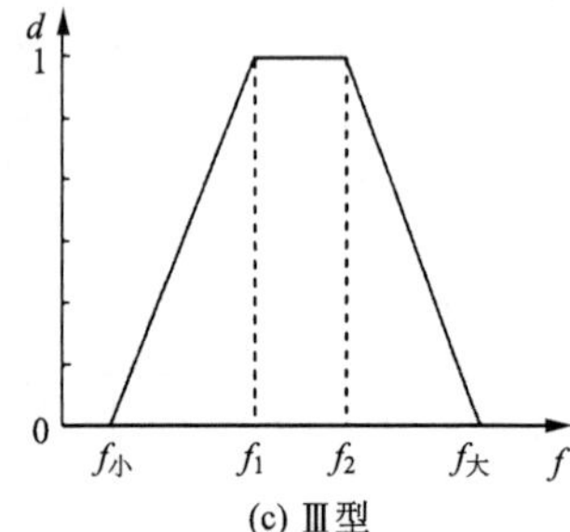

图 7-10　线性功效函数示意图

指数功效函数如图 7-11 所示。对于Ⅰ、Ⅱ型指数功效函数，可取其形式为

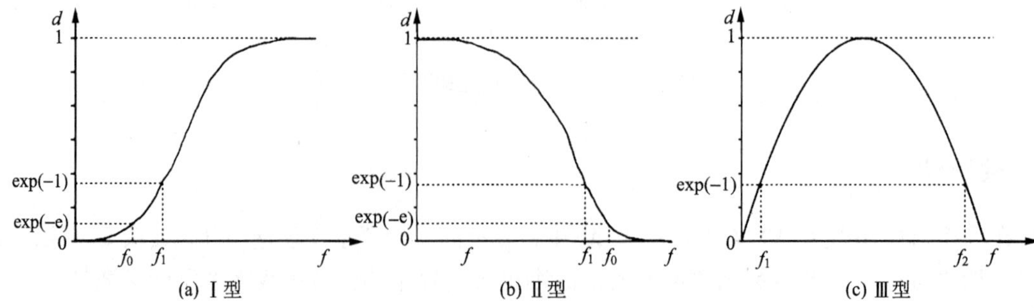

图 7-11　指数功效函数示意图

$$d(f) = \exp[-\exp(b_0 + b_1 f)] \tag{7-47a}$$

如果目标达到 f_1 时刚好合格，取 $d_1=e^{-1}$；目标达到 f_0 时不合格，取 $d_0=e^{-e}$。利用以上两个条件可以确定 b_0、b_1 的具体形式，进而得到Ⅰ、Ⅱ型指数功效函数为

$$d(f) = \exp\left(-\exp\left(\frac{f - f_1}{f_0 - f_1}\right)\right) \tag{7-47b}$$

对于Ⅲ型指数功效函数，可取其形式为

$$d=\exp(-Y^{2n}), \quad Y=(2f-f_1-f_2)/(f_1-f_2) \tag{7-48}$$

则 $f=f_1$ 或 $f=f_2$ 时，$d_1=e^{-1}$，为刚好可接受的值。式中：指数 n 可取 1 附近的值。

构造了功效函数后，可以将目标函数转化为相应的功效函数。对于多目标问题的每一个可行方案 $\boldsymbol{X}$，可以得到 p 个目标函数值 $f_k(\boldsymbol{X})$，$k=1, 2, \cdots, p$；利用相应的功效函数将其转换为功效系数 d_k, $k=1, 2, \cdots, p$。将功效系数的加权算术平均值或加权几何平均值作为评价函数：

$$\max D = \sum_{k=1}^{p} \omega_k d_k, \quad \omega_k > 0, \quad \sum_{k=1}^{p} \omega_k = 1 \tag{7-49a}$$

$$\max D = \prod_{k=1}^{p} d_k^{\omega_k}, \quad \omega_k > 0, \quad \sum_{k=1}^{p} \omega_k = 1 \tag{7-49b}$$

式中：D 的取值范围为[0,1]。

D=1 时为最满意的结果，目标函数的功效系数均达到 1，表明多目标问题存在绝对最优解。对于式(7-49b)，如果某方案中有一个目标函数的功效系数为 0，则 D=0，为最差的结果，一般不会采用这一方案。

功效系数法可用于多指标的综合评价，功效系数法又称功效函数法，是根据多目标规划原理，对每一项评价指标确定一个满意值和不允许值，以满意值为上限，不允许值为下限，计算各指标实现满意值的程度，即得到各指标的功效系数，再进行加权算数平均或几何平均，从而得到以功效系数为评价函数的多目标转化为单目标的问题。

【例 7-9】 评价某地区工业部门的 A、B、C、D 四个优质企业，每个企业选取全员劳动生产率 f_1(元/人)、百元净资产增加值 f_2(元)、销售收入 f_3(万元)和销售收入利税率 f_4(%)四项指标的实际数值见表 7-14。试采用功效系数法对这四个企业进行综合分析评价并排序。

表 7-14　四个企业的经济效益指标值

企业名称	全员劳动生产率 f_1 /(元/人)	百元净资产增加值 f_2 /元	销售收入 f_3 /万元	销售收入利税率 f_4 /%
A	12000	68.0	15000	16.5
B	8500	65.1	7000	12.6
C	6000	66.2	6500	13.5
D	11000	70.1	16000	17.0

解：(1)确定各指标的满意值和不允许值。假设各项指标的上限值为满意值，下限值为不允许值。则全员劳动生产率的满意值为 A 企业的 12000 元、不允许值为 C 企业的 6000 元；百元净资产增加值的满意值为 D 企业的 70.1 元、不允许值为 B 企业的 65.1 元；销售收入的

满意值为 D 企业的 16000 万元、不允许值为 C 企业的 6500 万元；销售收入利税率的满意值为 D 企业的 17%、不允许值为 B 企业的 12.6%。

(2) 计算各企业各项指标的功效系数。以直线法构造功效系数与各指标之间的关系，下面以 A 企业为例，计算各项指标的功效系数。

$$d_1=\frac{f_1-f_{1,\min}}{f_{1,\max}-f_{1,\min}}=\frac{12000-6000}{12000-6000}=1.0$$

$$d_2=\frac{f_2-f_{2,\min}}{f_{2,\max}-f_{2,\min}}=\frac{68.0-65.1}{70.1-65.1}=0.58$$

$$d_3=\frac{f_3-f_{3,\min}}{f_{3,\max}-f_{3,\min}}=\frac{15000-6500}{16000-6500}=0.8947$$

$$d_4=\frac{f_4-f_{4,\min}}{f_{4,\max}-f_{4,\min}}=\frac{16.5-12.6}{17.0-12.6}=0.8864$$

同理，可以计算出 B、C、D 企业各项指标的功效系数，见表 7-15。

表 7-15　四个企业各项指标的功效系数

企业名称	功效系数 d				总功效系数 D
	d_1	d_2	d_3	d_4	
A	1.0000	0.5800	0.8947	0.8864	0.8403
B	0.4167	0.0000	0.0526	0.0000	0.1173
C	0.0000	0.2200	0.0000	0.2045	0.1061
D	0.8333	1.0000	1.0000	1.0000	0.9583

(3) 计算各企业的总功效系数。采用算数平均法计算各企业的总功效系数(表 7-15)，从总功效系数的大小可知，D 企业最好，其次是 A 企业，再次是 B 企业，最后是 C 企业。

第三节　分层求解法

转化为多个单目标问题的解法，就是用一定的方法将目标问题转化为有一定次序的多个单目标问题，然后依次求解这些单目标问题，把最后一个单目标问题的最优解作为多目标问题的最优解。这类方法统称为分层求解法，如分层序列法、重点目标法、分组序列法、中心法、可行方向法、交互规划法等。下面简要介绍其中前三种方法。

一、分层序列法

分层序列法的基本思想是将目标函数按其重要程度排成一个序列，然后在前一个目标函数的最优解集中寻找当前目标函数的最优解，并将最后一个目标函数的最优解作为多目标问题的最优解。这种方法每一次求解的都是一个单目标问题。

假设目标函数均要求最小化，按重要程度将目标函数排序为

$$f_1(\boldsymbol{X}),f_2(\boldsymbol{X}),\cdots,f_p(\boldsymbol{X})$$

则分层序列法的求解过程为

$$\min_{X \in R_{k-1}} f_k(X) = f_k^*, k = 1, 2, \cdots, p \tag{7-50a}$$

$$R_k = \{X | X \in R_{k-1}, f_k(X) = f_k^*\} \tag{7-50b}$$

式中：$R_0=R$ 为多目标问题的可行域；R_k 为 R_{k-1} 中目标函数 $f_k(X)$ 的最优解集。最后一个目标函数 $f_p(X)$ 的最优解集 R_k 即为分层序列意义下多目标问题的最优解，该解为多目标问题的有效解。

以上分层序列法称为不带宽容的分层序列法。该方法存在一个显著缺点，就是某一层次单目标问题的最优解只有一个或不存在时，下一层次便无法继续求解，为了克服这一缺点，可以采用带宽容的分层序列法。

在带宽容的分层序列法求解过程中，利用目标函数 $f_k(X)$ 的允许误差（宽容值）$\varepsilon_k>0$ 来扩大最优解的范围，将等式 $f_k(X)=f_k^*$ 变成不等式 $f_k(X) \leqslant f_k^*+\varepsilon_k$。其求解过程为

$$\min_{X \in R_{k-1}(\varepsilon)} f_k(X) = f_k^*, k = 1, 2, \cdots, p \tag{7-51a}$$

$$R_k(\varepsilon) = \{X | X \in R, f_j(X) = f_j^* + \varepsilon_j, j = 1, 2, \cdots, k\} \tag{7-51b}$$

最后得到的 $R_k(\varepsilon)$ 即为宽容意义下的最优解集，其中的解为多目标问题的弱有效解。

对于分层序列意义下的最优解，越靠前的目标越容易满足要求，而排在后面的目标则不易满足要求。

【例 7-10】 小开河灌区位于山东省滨州市，实际控制灌溉面积 7.67 万 hm^2，是黄河下游重要的大型引黄灌区。输水干线自南向北分为输沙渠、沉沙池、输水渠三部分，总长 89.3km，设有支渠 31 条，涵盖 5 县 18 个乡镇，除农业灌溉外，还向滨州市的西海水库及无棣县的北海水库这两座主要用于城镇用水的水库供水。按照供水顺序和用水关系，本模型将用水区域从（干渠）上游到下游依次分为滨城区、开发区、惠民、阳信、沾化、无棣六个子单元，以月为决策时段长，先以水资源配置总体效益为目标建立优化模型，然后分别以输沙效果及地下水位控制为目标建立两个子模型。

1）水量分配效益模型

水资源效益模型就是从水资源供需和利用效率的角度出发，将不同的水源在不同的时间分配到不同区域的不同行业中，在满足各类供需水限制的前提下，尽量使整体效益最大。小开河灌区的水源有引黄水、地表水、地下水和内河客水。用水行业分为农业灌溉用水、工业用水和城乡居民生活用水等，其中，农业灌溉用水又分为粮食作物用水和经济作物用水。水量分配的限制条件包括引黄能力约束、地表地下可用水资源量约束、灌溉需水约束、工业需水约束、生活需水约束等。

目标函数：

$$\max Z_1 = \sum_i \sum_j \sum_k \left(\alpha_{i,j} \cdot Wd_{i,j,k} + \beta_{i,j} \cdot Wr_{i,j,k} + \gamma_{i,j} \cdot Wg_{i,j,k}\right) \tag{7-52a}$$

式中：$Wd_{i,j,k}$、$Wr_{i,j,k}$、$Wg_{i,j,k}$ 分别为 k 时段 j 行业（农业取 1）引黄水、地表水、地下水使用量；$\alpha_{i,j}$、$\beta_{i,j}$、$\gamma_{i,j}$ 分别为 i 子区行业 j 行业引黄水、地表水、地下水利用净效益。

约束条件：

（1）水量平衡。任何时段各子区内各行业的引黄水使用量之和等于各子区有效引黄水量：

$$\sum_i \sum_j Wd_{i,j,k} / \eta_i = Wt_k \tag{7-52b}$$

式中：Wt_k为k时段引黄总量；η_i为i子区引黄水渠道水利用系数。

(2) 供水能力约束。任何时段的各类引水总量不能超过其水源可供水量，由于内河客水较少，所以按引黄水、地表水、地下水三类考虑：

$$\begin{aligned} & Wt_k \leqslant LWd_k \\ & \sum_k Wt_k \leqslant TW_y \\ & \sum_j Wg_{i,j,k} \leqslant LWg_{i,k} \\ & \sum_j Wr_{i,j,k} \leqslant LWr_{i,k} \end{aligned} \tag{7-52c}$$

式中：LWd_k为k时段设计引黄水量上限；TW_y为全年有效引黄水可用总量；$LWr_{i,k}$、$LWg_{i,k}$分别为k时段i子区地表、地下用水量限制。

(3) 需水约束。

$$\begin{aligned} & Wr_{i,j,k} + Wd_{i,j,k} + Wg_{i,j,k} \geqslant D_{i,j,k} \\ & Wr_{i,j,k} + Wd_{i,j,k} + Wg_{i,j,k} \leqslant G_{i,j,k} \end{aligned} \tag{7-52d}$$

式中：$D_{i,j,k}$、$G_{i,j,k}$分别为k时段i子区行业j行业最低、最高需水量。

(4) 非负约束。

$$Wr_{i,j,k},\ Wg_{i,j,k},\ Wd_{i,j,k} \geqslant 0 \tag{7-52e}$$

输沙模型目标函数：

有两个目标函数：①黄河水含沙量低时，应多引水，反之应少引水；②小流量引水时，应尽量先满足前面的用水单位。对于①，可将其表达为尽量使低含沙量期间的引水总量与高含沙量期间的引水总量的差值最大。相比较而言，黄河主汛期 7~10 月的含沙量较高，为高含沙时段，其他月份为低含沙时段，其形式为

$$\max Z_2^1 = \sum_i \sum_j \sum_{k\in\Omega_1} Wd_{i,j,k} - \sum_i \sum_j \sum_{k\in\Omega_2} Wd_{i,j,k} \tag{7-53a}$$

式中：Ω_1为指标集，表示黄河含沙量小的月份；Ω_2为指标集，表示黄河含沙量大的月份。

对于目标②，由于在引黄期间各单元引水时间基本一致，为求解方便，可将其转化为引黄水量小时尽量满足上游地区。考虑高含沙期引黄水量本身就较小，那么就可将两个目标结合起来，即将目标①中的上游区域(前三个区)低含沙期的作用弱化，同时将其高含沙期的作用强化，这样既能实现控制高含沙期引水总量的目的，又能尽量使其分布在上游区域，从而将水沙模型由两目标转化为单目标。其形式为

$$\begin{aligned} \max Z_2 = & \left(\sum_i \sum_j \sum_{k\in\Omega_1} Wd_{i,j,k} - \sum_{i\in\prod} \sum_j \sum_{k\in\Omega_2} \pi \cdot Wd_{i,j,k} \right) \\ & - \left(\sum_i \sum_j \sum_{k\notin\Omega_1} Wd_{i,j,k} - \sum_{i\in\prod} \sum_j \sum_{k\notin\Omega_2} \pi \cdot Wd_{i,j,k} \right) \end{aligned} \tag{7-53b}$$

式中：π为调节系数，取 0.05～0.1；$\prod$为上游区域集合。

约束条件：

最低流量约束：供水期的平均引水流量不低于 3/4 设计引水流量：

$$Wt_k/ht_k \geqslant 0.75 I_d \tag{7-53c}$$

式中：ht_k为k时段引黄闸引水时间；I_d为引黄闸设计流量。

2)地下水位控制模型

灌区地下水资源主要分布在滨城、惠民、阳信、无棣四县区，其中，滨城、惠民地区较为丰富，且具有较好的开采条件，但因有引黄河水的便利条件，利用程度较低；下游地区虽有一定的水资源储量，但是埋深较深，开发费用较高，利用程度也很低。目前，灌区地下水开发利用中的环境问题主要是防止土壤次生盐渍化及下游滨海地区的海水入侵，其关键就是控制地下水埋深。根据《滨州市地下水超采区评价成果报告》，小开河灌区较为合理的埋深范围是3～6m。

从1986~2012年的地下水位观测资料看，灌区的地下水埋深较浅，普遍不到3m。所以，本模型以灌溉过程中地下水水量平衡为基础，将3m作为模型的目标，即埋深越接近3m越合理，将6m作为控制约束，即埋深不能超过6m。

目标函数：

$$\max Z_3 = \sum_i \sum_k \left(3 - ms_{i,k}\right)^2 \tag{7-54a}$$

式中：$ms_{i,k}$为i区域k时段的地下水埋深。

约束条件：

(1)水量平衡约束。忽略灌区各地区之间水平方向水量交换，地下水埋深的变化由水量平衡得出：

$$\begin{aligned} ms_{i,k+1} = ms_{i,k} - [\omega_i \cdot P_{i,k} \cdot F_i + \left(Wd_{i,1,k} + Wr_{i,1,k}\right)\left(\xi_i + \sigma_i \rho_i\right) \\ + Wg_{i,1,k}\left(\theta_i - 1\right)] / \left(\mu_i F_i\right) + \mathrm{ET}_{i,k} \end{aligned} \tag{7-54b}$$

式中：F_i为i子区面积；ω_i为i子区降雨补给系数；$P_{i,k}$为i子区k时段降雨；σ_i为i子区渠系水利用系数；ρ_i为i子区灌溉入渗补给系数；ξ_i为i子区渠系入渗补给系数；θ_i为i子区井灌回归补给系数；μ_i为i子区的给水度；$\mathrm{ET}_{i,k}$为i子区k时段地下水蒸发强度；$Wd_{i,1,k}$为i子区k时段农业用引黄水量；$Wr_{i,1,k}$为i子区k时段农业用地表水量；$Wg_{i,1,k}$为i子区k时段农业用地下水量。

(2)地下水埋深约束。地下水埋深的下限为6m。

$$ms_{i,k} \leqslant 6 \tag{7-54c}$$

解：带宽容的分层序列法求解。以水资源分配效益为主目标，依次将输沙效果子模型和地下水控制子模型耦合进来，逐步求解，每次都在前一个目标函数的最优解集中求解下一个目标的最优解。为保证求解的成功，这里采用带宽容的分层序列法求解，按照80%的控制标准将前一步的最优解扩展为最优解集，作为约束条件嵌入下一步的求解。

本次计算的水平年选择降雨P=50%和P=75%，所需降雨、引黄、地表地下水、水文地质参数、社会经济参数来自小开河灌区的设计资料、“十二五”规划资料及相关部门的统计资料。

求解过程如下。

a. 水量分配效益模型[式(7-52)]的求解。由于模型比较复杂，这里采用LINGO11求解，得到50%水平年时最大效益9.182亿元，75%水平年时最大效率为8.763亿元。该结果只考虑了水量分配效益。

b. 水量-输沙模型的求解。将模型[式(7-52)]求得的最优效益的 80%作为约束条件，连同其他水量约束耦合到上面的输沙效果模型，得到水量-输沙模型[式(7-55)]。

求解[式(7-55)]可以得到50%水平年时最优输沙目标值为 1.257 亿 m^3，效益目标为 8.789 亿元；75%水平年时最优输沙目标值为 1.113 亿 m^3，效益目标为 8.362 亿元。该结果综合考虑了水量配置效益与输沙效果。

c. 水量-输沙-地下水模型的求解。将模型[式(7-55)]的最优输沙目标的 80%作为控制条件，连同其他水量-水沙约束一起耦合到地下水位控制模型，得到水量-输沙-地下水模型[式(7-56)]。

求解模型[式(7-56)]，可以得到 50%水平年时地下水控制目标的最优值为 122.706，此时水量分配效益为 8.733 亿元，水沙目标为 1.257 亿 m^3；75%水平年时地下水控制目标的最优值为 81.299，水量分配效益为 8.251 亿元，水沙目标为 1.113 亿 m^3。该结果综合考虑了水量配置效益、输沙效果、地下水位控制三方面的因素。

(3)结果分析。为便于分析分层求解效果，在依次求解上述三个单目标模型的同时，分别计算出其他两个目标，50%水平年的计算结果如表 7-16 所示，75%水平年的计算结果如表 7-17 所示。

表 7-16　50%水平年的分层优化结果对比

目标	效益目标/亿元	水沙目标/亿 m^3	地下水目标
水量	9.182	1.247	154.709
水量-输沙	8.789	1.257	151.649
水量-输沙-地下水	8.733	1.257	122.706

$$
\begin{aligned}
\max Z_2 = & \left(\sum_i \sum_j \sum_{k\in\Omega_1} Wd_{i,j,k} - \sum_{i\in\prod} \sum_j \sum_{k\in\Omega_2} \pi \cdot Wd_{i,j,k}\right) - \left(\sum_i \sum_j \sum_{k\notin\Omega_1} Wd_{i,j,k} - \sum_{i\in\prod} \sum_j \sum_{k\notin\Omega_2} \pi \cdot Wd_{i,j,k}\right) \\
& \sum_i \sum_j \sum_k (\alpha_{i,j} \cdot Wd_{i,j,k} + \beta_{i,j} \cdot Wr_{i,j,k} + \gamma_{i,j} \cdot Wg_{i,j,k}) \geqslant 0.82 \\
& \sum_i \sum_j Wd_{i,j,k} / \eta_i = Wt_k \\
& Wt_k \leqslant LWd_k \\
& \sum_k Wt_k \leqslant TW_y \\
& \sum_i Wg_{i,j,k} \leqslant LWg_{i,k} \\
& \sum_i Wr_{i,j,k} \leqslant LWr_{i,k} \\
& Wr_{i,j,k} + Wd_{i,j,k} + Wg_{i,j,k} \geqslant D_{i,j,k} \\
& Wr_{i,j,k} + Wd_{i,j,k} + Wg_{i,j,k} \leqslant G_{i,j,k} \\
& Wr_{i,j,k}, Wd_{i,j,k}, Wg_{i,j,k} \geqslant 0 \\
& Wt_k / ht_k \geqslant 0.75 \cdot Ld
\end{aligned}
\tag{7-55}
$$

$$
\begin{aligned}
&\max\ Z_3=\sum_i\sum_k\left(3-ms_{i,k}\right)^2\\
&\sum_i\sum_j\sum_k(\alpha_{i,j}\cdot Wd_{i,j,k}+\beta_{i,j}\cdot Wr_{i,j,k}+\gamma_{i,j}\cdot Wg_{i,j,k})\geqslant 0.82Z_1\\
&\left(\sum_i\sum_j\sum_{k\in\Omega_1}Wd_{i,j,k}-\sum_{i\in\prod}\sum_j\sum_{k\in\Omega_2}\pi\cdot Wd_{i,j,k}\right)-\left(\sum_i\sum_j\sum_{k\notin\Omega_1}Wd_{i,j,k}-\sum_{i\in\prod}\sum_j\sum_{k\notin\Omega_2}\pi\cdot Wd_{i,j,k}\right)\leqslant 1.2Z_2\\
&\sum_i\sum_j Wd_{i,j,k}/\eta_i=Wt_k\\
&Wt_k\leqslant LWd_k\\
&\sum_k Wt_k\leqslant TW_y\\
&\sum_i Wg_{i,j,k}\leqslant LWg_{i,k}\\
&\sum_i Wr_{i,j,k}\leqslant LWr_{i,k}\\
&Wr_{i,j,k}+Wd_{i,j,k}+Wg_{i,j,k}\geqslant D_{i,j,k}\\
&Wr_{i,j,k}+Wd_{i,j,k}+Wg_{i,j,k}\leqslant G_{i,j,k}\\
&Wr_{i,j,k},Wd_{i,j,k},Wg_{i,j,k}\geqslant 0\\
&Wt_k/ht_k\geqslant 0.75\cdot Ld\\
&ms_{i,k+1}=ms_{i,k}-[\omega_i\cdot P_{i,k}\cdot F+\left(Wd_{i,1,k}+Wr_{i,1,k}\right)\\
&\left(\xi_i+\sigma_i\rho_i\right)+Wg_{i,1,k}\left(\theta_i-1\right)]/\left(\mu_i F_i\right)+\mathrm{ET}_{i,k}\\
&ms_{i,k}\leqslant 6
\end{aligned}
\tag{7-56}
$$

表 7-17 75%水平年的分层优化结果对比

目标	效益目标/亿元	水沙目标/亿 m^3	地下水目标
水量	8.763	1.103	139.940
水量-输沙	8.362	1.113	135.879
水量-输沙-地下水	8.251	1.113	81.299

从表 7-16 和表 7-17 可以看出，两种水平年下的计算效果都是逐层优化的。水量模型只考虑了经济效益，不考虑其他限制，因此其得出的效益结果必然是最大的经济效益，经过水量-输沙模型和水量-输沙-地下水模型的逐步优化之后，虽然两种情况下的效益值都有所下降，但最后仍都保持在最优值的 95%以上；水沙目标经水量-水沙模型优化后都有一定的提高，并且在最后的方案中也都没有下降，而地下水目标则在水量-输沙-地下水模型中比最初均改善了 40%以上，效果明显。因此，可以看出，利用本模型得出的最终的方案是比较均衡的方案，即通过带宽容的分层序列法的逐步优化，得到了综合考虑输沙效果与地下水水位控制的水量优化配置方案。

二、重点目标法

如果在 p 个目标中有一个目标[如 $f_1(\boldsymbol{X})$]是最重要的目标，而其他 $p-1$ 个目标重要程度相差不大，这时可以考虑按重点目标来求解。求解步骤如下。

(1)在可行域 $\boldsymbol{R}$ 上求 $f_1(\boldsymbol{X})$ 的最优解，记其最优解集为 $\boldsymbol{R}_1$。

(2)在 $\boldsymbol{R}_1$ 上求解其余 $p-1$ 个目标构成的新多目标问题：

$$\min_{\boldsymbol{X}\in\boldsymbol{R}_1}\left\{f_2\left(\boldsymbol{X}\right),f_3\left(\boldsymbol{X}\right),\cdots,f_p\left(\boldsymbol{X}\right)\right\} \tag{7-57}$$

可以利用各种评价函数法求出以上多目标问题的有效解，并将其作为原多目标问题的最优解。

三、分组序列法

分组序列法的基本思路是把多目标问题分为若干组，每组中目标函数的重要程度接近，或实际要求接近；然后按照各组的重要性将其排序；最后依次在前一组最优解的基础上求解后一组问题的最优解，并把最后一组的最优解作为原多目标问题的最优解。由于每一组中可能包含多个目标函数，因此每一组的求解一般需要转化为单目标问题进行求解。

如果把 p 个目标函数分为 p 组，每组 1 个，则分组序列法即为分层序列法；如果 p 个目标函数分为两组，第 1 组 1 个目标函数，第 2 组 $p-1$ 个目标函数，则分组序列法即为重点目标法。因此，分层序列法和重点目标法均可看作是分组序列法的特例。

与带宽容的分层序列法类似，也可以考虑带宽容的分组序列法。

第四节　目标规划法

一、目标规划法的基本思路

对于一些多目标决策问题，决策者可能会对目标函数 $f_k(\boldsymbol{X})$ 给出相应的目标值 f_k^0 (k=1, 2, …, p)，这时可以考虑在各种约束条件下，使各个目标函数 $f_k(\boldsymbol{X})$ 尽量逼近给定的目标值 f_k^0。这种求解多目标问题的方法称为目标规划或目的规划(goal programming)。

与理想点法类似，可以定义目标函数目标空间 R^p 中的范数 $L_q(\boldsymbol{X})$[式(7-43)]，使得向量函数 $\boldsymbol{F}(\boldsymbol{X})=[f_1(\boldsymbol{X}), f_2(\boldsymbol{X}),\cdots, f_p(\boldsymbol{X})]^{\mathrm{T}}$ 与目标点 $\boldsymbol{F}^0=(f_1^0, f_2^0,\cdots, f_p^0)^{\mathrm{T}}$ 的某种距离最小。这种目标规划法即为目标点法。目标点法与理想点法在形式上一致，但却存在本质的区别。理想点要满足一定的条件，其分量一般取单个目标函数的最优值；而目标点只反映决策者所希望的目标值。理想点法求得的最优解一定是多目标问题的有效解或弱有效解；而目标点法的最优解只是对决策者期望目标的一种逼近。

目标规划法中较为常用的是最小偏差法。

二、最小偏差法

采用 1-范数所定义的最小偏差法如下式：

$$\min_{\boldsymbol{X}\in\boldsymbol{R}}D\left[F\left(\boldsymbol{X}\right),\boldsymbol{F}^0\right]=\sum_{k=1}^{p}\lambda_k\left|f_k\left(\boldsymbol{X}\right)-f_k^0\right| \tag{7-58}$$

由于以上目标函数中含有偏差的绝对值，求解不便，为此可以引入正、负偏差的概念。正偏差变量 d_k^+ 表示目标函数 $f_k(\boldsymbol{X})$ 超过给定目标值 f_k^0 的部分，而负偏差变量 d_k^- 表示目标函数 $f_k(\boldsymbol{X})$ 未达到给定目标值 f_k^0 的部分。正、负偏差变量均为非负变量，但同一目标函数的正、负偏差变量至少有 1 个为 0，同时存在以下关系：

$d_k^+ + d_k^- = |f_k(\boldsymbol{X}) - f_k^0|$，$d_k^+ - d_k^- = f_k(\boldsymbol{X}) - f_k^0$，$d_k^+ \cdot d_k^- = 0$，$d_k^+ \geqslant 0$，$d_k^- \geqslant 0$，$k=1, 2, \cdots, p$

根据以上关系，可将式(7-58)转化为

$$\min \sum_{k=1}^{p} \lambda_k \left(d_k^+ + d_k^- \right) \tag{7-59a}$$

$$\boldsymbol{X} \in \boldsymbol{R} \tag{7-59b}$$

$$f_k(\boldsymbol{X}) + d_k^- - d_k^+ = f_k^0, k=1, 2, \cdots, p \tag{7-59c}$$

$$d_k^+ \geqslant 0，d_k^- \geqslant 0，k=1, 2, \cdots, p \tag{7-59d}$$

其中，式(7-59b)表示多目标问题的约束，称为绝对约束或硬约束；式(7-59c)表示的约束是由目标函数加入正、负偏差变量所构成的，称为目标约束或软约束。

式(7-59a)表示的目标函数是目标规划中常用的一种形式。一般情况下，目标规划的目标函数可以表示为正、负偏差变量的函数，即

$$\min z = f(d^-, d^+) \tag{7-60a}$$

其基本形式有以下三种。

(1)要求恰好达到给定的目标值，即正、负偏差变量都要尽可能小，此时目标函数为

$$\min z = d^- + d^+ \tag{7-60b}$$

(2)要求不超过给定的目标值，即正偏差变量要尽可能小，此时目标函数为

$$\min z = d^+ \tag{7-60c}$$

(3)要求超过给定的目标值，即负偏差变量要尽可能小，此时目标函数为

$$\min z = d^- \tag{7-60d}$$

在目标规划中也可以引入分层序列法的思路，按照目标的重要性进行排序，构造出分层加权目标规划模型，其约束条件同式(7-59b)和式(7-59c)，目标函数为

$$\min \sum_{s=1}^{L} P_s \left(\sum_{k=1}^{p} \left(\lambda_{sk}^+ d_k^+ + \lambda_{sk}^- d_k^- \right) \right) \tag{7-61}$$

式中：$P_s(s=1, 2, \cdots, L)$表示优先级，s 越小，其优先级越高。同一目标函数的正、负偏差变量 d_k^+、d_k^- 只能出现在一个优先级内，而其余优先级内其权重为 0。分层加权目标规划模型[式(7-61)]的求解思路与分层序列法一致，即按照优先级依次求解。

三、线性目标规划

线性目标规划是目标函数 $f_k(\boldsymbol{X})$ $(k=1, 2, \cdots, p)$与约束条件均为线性函数的目标规划，是目标规划中应用较为广泛的一种，由美国的 A.Charnes 和 W.W.Cooper 于 1961 年提出。在分层加权目标规划模型[式(7-61)]中，$f_k(\boldsymbol{X})$取线性形式：

$$f_k\left(\boldsymbol{X}\right)=\sum_{j=1}^{n}c_{kj}x_j=C_k\boldsymbol{X},k=1,2,\cdots,p \tag{7-62}$$

约束条件取为线性约束 $\boldsymbol{AX}=\boldsymbol{b}$，即可得到线性目标规划的一般模型：

$$\min\sum_{s=1}^{l}P_s\left(\sum_{k=1}^{p}\left(\lambda_{sk}^{+}d_k^{+}+\lambda_{sk}^{-}d_k^{-}\right)\right) \tag{7-63a}$$

$$\boldsymbol{AX}=\boldsymbol{b} \tag{7-63b}$$

$$C_k\boldsymbol{X}+d_k^{-}-d_k^{+}=f_k^0,\ k=1,2,\ \cdots,p \tag{7-63c}$$

$$d_k^{+}\geqslant 0,\ d_k^{-}\geqslant 0,\ k=1,2,\ \cdots,p \tag{7-63d}$$

当线性目标规划模型中决策变量只有两个时，可以用图解法求解。如果变量较多时，可以用单纯形法求解。由于目标规划各优先级均要求最小化，因此最优性准则是检验数非负。求解步骤如下。

(1) 建立初始单纯形表，表中检验数行按优先级的个数分为 L 行，令 s=1。

(2) 检查第 s 行检验数是否存在负数且对应的前 $s-1$ 行的检验数为 0，若有则取其中最小检验数对应的变量作为换入变量；否则转步骤(5)。

(3) 按最小比值准则确定换出变量，当存在多个相同的最小比值时，选取属于较高优先级的变量为换出变量。

(4) 按照单纯形法进行基变换运算，得到新的单纯形表，返回步骤(2)。

(5) 当 $s=L$ 时，得到目标规划的满意解；否则 $s+1\rightarrow s$，返回步骤(2)。

【例 7-11】　例 7-2 的灌区种植构优化问题，如果希望在保证灌区净收入达到 450 万元的基础上节约尽可能多的灌溉水量，应如何安排作物种植面积?

解：以作物 A、B 的种植面积 x_1、x_2 为决策变量，以 d_1^+、d_1^- 表示灌区净收入 $0.45x_1+0.60x_2$ 与 450 万元之间正、负偏差，以 d_2^+、d_2^- 表示灌溉用水量 $0.3x_1+0.60x_2$ 与 360 万 m^3 之间的正、负偏差。第 1 个目标要求净收入达到 450 万元，即要求 d_1^- 尽可能小，第 2 个目标要求节约的灌溉水量尽可能多，即 d_2^- 尽量大。该问题的目标规划模型为

目标函数：
$$\min P_1(d_1^-)+P_2(-d_2^-) \tag{7-64a}$$

目标约束：
$$0.45x_1+0.60x_2+d_1^- - d_1^+=450 \tag{7-64b}$$

$$0.3x_1+0.60x_2+d_2^- - d_2^+=360 \tag{7-64c}$$

绝对约束：
$$x_1+x_2+y_1=1000 \tag{7-64d}$$

$$0.3x_1+0.60x_2+y_2=360 \tag{7-64e}$$

非负约束：
$$x_1, x_2, y_1, y_2, d_1^-, d_1^+, d_2^-, d_2^+\geqslant 0 \tag{7-64f}$$

采用 LINGO 软件计算以上目标规划模型，LINGO 程序及运行结果见表 7-18。

由 LINGO 运行结果(表 7-18)可知，x_1=1000，x_2=0，y_1=0，$y_2=d_2^-=60$，$d_1^-=d_1^+=d_2^+=0$，即满足第 1 个目标要求，净收入可达到 450 万元，在此基础上，最多可节水 60 万 m^3。

表 7-18　例 7-11 目标规划模型的 LINGO 程序及运行结果

LINGO 计算程序	LINGO 运行结果		
!d1 表示 d1⁺;	Variable	Value	Reduced Cost
!d2 表示 d1⁻;	D2	0.000000	1.000000
!d3 表示 d2⁺;	D4	60.00000	0.000000
!d4 表示 d2⁻;	X1	1000.000	0.000000
	X2	0.000000	0.3000000
min =d2-d4;	D1	0.000000	0.000000
0.45*x1+0.6*x2+ d2-d1=450;	D3	0.000000	-1.000000
0.3*x1+0.6*x2+ d4-d3=360;	Y1	0.000000	-0.3000000
x1+x2+y1=1000;	Y2	60.00000	0.000000
0.3*x1+0.6*x2+y2=360;	Row	Slack or Surplus	Dual Price
	1	-0.1000000E+31	-1.000000
	2	0.000000	0.000000
	3	0.000000	1.000000
	4	0.000000	-0.3000000
	5	0.000000	0.000000

第五节　多目标线性规划的逐步法

对于目标函数、约束条件都是线性的多目标线性规划问题，除了采用上节的线性目标规划方法求解之外，还可以采用一些特殊的解法，如逐步法、有效解集法和妥协约束法等，本节介绍较为常用的逐步法。

一、逐步法的基本思路

逐步法是一种交互式的迭代方法。与目标规划不同，在进行求解中的每一步，决策者与分析者(或决策支持系统)之间要进行对话。分析者把计算结果告诉决策者，而决策者对计算结果做出评价。若决策者对计算结果满意，则停止迭代；否则，根据决策者的意见进行修改并重新计算，直至得到决策者满意的解(方案)为止，故该法称为逐步法或交互法。

多目标线性规划的模型可以表示为

$$\max_{\boldsymbol{X}\in\boldsymbol{R}} Z=\boldsymbol{CX}=\left(\boldsymbol{C}_1\boldsymbol{X},\boldsymbol{C}_2\boldsymbol{X},\cdots,\boldsymbol{C}_p\boldsymbol{X}\right)^{\mathrm{T}} \tag{7-65a}$$

$$\boldsymbol{R}=\{\boldsymbol{X}|\boldsymbol{AX}\leqslant\boldsymbol{b},\boldsymbol{X}\geqslant 0\} \tag{7-65b}$$

式中：Z 为 p 维目标函数；$\boldsymbol{X}$ 为 n 维决策变量；$\boldsymbol{C}=(C_1,C_2,\cdots,C_p)^{\mathrm{T}}$ 为 $p\times n$ 阶价值系数矩阵；$\boldsymbol{C}_k=(c_{k1}, c_{k2}, \cdots, c_{kn})$ 为第 $k(k=1, 2, \cdots, p)$ 个目标函数的价值系数向量；$\boldsymbol{A}$ 为 $m\times n$ 阶约束系数矩阵；$\boldsymbol{b}$ 为 m 维资源向量。

二、逐步法的计算步骤

逐步法的计算过程如下。

(1) 计算效果矩阵。分别求解 k 个单目标问题：

$$\max_{\boldsymbol{X}\in\boldsymbol{R}} Z_k=\boldsymbol{C}_k\boldsymbol{X}, k=1,2,\cdots,p$$

得到最优解 $\boldsymbol{X}_k(k=1, 2, \cdots, p)$，计算 $Z_{ki}=\boldsymbol{C}_k\boldsymbol{X}_i\ (k, i=1, 2, \cdots, p)$，构成效果矩阵，如表 7-19 所示。确定效果矩阵中目标函数 Z_k 的最大值 $\boldsymbol{M}_k=Z_{kk}$、最小值 $m_k=\min\limits_{1\leqslant i\leqslant p} Z_{ki}, k=1,2,\cdots,p$。

表 7-19　效果矩阵

单目标最优解	目标 Z_1	目标 Z_2	…	目标 Z_k	…	目标 Z_p
$\boldsymbol{X}_1$	Z_{11}	Z_{21}	…	Z_{k1}	…	Z_{p1}
$\boldsymbol{X}_2$	Z_{12}	Z_{22}	…	Z_{k2}	…	Z_{p2}
⋮	⋮	⋮		⋮		⋮
$\boldsymbol{X}_i$	Z_{1i}	Z_{2i}	…	Z_{ki}	…	Z_{pi}
⋮	⋮	⋮	…	⋮	…	⋮
$\boldsymbol{X}_p$	Z_{1p}	Z_{2p}	…	Z_{kp}	…	Z_{pp}

(2) 构造线性规划问题 LP(1)：

$$\min t \tag{7-66a}$$

$$\omega_k(M_k-\boldsymbol{C}_k\boldsymbol{X})\leqslant t, k=1, 2, \cdots, p \tag{7-66b}$$

$$\boldsymbol{X}\in\boldsymbol{R}, t\geqslant 0 \tag{7-66c}$$

式中：t 为单个目标函数最优值 M_k 与目标函数值 $\boldsymbol{C}_k\boldsymbol{X}$ 的偏差加权 ω_k 后的上界。权重系数 ω_k 可根据目标函数的有关信息确定

$$\alpha_k=\left|\frac{M_k-m_k}{M_k}\right| \Bigg/ \sqrt{\sum_{j=1}^{n} {c_{kj}}^2}, k=1,2,\cdots,p \tag{7-67a}$$

$$\omega_k=\alpha_k \Bigg/ \sum_{i=1}^{p}\alpha_i, k=1,2,\cdots,p \tag{7-67b}$$

式(7-67a)考虑了目标值的相对偏差并消除了目标值量纲的影响，式(7-67b)则将权重系数归一化(使权重之和为 1)。确定权重后，求解模型[式(7-66)]，得到了最优解 $\boldsymbol{X}^{(1)}$相应的目标函数值为 $Z_k\boldsymbol{X}^{(1)}=\boldsymbol{C}_k\boldsymbol{X}^{(1)}$，$k=1, 2, \cdots, p$。

(3) 决策者将 $\boldsymbol{X}^{(1)}$的目标函数值与理想值进行比较，认为满意后就停止计算；否则考虑对某些目标函数值进行适当的修正，如将第 s 个目标作出适当的让步，可以减少(对最大化问题)或增加(对最小化问题)ΔZ_s，并将约束集(可行域)$\boldsymbol{R}$ 修改为

$$\boldsymbol{R}_1=\{\boldsymbol{X}|\ \boldsymbol{X}\in\boldsymbol{R}, \boldsymbol{C}_s\boldsymbol{X}\geqslant\boldsymbol{C}_s\boldsymbol{X}^{(1)}-\Delta Z_s, \boldsymbol{C}_k\boldsymbol{X}\geqslant\boldsymbol{C}_k\boldsymbol{X}^{(1)}, k\neq s\} \tag{7-68}$$

同时，令第 s 个目标的权重系数为 0，表示降低对该目标的要求。得到线性规划问题 LP(2)：

$$\min t \tag{7-69a}$$

$$\omega_k(M_k-\boldsymbol{C}_k\boldsymbol{X})\leqslant t, k=1, 2, \cdots, p, k\neq s \tag{7-69b}$$

$$\boldsymbol{X}\in\boldsymbol{R}_1, t\geqslant 0 \tag{7-69c}$$

求得 LP(2)的最优解 $\boldsymbol{X}^{(2)}$后，再与决策者进行对话，如此重复，直至决策者满意为止。

【例 7-12】　用逐步法求解例 7-2 中的多目标规划模型。

解：可行域 $\boldsymbol{R}=\{\boldsymbol{X}=(x_1,x_2)^{\mathrm{T}}\mid x_1+x_2\leqslant 1000, 0.3x_1+0.6x_2\leqslant 360, x_1\geqslant 0, x_2\geqslant 0\}$。

首先，分别求解两个单目标问题，其最优解分别为$\boldsymbol{X}_1$，$\boldsymbol{X}_2$，其结果见表 7-20。

表 7-20　例 7-12 的效果矩阵

单目标最优解	目标 $\boldsymbol{Z}_1$	目标 $\boldsymbol{Z}_2$
$\boldsymbol{X}_1=(800,200)^{\mathrm{T}}$	480	0
$\boldsymbol{X}_2=(0,0)^{\mathrm{T}}$	0	360

根据表 7-20 的结果，利用式(7-67)可得到 $\alpha_1=1.333$，$\alpha_2=1.491$，归一化后得到权重系数 $\omega_1=0.4721$，$\omega_2=0.5279$。

构造以下线性规划模型：

$$\min t \tag{7-70a}$$

$$0.4721[480-(0.45x_1+0.60x_2)]\leqslant t \tag{7-70b}$$

$$0.5279[360-360+(0.3x_1+0.60x_2)]\leqslant t \tag{7-70c}$$

$$\boldsymbol{X}\in\boldsymbol{R},\ t\geqslant 0 \tag{7-70d}$$

求解式(7-70)，得到 $\boldsymbol{X}^{(1)}=(611,0)^{\mathrm{T}}$，相应的目标函数值 $Z_1^{(1)}=275$ 万元，$Z_2^{(1)}=177$ 万 m^3。如果决策者认为净收入 $Z_1^{(1)}$太低，而节水量较大，可以适当降低，如降低至 80 万 m^3，则取 $\Delta Z_2=97$，可行域变为 $\boldsymbol{R}_1=\{\boldsymbol{X}=(x_1,x_2)^{\mathrm{T}}\mid \boldsymbol{X}\in R, 0.45x_1+0.6x_2\geqslant 275，360-(0.3x_1+0.6x_2)\geqslant 80\}$，求解以下线性规划模型：

$$\min t \tag{7-71a}$$

$$480-(0.45x_1+0.60x_2)\leqslant t \tag{7-71b}$$

$$\boldsymbol{X}\in\boldsymbol{R}_1=\{\boldsymbol{X}=(x_1,x_2)^{\mathrm{T}}\mid \boldsymbol{X}\in\boldsymbol{R}, 0.45x_1+0.6x_2\geqslant 275，360-(0.3x_1+0.6x_2)\geqslant 80\},\ t\geqslant 0 \tag{7-71c}$$

求解式(7-71)，得到 $\boldsymbol{X}^{(1)}=(933.3,0)^{\mathrm{T}}$，相应的目标函数值 $Z_1^{(1)}=420$ 万元，$Z_2^{(1)}=80$ 万 m^3。如果决策者对此结果满意，可停止计算；否则继续调整某些目标，以得到更满意的效果。

第六节　多目标规划模型及其实例应用

一、供水系统的目标规划模型

第二章例 2-1 的供水系统优化问题中，曾建立了供水系统优化的单目标线性规划模型。在生产实际中供水能力不一定能满足全部需水要求，供水目标也可能有多个，这时可以考虑建立目标规划模型。

【例 7-13】　某供水系统，有甲、乙两个水源向三座城市 A、B、C 供水，水源 i(i=1,2 分别表示甲、乙)的供水能力 W_i、城市 j(j=1,2,3 分别表示 A、B、C)的需水量 b_j、水源 i 到城市 j 的单位供水费用 c_{ij} 见表 7-21。表中数据显示，总需水量比供水能力多 1500 万 m^3/a，供水量不能满足需水要求。

经协商，管理部门拟订以下六项供水目标：

(1)至少满足城市 C 需水量的 85%；

(2)至少满足城市 A、B 需水量的 75%；

(3) 系统总输水费用最小；

(4) 水源乙向城市 A 最小输水量为 1000 万 m^3/a；

(5) 水源甲向城市 C、水源乙向城市 B 的输水线路较差，输水量尽量少；

(6) 协调城市 A、B 的供水水平，使之达到满意水平。

试建立该供水系统的目标规划模型，并采用 LINGO 编程计算。

表 7-21　例 7-13 的各水源供水成本、供水能力及城市需水量

城市名称	城市 A	城市 B	城市 C	供水能力
水源甲	10 元/m^3	4 元/m^3	12 元/m^3	3000 万 m^3/a
水源乙	8 元/m^3	10 元/m^3	3 元/m^3	4000 万 m^3/a
需水量	2000 万 m^3/a	1500 万 m^3/a	5000 万 m^3/a	7000 万 m^3/a 8500 万 m^3/a

解：设水源 i 向城市 j 的供水量为 $x_{ij}(i=1, 2; j=1, 2, 3)$，$d_i^-$、$d_i^+$分别表示第 i 个目标未达到给定目标值的负偏差、超过给定目标值的正偏差。

目标函数：

根据拟定的六项供水目标，按照目标重要性排列的目标函数可以表示为

$$\min P_1 d_9^- + P_2 (d_7^- + d_8^-) + P_3 d_{13}^+ + P_4 d_6^- + P_5 (1.2d_{10}^+ + d_{11}^+) + P_6 (d_{12}^- + d_{12}^+) \tag{7-72a}$$

其中，在目标 P_5 中，d_{10}^+的权重 1.2 是考虑两条线路输水费用的差别而确定的。

约束条件：

(1) 水源供水能力约束：各个水源的供水总量不超过其供水能力。

$$x_{11}+x_{12}+x_{13}+d_1^-=3000 \tag{7-72b}$$

$$x_{21}+x_{22}+x_{23}+d_2^-=4000 \tag{7-72c}$$

由于各水源的供水总量不能超过其供水能力，因此正偏差变量无意义，不予考虑。负偏差变量也可用松弛变量代替。

(2) 城市需水量约束：水源不足情况下对各个城市的总供水量不超过其需水量。

$$x_{11}+x_{21}+d_3^-=2000 \tag{7-72d}$$

$$x_{12}+x_{22}+d_4^-=1500 \tag{7-72e}$$

$$x_{13}+x_{23}+d_5^-=5000 \tag{7-72f}$$

(3) 水源乙向城市 A 的最小输水量为 1000 万 m^3/a。

$$x_{21}+d_6^- - d_6^+=1000 \tag{7-72g}$$

(4) 各城市的最小供水量要求，即对城市 A、B、C 的供水量分别要至少达到 75%、75%、85%。

$$x_{11}+x_{21}+d_7^- - d_7^+=2000\times 75\%=1500 \tag{7-72h}$$

$$x_{12}+x_{22}+ d_8^- - d_8^+=1500\times 75\%=1125 \tag{7-72i}$$

$$x_{13}+x_{23}+d_9^- - d_9^+=5000\times 85\%=4250 \tag{7-72j}$$

(5) 输水的合理性要求，即水源甲向城市 C、水源乙向城市 B 的输水量尽量少。

$$x_{13} - d_{10}^+=0 \tag{7-72k}$$

$$x_{22}-d_{11}^{+}=0 \tag{7-72l}$$

由于输水量非负，因此以上约束中负偏差变量为 0。

(6)供水平衡约束，即城市 A、B 的供水比例相同。根据$(x_{11}+x_{21})/2000=(x_{12}+x_{22})/1500$，可得到

$$x_{11}+x_{21}-4(x_{12}+x_{22})/3+d_{12}^{-}-d_{12}^{+}=0 \tag{7-72m}$$

(7)输水总费用最小约束：

$$10x_{11}+4x_{12}+12x_{13}+8x_{21}+10x_{22}+3x_{23}-d_{13}^{+}=0 \tag{7-72n}$$

(8)非负约束：以上决策变量及正、负偏差变量均为非负，即

$$x_{ij}\geqslant 0，i=1,2；j=1,2,3 \tag{7-72o}$$

$$d_k^{-},d_k^{+}\geqslant 0，k=1,2,\cdots,13 \tag{7-72p}$$

建立模型后，可以利用单纯形法进行求解，也可以利用 LINGO 编制程序进行计算。下面采用 LINGO 软件编程计算，其程序及运算结果见表 7-22。

表 7-22　例 7-13 的 LINGO 计算程序及运算结果

LINGO 计算程序	LINGO 运算结果		
model:	Global optimal solution found.		
！设水源 i 向城市 j 的供水量为 xij(i=1,2; j=1,2,3)，di1、di0 分别表示第 i 个目标未达到给定目标值的负偏差、超过给定目标值的正偏差;	Objective value:		30925.00
min=d91+(d71+d81)+d130+d11+(1.2*d100+d110)+(d121+d120);	Infeasibilities:		0.000000
x11+x12+x13+d11=3000;	Total solver iterations:		5
x21+x22+x23+d21=4000;	Variable	Value	Reduced Cost
x12+x21+d31=2000;	D91	0.000000	13.20000
x12+x22+d41=1500;	D71	0.000000	9.000000
x13+x23+d51=5000;	D81	0.000000	5.333333
x21+d61-d60=1000;	D130	30500.00	0.000000
x11+x21-d71-d70=1500;	D11	125.0000	0.000000
x12+x22-d81-d80=1125;	D100	250.0000	0.000000
x13+x23-d91-d90=4250;	D110	0.000000	0.000000
x13-d100=0;	D121	0.000000	0.000000
x22-d110=0;	D120	0.000000	2.000000
x11+x21-4*(x12+x22)/3+d121-d120=0;	X11	1500.000	0.000000
10*x11+4*x12+12*x13+8*x21+10*x22+2*x23-d130=0;	X12	1125.000	0.000000
	X13	250.0000	0.000000
	X21	0.000000	9.200000
	X22	0.000000	18.20000
	X23	4000.000	0.000000
	D21	0.000000	10.20000
	D31	875.0000	0.000000
	D41	375.0000	0.000000
	D51	750.0000	0.000000
	D61	1000.000	0.000000
	D60	0.000000	0.000000
	D70	0.000000	8.000000
	D80	0.000000	4.333333
	D90	0.000000	12.20000

由 LINGO 运算结果(表 7-22)可知，水源甲向城市 A、城市 B 和城市 C 每年供水分别为 1500 m^3、1125m^3 和 250m^3，水源乙向城市 C 供水 4000m^3，即可满足该问题的六项供水目标。

二、水资源优化配置的多目标规划模型

【例 7-14】 南四湖流域水资源供需矛盾突出，历来是淮河流域水事纠纷多发地区，随着流域经济社会的快速发展，南四湖流域供水区用水需求进一步增加，加之入湖水量不断减少，湖区水资源供需矛盾更加突出，致使近年来干涸现象频发，水资源短缺及水生态环境恶化已严重制约了该流域经济社会的持续发展，解决这些制约因素的关键是合理有效地配置南四湖流域的水资源。

根据淮河流域及山东半岛水资源评价结果，结合山东省和江苏省地市行政分区，将南四湖流域划分为济宁及湖区、湖东枣庄区、湖西菏泽区、湖西徐州区四个水资源计算分区。2015年，南四湖流域 50%保证率各地区各用水部门的需水情况见表 7-23。

表 7-23　南四湖流域 2015 年 50%保证率各部门需水量　　（单位：万 m^3）

水资源地区	生活用水	生态环境用水	工业用水	农业用水
济宁及湖区	46625.3	17172.8	86900.6	207090.2
湖东枣庄区	14154.1	8420.1	31263	38957.5
湖西菏泽区	50813.5	9412.8	54270	122539.1
湖西徐州区	16261.2	9557.5	34719	65142

试运用多目标规划理论构建流域多水源供水条件下的水资源优化配置模型，分析确定模型各参数，然后利用 LINGO 软件编程并求解。

解： 1）多目标规划模型的建立

目标函数： 水资源优化配置的目的是支撑全流域社会、经济、环境的全面协调和持续发展。水资源利用是多目标的，水资源优化配置就是多目标优化问题，其目标不是追求某一方面或对象的效益最好，而应追求整体效益最大。

由于社会效益不易度量，而区域缺水程度或缺水量的大小影响社会的安定与发展，也是社会效益的一个侧面反映，因此，以区域供水系统总缺水量最小为社会目标的间接度量，目标函数如下：

$$F_1(\boldsymbol{X})=\min\left(\sum_{i=1}^{4}\sum_{j=1}^{4}\left(D_{ij}-x_{ij}\right)\right) \tag{7-73a}$$

式中：D_{ij} 为用户需水量，万 m^3；x_{ij} 为 i 水源向 j 用户的供水量，万 m^3。

经济目标以区域供水带来的直接经济效益最大来表示。函数表达形式为

$$F_2(\boldsymbol{X})=\max\left(\sum_{k=1}^{4}\sum_{j=1}^{4}\left(b_{ij}-c_{ij}\right)x_{ij}\lambda_j\beta_k\right) \tag{7-73b}$$

式中：b_{ij} 为用水的效益系数，元/m^3，见表 7-24；c_{ij} 为用水的费用系数，元/m^3，见表 7-25；λ_j 为用水公平系数；β_k 为权重系数，四个水资源计算分区（济宁及湖区、湖东枣庄区、湖西菏泽区及湖西徐州区）的权重系数 β_k 分别拟定为 β_1=0.1299，β_2=0.5567，β_3=0.2556，β_4=0.0577。

表 7-24　南四湖流域 2015 年各用水部门效益系数 b_{ij}　（单位：元/m³）

水资源地区	生活用水	生态环境用水	工业用水	农业用水
济宁及湖区	550	550	200	20
湖东枣庄区	550	550	180	20
湖西菏泽区	550	550	200	25
湖西徐州区	550	550	220	25

表 7-25　南四湖流域 2015 年各用水部门费用系数 c_{ij}　（单位：元/m³）

水资源地区	生活用水	生态环境用水	工业用水	农业用水
济宁及湖区	1.59	1.59	2.05	0.25
湖东枣庄区	1.43	1.43	1.96	0.26
湖西菏泽区	1.86	1.86	2.39	0.31
湖西徐州区	1.38	1.38	1.73	0.24

采用线性加权和法对以上两个目标进行整合，构成新的评价函数 $U(\boldsymbol{X})$ 如下：

$$U(\boldsymbol{X})=\alpha_1\sum_{i=1}^{4}\sum_{j=1}^{4}(D_{ij}-x_{ij})-\alpha_2\left(\sum_{k=1}^{4}\sum_{j=1}^{4}(b_{ij}-c_{ij})x_{ij}\lambda_j\beta_k\right) \tag{7-73c}$$

式中：α_1、α_2 分别为权重系数，α_1=0.8333，α_2=0.1667。

约束条件：

(1) 供水能力约束：

$$\sum_{j=1}^{4}x_{ij}\leqslant W_i \tag{7-73d}$$

式中：W_i 为 i 水源的供水能力，万 m³。

(2) 需水量约束：

$$L_j\leqslant\sum_{i=1}^{2}x_{ij}\leqslant H_j \tag{7-73e}$$

式中：L_j 和 H_j 分别为 j 用户需水量的下限和上限。

a. 农业需水量上下限。农业需水的上限和下限与农业灌溉面积和综合灌溉定额有关，具体计算方法如下：

$$H=S_{\text{yz}}\times g,\ L=S_{\text{bz}}\times g \tag{7-73f}$$

式中：H 和 L 分别为该区域农业需水量的上限和下限；S_{yz}、S_{bz} 分别为该区域农业的有效灌溉面积和保证灌溉面积；g 为该区域农业综合灌溉定额。

b. 工业需水量上下限。根据工业用水的特性，工业需水量的上限和下限取值方法如下：

$$H=D,\ L=\eta D \tag{7-73g}$$

式中：H 和 L 分别为该区域工业需水量的上限和下限；D 为该区域工业需水总量；η<1，视各区域工业的具体情况而定，建议取 0.8。

c. 生活需水量上下限。根据用水所遵循的优先原则，生活需水的上下限均取为生活需水

量，即

$$H=L=D \tag{7-73h}$$

式中：H 和 L 分别为该区域生活需水量的上限和下限；D 为该区域生活需水总量。

d. 生态环境需水量上下限。如果完全考虑生态环境的可持续发展，生态需水量的上下限应取其需水量，即取等值，但考虑现实社会的实际状况，生态用水也应参与优化。可以赋值使生态环境需水量的上下限较为接近，具体计算方法如下：

$$H=D，L=\eta D \tag{7-73i}$$

式中：H 和 L 分别为该区域生态环境需水量的上限和下限；D 为该区域工业需水总量；$\eta<1$，视各区域生态环境的具体情况而定，一般建议取不小于 0.9。

根据式(7-73f)～式(7-73i)确定各部门用水的上下限，见表 7-26。

表 7-26　南四湖流域各计算分区各部门需水量上下限　　(单位：万 m^3)

计算分区	生活用水		生态环境用水		工业用水		农业用水	
	上限	下限	上限	下限	上限	下限	上限	下限
济宁及湖区	46625	46625	17173	17173	86901	69521	235791	165054
湖东枣庄	14154	14154	8420	8420	31263	25010	46731	32712
湖西菏泽	50813	50813	9413	9413	54270	43416	140128	98090
湖西徐州	16261	16261	9557	9558	34719	27775	75943	53160

(3)变量非负约束：

$$x_{ij}\geqslant 0 \tag{7-73j}$$

2)多目标规划模型的求解

采用 LINGO 软件编制计算程序及运算结果见表 7-27。

表 7-27　例 7-14 的 LINGO 计算程序及运算结果

LINGO 计算程序	LINGO 运算结果(显示部分结果)
model:	Global optimal solution found.
sets:	Objective value:　　0.1548068E-04
D/D1..D4/:bumen;!需水量;	Infeasibilities:　　0.000000
Q/Q1..Q4/:quyu;!分区;	Total solver iterations:　0
m/m1..m4/:mm;!效益系数;	Variable　　Value　　Reduced Cost
n/n1..n4/:nn;!费用系数;	BUMEN(D1)　　0.000000　　0.000000
links(Q,D):x,low,hight,b,c,demand;	BUMEN(D2)　　0.000000　　0.000000
S/S1/:shuiyuan;	BUMEN(D3)　　0.000000　　0.000000
endsets	BUMEN(D4)　　0.000000　　0.000000
min=0.8333*(126143.8-@sum(Q(i):@sum(D(j):(demand(i,	QUYU(Q1)　　0.000000　　0.000000
j)-x(i,j)))))/(126143.8-103598.7)-0.1667*(@sum(Q(i):@s	QUYU(Q2)　　0.000000　　0.000000
um(D(j):(b(i,j)-c(i,j))*x(i,j)*mm(j))*nn(i))-9245646)/	QUYU(Q3)　　0.000000　　0.000000
(9507211-9245646);!目标函数;	QUYU(Q4)　　0.000000　　0.000000
@sum(Q(i):@sum(D(j):x(i,j)))<=shuiyuan(1);!供水约束;	MM(M1)　　0.4000000　　0.000000
@for(Q(i):@for(D(j):x(i,j)<=hight(i,j)));	MM(M2)　　0.3000000　　0.000000
@for(Q(i):@for(D(j):x(i,j)>=low(i,j)));!上下限约束;	MM(M3)　　0.2000000　　0.000000

续表

LINGO 计算程序	LINGO 运算结果(显示部分结果)		
data:	MM(M4)	0.1000000	0.000000
demand=46625.3 17172.8 86900.6 207090.2	NN(N1)	0.1299000	0.000000
14154.1 8420.1 31263 38957.5	NN(N2)	0.5567000	0.000000
50813.5 9412.8 54270 122539.1	NN(N3)	0.2556000	0.000000
16261.2 9557.5 34719 65142;	NN(N4)	0.5770000E-01	0.000000
shuiyuan=709700;	X(Q1, D1)	46625.30	0.000000
low=46625.3 17172.8 69521 165054	X(Q1, D2)	17172.80	0.000000
14154.1 8420 25010 32712	X(Q1, D3)	69521.00	0.000000
50813.5 9413 43416 98090	X(Q1, D4)	165054.0	0.000000
16261.2 9557.5 27775 53160;	X(Q2, D1)	14154.10	0.000000
hight=46625.3 17172.8 86901 235791	X(Q2, D2)	8420.000	0.000000
14154.1 8420 31263 46731	X(Q2, D3)	25010.00	0.000000
50813.5 9413 54270 140128	X(Q2, D4)	32712.00	0.000000
16261.2 9557.5 34719 75943 ;	X(Q3, D1)	50813.50	0.000000
b=550 550 200 20	X(Q3, D2)	9413.000	0.000000
550 550 180 20	X(Q3, D3)	43416.00	0.000000
550 550 200 25	X(Q3, D4)	98090.00	0.000000
550 550 220 25;	X(Q4, D1)	16261.20	0.000000
c=1.59 1.59 2.05 0.25	X(Q4, D2)	9557.500	0.000000
1.43 1.43 1.96 0.26	X(Q4, D3)	27775.00	0.000000
1.86 1.86 2.39 0.31	X(Q4, D4)	53160.00	0.000000
1.38 1.38 1.73 0.24;	LOW(Q1, D1)	46625.30	0.000000
mm=0.4 0.3 0.2 0.1;	LOW(Q1, D2)	17172.80	0.000000
nn=0.1299 0.5567 0.2556 0.0577;	LOW(Q1, D3)	69521.00	0.000000
enddata	LOW(Q1, D4)	165054.0	0.000000
end	LOW(Q2, D1)	14154.10	0.000000
	LOW(Q2, D2)	8420.000	0.000000
	LOW(Q2, D3)	25010.00	0.000000
	LOW(Q2, D4)	32712.00	0.000000
	LOW(Q3, D1)	50813.50	0.000000

经整理得到 2015 年南四湖流域 50%保证率水资源优化配置结果，见表 7-28。2015 年 50%保证率下，南四湖流域总配水量为 687155.3 万 m^3，其中，对农业配水量为 349016 万 m^3，缺水率 20%，对工业配水量为 165722 万 m^3，缺水率为 20%，对生活配水量为 127854.1 万 m^3，对生态配水量为 44563.2 万 m^3，这两项因为优先满足用水，所以无缺水情况，总的缺水率为 16%。总体的缺水情况仍比较严重。

表 7-28　南四湖流域 2015 年 50%保证率水资源优化配置结果　　(单位：万 m^3)

计算分区	分项	生活用水	生态环境用水	工业用水	农业用水	总计
济宁及湖区	需水量	46625.3	17172.8	86900.6	207090.2	357788.9
	供水量	46625.3	17172.8	69521	165054	298373.1
	缺水率	0	0	20%	20%	17%

续表

计算分区	分项	生活用水	生态环境用水	工业用水	农业用水	总计
湖东枣庄区	需水量	14154.1	8420.1	31263	38957.5	92794.7
	供水量	14154.1	8420.1	25010	32712	80296.2
	缺水率	0	0	20%	16%	13%
湖西菏泽区	需水量	50813.5	9412.8	54270	122539.1	237035.4
	供水量	50813.5	9412.8	43416	98090	201732.3
	缺水率	0	0	20%	20%	15%
湖西徐州区	需水量	16261.2	9557.5	34719	65142	125679.7
	供水量	16261.2	9557.5	27775	53160	106753.7
	缺水率	0	0	20%	18%	15%
南四湖流域	需水量	127854.1	44563.2	207152.6	433728.8	813298.7
	供水量	127854.1	44563.2	165722	349016	687155.3
	缺水率	0	0	20%	20%	16%

三、加权优序法在水质评价中的应用

水质评价是根据水质标准和水样指标，对水样的水质进行分类和排序，为水环境的科学管理和污染防治提供决策依据。水质评价的方法和模型多种多样，如专家评分法、多元统计分析方法、模糊综合评价方法、灰色聚类法、投影寻踪法、信息熵法、人工神经网络法等。多数定量评价方法需要建立一定的评价模型，计算过程较为复杂，不同方法的评价结果也往往存在一定的差别。下面先介绍优序法的基本思路及计算过程。

当多目标问题的可行域为有限集 $R=\{\boldsymbol{X}_1, \boldsymbol{X}_2, \cdots, \boldsymbol{X}_n\}$ 时，可以用优序法求解。优序法是将有限个可行解按照优序数进行排序，使得多数有效解排列在前面，决策者可以从排在前面的解中选出满意解。优序法也适用于无法建立定量数学模型的定性问题。

如果目标函数 $f_k(\boldsymbol{X})$ 要求最小化(最大化时类似)，对于两个可行解 $\boldsymbol{X}_i, \boldsymbol{X}_j$，定义其优序关系为

$$a_{ijk}=\begin{cases}0, & f_k(\boldsymbol{X}_i)>f_k(\boldsymbol{X}_j)\text{或}i=j\\ 0.5, & f_k(\boldsymbol{X}_i)=f_k(\boldsymbol{X}_j),\ i\neq j\\ 1, & f_k(\boldsymbol{X}_i)<f_k(\boldsymbol{X}_j)\end{cases}\tag{7-74a}$$

则对目标函数 $f_k(\boldsymbol{X})$ 来说，可行解 $\boldsymbol{X}_i$ 与其他可行解相比时的优序数[即 $\boldsymbol{X}_i$ 的第 k 个目标函数值 $f_k(\boldsymbol{X}_i)$ 优于其他可行解目标函数值的个数，函数值相同时按 0.5 计算]为

$$a_{ik}=\sum_{j=1}^{n}a_{ijk}\tag{7-74b}$$

而对所有 p 个目标函数来说，可行解 $\boldsymbol{X}_i$ 与其他可行解相比时的总优序数为

$$K_i=\sum_{k=1}^{p}a_{ik}=\sum_{k=1}^{p}\sum_{j=1}^{n}a_{ijk}\tag{7-74c}$$

此外，也可以考虑各个目标的重要性差异，对各个目标赋予不同的权重 ω_k，并假设 $\omega_k>0$，$\sum_{k=1}^{p}\omega_k=1$，则加权优序数可按下式计算：

$$K_i=\sum_{k=1}^{p}\omega_k a_{ik}=\sum_{k=1}^{p}\left(\omega_k\sum_{j=1}^{n}a_{ijk}\right) \tag{7-74d}$$

将各可行解的总优序数或加权优序数从大到小进行排序，相应的可行解依次称为第一好解、第二好解等。第一好解一定为多目标问题的有效解；而第二好解即使不是有效解，也必是除去第一好解以后的有效解。因此在决策时，可以按照总优序数或加权优序数的大小顺序来选择满意的方案，该方法即为优序法或加权优序法，其计算过程如表 7-29 所示。

表 7-29　优序法计算表

可行解	不同目标下可行解的优序数 a_{ik}						总优序数 K_i	排序
	目标 f_1	目标 f_2	…	目标 f_k	…	目标 f_p		
$\boldsymbol{X}_1$	a_{11}	a_{12}	…	a_{1k}	…	a_{1p}	K_1	s_1
$\boldsymbol{X}_2$	a_{21}	a_{22}	…	a_{2k}	…	a_{2p}	K_2	s_2
⋮	⋮	⋮	…	⋮	…	⋮	⋮	⋮
$\boldsymbol{X}_i$	a_{i1}	a_{i2}	…	a_{ik}	…	a_{ip}	K_i	s_i
⋮	⋮	⋮	…	⋮	…	⋮	⋮	⋮
$\boldsymbol{X}_n$	a_{n1}	a_{n2}	…	a_{nk}	…	a_{np}	K_n	s_n

水环境是一个多层次、多目标、多功能的系统，水质评价涉及多个水质指标，多目标决策的一些方法也已应用于水质评价，如层次分析法等。以下通过实例说明加权优序法在水质评价中的应用。

用加权优序法进行水质评价时，将水质标准、评价样本作为一个整体，计算出各评价指标的优序数，然后计算出各样本的加权优序数(各指标的权重系数可根据专家评分、层次分析法等方法确定)，根据优序数的大小顺序确定水质的相对优劣，根据评价样本与水质标准之间优序数的相对大小确定评价样本的水质等级。

【例 7-15】　表 7-30 为地下水评价中有关的水质标准及实测样本数据，利用加权优序法对评价样本进行评价，并与其他方法的评价结果进行比较。

解：在利用加权优序法进行水质评价时，首先要确定权重。一般来说，某一指标的污染程度越高，其相应的权重越大，因此可以根据评价样本各指标平均值所对应的等级来确定权重。考虑以下两种确定权重的方法。

(1) 比值权重。将平均值属于 Ⅰ 级水质的指标的初始权重定为 1，水质等级高 1 级则权重按等比例增加。例如，水质标准共有 m 级，则第 i 级的初始权重为 α^{i-1}(i=1,2,$\cdots$,m)，α>1 为比例因子，一般可取 2。根据评价样本各指标平均值的等级来确定其初始权重，然后归一化后得到比值权重。对于表 7-30 的数据，根据平均值等级，各指标的初始权重分别为 1,8,8,2,4,8,2，归一化后得到比值权重 $\boldsymbol{W}_1$=(0.0303,0.2424, 0.2424, 0.0606,0.1212,0.2424,0.0606)。

(2) 改进的层次分析法确定权重。首先按照评价样本各指标平均值的等级(表 7-30)构造三标度比较矩阵，平均值等级高的指标较等级低的指标重要，得到比较矩阵 $\boldsymbol{C}$，见表 7-31，利用层次分析法中关于三标度法确定权重向量的方法，计算得到权重向量 $\boldsymbol{W}_2$=(0.0157,0.2763, 0.2763,0.0353,0.0847,0.2763,0.0353)。

在水质评价中，将每一个评价样本与水质标准作为一个整体，计算出其加权优序数，根据排序确定其水质等级。以表 7-30 中水质样本 6 的评价过程为例，将 5 个水质标准与样本 6 共 6 个样本作为一个整体，计算出各个样本各指标的优序数，然后计算出不同权重下各样本的加权优序数，并进行排序(表 7-32)。可以看出，两种权重下的排序结果一致，评价样本 6 的加权优序数排序为 3，位于水质标准Ⅱ和Ⅲ之间，因此评价样本 6 的水质属于Ⅲ级(较好)。

用同样的方法可以对其他样本进行评价，评价结果见表 7-33，表中同时列出了 BP 神经网络法、灰色聚类法的评价结果。可以看出，几种方法的评价结果基本一致。表明加权优序法用于水质评价是可行的，且其计算过程比较简单。

表 7-30　地下水水质标准及评价样本指标　(单位：mg/L)

类别	序号	Fe^{3+}	Cl^-	SO_4^{2-}	F^-	硬度	矿化度	COD
水质标准	Ⅰ(优)	0.1	125	125	0.5	10	400	1
	Ⅱ(良)	0.2	185	185	0.7	15	600	1.5
	Ⅲ(较好)	0.3	250	250	1	25	1000	2.5
	Ⅳ(较差)	1.5	500	500	1.3	50	2000	4.5
	Ⅴ(极差)	1.5	1250	1250	1.5	100	3000	6.5
评价样本	1	0	16.15	25.11	0.1	14.84	330	0
	2	0	8.55	13.99	0.1	14.64	300	2.56
	3	0	15.2	19.76	0.3	14.3	332	5.6
	4	0	38.00	46.51	0.6	16.49	385	3.68
	5	0.07	22.31	47.13	0.4	23.38	623	2.58
	6	0.02	152.66	185.22	1.8	6.12	994	0
	7	0.02	180.55	215.68	1.7	10.01	1034	0
	8	0	873.05	913.34	0	18.43	3160	0
	9	0.06	989.88	895.64	0.7	17.17	3365	0.16
	10	0.06	1073.50	632.22	0	14.5	2957	0
	11	0.04	923.28	1045.7	1.2	20.72	3420	0.2
	12	0	147.43	771.66	0.6	33.28	1941	2.8
	13	0	128.90	362.62	0	24.45	1043	1.78
	平均值	0.021	351.50	398.04	0.58	17.56	1530	1.49
	平均值等级	Ⅰ	Ⅳ	Ⅳ	Ⅱ	Ⅲ	Ⅳ	Ⅱ

表 7-31　三标度比较矩阵

指标	Fe^{3+}	Cl^-	SO_4^{2-}	F^-	硬度	矿化度	COD
Fe^{3+}	1	0	0	0	0	0	0
Cl^-	2	1	1	2	2	1	2
SO_4^{2-}	2	1	1	2	2	1	2
F^-	2	0	0	1	0	0	1
硬度	2	0	0	2	1	0	2
矿化度	2	1	1	2	2	1	2
COD	2	0	0	1	0	0	1

表 7-32　加权优序法计算表

水质样本	不同指标下各水质样本的优序数 a_{ik}							加权优序数 K_i		排序	
	Fe^{3+}	Cl^-	SO_4^{2-}	F^-	硬度	矿化度	COD	①	②	①	②
水质标准Ⅰ	4	5	5	5	4	5	4	4.79	4.86	1	1
水质标准Ⅱ	3	3	4	4	3	4	3	3.55	3.59	2	2
水质标准Ⅲ	2	2	2	3	2	2	2	2.06	2.04	4	4
水质标准Ⅳ	1	1	1	2	1	1	1	1.06	1.04	5	5
水质标准Ⅴ	0	0	0	1	0	0	0	0.06	0.04	6	6
评价样本 6	5	4	3	0	5	3	5	3.48	3.44	3	3

注：表中①表示比值权重；②表示改进 AHP 权重。

表 7-33　地下水质评价结果

评价样本	加权优序法		BP 神经网络法	灰色聚类法	评价样本	加权优序法		BP 神经网络法	灰色聚类法
	①	②				①	②		
1	Ⅰ	Ⅰ	Ⅰ	Ⅰ	8	Ⅴ	Ⅴ	Ⅴ	Ⅴ
2	Ⅰ	Ⅰ	Ⅰ	Ⅰ	9	Ⅴ	Ⅴ	Ⅴ	Ⅴ
3	Ⅰ	Ⅰ	Ⅰ	Ⅰ	10	<u>Ⅳ</u>	Ⅴ	Ⅴ	Ⅴ
4	Ⅰ	Ⅰ	Ⅰ	Ⅰ	11	Ⅴ	Ⅴ	Ⅴ	Ⅴ
5	Ⅱ	Ⅱ	Ⅱ	Ⅱ	12	Ⅳ	Ⅳ	<u>Ⅲ</u>	Ⅳ
6	Ⅲ	Ⅲ	Ⅲ	Ⅲ	13	Ⅲ	Ⅲ	Ⅲ	Ⅲ
7	Ⅲ	Ⅲ	Ⅳ	Ⅲ					

注：表中①表示比值权重；②表示改进 AHP 权重。评价结果中加下划线的表示与其他方法的评价结果不一致。

习　　题

1. 什么是多目标规划？多目标规划有哪些特点？

2. 多目标规划模型的一般形式是什么？

3. 简述多目标规划的求解方法。

4. 简述主要目标法的基本思路。

5. 简述重点目标法的主要计算步骤。

6. 简述分层序列法的基本思路。

7. 已知 $f_1(x)=x^2-2x$，$f_2(x)=x$，$x\geqslant 0$，求 $\min[f_1(x),f_2(x)]^{\mathrm{T}}$ 的有效解。

8. 已知 $f_1(\boldsymbol{X})=4x_1+3x_2$，$f_2(\boldsymbol{X})=2x_1$，$x_1+x_2\leqslant 400$，$2x_1+x_2\leqslant 500$，$x_1,x_2\geqslant 0$，用线性加权和法和理想点法求解 $\max[f_1(\boldsymbol{X}),f_2(\boldsymbol{X})]^{\mathrm{T}}$ 的最优解，权重采用 α 法计算。

9. 某线性规划模型为

$$\max Z=30x_1+12x_2$$

$$\text{s.t. } 2x_1+x_2\leqslant 140\text{(甲资源)}$$

$$x_1\leqslant 60\text{(乙资源)}$$

$$x_2\leqslant 100\text{(丙资源)}$$

$$x_1, x_2 \geqslant 0$$

式中：目标函数为总利润；x_1、x_2分别为 A、B 产品的产量。

现有如下目标：

(1)要求总利润必须超过 2500 元；

(2)产品 A、B 的产量不超过 60 件和 100 件；

(3)由于甲资源较为紧缺，不要超过现有量 140。

试建立目标规划模型。

10. 采用单纯形法、Excel 规划求解工具、LINGO 和 Matlab 优化工具箱求解下面的目标规划问题。

$$\min P_1(d_2^+ + d_2^-) + P_2 d_1^-$$

$$x_1 + 2x_2 + d_1^- - d_1^+ = 10$$

$$10x_1 + 12x_2 + d_2^- - d_2^+ = 62.4$$

$$2x_1 + x_2 \leqslant 8$$

$$x_1, x_2, d_1^-, d_1^+, d_2^-, d_2^+ \geqslant 0$$

第八章　现代智能算法在水资源系统优化中的应用

【学习要求】了解遗传算法、人工神经网络法、粒子群优化算法、模拟退火算法、混沌优化算法等基本概念；了解粒子群优化算法和模拟退火算法的的基本原理；掌握粒子群优化算法和混沌优化算法的操作步骤。

【学习重点】粒子群优化算法和混沌优化算法在水资源系统中的应用。

第一节　概　　述

近些年智能优化算法作为一种优化搜索技术而兴起，已经受到众多研究者的广泛关注。它与人工生命，尤其是进化策略及遗传算法之间有着极其密切的联系。在智能优化算法中，群体指的是“一组相互之间可以通过某种信息进行直接或间接通信的代理”，通过这组代理之间的相互协作，可以完成对分布式问题的求解；智能则指的是“无智能行为的代理相互之间通过合作的形式，表现出了智能行为的特性”。与传统的优化算法一样，智能优化算法进行工程优化问题的求解也是基于数学技术。

传统的优化算法依靠的是梯度信息或函数本身的信息，而智能优化算法作为一种概率性搜索算法虽然在寻优过程中需要对目标函数进行评价，但是与传统的优化算法相比，具有自身的优点：①不受中心控制的约束，个别个体产生故障不会影响整个问题的求解，使算法具有很强的鲁棒性；②个体之间的协作是通过间接的信息交流，使算法具备了扩充性；③算法采用分布式计算，能够使计算机处理器得到充分利用；④不要求求解问题的目标函数具有连续性；⑤算法易于实现。

除此以外，智能优化算法在对数据的处理过程中，并不要求计算机硬件具有很高的配置，且只需目标函数的输出值。分布式计算赋予了算法强大的并行计算能力，使其在处理大量数据时的优越性得以体现。

本章介绍目前现代智能优化算法在水资源系统优化应用中较为常见和成熟的几种，主要包括遗传算法、人工神经网络、粒子群优化算法、模拟退火算法、混沌优化算法等。

遗传算法(genetic algorithm，GA)：美国密歇根大学的 Holland 教授于 1962 年在对自适应系统的研究中提出了遗传算法的基本思想，该算法源于达尔文的进化论和孟德尔的遗传学说，理论与方法的开创工作是他在 1975 年完成的。自然界物种遵循“物竞天择，适者生存，不适者淘汰”的生存法则，优良的物种在进化的过程中得以保存，而劣质的物种则逐渐消失。遗传算法的遗传操作包括选择、交叉和变异，遗传算法寻优的思想是从一定规模的初始种群开始，计算各个体的适应度函数(优化问题的目标函数值)，并根据适应度大小决定进化的个体，反复进行复制、交叉和变异等一系列的遗传操作，直至满足收敛条件为止。总之，遗传算法是一种借鉴生物界自然选择和自然遗传机制的高度并行、随机、自适应搜索算法，主要用于处理最优化问题和机器学习，隐含并行性和对全局信息的有效利用能力是遗传算法的两大显著特点，隐含并行性使遗传算法只需检测少量的结构就能反映搜索空间的大量区域，而对全局信息的有效利用能力使遗传算法具有稳健性，遗传算法尤其适用于处理传统搜索方法解决不了的复杂和非线性问题。

人工神经网络(artificial neural network, ANN)：是一种数据驱动模型，是多学科结合的产物，是仿效生物脑的部分特性设计出来的，是一种并行和分布式处理结构，ANN 由处理单元及称为联结的无向信号通道互联而成。从理论上讲，ANN 就是一个模拟器，具有从一定的数据、示例中学习并概括出知识的能力，适用于复杂、非线性的系统，ANN 在模式识别、图像处理、函数逼近等方面取得了令人瞩目的成绩，而水资源系统是一个复杂的、高度非线性的系统，因而近年来 ANN 在水文水资源系统上得到了广泛的应用。ANN 具有高度的并行性、高度的概括能力、良好的容错性、自学习和自适应能力，以及联想能力等特点。

粒子群优化算法(particle swarm optimization, PSO)：1995 年美国社会心理学家 James Kennedy 博士和电气工程师 Russell Eberhart 博士发表的两篇文章“Particle swarm optimization”和“A new optimizer using particle swarm theory”标志着粒子群优化算法的诞生，该算法起源于对一个简化的生物模型的仿真，与人工生命理论及鸟类的群集现象有十分明显的联系，是群智能算法的代表性方法之一。通常将 Kennedy 和 Eberhart 提出的粒子群算法称为原始粒子群优化算法。PSO 的基本思想是通过群体中个体之间的协作和信息共享来寻找最优解。它具有概念简单、容易实现、搜索速度快及搜索范围大等优点。由于该算法本质上是一种并行的全局性随机搜索算法，只需要很少的代码和参数，常被用于解决大量非线性、不光滑和多峰的复杂优化问题。

模拟退火算法(simulated annealing，SA)：Metropolis 等于 1953 年提出了该优化算法，其思想源于一般优化问题与物理中固体物质的退火过程之间的相似性。Kirkpatrick 等于 1983 年将其成功地应用于组合优化问题的求解。固体退火过程是先将固体加温至充分高，再让其慢慢冷却。固体温度升高时，打破了内部粒子的平衡状态，使其呈现无序状态，内能增大；固体温度降低时，内部粒子又逐渐趋于有序，在每一温度下都达到平衡状态，当温度降至常温时，粒子达到基态，同时系统内能减至最小。根据 Metropolis 准则，T 温度下粒子趋于平衡的概率为 $\exp(-\Delta E/kT)$，其中，E 为 T 温度下系统的内能；ΔE 为降温过程中系统内能的变化量；k 为玻尔兹曼常数。将优化问题的目标函数值 f 模拟为系统的内能 E，温度 T 转换为控制参数 t，即得到求解优化问题的模拟退火算法。SA 是给定某一初始解，按照一定的方法，在其邻域内随机产生一个新解，根据 Metropolis 准则，在算法寻优过程中，允许目标函数在一定范围内变差，即出现恶化解，随着温度的不断下降，恶化解出现的概率逐渐降低，最终趋于零。控制参数 t 每取一个值，算法反复进行“随机产生新解→接受准则判断→接受或舍弃新解”的迭代过程。当初始温度足够高、降温过程足够慢和终止温度足够低这三个条件都满足时，该算法以概率 1 接近全局最优解。

混沌优化算法(chaos optimization algorithm，COA)：为了克服传统优化算法的不足，将混沌动力学系统引入求解复杂非线性的优化问题，这类算法称为混沌优化算法。COA 的思想是将混沌状态引入优化变量中，用类似载波的方法把混沌运动的遍历范围扩大到优化变量的取值范围，利用混沌变量进行搜索。通常，基于混沌动态系统的搜索过程可分为两个阶段：第一阶段，基于确定性迭代方程产生的遍历性轨道对整个优化解空间进行考察，当满足一定的终止条件时，就认为在搜索过程中得到的最优点已经接近问题的最优解，并以此作为第二阶段搜索的起点。第二阶段以第一阶段得到的结果为中心，通过附加小幅的扰动进行局部的细搜索，直至满足算法的终止条件。

第二节　遗 传 算 法

一、遗传算法的概念

遗传算法(GA)是模拟生物在自然环境中的遗传和进化过程而形成的一种自适应全局优化概率搜索算法。

1962 年美国密歇根大学 Holland 教授发现，按照类似生命有机体的自然选择(selection)和杂交(crossover)的自然进化(natural evolution)方式，编制的计算机程序能够解决复杂的优化问题，70 年代 de Jong 基于遗传算法的思想在计算机上进行了大量的纯数值优化计算实验。在一系列研究工作的基础上，80 年代由 Goldberg 进行归纳总结，形成了遗传算法的基本框架。

生物进化过程就是生物群体在其生存环境约束下，通过个体的竞争(competition)、自然选择、杂交、变异(mutation)等方式所进行的“物竞天择，适者生存，不适者淘汰”的一种自然优化过程。因此，生物进化的过程，实际上可以认为是某种优化问题的求解过程。GA 正是模拟生物的这种自然选择和群体遗传机理的数值优化方法。GA 把一族随机生成的可行解作为父代群体，把适应度函数(目标函数或它的一种变换形式)作为父代个体适应环境能力的度量，经选择、杂交生成子代个体，后者再经变异，优胜劣汰，如此反复进化迭代，使个体的适应能力不断提高，优秀个体不断向最优点逼近。

生物进化过程既十分丰富又极为复杂，有许多方面尚未被人类所认知，目前已被认识的生物进化过程中的一些基本特征是：①生物个体的染色体(chromosomes)的结构特征，即基因码序列(series of genetic code)决定了该个体对其生存环境的适应能力。②自然选择在生物群体(population)进化过程中起着主导作用，它决定了群体中那些适应能力(adaptability)强的个体能够生存下来并得以延续，体现了“优胜劣汰”的进化规律。③个体繁殖(杂交)是通过父代个体间交换基因材料来实现的，生成的子代个体的染色体特征可能与父代相似，也可能与父代有显著差异，从而有可能改变个体适应环境的能力。④变异使子代个体的染色体有别于其父代个体的染色体，从而也改变了子代个体对其环境的适应能力。⑤生物的进化过程，从微观上看是生物个体的染色体特征不断改善的过程，从宏观上看则是生物个体的适应能力不断提高的过程。

遗传算法中最优解的搜索过程也模仿生物的进化过程，使用遗传算子(genetic operators)作用于群体 $P(t)$ 中，进行下述遗传操作，从而得到新一代群体 $P(t+1)$ 。

(1)选择：根据各个个体的适应度，按照一定的规则或方法，从第 t 代群体 $P(t)$ 中选择出一些优良的个体遗传到下一代群体 $P(t+1)$ 中。

(2)交叉：将群体 $P(t)$ 内的每个个体随机搭配成对，对每一对个体，以某个概率(称为交叉概率，crossover rate)交换它们之间的部分染色体。

(3)变异：对群体 $P(t)$ 中的每一个个体，以某一概率(称为变异概率，mutation rate)改变某一个或某一些基因位上的基因值为其他的等位基因。

二、遗传算法的主要参数

遗传算法中需要选择的运行参数主要有个体编码串长度l、群体大小M、交叉概率p_c、变异概率p_m、终止代数T、代沟G等。这些参数对遗传算法的运行性能影响较大，需妥善选取。

(1)编码串长度l。使用二进制编码来表示个体时，编码串长度l的选取与问题所要求的求解精度有关；使用浮点数编码来表示个体时，编码串长度l与决策变量的个数n相等；使用符号编码来表示个体时，编码串长度l由问题的编码方式来确定。另外，也可使用变长度的编码来表示个体。

(2)群体大小M。群体大小M表示群体中所含个体的数量。当M取值较小时，可提高遗传算法的运算速度，但却降低了群体的多样性，有可能会引起遗传算法的早熟现象；而当M取值较大时，又会使得遗传算法的运行效率降低。一般建议的取值范围是20～100。

(3)交叉概率p_c。交叉操作是遗传算法中产生新的个体的主要方法，所以交叉概率一般应取较大值。但若取值过大，又会破坏群体中的优良模式，对进化运算反而产生不利影响；若取值过小，产生新个体的速度又较慢。一般建议的取值范围是0.4～0.99。另外，也可使用自适应的思想来确定交叉概率p_c，如Davis提出，遗传算法执行性能的提高，可以增大交叉概率p_c的取值。

(4)变异概率p_m。若变异概率p_m取值较大，虽然能够产生出较多的新个体，但也有可能破坏掉很多较好的模式，这样遗传算法的性能近似于随机搜索算法的性能；若变异概率p_m取值太小，则变异操作产生新个体的能力和抑制早熟现象的能力就会较差。一般建议的取值范围是0.0001～0.1。另外，也可使用自适应的思想来确定变异概率p_m，如Davis提出，随着遗传算法执行性能的下降，可以减小变异概率p_m的取值；而在Whitley提出的一种自适应变异策略中，p_m与其上一代群体间的海明距离成反比，其结果显示出这种方法能够有效地维持群体的多样性。

(5)终止代数T。终止代数T是表示遗传算法运行结束条件的一个参数，它表示遗传算法运行到指定的进化代数之后就停止运行，并将当前群体中的最佳个体作为所求问题的最优解输出。一般建议的取值范围是100～1000。至于遗传算法的终止条件，还可以利用某些判定准则，当判定出群体已经进化成熟且不再有进化趋势时就可终止算法的运行过程。常用的判定准则有两种：一种是连续几代个体平均适应度的差异小于某一个极小的阈值；另一种是群体中所有个体适应度的方差小于某一个极小的阈值。

(6)代沟G。代沟G是表示各代群体之间个体重叠程度的一个参数，它表示每一代群体中被替换掉的个体在全部个体中所占的百分率，即每一代群体中有$(M \times G)$个个体被替换掉。例如，$G=1.0$表示群体中的全部个体都是新产生的，这也是最常见的一种情况；$G=0.7$表示70%的个体是新产生的，而随机保留了上一代群体中30%的个体。

三、遗传算法的操作步骤

由标准遗传算法(simple genetic algorithm, SGA)到加速遗传算法(accelerating genetic algorithm, AGA)，再到基于实数编码的加速遗传算法(real coding based accelerating genetic algorithm, RAGA)，遗传算法在不断发展和完善。

设一般优化问题：

$$\min f(X) \tag{8-1a}$$

$$a(j) \leqslant x(j) \leqslant b(j) \quad j=1,2,\cdots,p \tag{8-1b}$$

式中：$X=\{x(j)\}$为优化变量集；$[a(j), b(j)]$为$x(j)$的变化区间；p为优化变量个数；f为目标函数(为便于定义后面的适应度函数，假设其值为非负)。RAGA 的操作步骤如下。

步骤 1：编码。SGA 一般使用二进制编码，需要频繁的编码和解码，计算量大，而且只能产生有限的离散点阵，还可能产生额外的最优点。采用实数编码，利用如下线性变换：

$$x(j)=a(j)+y(j)(b(j)-a(j)),\ j=1,2,\cdots,p \tag{8-2}$$

把初始变化区间为$[a(j), b(j)]$的第j个优化变量$x(j)$对应到[0，1]区间上的实数$y(j)$，在 GA 中称 $y(j)$为基因。优化问题所有变量对应的基因依次连在一起构成问题解(点)的编码形式$(y(1), y(2), \cdots, y(p))$，称之为染色体或个体。经过编码，所有优化变量的取值范围都统一为[0,1]区间，RAGA 直接对各优化变量的基因形式进行各种遗传操作。

步骤 2：父代群体的初始化。设群体规模为n。生成n组[0,1]区间上的均匀随机数(以下简称随机数)，每组有p个，即$\{u(j,i)\}$($j=1,2,\cdots,p$；$i=1,2,\cdots,n$，下同)，把各$u(j,i)$作为初始群体的父代个体值$y(j,i)$。把$y(j,i)$代入式(8-2)得优化变量值$x(j,i)$，再经式(8-1)得到相应的目标函数值$f(i)$。把$\{f(i)\}$($i=1,2,\cdots,n$)按从小到大排序，对应的个体$\{y(j,i)\}$也随之排序，为简便，这些记号仍沿用，称排序后最前面几个个体为优秀个体。

步骤 3：父代群体的适应度评价。目标函数值$f(i)$值越小，表示该个体的适应度值越高，反之亦然。基于此，定义排序后第i个父代个体的适应度函数值$F(i)$为

$$F(i)=1/\left[f(i)\times f(i)+0.001\right] \tag{8-3}$$

式中：分母中“0.001”是经验设置的，以避免$f(i)$值为 0 的情况。

步骤 4：进行选择操作产生第 1 个子代群体$\{y1(j,i)|j=1,2,\cdots,p;\ i=1,2,\cdots,n\}$。取比例选择方式，则父代个体$y(j,i)$的选择概率$p_s(i)$为

$$p_s(i)=F(i)/\sum_{i=1}^{n}F(i) \tag{8-4}$$

令$p(i)=\sum_{k=1}^{i}p_s(k)$，则序列$\{p(i)\ |i=1, 2, \cdots, n\}$把[0,1]区间分成$n$个子区间，这些子区间与$n$个父代个体一一对应。

生成$n-5$个随机数$\{u(k)|k=1,2,\cdots,n-5\}$，若$u(k)$在$[(p(i-1), p(i)]$中，则第$i$个个体$y(j,i)$被选中，即$y1(j,k)=y(j,i)$。这样从父代群体$\{y(j,i)\}$中以概率$p_s(i)$选择第$i$个个体，共选择$n-5$个个体。为增强 RAGA 进行持续全局优化搜索的能力，这里把最优秀的 5 个父代个体直接加入子代群体中，即进行移传操作：$y1(j,n-5+i)=y(j,i)$，$i=1\sim5$。

步骤 5：进行杂交操作产生第 2 个子代群体$\{y2(j,i)|j=1,2,\cdots,p;\ i=1,2,\cdots,n\}$。SGA 的杂交操作是在一对父代双亲染色体链上随机分为几段，然后相互交换而成的。根据分段方法的不同，形成了单点、双点、多点或均匀等杂交方法。杂交的目的是寻找父代双亲已有的但未能合理利用的基因信息。对于这里的实数编码系统，一个基因表示一个优化变量。为保持群体的多样性，一般采用的杂交操作是根据式(8-4)的选择概率随机选择一对父代个体$y(j,i1)$和$y(j,i2)$作为双亲，并进行如下随机线性组合，产生一个子代个体$y2(j,i)$：

$$y2(j,i) = u1y(j,i1) + (1-u1)y(j,i2), u3 < 0.5$$
$$y2(j,i) = u2y(j,i1) + (1-u2)y(j,i2), u3 \geqslant 0.5 \tag{8-5}$$

式中：$u1$，$u2$，$u3$ 均为随机数。通过这样的杂交操作，共产生 n 个子代个体。

步骤 6：进行变异操作产生第 3 个子代群体$\{y3(j, i) | j=1, 2, \cdots, p；i=1, 2, \cdots, n\}$。SGA 的变异操作就是对每个父代个体的染色体上的任意 1 位或任意 2 位的基因值以一小概率 p_m(称之为变异概率)进行翻转(0 变成 1 或 1 变成 0)。变异操作的目的是引进新的基因，增强群体的多样性。在 RAGA 中，任意一个父代个体 $y(j, i)$，若其适应度函数值 $F(i)$越小，即其选择概率 $p_s(i)$越小，则对该个体进行变异的概率 $p_m(i)$应越大。因此，RAGA 的变异操作是采用 p 个随机数以 $p_m(i)=1-p_s(i)$ 的概率来代替个体 $y(j, i)$，从而得到子代个体 $y3(j, i)$，$j=1, 2, \cdots, p$，即

$$y3(j,i) = u(j), um < p_m(i)$$
$$y3(j,i) = y(j,i), um \geqslant p_m(i) \tag{8-6}$$

式中：$u(j)$（$j=1, 2, \cdots, p$）和 um 均为随机数。

步骤 7：演化迭代。由前面的步骤 4～步骤 6 得到的 $3n$ 个子代个体，按其适应度函数值从大到小进行排序，取排在最前面的 n 个子代个体作为新的父代群体。算法转入步骤 3，进入下一轮演化过程，重新对父代群体进行评价、选择、杂交和变异，如此反复演化。

步骤 8：加速循环。根据对 GA 的选择、杂交、变异这三种算子的寻优性能的分析和大量的数值实验与实际应用，将第一次、第二次演化迭代所产生的优秀个体这一子群体所对应的变量变化区间作为变量新的初始变化区间，RAGA 算法转入步骤 1。如此加速循环，优秀个体的变化区间将逐步调整和收缩，与最优点的距离将越来越近，直至最优个体的目标函数值小于某一设定值或算法运行达到预定加速(循环)次数，结束整个算法的运行，并把当前群体中最佳个体或优秀个体的平均值指定为 RAGA 的结果。

与 AGA 一样，RAGA 也是利用优秀个体这一子群体来调整搜索范围的，RAGA 的全局优化也是稳健的；在 p 个优化变量的问题和 RAGA 加速循环 q 次的情况下，优秀个体包围最优点的概率 P_{op} 为$(1-0.5^{2s})^{pq}$；RAGA 也是依概率 1 收敛的；为了平衡群体规模与算法的收敛速度之间的矛盾，RAGA 也采用较少演化迭代次数(2 次)这一策略。

此外，SGA 的选择、杂交、变异操作一般是依次串行进行的，后面的遗传操作将可能改变或丢失前面的遗传操作所搜索到的信息，而 RAGA 在算法步骤 4~步骤 7 中的选择、杂交、变异操作是并行进行的。因此从整体上看，RAGA 实际搜索的范围比 SGA 要广，得到全局最优点的机会也比 SGA 大。RAGA 利用算法步骤 8 的加速循环来逐步调整、缩小优化变量的寻优区间，解的精度随着 RAGA 的运行也可逐步提高。

RAGA 算法的控制参数只有群体规模 n 和优秀个体数目 s，两个参数的不同取值会对 RAGA 的寻优性能产生一定的影响。经大量数值实验和实际应用，一般认为 n，s 的配置应满足如下经验关系：

$$s/n > 6\% \tag{8-7}$$

在应用时，建议 n 取 300 以上，s 相应取 20 以上。(n，s)的常用配置有(300,20)，(400,25)和(500,30)。可见，RAGA 的群体规模一般明显大于 SGA 的群体规模(一般取 10～160)，从而增强了 RAGA 群体的多样性和代表性，从根本上提高了 RAGA 的全局优化性能。

四、遗传算法的应用实例

【例 8-1】 求下面目标函数的极小值：

$$\min f(x_1,x_2)=\sin^2 3\pi x_1+(x_1-1)^2(1+\sin^2 3\pi x_2)+(x_2-1)^2(1+\sin^2 2\pi x_2) \tag{8-8a}$$

$$-10\leqslant x_1\leqslant 10 \tag{8-8b}$$

$$-10\leqslant x_2\leqslant 10 \tag{8-8c}$$

解：x_1，x_2 在[−10，10]区间内目标函数 $f(x_1,x_2)$ 有 900 个局部极小点。采用基于实码加速遗传算法，群体规模设为 300、优秀个体数目为 20 的情况下，RAGA 加速循环 7 次就得到目标函数最小值为 0.0000 的结果(表 8-1)。

表 8-1　RAGA 求解例 8-1 的结果

加速次数	优秀个体的变化区间		目标函数最小值 $f(x_1,x_2)$
	x_1	x_2	
1	[−10.0000, 10.0000]	[−10.0000, 10.0000]	0.032477
7	[0.9960, 1.0043]	[0.9639, 1.0341]	0.0000
RAGA	0.999 989	0.999 400	0.0000

第三节　人工神经网络

一、人工神经网络的基本概念

(一) 生物神经网络的概念

人工神经网络(ANN)模型是基于生物学中的生物神经网络的基本原理而建立的。生物神经网络的结构组成如图 8-1 所示。

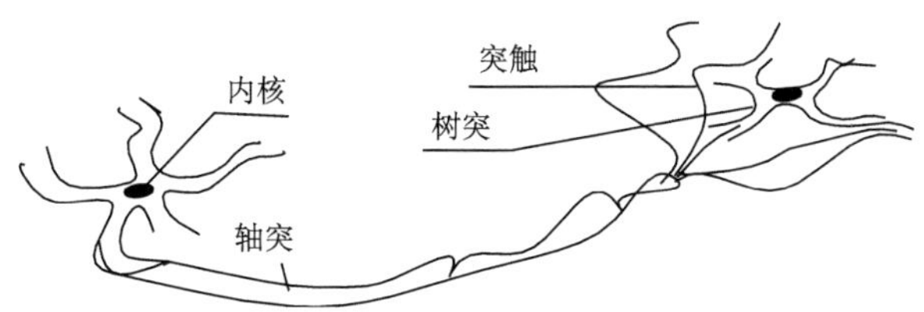

图 8-1　生物学中神经网络示意图

大脑的一个重要成分是神经网络。神经网络由相互关联的神经元组成。每个神经元由内核(body)、轴突(axon)和多个树突(dendrite)组成。树突形成一个非常精密的毛刷环绕内核周围。轴突可以想象成为一根又细又长的管道，其终点分为众多细小分支，将内核的信息传递给其他内核的树突。轴突的末端，有一些细小的分支，这些分支称为突触(synapse)，其主要功能是接触其他内核的树突。

一个神经元通过树突接收到一定的信息后，对这些信息进行处理，再通过它所控制的突触传送给其他的神经元。神经元可分为“抑制”性和“兴奋”性两种。当一个神经元的树突接收的兴奋性信息超过某一值时，这个固定值称为阈值(threshold)，这个神经元被激活并传递出一个信息给其他神经元。这种传递信息的神经元处于“兴奋”性。第二种情况是神经元虽然接收到其他神经元传递的信息，但没有向外传递信息，此时，称这个神经元处于“抑制”性。

人体神经元的构造与信息处理功能有以下几个特点。

(1)每一个神经细胞是一个简单的信息处理单元，由自身与外部条件决定其状态，形成一定的输入、输出规则，称之为激励规则。由于生物学和医学的发展，人们对单细胞的构造与功能特征已有较清楚的了解，这为研究神经网络系统理论提供了最基本的模型背景。

(2)神经细胞之间按一定的方式相互连接，构成神经网络系统，且按一定的规则进行信息传递与储存。但从医学生理角度讲，人体神经细胞之间相互连接的方式与它们的数据处理功能还不清楚。在人工神经网络系统理论中，有许多假设性的构造模型。

(3)在人体的生长发育过程中，神经网络系统可按已发生的事件积累经验，从而不断修改该系统的网络连接规则与存储数据。这种网络连接规则与数据存储方式有一定的稳定性和可塑性，可以保证人类知识经验的积累与修正。这种修改方式称为学习规则。人类(或其他生物)通过学习过程最终能达到正确计算(或识别、判断)的目标，这种功能称为学习与训练功能。这种学习与训练功能是人类具有高度智能化的一个主要特征。

人工神经网络系统理论研究的意义就在于它以模拟人体神经网络为研究目的，并具有上述人体神经网络系统的基本特征。因此，ANN 被认为是未来智能计算机发展的一个主流方向。

(二)人工神经网络的概念

人工神经网络是对人脑功能的某种模仿、简化和抽象，是一种由大量处理单元(神经元)组成的非线性自适应的动力学系统，具有很强的学习、联想、容错、抗干扰能力及各种智能处理能力，在不同程度和层次上模仿人脑神经系统的信息处理、存储及检索功能。从拓扑上看，人工神经网络可视为以神经元为节点用加权有向孤连结而成的有向图。

简单模拟的人工神经网络是 McCulloch-Pitts 认知网络。假设一个神经元通过树突接收到 n 个信息传递给内核，给内核处理后，又由轴突传递出去，其 McCulloch-Pitts 认知网络如图 8-2 所示。

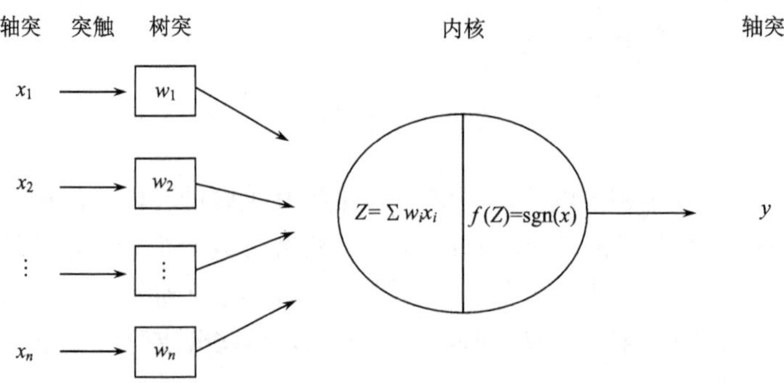

图 8-2　McCulloch-Pitts 认知网络

McCulloch-Pitts 输出函数定义为

$$y = f(Z) = \mathrm{sgn}\left(\sum_{i=1}^{n} w_i x_i - \theta\right) \tag{8-9}$$

$$\mathrm{sgn}(x) = \begin{cases} 1, x > 0 \\ 0, 其他 \end{cases} \tag{8-10}$$

式中：w_i为关联权，表示神经元对第i个接收到的信息的感知能力；θ为阈值。

从式(8-9)可以看出，当w_i、θ为固定值时，对给定的一组输入$[x_1, x_2, \cdots, x_n]^{\mathrm{T}}$，很容易计算得到输出值。对于给定的输入，尽可能使式(8-10)的计算输出同实际值吻合，这就要求确定式(8-9)中的w_i，θ的值。因此人工神经网络的主要工作就是建立模型和确定w_i，θ的值。

二、人工神经网络的网络类型

根据结构和参数的确定方法，人工神经网络可分为两大类型：前向型神经网络(feed-forward)和后向型神经网络(feed-back)。

前向型人工神经网络的特点是将神经元分为n层，每一层的神经元之间没有信息交流，并且一层一层地向前计算且每一层同步计算。反馈型神经网络则将整个网络看成一个整体，神经元相互作用，计算是整体性的。典型前向型人工神经网络如图 8-3 所示。

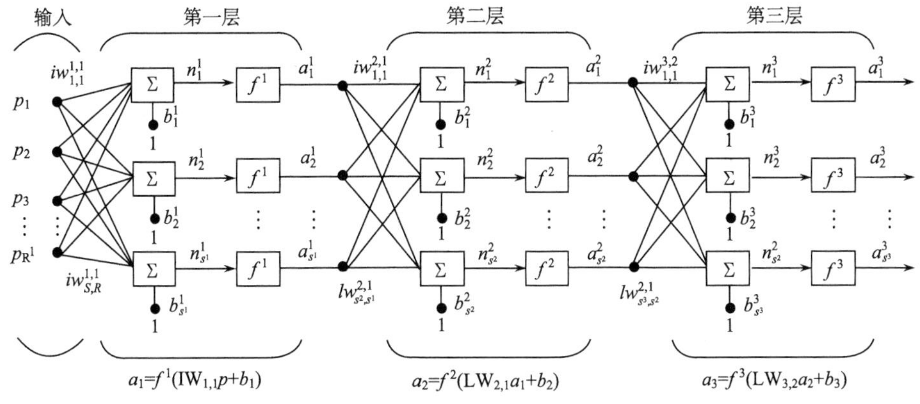

图 8-3　前向型人工神经网络示意图

BP(back-propagation network，简称 BP 网络)网络是一种较为常见的前向型多层的人工神经网络，如图 8-4 所示。BP 网络分为输入层、隐层和输出层，各层神经元的作用是不同的：输入层接受外界信息；输出层对输入层信息进行判别和决策；中间的多个隐层用来表示或存储信息。

BP 网络中的信息是单向传递的，同一层神经元不存在相互联系，而层与层之间采用全连接方式，其连接程度用权值表示，并通过学习调整其值。每层神经元的状态都将影响下一层的神经元状态，每个神经元状态都对应着一个作用函数f和阈值θ，输入层神经元阈值为零，作用函数$f(x)=x$，隐层和输出层的作用函数为非线性的 Sigmoid 型函数，一般用

$$f = \frac{1}{1+\mathrm{e}^{-x}} \tag{8-11}$$

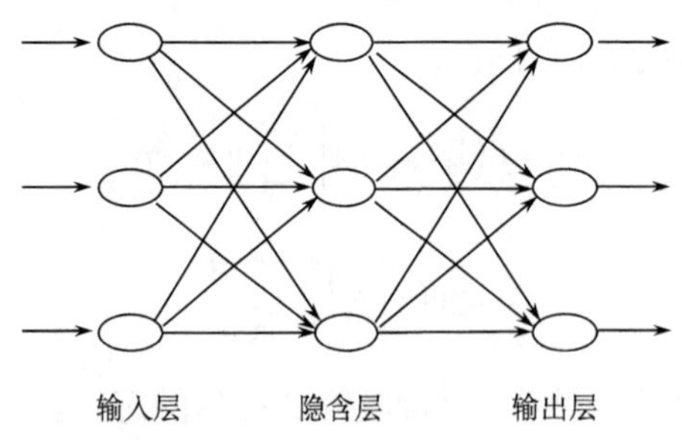

图 8-4　BP 人工神经网络结构示意图

BP 网络的学习过程由正向传播和反向传播两部分组成。当给定网络一个输入模式时，它由输入层神经元传递到隐层神经元，经隐层神经元处理后送到输出层神经元，由输出层神经元处理后产生一个输出模式，这个过程称为正向传播。如果输出与给定的期望输出模式有较大误差而不满足要求时，就转入误差反向传播过程，将误差沿原来的连接通路返回，通过修改各层神经元的关联权和阈值使误差减小，然后转向正向传播过程，随着模式正向传播和误差反向传播的反复交替，网络得到了记忆训练，当网络的全局误差小于给定的值后学习终止，即可得到收敛的网络和相应稳定的权值及阈值。利用这个收敛的网络可以完成实际的模式识别任务。

对前向型人工神经网络，一般将人工神经网络的计算分为两个阶段：第一个阶段是学习阶段，这个阶段的主要工作是确定权值和阈值。第二个阶段是应用或工作阶段，是在权值和阈值确定的基础上，用带有确定权值的神经网络去解决实际问题。当然，学习和应用并不是绝对分开的，二者相辅相成。可以通过学习、应用、再学习、再应用的循环过程，逐渐提高人工神经网络的应用效果。

图 8-5 是前向型人工神经网络的计算流程。第一阶段[图 8-5(a)]主要工作是在选择网络模型和学习规则后，根据已知的输入输出学习数据，通过学习规则确定神经网络的权值。这个阶段的输入是学习数据中的输入数据，通过人工神经网络的输出与学习数据中的目标输出数据的比较，确定神经网络的权值。犹如一个医学院的学生，通过教科书中病例的发病症状和诊断结果，来学习诊断。第二个阶段[图 8-5(b)]的主要工作是根据第一阶段确定的模型和得到的权值，在输入实际问题的输入数据后，给出一个结论。

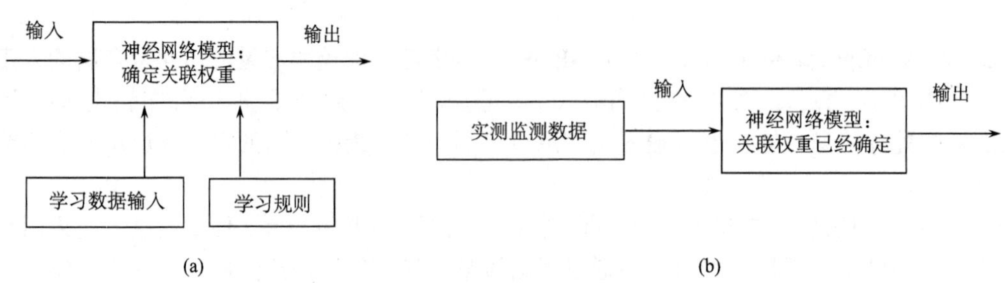

图 8-5　前向型人工神经网络的计算流程

典型反馈型 ANN 如图 8-6 所示。

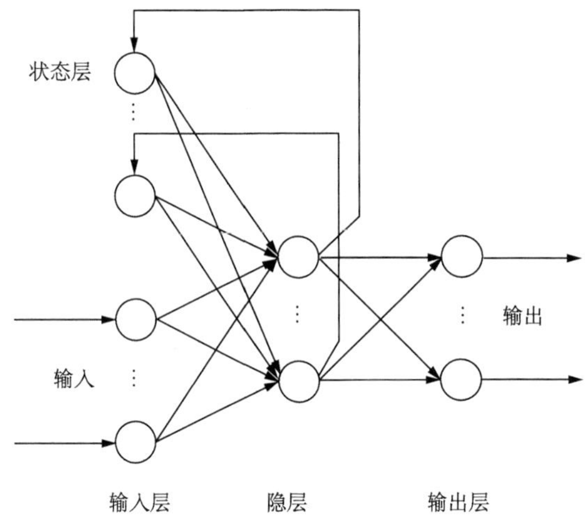

图 8-6　Elman 神经网络结构示意图

在已知一组正确的输入输出结果的条件下，ANN 通过这些数据，调整并确定 w_i，θ 的方法称为有指导学习。这种学习方法的原理如图 8-7 所示。在只有输入数据而不知输出结果的前提下，确定权值和阈值的方法称为无监督学习。

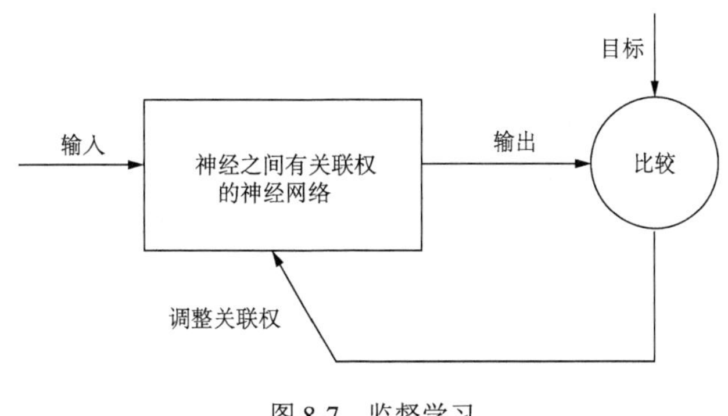

图 8-7　监督学习

三、人工神经网络的应用实例

【例 8-2】　水库群优化调度函数的 BP 网络法。首先确定 BP 网络的训练样本即水库群优化运行策略，通过 BP 网络对样本的学习得到水库群优化调度函数。

1) 水库群优化运行策略

我国北方某地区缺水较为严重，供水是该地区水库群的主要任务，发电服从于供水，根据这一实际情况，采用调度期供水量最大作为该地区水库群优化调度模型的目标函数，将发电目标处理为各库的时段发电量约束，防洪目标处理为防洪限制水位约束，建立下述确定型水库群优化调度模型。

目标函数：

$$\max\sum_{j=1}^{M}\mathrm{WS}(i,j) \tag{8-12a}$$

式中：WS (i,j) 为 i 库 j 时段供水量。

约束条件：

保证供水量约束：

$$\sum_{i=1}^{N}\mathrm{WS}(i,j)\geqslant \mathrm{FS}(j) \tag{8-12b}$$

水量平衡约束：

$$S(i,j+1)=S(i,j)+I(i,j)-Q(i,j)-E(i,j) \tag{8-12c}$$

时段发电量约束：

$$\xi(i)H(i,j)Q_p(i,j)\geqslant N(i,j) \tag{8-12d}$$

变量可行域约束：

$$\mathrm{WS}_{\min}(i,j)\leqslant \mathrm{WS}(i,j)\leqslant WS_{\max}(i,j) \tag{8-12e}$$

$$Q_{\min}(i,j)\leqslant Q(i,j)\leqslant Q_{\max}(i,j) \tag{8-12f}$$

$$S_{\min}(i,j)\leqslant S(i,j)\leqslant S_{\max}(i,j) \tag{8-12g}$$

$$Q_{p\min}(i,j)\leqslant Q_p(i,j)\leqslant Q_{p\max}(i,j) \tag{8-12h}$$

弃水约束：

$$Q(i,j)=\begin{cases}0, & S(i,j)\leqslant S_{\max}(i,j)\\ S(i,j)-S_{\max}(i,j), & S(i,j)>S_{\max}(i,j)\end{cases} \tag{8-12i}$$

$$S_{\max}(i,j)=\begin{cases}S_{\text{正}}(i), & j\in\text{非汛期}\\ S_{\text{防}}(i), & j\in\text{汛期}\end{cases} \tag{8-12j}$$

渠道输水能力约束：

$$0\leqslant Q(i,j)\leqslant W(i,j) \tag{8-12k}$$

边界约束：

$$S(i,1)=S_{\mathrm{b}}(i),\ S(i,M)=S_{\mathrm{e}}(i) \tag{8-12l}$$

式中：$S(i,j)$、$I(i,j)$、$Q(i,j)$、$E(i,j)$、$Q_p(i,j)$ 分别为 i 库 j 时段蓄水量、入库流量、下泄流量、蒸发水量、发电专用水量；FS (j) 为 j 时段该地区保证供水量；$\mathrm{WS}_{\min}(i,j)$、$\mathrm{WS}_{\max}(i,j)$ 为 i 库 j 时段最小、最大可供水量；$S_{\min}(i,j)$、$S_{\max}(i,j)$ 为 i 库 j 时段最小、最大蓄水量；$Q_{\min}(i,j)$、$Q_{\max}(i,j)$ 为 i 库 j 时段最小、最大下泄流量；$S_{\mathrm{b}}(i)$、$S_{\mathrm{e}}(i)$ 为调度期初、末水库蓄水位；$S_{\text{正}}(i)$、$S_{\text{防}}(i)$ 为 i 库的正常蓄水位、防洪限制水位所对应的库容；$W(i,j)$ 为 i 库下河道 j 时段最大可输水量。

2) 水库群优化调度函数的 BP 网络法

设系统中有 N 个水库，取各水库的时段供水量为调度函数的因变量，它不但取决于 i 库本身 j 时段的入库流量 $I(i,j)$ 和库蓄水量 $S(i,j)$，而且与库群中其他各库 j 时段的入库流量、库蓄水量状态及库群中各库 $j-k$，$j-k-1$，…，$j-1$ 时段的入库流量、库蓄水量状态有关，因此取影响水库时段供水量的这些因子作为 BP 网络的特征量，即调度函数中的自变量，它们

是 $I(i,j)$，$S(i,j)$，$I(i,j-1)$，$S(i,j-1)$，…，$I(i,j-k)$，$S(i,j-k)$，共 $2kN$ 个特征量作为 BP 网络输入层 $2kN$ 个节点的输入，N 个因变量作为 BP 网络 N 个输出节点的输出。在确定了 BP 网络的结构之后，就用水库群优化运行策略对 BP 网络进行训练，经过训练之后的 BP 网络即可应用于水库群的优化调度。

水库群优化调度函数的 BP 网络方法的基本步骤如下。

步骤 1：样本获取，按式(8-12a)～式(8-12l)求解水库群优化运行策略(或其他优化技术)作为 BP 网络的学习样本。

步骤 2：提供初值，产生随机数赋予 BP 网络的权系数和阈值作为其初值。

步骤 3：样本划分，将水库群长系列优化运行策略按某种方式划分为若干组，每组含若干个样本，每个样本包含 $2kN$ 个特征量和 N 个期望输出。

步骤 4：输出计算，按式(8-13)和式(8-14)计算 BP 网络各节点输出：

$$\mathrm{net}_j=\sum_{i=1}^{N'}W_{ji}O_i \tag{8-13}$$

$$O_j=f(\mathrm{net}_j-\theta_j) \tag{8-14}$$

式中：W_{ji} 为输入层(或某隐含层)节点 i 和某邻近隐含层(或输出层)节点 j 之间的关联权；θ_j 为节点 j 的阈值；$f(x)$ 取 sigmoid 函数。

步骤 5：结果判断，若某组 p 个训练样本的输出满足

$$\max_p\left\{\max_l\left|O_l^p-T_l^p\right|\right\}\leqslant\varepsilon_{\max} \tag{8-15}$$

则转入步骤 7，l 为输出层节点数目；O_l^p、T_l^p 分别为样本 P 时输出节点 l 的计算输出、期望输出，$\varepsilon_{\max}$ 为允许最大误差，否则转入步骤 6。

步骤 6：参数修正，按式(8-16)～式(8-17)修正 BP 网络各节点之间的关联权和阈值：

$$\Delta W_{ji}(n+1)=\eta\delta_jO_j+a\Delta W_{ji}(n) \tag{8-16}$$

$$\Delta\theta_j(n+1)=-\eta\delta_j+a\Delta\theta_j(n) \tag{8-17}$$

式(8-16)和式(8-17)中，如果节点 j 为输出层节点，则有

$$\delta_j=O_j(1-O_j)(T_j-O_j) \tag{8-18}$$

如果节点 j 为某隐含层节点，则有

$$\delta_j=O_j(1-O_j)\sum_k\delta_kW_{ki} \tag{8-19}$$

式中：节点 k 为比节点 j 高一层的节点；η 为学习率；a 为冲量因子。转入步骤 4。

步骤 7：训练结束。

通过上述步骤的学习之后，水库群的调度函数就隐式地表达在 BP 网络之中(BP 网络的结构、权值和阈值)，所得到的 BP 网络即可应用于水库调度之中。

3) 应用实例

以该地区三个并联供水水库群(A、B、C)为实例，采用 1919～1984 年共 66 年的实测径流资料作为水库群的确定型来水输入，把每年划分为长短不同的 18 个时段：汛期 7～9 月以旬为时段，其余以月为时段。66 年共 1188 个时段，应用前述水库群优化调度模型及其算法，求得水库群长系列优化运行策略作为 BP 网络的训练样本。应用以同样方法得到的水库群

1985～1990 年共 6 年优化运行策略进行长系列检验，对水库群调度函数的 BP 网络方法进行了初步的研究，过程如下。

对应于每年共 18 个时段，共选用 18 个 BP 网络(BP1，BP2，…，BP18)，每个 BP 网络的结构为输入节点 18 个(取 k=3，N=3)，第 1 隐含层节点 37 个，第 2 隐含层节点 9 个，输出节点 3 个。为了便于检验，除多年平均供水量外，定义时段相对误差和误差均值：

$$\varepsilon(i,j,t)=\frac{\left|\mathrm{WS}'_{\mathrm{opt}}(i,j)-\mathrm{WS}'_{\mathrm{BP}}(i,j)\right|}{\mathrm{WS}'_{\mathrm{opt}}(i,j)} \tag{8-20}$$

$$\bar{\varepsilon}(j)=\frac{\sum_{i=1}^{N}\sum_{t=1}^{T}\varepsilon(i,j,t)}{NT} \tag{8-21}$$

式中：$\mathrm{WS}'_{\mathrm{BP}}(i,j)$为检验调度时 BP 网络的计算输出。显然，时段相对误差 $\varepsilon(i,j,t)$ 和时段误差均值 $\bar{\varepsilon}(j)$ 越小，表示 BP 模型的输出越接近优化模型(大系统递阶分析中的关联平衡法，IBM)。

通过 BP 网络训练后，选择学习率 η=0.5，冲量因子 a=0.9。采用训练好的 BP 网络对 A、B、C 库的水库群进行了优化调度，1989 年水库群优化调度的结果见表 8-2。

表 8-2　IBM 法和 BP 网络法 1989 年各水库时段供水量　(单位：亿 m^3)

时段	A 库时段供水量		B 库时段供水量		C 库时段供水量	
	IBM 法	BP 网络法	IBM 法	BP 网络法	IBM 法	BP 网络法
1	0.674	0.651	0.763	0.748	0.275	0.290
2	0.821	0.813	0.541	0.545	0.280	0.293
3	1.327	1.307	0.872	0.865	0.284	0.280
4	0.992	0.971	1.406	1.309	0.776	0.790
5	1.420	1.320	1.112	1.137	0.721	0.712
6	1.058	1.052	0.779	0.784	0.707	0.719
7	0.842	0.845	0.712	0.727	0.521	0.540
8	0.751	0.710	0.675	0.658	0.504	0.521
9	0.700	0.715	0.746	0.730	0.476	0.472
10	0.550	0.575	0.676	0.691	0.513	0.524
11	0.512	0.527	0.587	0.607	0.474	0.486
12	0.457	0.447	0.586	0.574	0.371	0.387
13	0.412	0.419	0.597	0.615	0.346	0.338
14	0.403	0.423	0.513	0.531	0.393	0.381
15	0.397	0.417	0.482	0.476	0.385	0.347
16	0.386	0.40	0.495	0.482	0.372	0.357
17	0.476	0.473	0.573	0.554	0.395	0.383
18	0.621	0.639	0.687	0.665	0.417	0.392

从 BP 网络优化的结果(表 8-2)可见，水库群优化调度的运行过程与大系统递阶分析中的关联平衡法(IBM 法)较为接近，达到了满意的效果。

第四节　粒子群优化算法

一、粒子群优化算法的基本原理

(一)粒子群优化算法的起源

粒子群算法(PSO)是基于群体的演化算法，于 1995 年由 Eberhart 和 Kennedy 提出。PSO 的思想来源于人工生命和演化计算理论，是模拟鸟群的觅食行为，与遗传算法不同，PSO 不是通过交叉和变异操作，而是通过追随当前找到的最优解来搜索全局最优解。

粒子群优化算法起源于对鸟群捕食行为的模拟。设想这样一个场景：一群鸟随机分布在一个区域中，在这个区域里只有一块食物，所有的鸟都不知道食物在哪里，但是它们知道当前的位置距离食物还有多远，那么找到食物的最优策略是什么呢？最简单有效的方法就是追寻自己视野中目前距离食物最近的鸟。如果把食物当作最优点，而把鸟扑食食物的距离当作函数的适应度，那么鸟寻觅食物的过程就可以当作一个函数寻优的过程。生物学家 Cargi Reynolds 提出了一个非常有影响的鸟群聚集模型。该模型遵循的原则是：避免与邻域个体相冲撞、匹配邻域个体的速度、试图飞向感知到的鸟群中心这三条规则形成简单的非集中控制算法驱动鸟群的聚集，在一系列模拟实验中突现出了非常接近现实鸟群聚集行为的现象。该结果显示了在空中回旋的鸟组成轮廓清晰的群体，以及遇到障碍物时鸟群的分裂和再度汇合过程。由此受到启发，经过简化提出了粒子群优化算法。

用 PSO 来求解优化问题时，问题的每一个解(即每个粒子)都有自己的位置和速度(决定前进的方向和距离)，还有一个由目标函数决定的适应度。寻优过程中每次迭代并不是完全随机的，如果找到了一个较好的解，算法将会以此为依据来寻找下一个解。

(二)粒子群优化算法的原理

在粒子群优化算法中，每个优化问题的潜在解都是搜索空间中的一只鸟，称为“粒子”(particle)或“主体”(agent)。每个粒子都有自己的位置和速度(决定飞行的方向和距离)，还有一个由被优化函数决定的适应值(fitness value)，并且知道自己到目前为止发现的最好位置(P_{best})和现在的位置 X_i，这个可以看作是粒子自己的飞行经验。除此之外，每个粒子还知道到目前为止整个群体中所有粒子发现的最好位置(G_{best}) (G_{best}是在 P_{best} 中的最好值)。这个可以看作是粒子的同伴的经验。每个粒子使用如下信息改变自己的当前位置：①当前位置；②当前速度；③当前位置与自己最好位置之间的距离；④当前位置与群体最好位置之间的距离。

每个粒子们都追随当前的最优粒子在解空间中搜索，优化开始时先初始化为一群随机粒子(随机解)，然后通过迭代找到最优解。在每一次迭代中，粒子通过跟踪两个极值来更新自己。第一个极值就是整个种群目前找到的最优解，这个极值是全局极值。另外，也可以不用整个种群而只是用其中一部分作为粒子的邻居，那么在所有邻居中的极值就是局部极值。第二个极值是粒子本身所找到的最优解，称为个体极值。这是因为粒子仅仅通过跟踪全局极值或者局部极值来更新位置，不可能总是获得较好的解。这样在优化过程中，粒子在追随全局极值或局部极值的同时追随个体极值则圆满地解决了这个问题。这就是粒子群优化算法的原理。

在算法开始时，随机初始化粒子的位置和速度构成初始种群，初始种群在解空间中为均匀分布。其中，第 i 个粒子在 n 维解空间的位置和速度可分别表示为 $X_i=(x_{i1}, x_{i2},\cdots, x_{id})$ 和 $V_i=(v_{i1}, v_{i2},\cdots, v_{id})$，然后通过迭代找到最优解。在每一次迭代中，粒子通过跟踪两个极值来更新自己的速度和位置。一个极值是粒子本身到目前为止所找到的最优解，这个极值称为个体极值 $Pb_i=(Pb_{i1}, Pb_{i2},\cdots, Pb_{id})$。另一个极值是该粒子的邻域到目前为止找到的最优解，这个极值称为整个邻域的最优粒子 $N_{\text{best}i}=(N_{\text{best}i1}, N_{\text{best}i2},\cdots, N_{\text{best}id})$。粒子根据式(8-22)和式(8-23)来更新自己的速度和位置：

$$V_i(t+1)=wV_i(t)+c_1\cdot\text{rand}()\cdot(P_{\text{best}i}-X_i(t))+c_2\cdot\text{rand}()\cdot(N_{\text{best}i}-X_i(t)) \tag{8-22}$$

$$X_{i+1}(t+1)=X_i(t)+V_i(t+1) \tag{8-23}$$

式中：c_1、c_2 为加速常量，分别调节向全局最好粒子、个体最好粒子方向飞行的最大步长，若太小，则粒子可能远离目标区域，若太大则会导致突然向目标区域飞去，或飞过目标区域。合适的 c_1，c_2 可以加快收敛且不易陷入局部最优。rand( )是 0~1 的随机数。粒子在每一维飞行的速度不能超过算法设定的最大速度 $V_{\max}$。设置较大的 $V_{\max}$ 可以保证粒子种群的全局搜索能力，$V_{\max}$ 较小则粒子种群优化算法的局部搜索能力加强。

粒子群优化算法是在模拟鸟群觅食时受到启发提出的。提出之后却发现用动物或人的认知来解释算法的原理更加完美。速度更新公式(8-22)由三部分构成：第一部分是 V_i，表示粒子在解空间有按照原有方向和速度进行搜索的趋势，这可以用人在认知事物时总是用固有的习惯来解释。第二部分是 $c_1\cdot\text{rand}(\ )\cdot(P_{\text{best}i}-X_i)$，表示粒子在解空间有向着过去曾碰到的最优解进行搜索的趋势，这可以用人在认知事物时总是用过去的经验来解释。第三部分是 $c_2\cdot\text{rand}(\ )\cdot(N_{\text{best}i}-X_i)$，表示粒子在解空间有朝着整个邻域过去曾碰到的最优解进行搜索的趋势，这可以用人在认知事物时总可以通过学习其他人的知识，也就是分享别人的经验来解释。因此，粒子群优化算法实际上是借用了人或动物认知事物时的习惯、经验及学习过程来进行寻优的。粒子在优化过程中的运动轨迹如图 8-8 所示。

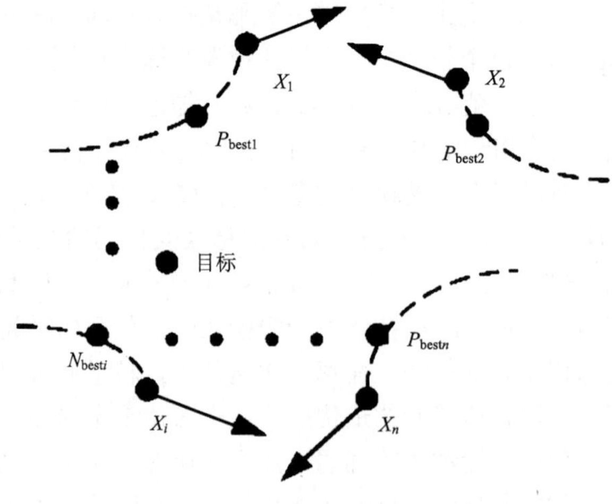

图 8-8　粒子群算法优化搜索示意图

(三)粒子群优化算法的优点

粒子群优化算法具有以下主要优点：①易于描述；②便于实现；③要调整的参数少；④使用规模相对较少的群体；⑤收敛需要评估函数的次数少；⑥收敛速度快，算法很容易实现，计算代价低，其内存和 CPU 速度要求都很低，而且，不需要目标函数的梯度信息，只依靠函数值。粒子群优化算法已被证明是解决许多全局优化问题的有效方法。

二、粒子群优化算法的操作步骤

粒子群优化算法具有编程简单、易实现的特点，粒子群优化算法的具体操作步骤如下。

步骤 1：初始化。初始搜索点的位置 X_i^0 及其速度 V_i^0 通常是在允许的范围内随机产生的，每个粒子的 P_{best} 坐标设置为其当前位置，且计算出其相应的个体极值(即个体极值点的适应度值)，而整个邻域的最优粒子就是该粒子邻域中个体极值中最好的，记录该最好值的粒子序号，并将 $N_{\text{best}i}$ 设置为该最好粒子的当前位置。

步骤 2：评价每一个粒子。计算粒子的适应度值，如果好于该粒子当前的个体极值，则将 P_{best} 设置为该粒子的位置，且更新个体极值。如果在该粒子的邻域内所有粒子的个体极值中最好的好于当前的 $N_{\text{best}i}$，则将 $N_{\text{best}i}$ 设置为该粒子的位置，记录该粒子的序号，且更新 $N_{\text{best}i}$ 的函数值。

步骤 3：粒子的更新。用式(8-22)和式(8-23)对每一个粒子的速度和位置进行更新。

步骤 4：检验是否符合结束条件。如果当前的迭代次数达到了预先设定的最大次数(或达到最小误差要求)，则停止迭代，输出最优解，否则转到步骤 2。

三、粒子群优化算法的两种模式

Kennedy 等在观察鸟群觅食的过程中，通常飞鸟并不一定看到鸟群中其他所有飞鸟的位置和动向，往往只是看到相邻的飞鸟的位置和动向。因此在研究粒子群算法时，同时开发了两种模式：全局最优(G_{best})和局部最优(L_{best})。

基本粒子群优化算法就是全局最优的具体实现。在全局最优中每个个体被吸引到由种群任何个体发现的最优解。该结构相当于一个完全连接的社会网络；每一个个体能够跟种群中所有其他个体进行比较性能，模仿真正最好的个体。每个粒子的轨迹受粒子群中所有粒子的所有的经验和意识的影响。全局模式有较快的收敛速度，但容易陷入局部极值。

在局部模式中，粒子总是根据自己的信息和邻域内的最优值信息来调整它的运动轨迹，而不是群体粒子的最优值信息，粒子的轨迹只受自身的认知和邻近的粒子状态的影响，而不是被所有粒子的状态影响。这样，粒子就不是向全局最优值移动，而是向邻域内的最优值移动。而最终的全局最优值从邻域最优值内选出，即邻域最优之中适应值最高的值。在算法中，相邻两邻域内部分粒子重叠，这样两相邻邻域内公共粒子可在两个邻域间交换信息，从而有助于粒子跳出局部最优，达到全局最优。

局部模式本身存在着两种不同的方式：一种是由两个粒子空间位置决定“邻居”，它们的远近用粒子间距离来度量；另一种是编号方法，粒子群中的粒子在搜索之前就被编以不同的号码，形成环状拓扑社会结构。对于第一种方式，在每次迭代之后都需要计算每个粒子与其他粒子间的距离来确定邻居中包括哪些粒子，这导致算法的复杂度增强，算法运行效率降低；而第二种方式由于事先对粒子进行了编号，因而在迭代中粒子的邻域不会改变，这导致在搜索过程中，当前粒子与指定的“邻居”粒子迅速聚集，而整个粒子群就被分成几个小块，表面上看似乎是增大了搜索的范围，实际上则大大降低了收敛速度。局部最优模式收敛速度较慢，却具有较强的全局搜索能力。

四、粒子群优化算法的应用实例

【例 8-3】 采用粒子群优化算法求解北京市在三个不同规划水平年(2010 年、2020 年、2030 年)、50%保证率下五类水源(地表水、地下水、污水回用、外调水和雨水)、五个用水部门(城市生活用水、农村生活用水、工业用水、农业用水及生态环境用水)的水量优化配置方案。

解： (1)水资源优化配置模型的建立。水资源优化配置模型主要由目标函数和约束条件组成。根据可持续发展理论，区域水资源合理配置的目标就是要达到经济效益、社会效益和环境效益的综合效益最大，并保持系统协调可持续发展。以供水系统总缺水量最小为社会效益目标，以供水净效益最大为经济效益目标，以重要污染物排放量最小为环境效益目标。

具体目标函数如下：

经济效益目标：
$$\max F_1(X)=\sum_{k=1}^{K}\sum_{j=1}^{J(k)}\sum_{i=1}^{I(k)}\left(b_{ij}^k-c_{ij}^k\right)x_{ij}^k w_k \tag{8-24}$$

式中：x_{ij}^k 为水源 i 向 k 子区 j 用户的供水量，亿 m^3，i=1, 2, …, 5，k=1，j=1, 2, …, 5；b_{ij}^k 为水源 i 向 k 子区 j 用户的单位供水量的效益系数，元/m^3；c_{ij}^k 为水源 i 向 k 子区 j 用户的单位供水量的费用系数，元/m^3；w_k 为 k 子区的权重系数。

社会效益目标：
$$\max F_2(X)=\sum_{k=1}^{K}\sum_{j=1}^{J(k)}\left(D_j^k-\sum_{i=1}^{I(k)}x_{ij}^k\right) \tag{8-25}$$

式中：D_j^k 为 k 子区 j 用户的需水量，亿 m^3。

环境效益目标：
$$\max F_3(X)=\sum_{k=1}^{K}\sum_{j=1}^{J(k)}0.01d_j^k p_j^k\left(\sum_{i=1}^{I(k)}x_{ij}^k\right) \tag{8-26}$$

式中：d_j^k 为 k 子区 j 用户单位废水排放量中重要污染因子的含量，mg/L；p_j^k 为 k 子区 j 用户废水排放系数。

约束条件主要包括供水约束、需水约束和非负条件，具体约束条件如下。

水源供水量约束：
$$\sum_{j=1}^{J(k)}x_{cj}^k\leqslant D_c^k \tag{8-27}$$

用户需水量约束：
$$D_{j\min}^k\leqslant\sum_{j=1}^{J(k)}x_{cj}^k\leqslant D_{j\max}^k \tag{8-28}$$

变量非负约束：
$$x_{ij}^k\geqslant 0 \tag{8-29}$$

(2)粒子群优化算法的求解过程。经过对粒子进行编码、构造目标适应度函数、处理约束条件，采用粒子群算法求解水资源优化配置模型，具体流程如图 8-9 所示。

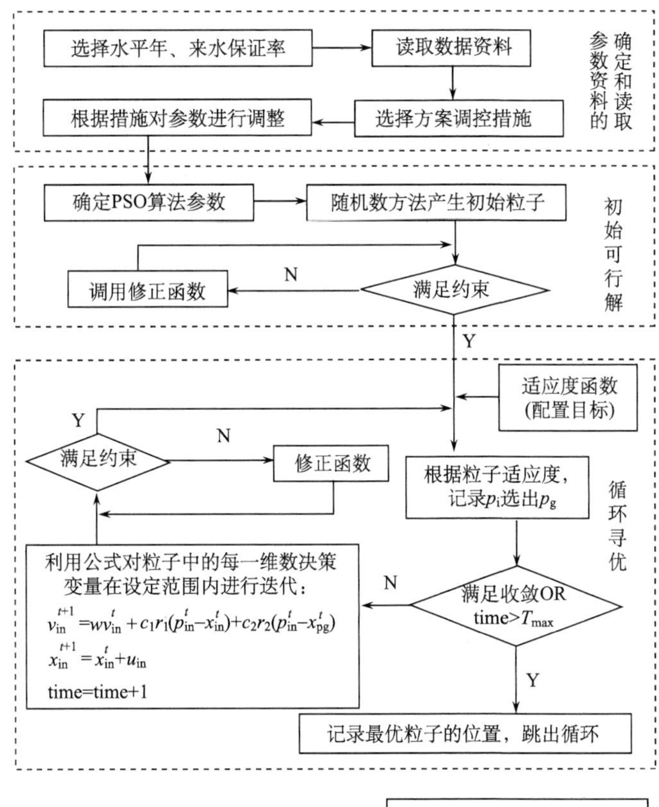

图 8-9　水资源优化配置模型的 PSO 算法求解流程图

(3) 结果分析。采用如图 8-9 所示的计算流程，粒子群优化算法求解北京市水平年(2010 年、2020 年、2030 年)在 50%保证率下的水资源配置，结果见表 8-3。

表 8-3　北京市水平年(2010 年、2020 年、2030 年)在 50%保证率下的水资源配置结果

年份	用水部门	水源类型					合计
		地表水	地下水	污水回用	外调水	雨水	
2010	城市生活	0.0317	7.5964	4.1357	0.1679	0.7746	12.7064
	农村生活	0.1676	0.4515	0.4800	0.2016	0.1242	1.4250
	工业	0.8952	1.9163	5.9109	0.1966	0.2009	9.1200
	农业	1.0513	9.5819	0.9624	0.4451	0.0180	12.0588
	生态环境	1.2189	0.2229	1.4937	5.1021	0.0230	8.0607
	合计	3.3649	19.7689	12.9827	6.1134	1.1408	43.3708
2020	城市生活	1.2583	6.1949	6.4137	1.2946	0.6632	15.8248
	农村生活	0.0303	0.5877	0.2249	0.1659	0.3216	1.3300
	工业	0.3269	0.8259	6.4351	0.3745	0.3455	8.3079
	农业	1.3173	7.7879	0.8591	1.0247	0.1197	11.1087

续表

年份	用水部门	水源类型					合计
		地表水	地下水	污水回用	外调水	雨水	
2020	生态环境	0.8570	5.3052	0.0634	7.1673	0.3414	13.7343
	合计	3.7898	20.7016	13.9963	10.0267	1.7914	50.3057
2030	城市生活	1.2595	8.4675	6.3303	0.4803	0.2514	16.7890
	农村生活	0.1532	0.4084	0.2618	0.1470	0.1696	1.1400
	工业	0.5847	0.7428	6.2665	0.2018	0.6805	8.4764
	农业	1.3509	7.7339	1.3862	1.3436	0.6375	12.4521
	生态环境	0.1981	2.8718	1.4608	8.2514	0.3554	13.1375
	合计	3.5465	20.2244	15.7056	10.4242	2.0945	51.9949

从表 8-3 中可以看出，从水量供需角度分析，通过采取污水回用、雨水利用等措施，以及南水北调中线工程建成通水，北京市的水资源基本能实现供需平衡，这一方面说明污水回用、雨水利用及南水北调对北京市水资源短缺情势起到了缓解作用，另一方面也说明所建立的水资源配置模型所体现的水量平衡原理。从用水结构分析，配置结果中生活、工业和生态用水全部得到满足，很大程度上反映了模型中各目标函数、约束条件及所采用的求解方法的有效性。

第五节　模拟退火算法

一、模拟退火算法的起源

模拟退火算法(SA)起源于冶金当中的物理退火过程，是对于固体退火降温过程的模拟。物理退火主要包括三个过程：①加温过程，增强粒子的热运动，消除系统原先可能存在的非均匀态；②等温过程，对于与环境换热而温度不变的封闭系统，系统状态的自发变化总是向内能减少的方向进行，当内能达到最小时，系统达到平衡态；③冷却过程，使粒子热运动减弱并趋于有序，系统能量逐渐下降，从而得到低能的晶体结构。物理退火与模拟退火的对比见表 8-4。

表 8-4　物理退火与模拟退火的对比

物理退火	模拟退火
粒子状态	解
能量最低的状态	最优解
熔解过程	设定初温
等温过程	Metropolis 抽样过程
冷却	控制参数的下降
能量	目标函数

物理退火过程就是将材料加热后再让其慢慢地冷却，其目的是增大晶体的体积，减小晶

体的缺陷，而在加热固体的过程中使其原子的热运动加强，内能增大，随着热量的不断增加，原子会离开原来的位置而随机在其他的位置中移动，冷却时，粒子运动速率变慢，慢慢到达平衡，最后到达常温下的基态，内能降低为最小状态。模拟退火算法最早的思想由 Metropolis 等于 1953 年提出。1983 年，Kirkpatrick 等成功地将退火思想引入组合优化领域。SA 是基于蒙特卡罗(Monte-Carlo)迭代求解策略的一种随机寻优算法，其出发点是基于物理中固体物质的退火过程与一般组合优化问题之间的相似性。模拟退火算法从某一较高初温出发，伴随温度参数的不断下降，结合概率特性在解空间中随机寻找目标函数的全局最优解，即在局部最优解能概率性地跳出并最终趋于全局最优。

模拟退火算法是通过赋予搜索过程一种时变且最终趋于零的概率特性，从而可有效避免陷入局部极小并最终趋于全局最优的串行结构的优化算法。模拟退火算法是一种通用的优化算法，理论上 SA 具有概率的全局优化性能，目前已在工程中得到了广泛应用。

二、模拟退火算法的基本原理

模拟退火算法源于对热力学中退火过程的模拟，其原理与金属退火的原理近似，下面介绍模拟退火算法中一种简单的算法——爬山算法。

爬山算法是一种简单的算法，这种算法从当前的临近解空间中选择一个最优解作为当前解直至达到一个最优解。这种简单的算法主要缺点是会陷入一种局部最优解的状态，而不一定得到全局最优解。如图 8-10 所示，假设 C 点为当前解，爬山算法搜索到 A 点这个局部最优解就会停止搜索，因为在到达 A 点后无论向哪个方向移动都不会得到更优的解。

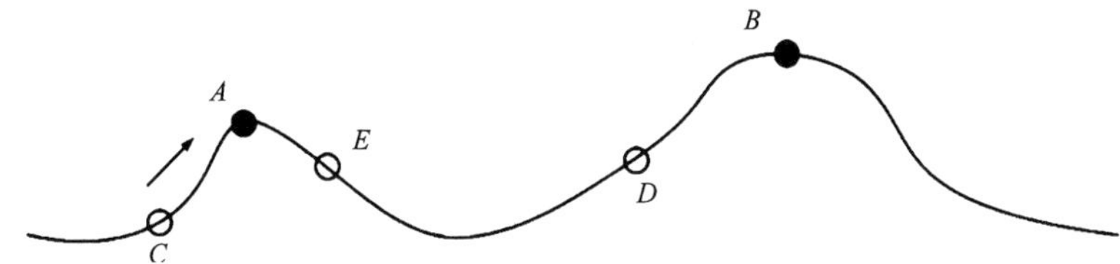

图 8-10　模拟退火算法的爬山算法示意图

爬山法是一种较为贪心的算法，每一次都是选择一个当前的最优解，而选择的却不一定是全局最优解，只是一个局部最优解。模拟退火算法其实也是一种贪心的方法，只是这种贪心的方法引入了随机的因素，所以模拟退火算法以一定的概率来接受一个比当前解要差的解，从而跳出这个局部最优解，达到全局最优解。还以图 8-10 为例，模拟退火算法找到局部最优解 A 时会以一定概率接受向 E 的移动，经过多次像这样的不是局部最优解的移动之后会到达 D，从而跳出 A 这个局部最优解。

模拟退火全局优化算法的基本原理：首先确定初始的温度 t_0 与初始点 x_0，能够计算这一点的函数值 $f(x_0)$；然后随机生成一个 Δx，得到一个新的点 $x'=x_0+\Delta x$，计算新点的函数值 $f(x')$；如果 $\Delta f=f(x')-f(x_0)\leqslant 0$，则接受新点，作为下一次模拟退火的初始点，如果 $\Delta f\geqslant 0$，则计算新点的接受概率为 $p(\Delta f)=\exp\left(-\dfrac{\Delta f}{K\cdot T}\right)$，产生[0,1]区间上均匀分布的伪随机函数 r，$r\in[0,1]$，若 $p\leqslant r$，则接受新点作为下一次模拟的初始点；否则仍按原来的点作为下一次的模拟退火的初始点。

由上可知，模拟退火算法以 1 的概率收敛到全局最优解，但渐进收敛到最优解需要经历无限多次的变化，对最优解任意的近似逼近，对于多数的组合优化问题都会导致比解空间规模大的变换数，从而导致了算法按指数时间执行。

三、模拟退火算法的分类

模拟退火算法自 1983 年被引入组合优化领域之后，在实际应用中以其在解决局部极小问题上的突出表现迅速得到了重视，并得到了迅速发展。与国外相比，我国引进模拟退火算法的历史较短，研究的程度也不深，但是 SA 在工程方面的实际应用及考察算法的实际效果和效率也有不错的优越性，不过也存在着收敛速度较慢的缺点。

模拟退火算法的研究通常分为两类：第一类是基于有限的理论在给出模拟退火算法的某些理想收敛的模型所具有的充分或充要条件，当条件满足理论上的退火的三种原则(初始温度、降温速度、终止温度)时，模拟退火算法以概率 1 达到全局最优解；第二类则是针对特定的具体问题做出研究以得到许多模拟退火算法的应用。

也正是根据对模拟退火算法的研究，才有了当今多种多样的模拟退火算法，而不是单纯的经典模拟退火算法本身，如快速模拟退火算法、适应性模拟退火算法、遗传模拟退火算法、有记忆的模拟退火算法、并行模拟退火算法与单纯形模拟退火算法等。下面介绍有记忆的模拟退火算法和单纯形模拟退火算法。

(一) 有记忆的模拟退火算法

模拟退火算法在迭代的过程中不但能够接受使目标函数向好的方向前进的解，而且能够在一定限度内接受使目标函数恶化的解，这使得算法能够有效地跳出局部极小的区域。然而，对于具有多个极值的工程问题，该算法就很难保证最终得到的最优解是整个搜索过程中曾经到达过的最优解，为了解决这个问题，可以给模拟退火算法增加一个“记忆器”，使它能够记住搜索过程中曾经达到过的最好结果，这样可以提高最终所得到的解的质量并减少搜索的时间。

有记忆的模拟退火算法：设置记忆变量 x' 和 $f(x')$，分别用于记忆当前遇到的最优解和最优目标函数值，算法刚开始时令 x' 和 $f(x')$ 分别初始化等于初始解 x_0 和其目标函数值 $f(x_0)$，迭代开始后，每当接受一个新的搜索解时，将其目标函数值 $f(x_k)$ 与 $f(x')$ 进行比较，如果 $f(x_k)$ 优于 $f(x')$，则分别用 x_k 和 $f(x_k)$ 代替 x' 和 $f(x')$，最后，当算法结束时，从当前解与记忆变量中选取较优者为问题的近似全局最优解。

(二) 单纯形模拟退火算法

单纯形模拟退火算法是一种将单纯形搜索法与模拟退火算法相结合的算法。单纯形搜索法是由 Nelder 和 Mead 提出的一种多变量函数的寻优方法，它应用规则的几何图形，通过计算单纯形顶点的函数值，根据函数值大小的分布来判断函数变化的趋势，然后按照一定规则搜索寻优，该方法不必计算目标函数的梯度，不是沿着某一方向进行搜索，而是对 N 维空间的 N+1 个点(构成一个单纯形的顶点)上的函数值进行比较，去掉其中最差的点，从而构成一个新的单纯形，这样逐步逼近极小值点。

一个单纯形是一个几何形体，在 N 维的情况下是由 N+1 个点、所有相互连接的线段及多边形面等组成的多面体，如果相邻顶点之间的距离都是相等的，则称为正则单纯形，二维空间中的单纯形即为三角形，三维空间中的单纯形就是一个四面体，单纯形法必须从 N+1 个点而不仅仅是从单个点开始迭代，这 N+1 个点构成了初始的单纯形，如果将其中一个点作为初始点 x_0，那么另外的 N 个点可取为

$$x_i=x_0+\lambda_i \boldsymbol{e}_i \tag{8-30}$$

式中：$\boldsymbol{e}_i$ 为 N 维单位向量；λ_i 为常数，称为步长，是对问题的特征长度大小的估计值。

初始单纯形构造完成后经过一系列的步骤，通常是将函数值达到最大的单纯形点(即最高点)通过单纯形的背向面移到一个较低点，也称为反射，即用初始的 N+1 组值计算出 N+1 组目标函数值并比较大小，找到最大的目标函数值，并剔除相应的初值，然后按照一定的换点规则换入新的一个值，用这个新的值与其余的 N 个值构成一个新的单纯形，如此构造新单纯形的目的是保持单纯形的维数不变，从而保持其非退化性，新构造出的单纯形至少有一个顶点的函数值比原单纯形小，以此为基础寻优，反复计算、比较、剔除，直至最小的目标函数值以给定的精度逼近其极小值为止，一般来说，总能收缩到函数的极小值。

单纯形算法的优点是能够直接快速地搜索到极小值，对于大型、复杂的函数求极值问题，不会出现收敛性不稳定的情况，但单纯形也有一个很大的缺陷，即当目标函数具有多个极小值时，由于初始值选取的不同会得到不同的结果，并且这个结果还不一定是目标函数的全局极小值，而只是一个局部最小值。从上述的讨论可知，模拟退火算法是一种随机搜索算法，它能跳出局部极小的陷阱并最终得到全局极小值，但在搜索的过程中做了很多的无用功，浪费了时间，效率还有待改进。因此，可以考虑将模拟退火算法与单纯形相结合，融合两种算法的优点，联合起来求解函数的极小值。这种单纯形模拟退火算法的基本思想就是对任一给定的初始解 X_0，首先用单纯形搜索法快速求得一个极小值点，然后改用模拟退火算法进行随机搜索，跳离该局部极小值，一旦找到一个比该局部极小值更小的点，立即以该点为初始值调用单纯形搜索法直接搜索该点附近的另一个极小值点，如此交叉进行，直至满足条件，算法结束，得到的结果则必为目标函数的全局极小值。

四、模拟退火算法的操作步骤及参数选择

(一)操作步骤

模拟退火算法实现的主要步骤如下。

(1)初始化，给定初始温度 T_0、终止温度 T_{final} 和初始解 X_0。

(2)在 X_0 的邻域内随机扰动 ΔX，产生新解 $X_N=X_0+\Delta X$。

(3)计算目标函数值的变化量 $\Delta f=f(X_N)-f(X_0)$。

(4)若 $\Delta f<0$，则接受 X_N 作为新的当前解，转至步骤(5)；否则计算 $\exp(-\Delta f/T)$ 的值，若 $\exp(-\Delta f/T)>\text{rand}(0, 1)$，则接受 X_N 作为新的当前解，转向步骤(5)；否则拒绝 X_N 作为当前解，$X_0 \leftarrow X_0$，转向步骤(6)。

(5)按退火策略进行降温，常见的退火策略有以下几种：t_k、t_{k-1} 分别为第 k、第 $k-1$ 次迭代时的温度；α、β 为参数；K 为最大迭代次数；t_0 为初始温度。

对数下降：

$$t_k=\alpha/\log(k+k_0)$$

快速降温：

$$t_k=\beta/(1+k)$$

直线下降：

$$t_k=\left(1-\frac{K}{k}\right)t_0$$

指数降温：

$$t_k=\alpha t_{k-1}$$

(6)判断终止条件是否满足，若满足，则算法终止，输出最优解；否则转向步骤(2)。模拟退火算法的操作流程如图 8-11 所示。

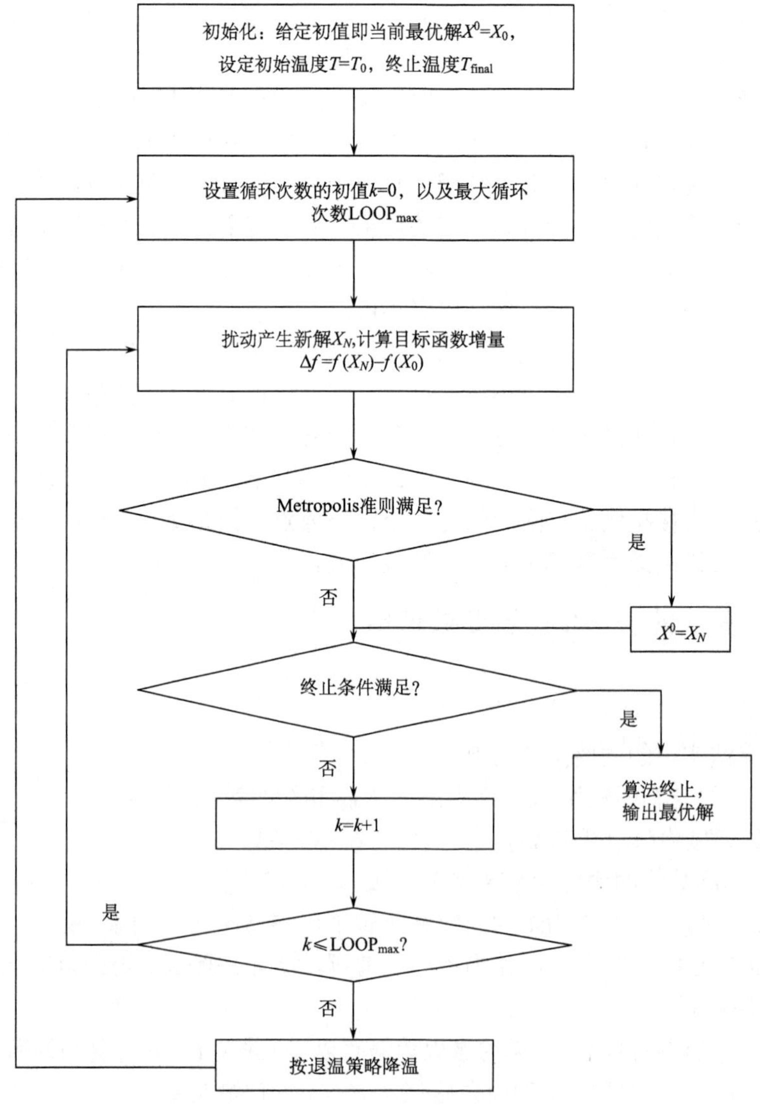

图 8-11 模拟退火算法的操作流程

(二) 参数选择

最大迭代次数 $LOOP_{max}$：$LOOP_{max}$ 需在实际应用中不断调整。

初始温度 T_0：T_0 越高，获得高质量解的概率就越大，但同时计算时间也随之增加，T_0 的选择应该兼顾优化质量与优化效率。

终止温度 T_{final}：T_{final} 选取足够小的正数。

温度衰减系数 α：α 一般取 0.95。

五、模拟退火算法的应用实例

【例 8-4】 以海河流域南运河 1961 年的一次洪水过程的流量演算为例，1961 年的洪水过程见表 8-5。采用模拟退火算法对马斯京根法流量演算方程的参数进行率定，并模拟该次洪水过程。

马斯京根法的基本方程：

水量平衡方程

$$\frac{I_1+I_2}{2}\Delta t-\frac{O_1+O_2}{2}\Delta t=W_2-W_1 \tag{8-31}$$

式中：I_1、I_2 分别为河段上断面入流量，m^3/s；O_1、O_2 分别为河段下断面出流量，m^3/s；W_1、W_2 分别为河段槽蓄量，m^3；Δt 为计算时段长度，s。

槽蓄方程

$$W=K[xI+(1-x)O] \tag{8-32}$$

式中：x 为流量比重因子；K 为槽蓄系数。

将槽蓄方程代入水量平衡方程，即可得到马斯京根法的流量演算方程

$$O_2=C_0I_2+C_1I_1+C_2O_1 \tag{8-33a}$$

其中，

$$C_0=\frac{0.5\Delta t-Kx}{K-Kx+0.5\Delta t} \tag{8-33b}$$

$$C_1=\frac{Kx+0.5\Delta t}{K-Kx+0.5\Delta t} \tag{8-33c}$$

$$C_2=\frac{K-Kx-0.5\Delta t}{K-Kx+0.5\Delta t} \tag{8-33d}$$

$$C_0+C_1+C_2=1 \tag{8-33e}$$

解：根据表 8-5 的洪水过程实测数据，流量演算时段Δt 选取为 12h，构建如下优化模型。

目标函数：

$$\min f=\sum_{t=1}^{T}\left(O_{模拟,\ t}-O_{实测,t}\right)^2 \tag{8-34a}$$

约束条件：

$$0< C_0<1,\ 0< C_1<1,\ 0< C_0+C_1<1,\ C_2=1-C_0-C_1 \tag{8-34b}$$

采用模拟退火算法对模型［式(8-34)］进行优化，最终得到 C_0=0.4524，C_1=0.0548，

C_2=0.4928，代入式(8-33a)中得到1961年的洪水演算结果，见表8-5。

表8-5　海河流域南运河1961年一次洪水过程流量演算结果　　(单位：m^3/s)

序号	1	2	3	4	5	6	7	8	9	10
入流 I	261	389	462	505	525	543	556	567	577	583
出流 Q	228	300	382	444	490	513	528	543	553	564
模拟退火算法 Q_1	228.00	302.65	379.47	440.78	482.40	512.15	533.68	549.97	563.13	572.88
绝对误差 $Q-Q_1$	0	−2.65	2.53	3.22	7.60	0.85	−5.68	−6.97	−10.13	−8.88
序号	11	12	13	14	15	16	17	18	19	20
入流 I	587	595	597	597	589	556	538	516	486	505
出流 Q	573	581	588	594	592	584	566	550	520	504
模拟退火算法 Q_1	579.82	587.08	592.00	594.54	592.17	575.63	557.53	537.67	513.11	507.96
绝对误差 $Q-Q_1$	−6.82	−6.08	−4.00	−0.54	−0.17	8.37	8.47	12.33	6.89	−3.96
序号	21	22	23	24	25	26	27	28	29	
入流 I	477	429	379	320	263	220	182	167	152	
出流 Q	483	461	420	368	318	271	234	193	178	
模拟退火算法 Q_1	493.79	463.56	423.41	374.19	320.92	272.09	228.48	198.12	175.55	
绝对误差 $Q-Q_1$	−10.79	−2.56	−3.41	−6.19	−2.92	−1.09	5.52	−5.12	2.45	

第六节　混沌优化算法

一、混沌理论

混沌(chaos)是指在确定性系统中出现的一种貌似无规则的、类似随机的现象，是有序性与无序性的统一、确定性与随机性的统一。美国物理学家福特指出，混沌是决定性的随机性。我国著名科学家钱学森认为混沌是宏观无序、微观有序的现象。20世纪60年代，混沌学的研究悄然兴起，并迅速渗透到物理学、化学、生物学、生态学、力学、气象学、经济学、社会学等诸多领域，从而成为一门新兴学科。国际上将混沌理论与相对论和量子力学同列为20世纪的最伟大发现和科学传世之作。

19世纪，法国的天文学家和数学家拉普拉斯(Laplace)提出：如果知道某种事物的最初状态，那么就可以事先确定它久远的未来状况。量子力学质疑微观世界的物理因果律，而混沌理论则否定了包括宏观世界拉普拉斯式的决定型因果律。洛伦兹(Lorenz)教授于1963年在《大气科学》杂志上发表了“决定性的非周期流”一文，阐述了气候不能精确重演与长期天气预报无能为力必然存在着一种联系，这就是非周期性与不可预见性之间的关系。洛伦兹在计算机上用他所建立的微分方程模拟气候变化的时候，偶然发现输入初始条件极细微的差别，可以引起模拟结果的巨大变化。洛伦兹打了个比喻，即在南半球巴西某地一只蝴蝶的翅膀的偶然扇动所引起的微小气流，几星期后可能变成席卷北半球美国得克萨斯州的一场龙卷风，这就是天气的“蝴蝶效应”。

如果一个接近实际而没有内在随机性的模型仍然具有貌似随机的行为，就可以称这个真实物理系统是混沌的。一个随时间确定性变化或具有微弱随机性的变化系统，称为动力系统，它的状态可由一个或几个变量数值确定。而一些动力系统中，两个几乎完全一致的状态经过充分长时间后会变得毫无一致，恰如从长序列中随机选取的两个状态那样，这种系统被称为敏感地依赖于初始条件(对初始条件的敏感依赖)。而对初始条件的敏感的依赖性也可作为一个混沌的定义。

混沌理论研究中有两种必不可少的理论：一个是耗散结构理论，即耗散系统；另一个是卡姆(KAM)理论。洛伦兹的对象是耗散系统(这类系统和周围环境有联系、有交往，在自然和工程中都有)。耗散系统是比利时皇家科学院院长布鲁塞尔学派领导人伊·普里高津提出的，为此他获得了1977年诺贝尔化学奖。耗散系统就是指一个远离平衡态的开放系统(力学的、物理的、化学的、生物的、社会的等)通过不断地与外界进行物质、能量和信息交换，在外界条件的变化达到一定阈值时，就有可能从原有的混沌无序状态过渡到一种在时间上、空间上或功能上有序的规范状态，这样的新结构就是耗散结构，或称为耗散系统。而卡姆的对象是保守系统(这类系统是孤立的、封闭的，在天体研究和统计物理中常见)。洛伦兹依靠的是数值计算，卡姆用的是严格数学推理。

混沌的特征主要有：①伪随机性，即混沌具有类似随机变量的杂乱表现；②遍历性，即混沌能够不重复地历经一定范围内的所有状态；③规律性，即混沌是由确定性的迭代式产生的。介于确定性和随机性之间，混沌具有丰富的时空动态，系统动态的演变可导致吸引子的转移。近年来，混沌理论的研究已成为当今举世瞩目的科学前沿及学术热点，揭示了自然界及人类社会中普遍存在的复杂性。

二、混沌优化算法的概念

随着混沌理论及混沌动力学研究的兴起，将混沌学应用于非线性多峰函数的全局最优的求解引起了学者们的广泛重视。为了克服传统的优化算法的不足，将混沌动力学系统引入求解复杂非线性的优化问题，这类算法称为混沌优化算法(COA)。由于混沌的遍历性特点可被用来进行优化搜索且能避免陷入局部极小，这无疑比随机搜索更具有优越性。另外，混沌优化不需要知道确切的系统知识，对评价解的优劣情况的目标函数既不要求连续也不要求可微，具有高度的非线性特点。因此，混沌优化算法作为一种新颖的优化技术被广泛应用于复杂非线性系统的优化之中。尽管混沌优化的研究仅在近些年才得到发展，但在许多学者的努力下，提出了多种基于混沌机制的优化方法，并取得了较好的优化效果。

三、混沌优化算法的基本原理

混沌优化算法的思想是将混沌状态引入优化变量中，用类似载波的方法把混沌运动的遍历范围扩大到优化变量的取值范围，利用混沌变量进行搜索。通常，基于混沌动态系统的搜索过程可分为两个阶段：第一阶段，基于确定性迭代方程产生的遍历性轨道对整个优化解空间进行考察，当满足一定的终止条件时，就认为在搜索过程中得到的最优点已经接近问题的最优解，并以此作为第二阶段搜索的起点。第二阶段以第一阶段得到的结果为中心，通过附加小幅的扰动进行局部的细搜索，直至满足算法的终止条件。其中，所附加的扰动可以是混沌变量，也可以是基于高斯分布或均匀分布的随机变量，或是按梯度下降机制计算产生的偏置值。

四、混沌优化算法的分类

一般情况下，混沌优化算法可分为两类：一类是完全混沌优化算法(pure chaos optimization algorithm, PCOA)；另一类是混合混沌优化算法(mixed chaos optimization algorithm, MCOA)。

完全混沌优化算法，也称纯混沌优化算法，在混沌优化进行的两个阶段中，如果第二阶段中细搜索的方法还是混沌优化算法，就把整个优化过程称为完全混沌优化算法。完全混沌优化算法的特点在于整个优化过程都完全依赖混沌变量的遍历性进行搜索，对优化问题本身的要求不高，不需要具有连续性和可微性，适合于搜索域不大和各种难以用数学表达式精确描述的优化问题。

混合混沌优化算法，尽管完全混沌优化算法比一些常规优化算法来说具有明显的优势，但是当搜索空间很大时，搜索速度与搜索精确性就成为了一对矛盾。针对这个问题，许多研究人员将混沌搜索与其他优化机制结合起来，从而产生了一类混合混沌优化算法。混合混沌优化算法既避免了混沌优化局部搜索效果不佳的缺点，又避免了传统优化方法极易陷入局部最优的缺点，使得算法的收敛速度和效率一般都优于完全混沌优化算法，如混沌与模拟退火算法的结合、混沌与人工神经网络的结合、混沌与遗传算法的结合，以及混沌与粒子群优化算法的结合等。因此，将混沌优化与其他优化机制相结合的混合型优化是混沌优化理论及其应用的一个重要发展方向。

五、混沌优化算法的操作步骤

对于如下的非线性规划模型：

$$\min f(x_1, x_2, \cdots, x_n), \quad x_i \in [a_i, b_i];\ i=1, 2, \cdots, n \tag{8-35}$$

其混沌优化算法的操作步骤如下。

(1)初始化。选取 n 个不同的初值，通过 Logistic 映射可得到 n 个轨迹不同的混沌变量序列 $\varepsilon_{i,p}$，$i=1, 2, \cdots, n$，p 为混沌变量序列的长度。Logistic 映射也称虫口方程，是反映生物自然增长规律的一个典型方程，其表达式如下：

$$\varepsilon_{k+1}=\mu\varepsilon_k(1-\varepsilon_k) \tag{8-36}$$

式中：μ 为控制参量。设 $0 \leqslant x_0 \leqslant 1$，$\mu=4$ 时，式(8-36)经过无穷迭代，其产生的序列可遍历[0, 1]区间，具有混沌特征，因此可作为优化算法中的混沌变量迭代方程。

(2)通过式(8-37)利用载波方法将选定的混沌变量放大到相应的优化变量的取值范围。

$$x_{i,j}=a_i+(b_i-a_i)\varepsilon_{i,j}, \quad i=1, 2, \cdots, n;\quad j=1, 2, \cdots, p \tag{8-37}$$

式中：$x_{i,j}$ 为将混沌变量序列放大后得到的混沌优化变量；a_i 和 b_i 分别为第 i 个变量的下限和上限；$\varepsilon_{i,j}$ 为第 i 个变量的赋初值后通过 Logistic 映射得到的混沌序列中的第 j 个值。

(3)粗搜索。令 $f^*=f(x_{1,1}, x_{2,1}, \cdots, x_{n,1})$ 为初始最优解。利用得到的新混沌变量序列进行迭代搜索，将第一次搜索得到的最优解与初始最优解进行比较。如果 $f\left(x_{1,j_1}, x_{2,j_2}, \cdots, x_{n,j_n}\right) \leqslant f^*$，$1 \leqslant j_1, j_2, \cdots, j_n \leqslant p$，则 $f^* = f\left(x_{1,j_1}, x_{2,j_2}, \cdots, x_{n,j_n}\right)$ 为当前最优解，$\boldsymbol{x}^* = \left(x_1^*, x_2^*, \cdots, x_n^*\right) = \left(x_{1,j_1}, x_{2,j_2}, \cdots, x_{n,j_n}\right)$ 为当前最优变量向量，继续通过迭代搜索，将搜索得到的最优解与当前最优解进行比较，选择更优的解作为当前最优解。

(4)如果经过若干次搜索，f^*都保持不变，则通过式(8-38)进行第二次载波：

$$x'_{i,j}=x_i^*+\alpha_i\varepsilon_{i,j} \tag{8-38}$$

式中：α_i为调节系数，$\alpha_i\in(0,1)$；x_i^*为当前最优解。

(5)细搜索。用二次载波后的混沌变量再次进行迭代搜索。计算相应的性能指标$f\left(x'_{1,j_1},x'_{2,j_2},\cdots,x'_{n,j_n}\right)$。如果$f\left(x'_{1,j_1},x'_{2,j_2},\cdots,x'_{n,j_n}\right)\leqslant f^*$，则$f^*=f\left(x'_{1,j_1},x'_{2,j_2},\cdots,x'_{n,j_n}\right)$，$\boldsymbol{x}^*=\left(x_1^*,x_2^*,\cdots,x_n^*\right)=\left(x'_{1,j_1},x'_{2,j_2},\cdots,x'_{n,j_n}\right)$，直到$f^*$保持不变，停止迭代搜索，输出最优解。

六、混沌优化算法的应用实例

【例 8-5】 以举水流域的水资源优化配置为例，来说明混沌优化算法求解多目标非线性规划问题的过程。

举水流域位于湖北省东北部，长江中游下段北岸，是鄂东北地区跨行政区域的一条较大水系。干流全长170.4km，流域面积4367.6km^2。随着流域内工农业发展，需水量增加，水质状况进一步恶化，流域上下游之间、地区之间的用水矛盾日益突出，因此迫切需要进行水资源合理分配，以水资源的可持续利用促进社会经济的可持续发展。根据农业自然条件、水资源开发利用条件和水利工程现状与水利发展规划的近似性原则，将举水流域概化为九个子区，供水水源分为当地水源和举水干流，需水用户分生活、工业、农业和生态环境需水四类。

解： 1)多目标非线性规划模型的建立

水资源优化配置的多目标非线性规划模型由目标函数和约束条件组成，其中目标主要包括经济效益、社会效益和生态环境效益，水资源配置过程的约束主要包括供水、需水和变量的非负约束。

目标函数：

经济效益目标：流域内水资源利用对流域内 GDP 的净贡献值最大。

$$f_1\left(X\right)=\sum_{k=1}^{K}\mathrm{GDP}_w\left(k\right) \tag{8-39}$$

式中：$\mathrm{GDP}_w(k)$为水资源优化配置对第k子区 GDP 的净贡献值，采用 GDP 与用水量之间的线性关系表示(数据统计分析其线性拟合的复相关系数$r^2>0.8$)

$$\mathrm{GDP}_w\left(k\right)=\sum_{j=1}^{J(k)}\varphi_j\cdot\left[\omega_k\cdot B_j^k\cdot\mathrm{gdp}_j\cdot\sum_{i=1}^{I(k)}\alpha_i^k x_{ij}^k\right] \tag{8-40}$$

式中：$J(k)$为子区k内对 GDP 有贡献的用水部门的集合；φ_j为用水部门j的供水效益分摊系数，一般农业为0.25～0.6，工业为0.08～0.12；ω_k为子区k权重系数，可采用 AHP 法求得；B^k_j为子区k用水部门j的单位水量产值系数，对工业用水部门可用万元产值用水定额推求，对农业用水部门可采用灌溉定额和灌溉增产效益推求；gdp_j为用水部门j的 GDP 贡献占产值的比例系数；x^k_{ij}为供水水源向子区k用水部门j的供水量；α^k_i为子区k供水水源i供水次序系数。

社会效益目标：流域内供水公平性协调度最大。

$$f_2\left(X\right)=\max\sqrt{f'\cdot f''} \tag{8-41}$$

式中：f'为部门供水基尼系数，反映了水资源优化配置的各部门之间的公平性；f''为流域供水基尼系数，反映了水资源优化配置的各子区之间的公平性。基尼系数计算公式如下：

$$G=\frac{1}{N}\sum_{i=1}^{N}\sum_{j=2,j>i}^{N}\left[\frac{I_i}{I}-\frac{I_j}{I}\right]=\frac{1}{NI}\sum_{i=1}^{N}\sum_{j=2,j>i}^{N}\left(I_i-I_j\right) \tag{8-42}$$

式中：G为基尼系数；N为全社会成员或阶层总数；I为全社会所有成员或阶层的收入之和；I_i、I_j分别为第i、j个成员或阶层的收入。式(8-42)的经济意义是通过计算全社会任何两个成员(或阶层)之间的收入比率之差，考察收入分配的差异程度。基尼系数的值域为[0, 1]，其值越小，表明收入分配越趋向平等，反之则表明收入分配趋向不平等。

生态环境效益目标：区域各子区BOD排放量之和最小。

$$f_3\left(X\right)=\min\sum_{k=1}^{K}\sum_{j=1}^{J(k)}0.01\cdot d_j^k p_j^k\sum_{i=1}^{I(k)}x_{ij}^k \tag{8-43}$$

式中：d_j^k为k子区j用户单位废水排放量中生化需氧量(BOD)的含量，mg/L；p_j^k为k子区j用户污水排放系数。

约束条件：

供水约束

$$\sum_{j=1}^{J(k)}x_{ij}^k\leqslant W_i^k \tag{8-44}$$

式中：W_i^k为水源i分配给k子区的可供水量。

需水约束

$$D_{j\min}^k\leqslant\sum_{i=1}^{I(k)}x_{ij}^k\leqslant D_{j\max}^k \tag{8-45}$$

式中：$D_{j\min}^k$、$D_{j\max}^k$分别为k子区j用户的最小、最大需水量。

变量非负约束

$$x_{ij}^k\geqslant 0 \tag{8-46}$$

2)混沌优化算法的水资源配置结果

首先将多目标优化问题转化为单目标优化问题，然后将有约束优化转化为无约束优化问题，经过两次处理后将有约束多目标优化问题转化为单目标无约束优化问题，就可以采用混沌优化算法的操作步骤计算不同水平年的水量优化分配方案，本实例75 %频率下水资源优化配置推荐方案的计算成果见表8-6。

表8-6　基于混沌优化算法的举水流域水资源优化配置结果(P=75%)

水平年	生活供水/万 m^3	农业供水/万 m^3	工业供水/万 m^3	生态和环境供水/万 m^3	供水合计/亿 m^3	需水合计/亿 m^3	缺水率/%
2000	5800.17	104529.48	14006.50	43320.66	16.77	17.61	4.77
2010	7626.15	113996.72	29215.76	43663.20	19.45	21.04	7.56
2020	9243.67	101097.07	33901.78	44554.71	18.88	21.16	10.78
2030	11208.93	92639.05	35352.28	45479.04	18.47	21.05	12.26

通过混沌优化算法计算得到的配置结果是确定性的，这是因为混沌系列的随机性是一种内在随机性，即对于由确定性方程产生的随机序列，若给定两个相同的初值，经过同一个混沌映射得到的两个序列必然完全相同。这相对于遗传算法中大量使用随机数得到的不确定性解具有优越性，同时，在编程计算时只要混沌映射产生的序列足够长，就可以利用混沌的遍历性特点经过粗搜索和细搜索得到全局最优解，不会出现早熟现象。

由表 8-6 可看出，通过混沌优化得到的配置结果中，对生活、工业及生态环境的供水量呈增加趋势，农业供水量呈减少趋势，这是由于随着城市化发展，城市人口增加，城市工业进一步发展及人们对生态环境的重视，导致相应的用水需求增加；而随着节水灌溉的推广和灌溉水利用系数的提高，农业灌溉需水减少。由配置结果可知，2000 年、2010 年、2020 年和 2030 年的缺水率呈增大趋势，迫切需要通过强化节约用水、计划调水、科学配水等措施减少无效需求，同时要扩大水源，提高水资源利用效率和效益，提高工业用水的重复利用率及污水处理回用量，加大该区域的地表水供水能力。

习　题

1. 什么叫遗传算法，遗传算法主要包括哪些参数？
2. 简述遗传算法的操作步骤。
3. 生物神经网络由哪几部分组成？
4. 简述人工神经网络的类型。
5. 简述粒子群优化算法的基本原理及其优点。
6. 简述粒子群优化算法的操作步骤及两种模式。
7. 简述物理退火的过程。
8. 简述物理退火与模拟退火的联系。
9. 简述模拟退火算法的基本原理。
10. 简述混沌优化算法的基本原理。
11. 混沌优化算法主要分哪几种类型？
12. 简述混沌优化算法的基本操作步骤。

参考文献

陈丽, 张朝元. 2012.功效系数法在汶川地震灾情综合评价中的应用[J]. 安徽农业科学, 40(10): 5730-5733.

陈绍新. 2007.多目标优化的粒子群算法及其应用研究[D]. 大连: 大连理工大学.

陈守煜. 2002.复杂水资源系统优化模糊识别理论与应用[M]. 长春: 吉林大学出版社.

陈子全. 2012. 智能优化算法在年降水量频率分析中的应用研究[D]. 杨凌: 西北农林科技大学博士学位论文.

程声通. 1983.水污染控制的费用函数与收益-费用分析[J]. 环境科学丛刊, 4(5): 10-15.

程声通, 陈毓龄. 1990.环境系统分析[M]. 北京: 高等教育出版社.

褚洪生, 杜增吉, 阎金华, 等. 2007.MATLAB7.2 优化设计实例指导教程[M].北京: 机械工业出版社.

邓聚龙. 2002.灰预测与灰决策[M]. 武汉: 华中科技大学出版社.

邓坤, 张璇, 谭炳卿, 等. 2010.多目标规划法在南四湖流域水资源优化配置中的应用[J]. 水科学与工程技术, (5): 11-15.

董刚. 2009.免疫粒子群算法在水电站优化调度中的应用[J]. 水科学与工程技术, (2): 52-55.

杜红. 2010.应用运筹学[M]. 杭州: 浙江大学出版社.

方红远, 姜志群. 2003.区域供水能力扩展分析的整数规划模型[J]. 扬州大学学报: 自然科学版, 6(3): 66-70.

方乐润. 1990.水资源工程系统分析[M]. 北京: 水利电力出版社.

傅英定, 成孝予, 唐应辉. 2008.最优化理论与方法[M]. 北京: 国防工业出版社.

盖兆梅, 付强, 刘仁涛. 2007.混沌优化方法及其在水文水资源中的应用研究进展[J]. 水资源与水工程学报, 18(5): 13-16, 27.

高尚. 2002.模拟退火算法中的退火策略研究[J]. 航空计算技术, 32(4):20-23.

管志忠. 2010.典型数模与 Matlab 编程[M]. 合肥: 中国科学技术大学出版社.

郭文献, 付意成, 王鸿翔. 2015. 区域水资源优化调控理论与实践[M]. 北京: 中国水利水电出版社.

何世水. 1989. 应用动态规划确定最优引水路线和水资源最优分配[J]. 中国沙漠, (3): 30-38.

贺建勋. 1995. 系统建模与数学建模[M]. 福州: 福建科学技术出版社.

胡清淮, 魏一鸣. 2004. 线性规划及其应用[M]. 北京: 科学出版社.

胡铁松, 万永华, 冯尚友. 1995.水库群优化调度函数的人工神经网络方法研究[J]. 水科学进展, 6(1): 53-60.

胡祖光. 2004.基尼系数理论最佳值及其简易计算公式研究[J] .经济研究, (9): 60-69.

黄显峰, 邵东国, 顾文权, 等. 2008.基于多目标混沌优化算法的水资源配置研究[J]. 水利学报, 39(2): 183-188.

江加和, 宋子善, 沈为群, 等. 2001.模拟退火算法在连续变量全局优化问题中应用[J]. 北京航空航天大学学报, 27(5): 556-559.

金菊良, 丁晶. 2002.水资源系统工程[M]. 成都: 四川科学技术出版社.

金良超, 李为柱. 1984.多目标决策的优序法及其应用[J]. 系统工程理论与实践, (3): 9-16.

孔珂, 徐晶, 王昕, 等. 2016.小开河灌区地表水沙及地下水联合优化配置模型[J]. 中国农村水利水电, (1): 71-74.

雷晓辉, 王浩, 蒋云钟, 等. 2012.复杂水资源系统模拟与优化[M]. 北京: 中国水利水电出版社.

李景华. 2012.运筹学理论、模型与 Excel 求解[M]. 上海: 上海财经大学出版社.

李丽, 王振领. 2004.MATLAB 工程计算及应用[M]. 北京: 人民邮电出版社.

李祥飞. 2003.混沌优化理论在控制系统设计中的研究[D]. 长沙: 中南大学博士学位论文.

林锉云, 董加礼. 1992.多目标优化的方法与理论[M]. 长春: 吉林教育出版社.

刘兴高, 胡云卿. 2014.应用最优化方法及 MATLAB 实现[M]. 北京: 科学出版社.

刘岩, 韩承德, 王义和, 等. 1996.模拟退火算法的背景与单调升温的模拟退火法[J]. 计算机研究与发展, 33(1):4-10.

刘勇, 康立山, 陈毓屏. 2000.非数值并行算法(第二册)——遗传算法[M]. 北京: 科学出版社.

娄顺天, 施阳. 1998.基于 MATLAB 的系统分析与设计——神经网络[M]. 西安: 西安电子科技大学出版社.

罗增琦. 2006.一个改进的蚁群聚类优化算法及其仿真实验研究[D]. 武汉:华中科技大学硕士学位论文.

吕聪颖. 2014. 智能优化方法的研究及应用[M]. 北京: 中国水利水电出版社.

吕金虎, 陆君安, 陈士华. 2005.混沌时间序列分析及其应用[M]. 武汉: 武汉大学出版社.

马昌凤, 柯艺芬, 谢亚君. 2015.最优化计算方法及其 MATLAB 程序实现[M]. 北京: 国防工业出版社.

门宝辉. 2004. SPAC 理论及其在川中丘陵区节水农业中的应用研究[D]. 成都: 四川大学博士学位论文.

门宝辉, 金菊良. 2017.水资源规划及利用[M]. 北京: 中国电力出版社.

门宝辉, 黄金柏, 李树桥. 2000.黄金分割法在渠道断面设计中的应用[J]. 东北农业大学学报, 31(3): 283-287.

彭海朋. 2006.混沌蚂蚁群优化算法及其应用研究[D]. 沈阳: 沈阳工业大学博士学位论文.

尚松浩. 2006.水资源系统分析方法及应用[M]. 北京: 清华大学出版社.

宋巨龙, 王香柯, 冯晓慧. 2012.最优化方法[M]. 西安: 西安电子科技大学出版社.

宋松柏, 康艳. 2008.3 种智能优化算法在设计洪水过程频率曲线适线法中的应用[J]. 西北农林科技大学学报(自然科学版), 36(2): 204-208.

田谦益, 全秀祥. 2009.LINGO 软件在线性规划对偶理论教学中的应用[J]. 中国电力教育, 141: 117-119.

王海青. 2008.基于人工神经网络模型的黑河流域径流模拟预报[D]. 兰州: 西北师范大学硕士学位论文.

王伟. 1995.人工神经网络原理[M]. 北京: 北京航空航天大学出版社.

王翼. 2012.MATLAB 基础及在运筹学中的应用[M]. 北京: 机械工业出版社.

王战平. 2014.宁夏引黄灌区水资源优化配置研究[D]. 银川: 宁夏大学博士学位论文.

翁文斌, 蔡喜明, 史慧斌, 等. 1995.宏观经济水资源规划多目标决策分析方法研究及应用[J]. 水利学报, 1: 1-11.

谢金星, 薛毅. 2005.优化建模与 LINDO/LINGO 软件[M]. 北京: 清华大学出版社.

谢云. 1999.模拟退火算法的原理及实现[J]. 高等学校计算数学学报, (3): 212-218.

邢文训, 谢金星. 1999.现代优化计算方法[M]. 北京: 清华大学出版社.

熊大钊. 2012.泰州市主城区排涝系统优化规划研究[D]. 扬州: 扬州大学硕士学位论文.

徐百福. 1994.改进 AHP 法定权的浦东新区水质对比系数评价[J]. 四川环境, 13(1): 42-45.

徐秉铮, 张百灵, 韦岗. 1994.神经网络理论与应用[M]. 广州: 华南理工大学出版社.

徐晶. 2015.小开河灌区水资源优化配置研究[D]. 济南: 济南大学. 硕士学位论文.

阎平凡, 张长水. 2000. 人工神经网络与模拟进化计算[M]. 北京: 清华大学出版社.

阳书敏. 2006 .水资源可持续利用复杂性理论与方法研究[D] .武汉: 武汉大学博士学位论文.

杨歆. 2005.基于混沌的混合优化算法研究[D]. 成都: 电子科技大学. 硕士学位论文.

杨正祥. 2011.基于智能算法的若干典型水文水资源问题研究[D]. 武汉: 华中科技大学博士学位论文.

余俊, 廖道训. 1984.最优化方法及其应用[M]. 武汉: 华中工学院出版社.

虞登梅, 江晓益. 2003.地下水水质评价的人工神经网络法[J]. 西安科技学院学报, 23(1): 27-29.

郁玉环. 2002.利用 Excel 编制“功效系数法”的综合评价指数[J]. 中国会计电算化, 10: 11.

袁新生, 邵大宏, 郁时炼. 2007. LINGO 和 Excel 在数学建模中的应用[M]. 北京: 科学出版社.

张德丰. 2009. MATLAB 数值分析与应用[M]. 北京: 国防工业出版社.

张宏伟, 牛志广. 2005.LINGO 8.0 及其在环境系统优化中的应用[M]. 天津: 天津大学出版社.

张玲, 徐宗学, 张志果. 2009.基于粒子群算法的水资源优化配置[J]. 水文, 29(3): 41-45, 23.

张武. 2008.MATLAB 优化工具箱及其应用[J]. 农业网络信息, (8): 138-142.

赵小梅. 2006.一种改进的混沌优化方法及其应用[J]. 陕西科技大学学报, 24(2): 94-98.

郑守仁. 2002.世界淡水资源综合评估[M] .武汉：湖北科学技术出版社.

中华人民共和国水利部. 2016.2015 年中国水资源公报[M]. 北京：中国水利水电出版社.

中华人民共和国水利部. 2016. 2015 年全国水利发展统计公报[M]. 北京：中国水利水电出版社.

邹恩. 2005.混沌优化技术及其在模糊控制系统中的应用研究[D]. 长沙：中南大学博士学位论文.

Eberhart R, Kennedy J. 1995.A new optimizer using particle swarm theory [C]//Proc of the Sixth International Symposium on Micro Machine and Human Science: Nagoya, Japan: 39-43.

Holland J H. 1962. Outline for a logical theory of adaptive systems. Journal of the Association for Computing Machinery, (3):297-314.

Holland J H. 1975.Adaptation in natural and artificial systems. Ann Arbor M I: University of Michigan Press.

Kennedy J, Eberhart R. 1995. Particle Swarm optimization[C]//IEEE Int 1 Conf on Neural Networks. Perth, Austraial: 1942-1948.

Kennedy J, Eberhart R. 1995.A new optimizer using particle swarm theory[C]. 6th International Symposium on Micro-machine and Human Science: 39-43.

Kirkpatrick S, Gelatt C D, Vecchi M P. 1983.Optimization by simulated annealing. Science, (220): 671-680.

Loucks D P, van Beek E. 2007.水资源系统规划与管理[M].王世龙，李向东，王九大，等译. 北京：中国水利水电出版社.

Metropolis N, Rosenbluth A W, Rosenbluth R M, et al. 1953. Equation of state calculations by fast computing machines. Journal of Chemical Physics, (21):1087-1091.

Suganthan P N. 1999.Evolutionary computation, particle swarm optimizer with neighborhood operator.Proc of the 1999 Congress on Evolutionary Computation, 3:1958-1962.